高职高专“十二五”规划教材

冶炼基础知识

王火清　编

北　京
冶　金　工　业　出　版　社
2014

内 容 提 要

本书共分9章，主要内容包括：气体，热力学第一至第三定律，化学平衡，溶液，冶金热力学基础，金属熔体，氧化物还原熔炼反应，氧化熔炼反应等。每章后都附有习题。

本书为冶金院校冶金专业的基础课教材，也可供企业冶金专业技术人员参考。

图书在版编目(CIP)数据

冶炼基础知识/王火清编．—北京：冶金工业出版社，2014. 8
高职高专“十二五”规划教材
ISBN 978-7-5024-6695-4

Ⅰ. ①冶… Ⅱ. ①王… Ⅲ. ①冶金—高等职业教育—教材
Ⅳ. ①TF0

中国版本图书馆CIP数据核字(2014)第194110号

出 版 人 谭学余
地　　址 北京市东城区嵩祝院北巷39号 邮编 100009 电话 (010)64027926
网　　址 www. cnmip. com. cn 电子信箱 yjcbs@ cnmip. com. cn
责任编辑 俞跃春 美术编辑 杨 帆 版式设计 葛新霞
责任校对 卿文春 责任印制 李玉山
ISBN 978-7-5024-6695-4
冶金工业出版社出版发行；各地新华书店经销；三河市双峰印刷装订有限公司印刷
2014年8月第1版，2014年8月第1次印刷
787mm×1092mm 1/16；16印张；381千字；240页
40. 00元
冶金工业出版社 投稿电话 (010)64027932 投稿信箱 tougao@cnmip. com. cn
冶金工业出版社营销中心 电话 (010)64044283 传真 (010)64027893
冶金书店 地址 北京市东四西大街46号(100010) 电话 (010)65289081(兼传真)
冶金工业出版社天猫旗舰店 yjgy. tmall. com
(本书如有印装质量问题，本社营销中心负责退换)

天津冶金职业技术学院材料成型与控制技术专业及冶金技术专业“十二五”规划教材编委会

编委会主任

孔维军（正高级工程师）　天津冶金职业技术学院教学副院长

刘瑞钧（正高级工程师）　天津冶金集团轧一制钢有限公司副总经理

编委会副主任

张秀芳（副教授）　天津冶金职业技术学院冶金工程系主任

张　玲（正高级工程师）　天津冶金集团无缝钢管有限公司副总经理

编委会委员

天津冶金集团天铁轧二有限公司：刘红心

天津钢铁集团：高淑荣

天津冶金集团天材科技发展有限公司：于庆莲

天津冶金集团轧三钢铁有限公司：杨秀梅

天津冶金职业技术学院：于　晗　刘均贤　王火清　臧焜岩　董　琦
李秀娟　柴书彦　杜效侠　宫　娜　贾寿峰
谭起兵　王　磊　林　磊　于万松　李　陽
李碧琳　冯　丹　张学辉　赵万军

序

2011年，是“十二五”开局年，我院继续深化教学改革，强化内涵建设。以冶金特色专业建设带动专业建设，完成了冶金技术专业作为中央财政支持专业建设的项目申报，形成了冶金特色专业群。在教学改革的同时，教务处试行项目管理，不断完善工作流程，提高工作效率；规范教材管理，细化教材选取程序；多门专业课程，特别是专业核心课程的教材，要求其内容更加贴近企业生产实际，符合职业岗位能力培养的要求，体现职业教育的职业性和实践性。

我院还与天津市教委高职高专处联合召开“天津市高职高专院校经管类专业教学研讨会”，聘请国家高职高专经济类教学指导委员会专家作专题讲座；研讨天津市高职高专院校经管类专业教学工作现状及其深化改革的措施，对天津市高职高专院校经管类专业标准与课程标准设计进行思考与探索；对“十二五”期间天津高职高专院校经管类专业教材建设进行研讨。

依据研讨结果和专家的整改意见，为了推动职业教育冶金技术专业教育改革与建设，促进课程教学水平的提高，我们组织编写了冶炼方向职业教育系列教材。编写前，我院与冶金工业出版社联合举办了“天津冶金职业技术学院‘十二五’冶金类教材选题规划及教材编写会”，并成立了“天津冶金职业技术学院材料成型与控制技术专业及冶金技术专业‘十二五’规划教材编委会”，会上研讨落实了高职高专规划教材及实训教材的选题规划情况，以及编写要点与侧重点，并确定了第一批的8种规划教材，即《钢管生产》、《冶金过程检测技术》、《型钢生产》、《钢丝的防腐与镀层》、《金属塑性变形与轧制技术》、《连铸生产操作与控制》、《炼钢生产操作与控制》和《炼铁生产操作与控制》。第二批规划教材，如《冶炼基础知识》等也陆续开始编写工作。这些教材涵盖了钢铁生产主要岗位的操作知识及技能，所具有的突出特点是：理实结合、注重实践。编写人员是有着丰富教学与实践经验的教师，有部分参编人员来自企业生产一线，他们提供了可靠的数据和与生产实际接轨的新工艺新技术，保证了本系列教材的编写质量。

本系列教材是在培养提高学生就业和创业能力方面的进一步探索和发展，符合职业教育教材“以就业和培养学生职业能力为导向”的编写思想，相信它对贯彻和落实“十二五”时期职业教育发展的目标和任务，以及对学生在未来职业道路中的发展具有重要意义。

天津冶金职业技术学院　教学副院长　孔维军

2014 年 8 月

前　言

为贯彻落实教育部《关于全面提高高等职业教育教学质量的若干意见》（教高〔2006〕16号）文件精神及国务院关于大力发展职业教育的决定和以服务为宗旨、就业为导向的职业教育办学方针，落实以知识、能力、素质三位一体的原则，以工作过程为导向，形成以培养学生职业技能、职业综合能力和职业素质、工学结合的课程体系，以培养高端技能专门人才为根本目的，编写了这本教材。

本书着力体现当前高等职业院校教育教学的改革成果，突出培养高素质技能人才的教学特点；进一步贯彻基础理论部分（基本知识、基本概念、基本理论）以"必需、够用"为原则，兼顾高职高专学生的接受能力，精简某些偏深的、陈旧的和应用性较差的内容，努力达到内容精练，重点突出；加强与相关课程在教学内容、方法的协调和分工，避免不必要的重复或出现知识脱节问题，突出理论联系实际。

本书除供钢铁冶金专业的基础课程教学使用之外，也可供冶金工作者学习冶金过程理论之用。

为了便于学习者对所学内容的理解和掌握，每章内容后面设有习题。

由于时间仓促，书中难免出现不妥之处，敬请各位专家和读者批评指正。

编　者

2014年5月

目录

1 气　体

1.1 理想气体状态方程

1.1.1 低压下气体的实验定律

从 17 世纪到 19 世纪初期，不少学者研究了低压下的气体行为，发现气体的温度、压力、体积和质量等物理量之间存在着简单的关系。根据实验归纳成以下一些经验规律。

1.1.1.1 玻意耳定律

在一定温度下，一定量气体的体积与压强成反比，即

$$pV = K_1 \tag{1-1a}$$

式中　p——压强，Pa；

V——一定量气体在该温度下的体积，m^3；

K_1——比例常数，其大小取决于温度、气体种类和数量，与压强和体积无关。

从式（1-1a）可以看出：对于同一种气体，当物质的量和温度不变时，气体从状态 1（p_1、V_1、T_1）变到状态 2（p_2、V_2、T_2）时，则有

$$p_1V_1 = p_2V_2 \tag{1-1b}$$

1.1.1.2 盖吕萨克定律

一定量的气体，当压强保持不变时，其体积与热力学温度成正比，即

$$\frac{V}{T} = K_2 \tag{1-2a}$$

式中　V——一定量气体在该温度下的体积，m^3；

T——热力学温度，K；

K_2——比例常数，其大小取决于压强、气体种类和数量，与温度和体积无关。

式（1-2a）也可以表示为

$$\frac{V_2}{V_1} = \frac{T_2}{T_1} \tag{1-2b}$$

1.1.1.3 查理定律

一定量的气体，当体积保持不变时，其压强与热力学温度成正比，即

$$\frac{p}{T} = K_3 \tag{1-3a}$$

式中　K_3——比例常数，其大小取决于体积、气体种类和数量，与温度和压强无关。

式（1-3a）也可以表示为

$$\frac{p_2}{p_1} = \frac{T_2}{T_1} \tag{1-3b}$$

1.1.1.4　阿伏伽德罗定律

在一定温度和压强下，任何气体的体积与其物质的量成正比，即

$$V = nV_m \tag{1-4}$$

式中　n——气体的物质的量，mol；

V——一定温度下气体的体积，m^3；

V_m——气体摩尔体积，m^3/mol；其大小取决于气体温度和压强，与气体种类无关。

气体实验定律的适用范围：只有当气体的温度不太低（与室温相比）、压强不太大（与大气压相比）时，方能遵守上述三条定律。

如果气体在压强很大、温度又很低，即气体很浓甚至接近液化时，实验结果与上述定律相比会有很大的偏差。

1.1.2　理想气体及其状态方程

1.1.2.1　理想气体

一般真实气体，如氮、氧、氢、氦等，在温度不太低、压强不太大时，都可以近似看作理想气体。理想气体是真实气体的一个理想模型。

在通常温度和压强下，上述气体的实验定律近似地反映了气体的真实情况。气体温度越高，压力越低，它们反映的准确度越好。不同的气体具有共同的规律，说明这些规律反映了气体的共性。为了更确切地概括气体的共性，人们设想这样一种理想化的气体，它在任何温度和任何压力下都能严格遵守气体实验定律，这种理想化的气体被称为理想气体。

理想气体是分子本身没有体积，分子之间没有相互作用力的假想气体。虽然自然界中并不存在理想气体，但是在高温低压下，真实气体分子间距很大，作用力很小，分子本身体积与气体体积相比可以略而不计。这时，利用理想气体概念导出的有关公式，计算真实气体的物理量，也可得到较为满意的效果。

1.1.2.2　理想气体状态方程

根据上述气体实验定律，就可得到表示低压下气体的 n、p、V 与 T 之间的关系即状态方程为

$$pV = nRT \tag{1-5}$$

式中　R——比例常数，大小与 n、p、V、T 以及气体的种类无关，称之为摩尔气体常数。

已知 $n = 1mol$ 理想气体在 $T = 273.15K$，$p = 101325Pa$ 的情况下，$V = 0.02241383m^3$，则有

$$R = \frac{pV}{nT} = \frac{101325 \times 0.02241383}{1 \times 273.15} = 8.31441 Pa \cdot m^3 \cdot mol^{-1} \cdot K^{-1}$$

如果 pV 以焦为单位，则 $k=8.3144\mathrm{J\cdot mol^{-1}\cdot K^{-1}}$。

式（1-5）称为理想气体状态方程。又因为 $n=\dfrac{m}{M}$，所以式（1-5）可表示为

$$pV=\frac{m}{M}RT \tag{1-6}$$

$$pM=\frac{m}{V}RT=\rho RT \tag{1-7}$$

式中　m——气体质量，kg；
　　M——气体摩尔质量，kg/mol；
　　ρ——气体密度，$\mathrm{kg/m^3}$。

【例 1-1】 某气体在 20℃、100kPa 下的体积为 $50\mathrm{dm^3}$，求将该气体变到 200kPa、80℃ 状态下的体积。

解：p_1、V_1、T_1 分别代表始态下气体的压力、体积和热力学温度。以 p_2、V_2、T_2 分别代表终态下的相应量，因气体的物质的量 n 不变，根据式（1-5）有 $\dfrac{p_1V_1}{T_1}=\dfrac{p_2V_2}{T_2}$，已知 $p_1=100\mathrm{kPa}$、$V_1=50\mathrm{dm^3}$、$T_1=(273.15+20)\mathrm{K}=293.15\mathrm{K}$ 以及 $p_2=200\mathrm{kPa}$、$T_2=(273.15+80)\mathrm{K}=353.15\mathrm{K}$，代入式（1-5），可求得

$$V_2=\frac{p_1T_2}{p_2T_1}V_1=\frac{100\times353.15}{200\times293.15}\times50\mathrm{dm^3}=30.12\mathrm{dm^3}$$

1.2　分压定律和分体积定律

本节讨论由几种理想气体组成的理想气体混合物中任一种气体的 p、V、T 关系。

1.2.1　分压定律

1.2.1.1　分压的概念

通常各种互不反应的气体都能以任何比例完全混合成为均匀的混合气体。在混合气体中任一组分气体都对器壁施以压力。对器壁的单位面积来说，某种气体所施的压力就是该气体的分压强。也就是说，在同一温度下，某气体组分 B 单独存在且占有与混合气体相同体积时，所具有的压强称为该气体的分压强，用 p_B 表示。而混合气体中所有组分共同作用于容器器壁单位面积上的压力，称为总压强，用 p 表示。

1.2.1.2　分压定律

总压强和分压强究竟有什么关系呢？当气体混合物压强较低时，道尔顿通过实验测定总压强 p 和各气体的分压强 p_1，p_2，p_3，…的关系之后发现，低压下气体混合物的总压强等于组成混合物的各种气体分压强之和，即

$$p=p_1+p_2+\cdots=\Sigma p_\mathrm{B} \tag{1-8}$$

这个实验规律称为道尔顿定律，简称分压定律。

对于低压下气体混合物中各种气体，有

$$\left.\begin{aligned} p_1V &= n_1RT \\ p_2V &= n_2RT \\ p_3V &= n_3RT \\ &\vdots \end{aligned}\right\} \tag{1-9}$$

式中，V、T 分别为各组分气体及气体混合物的体积和温度。于是

$$(p_1 + p_2 + p_3 + \cdots)V = (n_1 + n_2 + n_3 + \cdots)RT$$

即

$$p_1 + p_2 + p_3 + \cdots = p; \quad n_1 + n_2 + n_3 + \cdots = n$$

p、n 分别表示气体混合物的总压强及总物质的量。所以有

$$pV = nRT \tag{1-10}$$

由此说明：在低压下，理想气体状态方程不仅适用于单一组分气体，而且也适用于多种组分组成的混合气体。

用式（1-9）各组分的方程式分别除以式（1-10），可得

$$p_1 = \frac{n_1}{n}p,\ p_2 = \frac{n_2}{n}p,\ p_3 = \frac{n_3}{n}p,\ \cdots,\ 即\ p_B = \frac{n_B}{n}p$$

令气体摩尔分数用 $x_B = \dfrac{n_B}{n}$ 表示，则有

$$p_1 = x_1p,\ p_2 = x_2p,\ p_3 = x_3p,\ \cdots,\ 即\ p_B = x_Bp \tag{1-11}$$

这是道尔顿定律的另一种表达形式。物理意义表述为：低压下气体混合物中，某一组分的分压等于其在混合物中的摩尔分数与混合气体、总压的乘积。

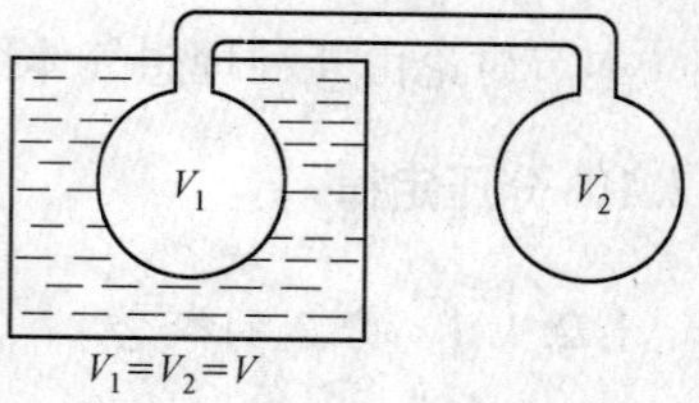

图 1-1　等体积连通的玻璃球

【例 1-2】　两个体积相等的玻璃球，如图 1-1 所示，中间用细管连通（管内体积可忽略不计）。开始时两球温度为 27℃，共含有 0.7mol 氢气，压力为 50663Pa。若将其中球 1 放在 127℃的油浴中，球 2 仍保持在 27℃，试计算球内的压力和两球内氢气物质的量。

解：首先分析始态和终态的条件。

始态 A		始态 B
$n_{A1} + n_{A2} = n = 0.7\text{mol}$		$n_{B1} + n_{B2} = n = 0.7\text{mol}$
$V_1 + V_2 = 2V$	⟶	$V_1 + V_2 = 2V$
$p_A = 50663\text{Pa}$		p_B
$T_{A1} = T_{A2} = 27 + 273.15 \approx 300\text{K}$		$T_{B1} = 127 + 273.15 \approx 400\text{K}, T_{B2} = 300\text{K}$

按题意要求得 n_{B1}，n_{B2} 和 p_B。由理想气体状态方程式（1-5）可得

$$n_{B1} = \frac{p_BV}{T_{B1}R}$$

$$n_{B2} = \frac{p_BV}{T_{B2}R}$$

$$n = \frac{p_B V}{R}\left(\frac{1}{T_{B1}} + \frac{1}{T_{B2}}\right) \tag{a}$$

由式（a）可知，若要求得 p_B，必须先求出 V 的值。根据始态的条件，可列出两球总的理想气体状态方程

$$p_A(2V) = nRT_{A1}$$

所以
$$\frac{V}{R} = \frac{nT_{A1}}{2p_A} \tag{b}$$

联立式（a）、式（b）两式，整理后可得

$$p_B = \frac{2p_A}{T_{A1}\left(\frac{1}{T_{B1}} + \frac{1}{T_{B2}}\right)} = \frac{2 \times 50663}{300 \times \left(\frac{1}{400} + \frac{1}{300}\right)} = 57755\text{Pa}$$

$$n_{B1} = \frac{p_B V}{T_{B1} R} = \frac{p_B n T_{A1}}{T_{B1} \times 2p_A} = \frac{57755 \times 0.7 \times 300}{400 \times 2 \times 50663} = 0.3\text{mol}$$

【例1-3】 今有293K、30kPa的氧气1L和293K、15kPa的氮气4L，将这两种气体同时装入3L的容器中，温度仍为293K，试求此混合气体的总压力。

解：这个问题首先要求出各个气体的分压力。因为温度不变，可应用玻意耳定律，即

$$30\text{kPa} \times 1\text{L} = p(O_2) \times 3\text{L} \quad 故\ p(O_2) = 10\text{kPa}$$

$$15\text{kPa} \times 4\text{L} = p(N_2) \times 3\text{L} \quad 故\ p(N_2) = 20\text{kPa}$$

于是总压力为 $p = p(O_2) + p(N_2) = 10\text{kPa} + 20\text{kPa} = 30\text{kPa}$

1.2.2 分体积定律

1.2.2.1 分体积的概念

在一定温度和压强下，气体混合物所占有的体积称为总体积，用 V 表示。

在同一温度下，气体混合物中某气体组分B单独存在并且具有与混合气体相同的压强时，其所占有的体积称为混合气体中该气体的分体积，用 V_B 表示。

1.2.2.2 分体积定律

当气体混合物压强较低时，实验结果表明

$$V = V_1 + V_2 + \cdots = \Sigma V_B \tag{1-12}$$

说明低压下气体混合物的总体积等于各组分的分体积之和。这就是阿玛格分体积定律，简称分体积定律。

类似分压定律，分体积定律的另一种表达形式为

$$V_1 = \varphi_1 V,\ V_2 = \varphi_2 V,\ V_3 = \varphi_3 V,\ \cdots,\ V_B = \varphi_B V \tag{1-13}$$

物理意义表述为：低压下气体混合物中，某一组分的分体积等于其在混合物中的体积分数与混合气体总体积的乘积。

【例1-4】 设有一混合气体，压力为100kPa，其中含 CO_2、O_2、C_2H_4、H_2 四种气体，

用奥氏气体分析仪进行分析，气体取样为 100.0×10^{-3}L，首先用 NaOH 溶液吸收 CO_2，吸收后剩余气体为 97.1×10^{-3}L，接着用焦性没食子酸溶液吸收 O_2 后，还剩余气体 96×10^{-3}L，再用浓硫酸吸收 C_2H_4，最后尚余 63.2×10^{-3}L。试求各种气体的体积分数及分压。

解：各种气体的分体积分别为：

$$V(CO_2)=(100.0-97.1)\times10^{-3}\text{L};\qquad V(O_2)=(97.1-96.0)\times10^{-3}\text{L};$$

$$V(C_2H_4)=(96.0-63.2)\times10^{-3}\text{L};\qquad V(H_2)=63.2\times10^{-3}\text{L}$$

由于气体处于低压下，可近似按理想气体计算，各种气体的体积分数分别为

$$\varphi(CO_2)=\frac{V(CO_2)}{V}=\frac{(100.0-97.1)\times10^{-3}}{100.0\times10^{-3}}=0.029$$

$$\varphi(O_2)=\frac{V(O_2)}{V}=\frac{(97.1-96.0)\times10^{-3}}{100.0\times10^{-3}}=0.011$$

$$\varphi(C_2H_4)=\frac{V(C_2H_4)}{V}=\frac{(96.0-63.2)\times10^{-3}}{100.0\times10^{-3}}=0.328$$

$$\varphi(H_2)=\frac{V(H_2)}{V}=\frac{63.2\times10^{-3}}{100.0\times10^{-3}}=0.632$$

根据分压定律式（1-11）可得各种气体的分压为

$$p(CO_2)=\varphi(CO_2)p=0.029\times100\text{kPa}=2.9\text{kPa}$$

$$p(O_2)=\varphi(O_2)p=0.011\times100\text{kPa}=1.1\text{kPa}$$

$$p(C_2H_4)=\varphi(C_2H_4)p=0.328\times100\text{kPa}=32.8\text{kPa}$$

$$p(H_2)=\varphi(H_2)p=0.632\times100\text{kPa}=63.2\text{kPa}$$

1.3 真实气体

前面所导出的状态方程，如道尔顿分压定律和阿玛格分体积定律都是理想气体的定律。真实气体只有在低压下才能遵守这些规律，而在温度较低、压力较高的情况下，真实气体应用这些定律时，将产生较大的偏差。这就必须研究真实气体的 p、V、T 关系。

1.3.1 真实气体与理想气体的偏差

根据玻意耳定律：一定量的气体在一定温度下，p、V 乘积等于常数，即 pV 不随压力 p 的改变而变化。因此，若以 pV_m 为纵坐标，以 p 为横坐标作图时，pV_m-p 的关系应为平行横轴的直线，但实际情况并非如此，如图 1-2 所示。

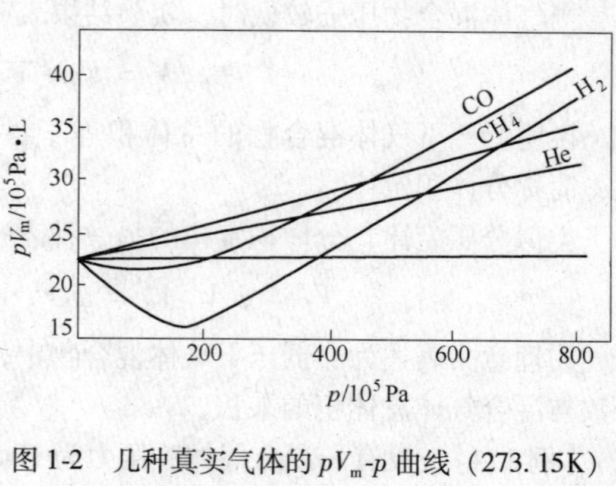

图 1-2 几种真实气体的 pV_m-p 曲线（273.15K）

对于理想气体，pV_m-p 图上为一水平直线，而真实气体则偏离该直线。例如 CH_4 的 pV_m-p 恒温线，若压力 p 增加时，pV_m 值

开始逐渐减小，此时体积的缩小超过了玻意耳定律的计算。若压力再增加，pV_m 值超过最低点又逐渐增加乃至超出理想气体的水平线。CO 的 pV_m-p 恒温线与 CH_4 的相似。H_2、He 的 pV_m-p 恒温线，若压力趋近于零时，所有真实气体的行为都趋近于理想气体。这说明了，在高温低压下可以将真实气体看作理想气体。

真实气体对理想气体产生偏差的原因主要有两个方面：

（1）理想气体本身没有体积，但真实气体的分子体积确实是存在的，只是在高温低压下气体十分稀薄，气体本身体积与它运动空间相比可以忽略不计。反之在低温高压下，真实气体分子本身体积就不能忽略了，如以 N_2 分子为例，把氮分子看作球形时，每个分子的体积 $V_1 = \frac{4}{3}\pi r^3 = 14 \times 10^{-30} m^3$，1mol N_2 的分子本身的体积为 $V = 6.02 \times 10^{23} \times V_1 = 8.4 \times 10^{-6} m^3$，在标准状况（0℃，101.3kPa）下 1mol N_2 的体积为 $22.4 \times 10^{-3} m^3$，其分子本身体积只占气体总体积的 3×10^{-4}。当压力增加到 1000 × 101.3kPa 时，气体总体积缩小为 $22.4 \times 10^{-6} m^3$，那么分子本身体积约占总体积的 1/3。显然，高压下分子本身体积不能忽略。

（2）理想气体分子间没有作用力，但真实气体分子间确实有作用力存在，而且以分子间吸引力为主。在温度较高时，由于分子运动剧烈，分子运动的动能较大，相对而言，分子间的作用力可以忽略。另一方面，在压力较低时，气体密度较小，分子间距较大，分子间引力也可忽略不计。然而在低温或高压下分子间的作用力不能忽略。

1.3.2 真实气体状态方程举例——范德华方程

1881 年范德华在前人研究的基础上，考虑到真实气体与理想气体行为的偏差，在修正理想气体状态方程时，在体积和压力项上分别提出了两个修正因子 a 和 b，从而使该状态方程式能适用于多数真实气体。

1.3.2.1 体积修正

在 $pV_m = RT$ 方程式中，V_m 是 1mol 气体分子自由活动的空间。理想气体因为分子本身没有体积，则 V_m 就等于容器的体积。对于真实气体来说，因为要考虑分子本身的体积，所以 1mol 气体分子自由活动的空间已不是 V_m，而要从 V_m 中减去一个与气体分子本身体积有关的修正项 b，即把 V_m 换成 $V_m - b$。常数 b 与气体的种类有关。

1.3.2.2 分子间引力修正

在 $pV_m = RT$ 方程中，p 是指理想气体分子间无引力时，气体分子碰撞容器壁所产生的压力。但由于真实气体分子间引力的存在，所产生的压力要比无引力时小。若真实气体表现出来的压力为 p，换算为没有引力时（作为理想气体）的压力应该为 $p + a/V_m^2$。范德华把 a/V_m^2 项称为分子内压，它反映分子间引力对气体压力所产生的影响。

经过两项修正，真实气体可看作对理想气体加以处理。用 $V_m - b$ 代替理想气体状态方程中的 V_m，以 $p + a/V_m^2$ 代替方程中的 p，即得到范德华方程式为

$$(p + a/V_m^2)(V_m - b) = RT \tag{1-14}$$

对于 n mol 气体，其方程式为

$$\left(p+\frac{n^2a}{V^2}\right)(V-nb)=nRT \tag{1-15}$$

以上两式中的 a 和 b 分别是与气体种类有关的物性常数，通称为气体的范德华常数。它们分别与气体分子间作用力和分子体积的大小有关。a 和 b 的单位分别是 $Pa\cdot m^6\cdot mol^{-2}$ 和 $m^3\cdot mol^{-1}$。值得注意的是当压力和体积单位改变时，这些常数的数值也会改变。表 1-1 列出了一些气体的范德华常数。

表 1-1 范德华常数

物 质	$a/Pa\cdot m^6\cdot mol^{-2}$	$b/m^3\cdot mol^{-1}$	物 质	$a/Pa\cdot m^6\cdot mol^{-2}$	$b/m^3\cdot mol^{-1}$
H_2	0.0247	0.0266×10^{-3}	N_2	0.141	0.0391×10^{-3}
He	0.00346	0.0237×10^{-3}	O_2	0.138	0.0381×10^{-3}
CH_4	0.228	0.0428×10^{-3}	Ar	0.235	0.0398×10^{-3}
NH_3	0.423	0.0371×10^{-3}	CO_2	0.364	0.0427×10^{-3}
H_2O	0.553	0.0305×10^{-3}	CH_3OH	0.965	0.0067×10^{-3}
CO	0.151	0.0399×10^{-3}	C_6H_6	1.824	0.0154×10^{-3}

当压力在几兆帕的范围内，使用范德华方程往往比理想气体方程可得到比较好的结果，但当压力更高时，范德华方程的计算结果仍与实验值存在较大的偏差。表 1-2 所列数据证明了这一事实。

表 1-2 CO_2 在 40℃时的摩尔体积与压力的关系

压力/kPa	实验体积 /cm^3	按理想气体状态方程计算的体积 /cm^3	按范德华方程计算的体积 /cm^3	压力/kPa	实验体积 /cm^3	按理想气体状态方程计算的体积 /cm^3	按范德华方程计算的体积 /cm^3
101.3	25574.3	25705.0	25597.0	50×101.3	380.0	513.0	395.0
10×101.3	2449.0	2571.0	2471.3	100×101.3	69.3	256.7	88.9

真实气体状态方程形式众多，近年来在工程计算中应用较多的还有其他形式，限于篇幅不再赘述。所有真实气体状态方程的共同特征有两个方面：

（1）它们都有物性参数，通常参数越多精度越高。

（2）它们都只能在一定范围内较好地描述 p、V、T 的关系。

【例 1-5】 1mol N_2 在 0℃时的体积为 $70.3\times10^{-6}m^3$，分别按理想气体状态方程、范德华方程计算压力；已知实验值为 40.53MPa，分别计算两方程式的百分误差。

解:（1）根据理想气体状态方程计算

$$p=\frac{RT}{V_m}=\frac{8.314\times273.15}{70.3\times10^{-6}}=32.3\text{MPa}$$

（2）根据范德华方程计算，由表 1-1 查得 N_2 的范德华常数为

$$a=0.141\text{Pa}\cdot\text{m}^6\cdot\text{mol}^{-2}$$

$$b=0.0391\times10^{-3}\text{m}^3\cdot\text{mol}^{-1}$$

根据式（1-14）得

$$p=\frac{RT}{V_m-b}-\frac{a}{V_m^2}=\frac{8.314\times 273.15}{70.3\times 10^{-6}-39.1\times 10^{-6}}-\frac{0.141}{(70.3\times 10^{-6})^2}=44.3\text{MPa}$$

（3）百分误差：

方法（1）的误差为

$$\frac{32.3-40.53}{40.53}\times 100\%=-20.3\%$$

方法（2）的误差为

$$\frac{44.3-40.53}{40.53}\times 100\%=9.3\%$$

由计算结果可见，范德华方程比理想气体方程更符合实际。

习　题

1-1　理想气体实际上并不存在，为什么还要建立理想气体的概念？

1-2　理想气体和实际气体的主要区别是什么？

1-3　什么是理想气体状态方程，使用该方程的条件是什么，引入理想气体状态方程，对于处理其他实际问题有何意义？

1-4　分压定律的内容是什么？试用数学式表示出来。

1-5　1.2kg 碳在充足的氧气中燃烧，假定温度为 1273K，压力为 101.325kPa，求生成的 CO_2 的体积。

1-6　求某理想气体在 25℃、150kPa 下的摩尔体积。

1-7　已知空气中 N_2、O_2 和 Ar 的体积分数分别为 78%、21% 和 1%，试计算在 0℃，101.325kPa 下空气中各组分的分压。

1-8　某炉气中 O_2 的体积分数为 5%，炉气温度为 1053K，压力为 101325Pa，试计算 $1m^3$ 的烟气中氧气的质量。

1-9　温度为 80℃ 体积为 $40dm^3$、压力为 120kPa 的 CO_2 的质量为多少？

1-10　有一气柜体积为 $2000m^3$，气柜中压强保持为 1.04×10^5Pa，内装氢气。设夏季的最高温度为 42℃，冬季的最低温度为 −38℃，试计算该气柜在冬季最低温度时可比夏季最高温度时多装多少氢气？

1-11　在恒压下，为了将烧瓶中 298K 的空气赶出 1/5，问需将烧瓶加热到多少温度？

1-12　一个体积为 $40dm^3$ 的氮气钢瓶在 25℃时，使用前压力为 12.5MPa。求钢瓶压力降为 10.0MPa 时所用去的氮气质量。

2 热力学第一定律原理

在生产实践与科学研究中，常碰到这样一些问题：一个物理或化学过程发生后能量得失关系如何，是吸热还是放热，一个新的制备方案能否实现，如何反映最佳反应条件，在一定条件下反应的最高产量可达多少等等，热力学就是用来解决这些问题的。

热力学是研究能量互相转换所遵循规律的科学。将热力学基本原理用来研究化学现象以及与化学有关的物理现象就是化学热力学。它的主要内容是利用热力学第一定律计算化学反应的热效应，利用热力学第二定律解决化学反应的方向与限度以及与平衡有关的问题。

热力学的两个定律在化学过程以及与化学有关的物理过程中的应用就形成了化学热力学。它是从热力学定律出发用演绎法讨论具体对象的宏观性质。

化学热力学方法有以下几个特点：

(1) 热力学研究的对象是大量粒子的集合体，所得的结论具有统计性质，而不适应于个别分子、原子或离子。

(2) 热力学方法不考虑物质的内部结构，也不管反应进行的机理。

(3) 热力学没有时间因素，不涉及速率问题。

热力学方法的优点是：用热力学方法研究问题，只需要知道研究对象的始态和终态以及过程进行的外界条件，就可以做相应的计算，它不需要知道物质的微观结构和过程进行的细节，应用上比较方便。

但是热力学方法的局限性是明显的。由于热力学不涉及物质内部结构，就无从了解反应或过程的细节，对现象只有宏观的了解，不能做微观的说明。由于热力学不包含时间因素，因此也无法解决有关的反应速率问题。例如根据热力学的计算，H_2 与 O_2 在常温下生成 H_2O 的反应自发倾向很大，但若将 H_2 与 O_2 放在一起常温下却不会起反应，乃至几年也不会有什么变化。因此凭热力学只能解决反应的可能性与限度性问题。

虽然热力学方法有些局限性，但它仍不失为强有力的理论工具。由于热力学的基础是人类长期试验得到的、有着牢固实验基础的经验定律，用的是严格的演绎法，故其结论具有高度的可靠性与普遍性。

热力学是化学反应器以及精馏、吸收、萃取、结晶等单元操作的理论基础，在工艺路线选择、工业装置设计、操作条件确定等方面有着重要的指导意义。

热力学指出了实验的方向。如果热力学指出在某种条件下反应不能发生，则不必在该条件下进行实验，以免浪费人力物力。历史上曾有过这样的例子，铁的氧化物在熔炉里还原：

$$Fe_3O_4 + 4CO \xlongequal{} 3Fe + 4CO_2$$

在烟囱里排出的气体中发现有大量的CO，当时以为是反应不完全，矿石与CO接触时间不够，于是修建更高的高炉，结果 CO 还是没有减少。实际上根据热力学的计算，CO 的大量存在是不可避免的。再例如由石墨制造金刚石的实验，以前很多人曾进行多次实验都未获成功。后来通过热力学计算才知道，在常温常压下石墨非常稳定，只有当压力超过 1500×101.3kPa 时才有可能变成金刚石。在热力学理论的指导下，现已成功地实现了这个转变过程。

热力学还为我们指出了改进工作的方向。例如确定某产品的制备方案时，如果热力学的计算表明是可行的，但产率较低，我们就可改进工作，如改变反应条件，寻找合适的催化剂等。

2.1 基本概念

2.1.1 系统和环境

自然科学所研究的对象是千变万化、丰富多彩的自然界，其中各种事物、各个部分是不断相互影响并相互联系的。但为研究问题的方便，需先确定研究对象的范围和界限，亦即将某一部分物体或空间，人为地和自然界的其余部分分开来，作为研究的重点。被划出来作为研究对象的这部分物体或空间，称为系统。系统以外的其他部分，则称为环境。实际上，环境通常是指与系统有相互影响的有限部分。

系统可大可小，大到一座电弧炉及其几十吨钢液与炉渣，小到一个烧杯内盛的少量水。一个系统最少包含一种物质，多者可由几种物质来组成。例如，炼钢过程中当钢水为系统时，与其有关的炉衬、炉渣及炉气则为环境。假若研究脱硫、脱磷反应，因为这些反应发生在钢、渣两相界面处，可以把钢液与炉渣视为系统，而与系统有关的炉衬和炉气等则成为环境。

系统与环境间可以存在真实界面，也可以不存在界面。例如，钢瓶中的氧气为系统，则钢瓶为环境，钢瓶内壁就是一个真实的界面；当研究空气中的氧气时，则空气中的其他气体为环境，此时则不存在界面。所以不能以有无界面来划分系统与环境。

根据系统与环境间是否有物质交换与能量传递，可将系统分为：

（1）敞开系统。与环境之间既有物质交换，也有能量的传递的系统，称为敞开系统（或开放系统）。例如，一个盛有热水的玻璃杯敞开放置，将会向空气中挥发水蒸气，同时散发热量。

（2）封闭系统。与环境之间只有能量传递而没有物质的交换的系统，称为封闭系统。例如，将上例的玻璃杯加盖后，就成为一个封闭系统。

在封闭系统内，可以发生化学变化和由此引起成分变化，只要不从环境引入或向环境输出物质即可。物理化学上常常讨论这种系统。冶金过程常把冶金炉（如电炉、高炉、转炉）等看作一个封闭系统，忽略挥发掉的很少量物质。

（3）隔离系统。与环境之间既没有物质交换，也没有能量的传递的系统，称为隔离系统（或孤立系统）。例如，把盛有热水的玻璃杯盖起来，并把它放在一个绝热箱内，把整个绝热箱内的所有物质（水杯和空气）作为一个新系统，那么这个新系统就成为隔离系统。因为这个系统与环境之间既没有物质交换，也没有能量传递。

从上述例子还可以了解到，如果一个系统虽然不是隔离系统，只要把与这个系统有物质交换和能量传递的那一部分环境加到这个系统中，就可组成一个新系统，则这个新系统就成为隔离系统了。热力学中常常要用到这种处理方法。

严格地说，自然界中并不存在绝对的隔离系统，因为每一事物的运动都和它的周围其他事物互相联系和互相影响。例如，绝热箱的绝热效果再好，也不可能把热传递绝对地排除掉。但是，当这种影响小到可以忽略不计的程度时，就可以将它设想为隔离系统了。因此，与前述的理想气体概念一样，隔离系统是科学抽象出来的概念，实际上只能近似地体现。

系统还有一种分类法：即分为单相系统或均匀系，多相系统或不均匀系。一个系统中，任何具有相同物理、化学性质的均匀部分，称做相。在不同的相之间，有明显的界面，一般可用机械方法将它们分开。只有一个相的系统，称单相系统，具有两个或两个以上相的系统，称为多相系统。气体物质及其混合物，一般为均匀的单相。液体物质，如两者相互溶解，则形成一个相；如互不相溶，混合时则形成有明显界面分开的两个液相，前者如酒精与水，后者如四氯化碳和水的情况。固态物质较为复杂，它有晶态和非晶态之分，晶态中又有多种结构，分属不同的相。

2.1.2　状态和状态函数

2.1.2.1　状态

系统的性质取决于状态。这里所说的状态指的是平衡状态，即平衡态。因为只有在平衡态下，系统的性质才能确定。所谓平衡态应是在一定条件下系统的各种性质均不随时间的推移而变化的状态。

系统的平衡态指的是它处于以下四种平衡时的状态：

（1）热平衡。系统内部压力相同。若系统不是绝热的，系统的温度应等于环境的温度。当系统内有绝热壁隔开时，绝热壁两侧物质的温差不会引起两侧状态的变化，因而这种温度的不同不再是确定系统是否处于平衡态的条件。

（2）力平衡。系统内部压力不同。若系统是在带有活塞的汽缸中（活塞无质量，活塞与器壁无摩擦），系统的压力应等于环境的压力。当系统内有刚性壁隔开时，刚性壁两侧的压差不会引起两侧状态的变化，因而这种压力的不同不再是确定系统是否处于平衡态的条件。

（3）相平衡。系统内各个相的组成及数量均不发生变化。

（4）化学平衡。系统内所有化学反应中各组分的数量均不发生变化。

这里需要说明的是：系统的平衡态一般应是热力学上的平衡态，即在系统的温度和压力下它最可能稳定的状态。例如在100kPa下，将液态水 $H_2O(l)$ 冷却至 $-5℃$，系统的热力学平衡态应是固态冰 $H_2O(s)$；又如在400℃、28MPa下，$N_2(g)$ 与 $H_2(g)$ 混合物的热力学平衡态应是在该温度、压力下处于化学平衡状态的 $N_2(g)$、$H_2(g)$、$NH_3(g)$ 的气体混合物。这两个系统的热力学平衡态是很容易达到的。一般来说，将 $H_2O(l)$ 冷却至 $-5℃$ 即可得 $H_2O(s)$，$N_2(g)$ 与 $H_2(g)$ 在催化剂的存在下即可合成 $NH_3(g)$，并且它们之间呈化学平衡。但是若将极纯的 $H_2O(l)$ 小心缓慢地冷却至 $-5℃$ 时，仍可呈液态存在而不结冰（即过冷水）；若在没有催化剂存在时，$N_2(g)$ 和 $H_2(g)$ 在上述条件下可以长时间不发生化学反应。尽管上述 $-5℃$ 的 $H_2O(l)$ 和未发生化学反应的 $N_2(g)$ 与 $H_2(g)$ 均不是在该条件下的热力学平衡态，但它们所处的状态在一定时间范围内可以维持不变，系统的性质可以确定，在这种情况下，这两种状态仍可按平衡态处理。

至于如何判断系统在一定条件下的状态，要根据具体情况。例如在 100kPa 下将水 $H_2O(l)$ 加热到 120℃的过热水，则终态为液态水 $H_2O(l)$；若在 100kPa 下将水 $H_2O(l)$ 加热到 120℃的平衡态，则终态为水蒸气 $H_2O(g)$。

2.1.2.2 状态函数

系统的宏观性质，如温度 T、压力 p、体积 V、体积质量（即密度）ρ、质量定压热容 c_p，以及本章与下一章要引入的热力学能（也称内能）U、焓 H、熵 S 等，均取决于状态，它们的数值均随状态的改变而改变，故称这些物理量均是状态函数。

状态函数就是指描述系统状态的宏观物理量。从上述内容知，凡属系统的状态函数，必具有如下特点：

（1）状态函数与状态是对应的关系，只要系统的状态确定，所有的状态函数都有确定的数值；反之，状态函数一定时，那么系统的状态也就确定了。

（2）系统由某一状态变化到另一状态，其状态函数的变化只取决于始态和终态，而与变化的途径无关。常用下标“2”和“1”分别表示终态和始态，而以符号“Δ”表示状态函数在系统发生一个过程后的改变量。例如，系统温度由 25℃升到 100℃，温度的变化 $\Delta T = T_2 - T_1 = 373\text{K} - 298\text{K} = 75\text{K}$。至于如何变化，是先加热到 120℃再变到 100℃，还是先冷却到 0℃再加热到 100℃都无关，温度的变化量只取决于始态和终态。状态函数的这一特点在热力学中有广泛的应用。

（3）任何状态函数都是其他状态函数的函数。换句话说，在同一状态下，状态函数的任意组合或运算仍为状态函数。例如，理想气体的体积 $V = nRT/p$；密度 $\rho = pM/RT$ 等。但必须注意，在不同状态下状态函数的组合就不能表示为新的状态函数。例如，$\Delta T = T_2 - T_1$，ΔT 就不是新的状态函数。

（4）系统从某一状态出发，经历一系列变化，又重新回到原来的状态，这种变化过程称为循环过程。显然，在经历循环过程以后，系统所有状态都应恢复到原来数值，即各个状态函数的变化值都等于零。

按照系统的宏观性质不同可将状态函数分为：

（1）容量函数。与系统所含物质的数量成正比的状态函数称为容量性质或容量函数。容量性质表现系统的“量”的特征，具有加和性。诸如系统的质量、体积等。例如，将盛有 30g 的一杯水与盛有 50g 的另一杯水，在相同温度条件下混合在一起后，总质量为 80g。

（2）强度函数。将系统人为地划分为若干部分，对各部分来说，如有某一性质仍保持系统原来的数值，这一性质称为强度性质或强度函数。强度性质表现系统的“质”的特征，与物质的数量无关，不具有加和性。例如，将一杯温度为 50℃的水任意分成两部分，仍是 50℃，而不是变为 25℃。

在此要注意，两个容量函数的比值变为强度函数，例如密度（$\rho = m/V$）、摩尔体积（$V_m = V/n$）、浓度（$c = n/V$）等。因为比值中的分子项与分母项都与物质的量成正比。

2.1.3　过程与途径

系统从始态变化到终态称为过程。实现这一过程的具体步骤称为途径。过程可以经过几种不同的途径来实现，而每一途径常由几个步骤组成。在遇到具体问题时，有时明确给出实现过程的途径，有时则不一定给出过程是如何实现的。

热力学的内容，实际上就是在一定条件下利用一些特定的状态函数的变化量来解决能量交换以及变化的方向和限度等问题。实际的变化往往很复杂，计算状态函数的变化量比较困难，但是根据状态函数的变化量只取决于始态和终态，而与变化途径无关，就可以设想出其他比较简单的途径来计算状态函数的变化量。热力学方法之所以简便，就是基于这个原理。

过程和途径一般不必严格区分。有时将途径中的每一步骤亦称为过程。

各种过程经常在特定条件下进行。在不同条件下进行的过程，情况是不相同的。经常遇到的过程有下面几种：

（1）等容过程。系统的体积不发生变化（$V_2=V_1$）。例如，在封闭容器中进行的过程。

（2）等压过程。系统的压力不发生变化（$p_2=p_1=p$）。例如，在敞开的炉中进行的冶炼过程。

（3）等温过程。系统的温度不发生变化（$T_2=T_1=T$）。例如，水的沸腾是在100℃下（101325Pa）进行的。

（4）绝热过程。由始态到终态，系统与环境之间无热量交换。

（5）循环过程。系统经过一系列变化又恢复到始态，或者说始态就是终态。根据状态函数的特点，循环过程所有状态函数的变化量应等于零。

当然，这些条件也可以有两种或两种以上同时存在，例如，等温等压过程、等温等容过程。热力学对状态与过程的描述常用方块图法。方块表示状态，箭头表示过程。例如，将1mol 25℃液体水加热到60℃的过程，可表示为如图2-1所示。该方法的优点不仅描述了系统的状态变化，而且表示了变化的条件。

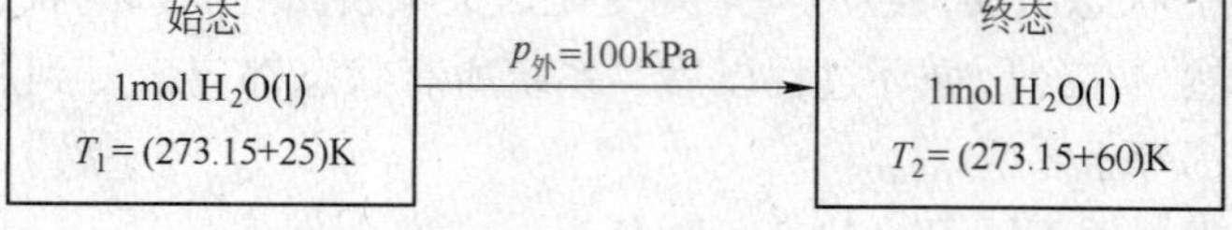

图2-1　水的加热过程示意图

2.2　热力学第一定律内含

热力学第一定律即能量守恒及转化定律。它说明静止的与环境没有任何能量交换的隔离系统，其热力学能是守恒的。当静止的封闭系统以热或功的形式从环境得到或向环境放出能量后，系统的内能就要相应地增加或减少。

2.2.1　热力学能

一个系统的总能量包括三方面内容，即系统处于引力场或磁场中的位能，系统宏观运动的动能，以及系统内部的总能量。热力学研究的是相对静止的宏观系统，故系统的总能量即热力学能，不涉及系统的位能与动能。

一个系统处于某一状态，如果描述状态的物理性质和化学性质都有固定不变的数值，那么这种状态称为平衡状态。平衡状态并不意味着物质的运动已经停止了，实际上，物质内部的分子、原子、电子等仍处在不停的激烈运动之中。因此，平衡状态的物质仍具有一定的能量，把系统内部各种形式能量的总和称为热力学能，其符号为 U，单位是焦（J）。

热力学能既然是系统内部能量的总和，它就是系统本身的性质，在一定状态下热力学能具有一定的数值，且与物质的量成正比关系，所以热力学能是容量函数。一个系统的热力学能的绝对值目前还无法测定，但这并不妨碍我们对问题的研究，因为热力学研究问题时，所关心的是系统发生了一个过程，与环境交换了多少能量，热力学能改变了多少，即只需要知道 ΔU 就可以了，并不需要知道系统热力学能的绝对值。热力学上规定，系统发生变化后，如果其热力学能增加，ΔU 为正值；反之热力学能减少，ΔU 为负值。

2.2.2 热和功

2.2.2.1 热

由于系统与环境间存在温差而使系统与环境间交换的能量称为热。例如，当两个不同温度的导热体相互接触时，高温物体的温度会下降，其热力学能减少，而低温物体的温度会上升，其热力学能增加，这表明两种导热体之间有能量的交换。由此可知只有系统的状态改变，发生了一个过程，才有了能量交换，所以说热是与过程紧紧联系在一起的，只有发生了一个过程，才能谈到热的概念。热不是系统本身的性质，也就不是状态函数，而是一个过程函数。热的符号为 Q，单位为焦（J）。

热力学上规定：在某一个过程中，若系统从环境中吸收热 Q 值为正；反之系统向环境中散热，Q 值为负。

值得注意的是既然热不是状态函数，在完成一个过程时，系统与环境之间交换的能量——热，不能写成“ΔQ”，写为 Q 即可。此外热力学上的“热”与物体冷热的“热”具有不同的含义。从微观角度讲，热是由于系统与环境中的质点无规则运动的平均强度不同而引起的一种能量交换形式。而物体冷热是指温度的低与高，物体的温度是反映物体内部质点无规则运动的强弱。

热的分类一般有两种方法：

（1）根据系统发生过程时温度变化与否，将热分为显热和潜热。显热是指系统的温度发生改变时，与环境交换的热；而潜热则指系统在等温条件下与环境交换的热，如相变热。

（2）根据系统发生过程时性质变化，将热分为化学反应热、相变热和单纯状态变化热。化学反应热效应是在化学反应过程中，系统与环境间交换的热。例如，在 298.15K、100kPa 下，1mol 石墨与氧气完全燃烧生成二氧化碳时，向环境放出 393.511kJ 的热。相变热是指系统在发生相变过程时，与环境之间交换的热。例如，在 373.15K 和 100kPa 下，1mol 液态水完全蒸发成水蒸气时要吸收 40.67kJ 的热量。单纯状态变化热是指在没有发生相变和化学变化条件下进行的过程中，系统与环境间交换的热。

2.2.2.2　功

除了热以外系统与环境之间能量交换的所有形式统称为功。功与热一样，不属于系统本身的性质，只有进行一个过程以后，才有功的概念，所以功也是一个过程函数。功用 W 表示，并规定：系统对环境做功，W 为正值；环境对系统做功，W 为负值。

在热力学中，由于体积膨胀或者压缩所做的功具有特殊的意义，常把这种功称为体积功，并用 W 表示。除体积功以外，其他的功统称非体积功，常用 W 表示。例如，电功和表面功等。

关于体积功的计算，举例说明如下。

设有一个带有活塞的圆形气缸，如图 2-2 所示，活塞上所受的外压为 $p_{外}$，活塞的横断面积为 S，则活塞所受的总力为 $F = p_{外} S$。

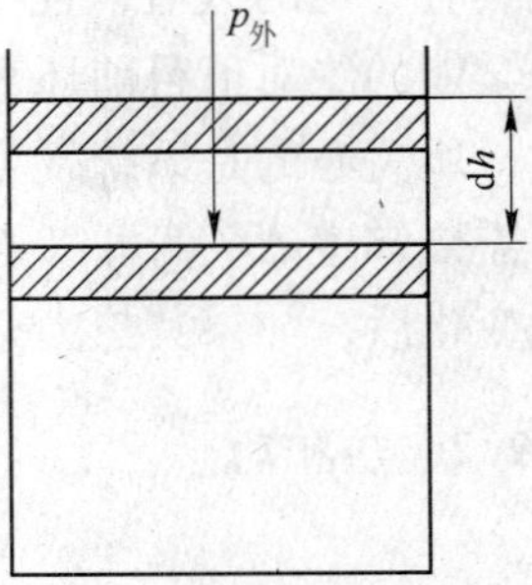

图 2-2　气体体积功

现在假定气缸内气体膨胀，并反抗外压而做功，活塞移动了 dh 的距离，则所做的功为

$$\delta W = F\mathrm{d}h = p_{外} S\mathrm{d}h$$

可以看出，$S\mathrm{d}h$ 就是气体膨胀时体积的改变量，可以记作 dV，故

$$\delta W = p_{外}\,\mathrm{d}V \tag{2-1}$$

式中　$p_{外}$——外压，并非气体的压力。

式（2-1）是计算体积功的公式。应该注意，若整个过程是从始态体积 V_1 膨胀到终态体积 V_2，则总功 W 为

$$W = \int_{V_1}^{V_2} p_{外}\,\mathrm{d}V \tag{2-2}$$

当外压为常数时，则式（2-2）变为

$$W = p_{外}(V_2 - V_1) \tag{2-3}$$

【例 2-1】　设某给定气体的始态为 $V_1 = 20\mathrm{dm}^3$，$p_1 = 303\mathrm{kPa}$，在温度不变的情况下，经下列两种不同途径进行膨胀至 $60\mathrm{dm}^3$：

（1）外压从 303kPa 突然降到 101kPa；

（2）外压先从 303kPa 突然降到 202kPa，待气体的压力也降到 202kPa 后，再将外压突然降到 101kPa。试计算这两种情况下气体所做的功。

解：系统状态变化方块图，如图 2-3 所示。

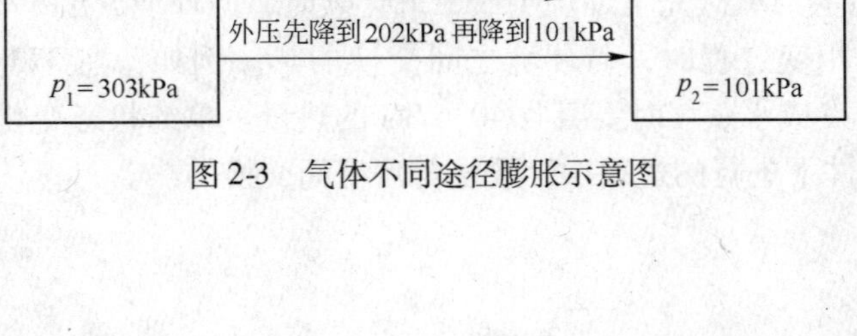

图 2-3　气体不同途径膨胀示意图

（1）外压始终为 101kPa，按式（2-3）有

$$W = 101 \times 10^3 \times (60 \times 10^{-3} - 20 \times 10^{-3}) = 4040\text{J}$$

（2）先算出 202kPa 下气体的体积，设为 V'，按玻意耳定律，应有

$$20 \times 303 = 202 \times V' \qquad 即\ V' = 30\text{dm}^3$$

于是所做的功应为

$$W = 202 \times 10^3 \times (30 \times 10^{-3} - 20 \times 10^{-3}) + 101 \times 10^3 \times (60 \times 10^{-3} - 30 \times 10^{-3})$$
$$= 2020 + 3030 = 5050\text{J}$$

上述例题中的始态与终态是完全相同的，只是经过的途径不同，所做的功也不一样，可见做功是与过程相联系的。

2.2.3 可逆过程与最大功

可逆过程是热力学中抽象出的一种理想过程，在计算状态函数的变化量时缺少不了它，所以要对它进行详细讨论。

从例 2-1 可以看到，在相同始态和终态的情况下，气体分两次膨胀所做的体积功比一次膨胀所做的体积功要多一些。是不是膨胀次数越多，所做的体积功越大呢？可以设想气体的膨胀经过以下三种不同的途径：

（1）开始时气体的压力为 p_1，体积为 V_1。把外压突然降到 p_2，并保持恒定。这时，系统膨胀到与外压相等，气体的体积为 V_2。由于整个过程中外压都保持为 p_2，故有

$$W_1 = p_2(V_2 - V_1)$$

（2）先把外压突然降到 $(p_2 + p_1)/2$，设体积膨胀到 V' 为止，此时系统的内压也会是 $(p_2 + p_1)/2$。然后再把外压突然降到 p_2，使系统继续膨胀到终态为止。则所做的体积功为

$$W_2 = \frac{p_1 + p_2}{2}(V' - V_1) + p_2(V_2 - V')$$
$$= \frac{p_1 - p_2}{2}(V' - V_1) + p_2(V' - V_1) + p_2(V_2 - V')$$
$$= \frac{p_1 - p_2}{2}(V' - V_1) + p_2(V_2 - V_1)$$
$$= \frac{p_1 - p_2}{2}(V' - V_1) + W_1$$

因为 $p_1 > p_2$，所以 $W_2 > W_1$。显然，逐段膨胀的次数越多，系统对环境所做的功就越大。

（3）设想系统膨胀时，外压是逐渐减小的，并且在每一次膨胀中，系统的内压总比外压大 $\mathrm{d}p$。如果用 p 代表系统的内压（即气体的压力），则 $p_{外} = p - \mathrm{d}p$，如图 2-4 所示。因此系统对外做功为

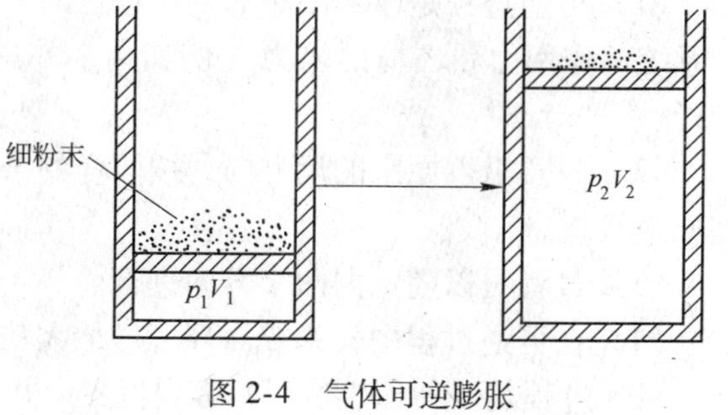

图 2-4 气体可逆膨胀

$$W_n = \int_{V_1}^{V_2} p_{外}\,dV = \int_{V_1}^{V_2} (p - dp)\,dV = \int_{V_1}^{V_2} p dV - \int_{V_1}^{V_2} dp dV = \int_{V_1}^{V_2} p dV \tag{2-4}$$

由于 $dpdV$ 是二阶无穷小，相对于 pdV 可以忽略不计，而 p 是系统的内压，即气体的压力。因为系统为一定量的理想气体，以 $p = nRT/V$ 代入式（2-4），在恒温下积分可得

$$W_n = \int_{V_1}^{V_2} \frac{nRT}{V} dV = nRT\ln\frac{V_2}{V_1} = nRT\ln\frac{p_1}{p_2} \tag{2-5a}$$

因为

$$pV = nRT$$

所以

$$W_n = p_2V_2\ln\frac{V_2}{V_1} = p_1V_1\ln\frac{V_2}{V_1} \tag{2-5b}$$

由于外压不能超过内压，否则就是压缩过程，而不是膨胀过程，因此 W_n 是最大膨胀功。

现在再来看一看它的逆过程，即压缩过程。压缩过程要外压大于内压才能实现，因此压缩过程所需要的外压总比膨胀过程所具有的外压要大，而体积变化的数值又相同：若用 $W_{正}$ 代表膨胀过程所做的功，而用 $W_{逆}$ 代表压缩过程所需要的功，那么对前两种途径来说，总是 $|W_{正}| > |W_{逆}|$。这时，系统虽然可以经过压缩而恢复原来的压力和体积，但由于环境在正逆两个过程中获得的功与消耗的功，在数值上并没有相互抵消，必然在环境中留下一些没被消除掉的变化痕迹，即环境恢复不了原状。在第三种途径中则不然，其逆过程也类似于正过程，可以无限缓慢地压缩，即外压总比气体的压力大 dp，这时应有：

$$W_{逆} = \int_{V_2}^{V_1} (p + dp)\,dV = \int_{V_2}^{V_1} p dV + \int_{V_2}^{V_1} dp dV$$

同样，忽略二阶无穷小 $dpdV$，可得

$$W_{逆} = \int_{V_2}^{V_1} p dV = -\int_{V_1}^{V_2} p dV \qquad 即 \qquad |W_{逆}| = |W_{正}|$$

在这种情况下，系统经过可逆过程恢复了原状，环境也随着恢复了原状。按第三种途径所进行的过程称为可逆过程，而按前两种途径所进行的过程称为不可逆过程。不可逆过程不是说系统不能复原，而是系统复原时，环境不能恢复原状。

简单地说，可逆过程就是系统可以沿着原过程的逆方向进行恢复原来状态而对环境不留下任何变化的过程。

综上所述，可以找出可逆过程的几个特点：

（1）可逆过程是以无限小的变化进行的，整个过程是由一连串无限接近平衡的状态所构系统的作用力和环境的阻力（例如内、外压力等）相差无限小，过程进行的速度无限缓慢。

（2）只要沿着原来的反方向，按同样的条件和方式进行，可使系统和环境都完全恢复到原来状态。

（3）过程可以随意向两个方向进行。

（4）在可逆过程中，系统对环境做最大功。

可逆过程是一种理想过程，客观世界中并不存在真正的可逆过程，但有些实际过程接

近于可逆过程。例如，液体在其沸点时的蒸发，固体在其熔点时的熔化等等。可逆过程的概念非常重要，它是实际过程的理论极限。通过比较可逆过程和实际过程，可以确定提高实际过程效率的可能性；此外，对某些重要状态函数的变化值，只有通过可逆过程才能求算，而这些函数的变化值在解决实际问题中起着重要作用。

2.2.4 热力学第一定律

能量守恒与转化定律应用于热力学领域内，称为热力学第一定律。即在任何过程中，能量既不能创造，也不能消失，能量只能从一种形式转化为另一种形式，而不同形式的能量在相互转化时永远是数量相当的。例如，电池内发生化学变化，化学能转化为电能产生电流，可使电动机做功转为机械能；若把电流通到电弧炉内以发热使炉料升温熔化，则把电能转化为热能；还可以通入照明设施发光发热，转为光能与热能等。无论能量怎样转化，形式千变万化，但总能量是不变的。

系统与环境间交换能量的形式只有两种，即功与热。根据热力学第一定律，能量的总量是不变的。因此，按照系统吸收的热量与对外做功，就可以知道系统的热力学能改变了多少。在具体应用中，需将热力学第一定律用数学形式表达出来。假设有一封闭系统在某一有限过程吸热 Q，对外做功 W，因为吸收热量使系统的热力学能增加，而做功又会消耗系统的能量。这样系统终态的能量就应为系统的始态能量加上增加的能量，减去消耗的能量。即

$$U_2 = U_1 + Q - W$$

$$U_2 - U_1 = Q - W$$

因为
$$\Delta U = U_2 - U_1$$

所以
$$\Delta U = Q - W \tag{2-6a}$$

对于系统的一个无限微小的变化过程，内能的变化量用微分 dU 来表示；热量和功的微小量用符号“δ”而不是用符号“d”表示，是为了把它们与状态函数的性质区分开来。在进行计算过程中，它们也与状态函数是有所不同的。

将式（2-6a）微分得

$$dU = \delta Q - \delta W \tag{2-6b}$$

式（2-6a）和式（2-6b）均为热力学第一定律的数学表达式。应用时要注意：

（1）热力学能、功和热三者单位要统一，按我国法定单位代入即可。

（2）只适用于封闭系统。对隔离系统 $Q=0$、$W=0$、$\Delta U=0$，可见没有什么意义，而对敞开系统，系统物质的量不能确定，故意义不明确。

（3）公式中的 W（或 δW）指的是总功，包括体积功和非体积功，所以根据需要可将公式改写为 $dU=\delta Q - p_{外}\,dV - \delta W'$ 的形式。

例如，在25℃、100kPa 条件下，完成反应

$$2H_2(g) + O_2(g) \xlongequal{} 2H_2O(l)$$

可采用燃烧反应或电池反应两种不同的过程，如图 2-5 所示。

其功、热和内能变化量的数据，见表 2-1。

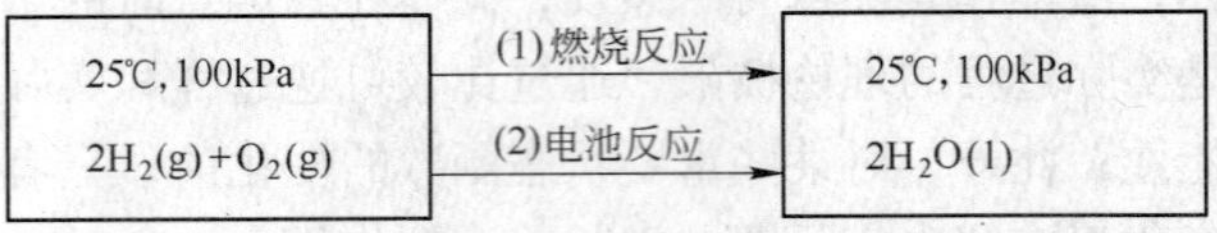

图 2-5　H_2 与 O_2 两种不同反应途径示意图

表 2-1　$2H_2(g)+O_2(g)=2H_2O(l)$ 反应的功、热和内能变化量数据

类　目	反应方式		类　目	反应方式	
	燃烧反应	电池反应		燃烧反应	电池反应
热/kJ	-571.5	-97.2	电功/kJ	—	-474.3
体积功/kJ	7.4	7.4	热力学能变化量/kJ		-564.1

上述例子再一次表明热力学能是系统的状态函数，而功和热则不是状态函数。

【例 2-2】　某系统由始态 1 变至终态 2 共吸热 300kJ，对外做功 100kJ，试计算该系统热力学能的变化量 ΔU。

解： 根据热力学第一定律 $\Delta U = Q - W$，因为系统吸热 $Q = +300\text{kJ}$，系统对环境做功 $W = 100\text{kJ}$，所以 $\Delta U = Q - W = 300 - 100 = 200\text{kJ}$。

2.3　焓

在冶金生产过程中，最常遇到的是等容过程和等压过程。在固定体积、封闭的反应器中进行的过程，属于等容过程；在敞口容器置于大气压下进行的过程，属于等压过程。尤其是后一种情况更为普遍。

热和功不是状态函数，其大小与过程有关，将看到，在恒容或恒压且无非体积功的过程中热量却是一定值，此定值仅仅取决于系统的始态和终态。

2.3.1　等容过程的热

等容条件可以是在恒定而密闭的容器中进行的反应，实际中也将只有凝聚相参加的化学反应近似看作等容过程，这是因为固、液体的体积变化极小，可以忽略不计。

在等容不做非体积功的条件下，由热力学第一定律得

$$dU = \delta Q - p_{外}\, dV - \delta W'$$

因为　$$dV = 0,\ \delta W' = 0$$

所以　$$dU = \delta Q \tag{2-7a}$$

积分式为　$$\Delta U = Q_V \tag{2-7b}$$

即在等容过程中，系统既不做非体积功，也不做体积功，系统所吸收或放出的热量 Q_V 称为等容过程热，简称等容热，它等于系统热力学能的变化量。

式（2-7）只适用于等容且不做非体积功的过程。该公式的重要性在于把一个特定过程的热量 Q_V 计算与一个系统的状态函数的变化量 ΔU 联系起来。等号两端的两个不同物理量只有数值上的等同，而物理意义却截然不同。热力学能是系统的状态函数，它的增量 ΔU 仅仅与状态有关，只要始态 U_1 与终态 U_2 一定，无论经历什么样的过程，$\Delta U = U_2 - U_1$

是固定的；而热量 Q 不是状态函数，只有在等容且不做非体积功的条件下，才能将 Q_V 与 ΔQ 联系起来。所以专门在 Q 的右下角标上"V"，强调其为特殊过程——等容过程的热。

2.3.2 等压过程的热

比等容过程更普遍常见的过程是等压过程。多数冶金过程、金属热处理过程都是在敞开的、暴露的空气中进行的。例如，电炉、转炉炼钢过程等。

在等压不做非体积功的条件下，热力学第一定律可改写为

$$dU = \delta Q - p_{外}\,dV$$

因为

$$p = p_{外} = 常数$$

所以

$$dU = \delta Q_p - d(pV)$$

$$\delta Q = dU + d(pV) = d(U + pV) \tag{2-8}$$

由于 U、p、V 都是系统的状态函数，则在同一状态下 $U+pV$ 也应是状态函数。在热力学计算中，经常遇到 $U+pV$ 这个量，为了方便起见，把它称为焓，用符号 H 表示，即

$$H = U + pV \tag{2-9}$$

由式（2-8）和式（2-9）可知

$$\delta Q_p = dH \tag{2-10a}$$

积分式为

$$Q_p = \Delta H \tag{2-10b}$$

对于式（2-10）的理解与式（2-7）的相类似。式（2-9）只适用于等压且不做非体积功的特殊过程。在这个过程中，交换的热量 Q_p 与系统的状态函数焓的变化量 ΔH 相等。有了这一结论，计算等压过程的热量就方便多了。

由于热力学能的绝对值目前还不能测定，所以焓的绝对值也不能测定，但实际过程只需知道其变化量就可以了。焓并没有明确物理意义，而热力学能有明确的物理意义，焓的单位与热力学能的单位相同，都是焦（J）。

焓既然是系统的状态函数，且为容量性质，只要系统的状态一定，就有确定的焓值，当系统发生任何一个过程后，就有相对应的焓变化量 $\Delta H = H_2 - H_1$。切勿认为只有等压过程才有焓变 ΔH。热力学上规定，若系统的焓在一个过程中增加时，则 ΔH 为正值；反之减少时，ΔH 为负值。

式（2-7）和式（2-10）把热量的计算归结为状态函数的变化量的计算。因为 U 和 H 都是状态函数，在计算 ΔU 和 ΔH 时，如果实际过程比较复杂，不妨另外设想一个较为简单的过程，只要保持设想的过程和实际的过程具有相同的始态和终态，从设想的过程计算出来的 ΔU 和 ΔH 就分别等于实际过程的 ΔU 和 ΔH 的数值，这样就得到了实际过程的热量。

【例 2-3】 已知 1mol 水在 373.15K 和 100kPa 下完全变成水蒸气时要吸收 40.67kJ 的热量。如果压力不变，温度发生了变化。试求 1mol 的 383.15K 的过热水（所谓过热水即在沸点时还不蒸发的液体水）在 100kPa 下完全蒸发成水蒸气所吸收的热量？

解： 由于过热水的实验不宜进行，所以设计一个可逆过程，如图 2-6 所示进行计算。

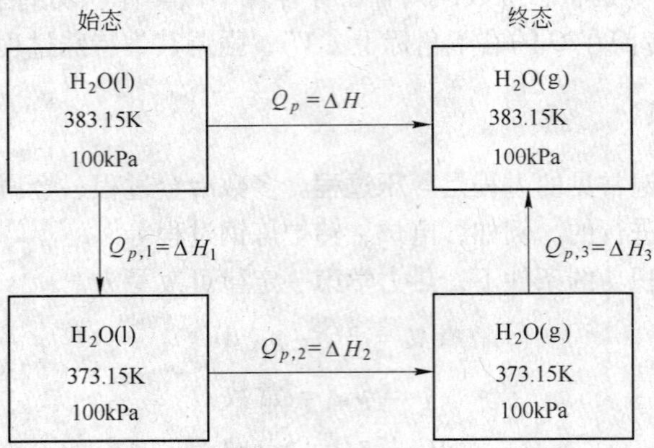

图 2-6　计算水汽化时的 ΔH 示意图

因为上述过程都是等压过程，故有：

$$Q_p = \Delta H$$

$$Q_{p,1} = \Delta H_1;\ Q_{p,2} = \Delta H_2;\ Q_{p,3} = \Delta H_3$$

又因焓是状态函数，故有

$$\Delta H = \Delta H_1 + \Delta H_2 + \Delta H_3$$

所以

$$Q = Q_{p,1} + Q_{p,2} + Q_{p,3}$$

式中　$Q_{p,2}$——正常相变过程的相变热，等于 40.67kJ/mol。

2.4　热容和热量计算

2.4.1　热容

在不发生相变化与化学变化条件下，一定量的均相物质温度升高 1K 所需的热量，称为该物质的热容，通常以符号 C 表示。如果取 1kg 物质为单位，其热容通常称为质量热容，单位用 $J \cdot kg^{-1} \cdot K^{-1}$ 表示；如果取 1mol 物质为单位，其热容就称为摩尔热容，符号为 c_m，单位用 $J \cdot mol^{-1} \cdot K^{-1}$ 表示。

（1）平均热容 $\bar{c}_m$。若 n mol 某物质温度从 T_1 升高至 T_2，在此过程吸收热量为 Q，则在此温度范围内，1mol 物质温度每升高 1K，平均吸收的热量称为该物质在该温度范围内的平均摩尔热容，简称平均热容。

$$\bar{c}_m = \frac{Q}{n(T_2 - T_1)} = \frac{Q}{n\Delta T} \tag{2-11}$$

式中　$\bar{c}_m$——物质在指定温度范围（$T_1 \rightarrow T_2$）内的平均热容。

附表 2 列出某些物质在 298K ~ T 的平均热容。估算物质在某温度范围内吸收或放出的热量，可查此表。

（2）真热容 C。平均热容使用方便，但误差较大。因为热容与温度范围有关，温度范围越宽误差越大。例如，1mol 水在 0℃→100℃时，平均热容 $\bar{c}_m = 75.42 J \cdot mol^{-1} \cdot K^{-1}$，而在 14.5→15.5℃时，$\bar{c} = 75.362 J \cdot mol^{-1} \cdot K^{-1}$。因此，精确计算热量时，不能采用平均热容法，应该采用真热容。从式（2-11）知，温度间隔越小，所得热容才越接近在某个温度

时的真热容。对式（2-11）取极限，便得真热容 C，即

$$C = \lim_{\Delta T \to 0} \frac{Q}{\Delta T} = \frac{\delta Q}{\mathrm{d}T} \tag{2-12}$$

式中　C ——物质在某一温度下的真热容，简称热容。

式（2-12）即为热容的定义式。由于物质吸热可在定容或定压的条件下进行，因而热容也可分为摩尔定容热容和摩尔定压热容。

1）摩尔定容热容。在不做非体积功的定容过程中，1mol 物质的热容称为摩尔定容热容，用符号 $c_{V,\mathrm{m}}$表示。

$$c_{V,\mathrm{m}} = \frac{1}{n}\frac{\delta Q_V}{\mathrm{d}T} = \frac{\delta Q_V}{n\mathrm{d}T} = \frac{\delta Q_{V,\mathrm{m}}}{\mathrm{d}T} \tag{2-13a}$$

又

$$\delta Q_V = \mathrm{d}U$$

$$c_{V,\mathrm{m}} = \frac{1}{n}\frac{\mathrm{d}U}{\mathrm{d}T} = \frac{\mathrm{d}U}{n\mathrm{d}T} = \frac{\mathrm{d}U_\mathrm{m}}{\mathrm{d}T} \tag{2-13b}$$

式中，下标 V 表示定容条件；U_m 为系统的摩尔热力学能。

式（2-13b）表明，在恒容条件下，系统的摩尔热力学能随温度的变化率即为系统的质量定容热容。

2）摩尔定压热容。在不做非体积功的定压过程中，1mol 物质的热容称为摩尔定压热容，用符号 $c_{p,\mathrm{m}}$表示。

$$c_{p,\mathrm{m}} = \frac{1}{n}\frac{\delta Q_p}{\mathrm{d}T} = \frac{\delta Q_{p,\mathrm{m}}}{\mathrm{d}T} \tag{2-14a}$$

又

$$\delta Q_p = \mathrm{d}H$$

$$c_{p,\mathrm{m}} = \frac{\mathrm{d}H}{n\mathrm{d}T} = \frac{\mathrm{d}H_\mathrm{m}}{\mathrm{d}T} \tag{2-14b}$$

式中，下标 p 表示定压条件；H_m 为系统的摩尔焓。

式（2-14b）表明，在定压条件下，系统的摩尔焓随温度的变化率即为系统的摩尔定压热容。无论是摩尔热力学能对温度的导数，还是摩尔焓对温度的导数，都是同一状态下状态函数的运算，它仍然是系统的状态函数。因此，当系统处于一定状态时，$c_{p,\mathrm{m}}$和 $c_{V,\mathrm{m}}$都具有确定的值；当系统的状态发生变化时，它们也可能随之变化，其中最明显的是随温度的变化。

2.4.2 热容与温度的关系

在定压不做非体积功的过程，系统与环境之间交换的热量等于焓的变化量。

目前还不能从理论上推导出 $c_{p,\mathrm{m}}$（或 $c_{V,\mathrm{m}}$）与 T 的关系。多年来，各国科学家从大量的实验中归纳出各种物质热容与温度的关系式，并越来越准确。常用的热容通式有以下两种

$$c_{p,\mathrm{m}} = a + bT + cT^2 \tag{2-15a}$$

$$c_{p,\mathrm{m}} = a + bT + c'T^{-2} \tag{2-15b}$$

式中，a、b、c、c'为经验常数，它们因物质种类和温度范围不同而异。这些常数可以从各种热力学手册中查到。附表 4 列出了其中一部分，应用时要注意表中所指明的单位。

在应用以上两经验公式时，要注意适用的温度范围，即每个经验公式都有它测定的温度范围，其中式（2-15a）适用温度范围较小，式（2-15b）适用温度范围较广。如果计算的温度区间（即积分的上下限）超出，就会产生误差。

特别地，理想气体的 $c_{p,\mathrm{m}}$ 与 $c_{V,\mathrm{m}}$ 的关系为 $c_{p,\mathrm{m}} = c_{V,\mathrm{m}} + R$，单原子理想气体则有：$c_{p,\mathrm{m}} = 2.5R$（或 20.785）$\mathrm{J \cdot mol^{-1} \cdot K^{-1}}$；$c_{V,\mathrm{m}} = 1.5R$（或 12.471）$c_{V,\mathrm{m}}$。

2.4.3　热量的计算

2.4.3.1　显热的计算

当系统在整个变化过程中不发生化学变化和相变化时，系统与环境交换的热量称为显热。

显热必定会引起系统温度变化，因此，可应用式（2-13）或式（2-14）积分来计算在定容或定压过程的显热。若系统物质的量为 n mol，温度由 T_1 变化到 T_2 时，则

$$\Delta U = Q_V = n\int_{T_1}^{T_2} c_{V,\mathrm{m}} \mathrm{d}T \tag{2-16}$$

$$\Delta H = Q_p = n\int_{T_1}^{T_2} c_{p,\mathrm{m}} \mathrm{d}T \tag{2-17}$$

将式（2-15a）和式（2-15b）分别代入式（2-17）并积分可计算出

$$\Delta H = Q_p = n\int_{T_1}^{T_2} c_{p,\mathrm{m}} \mathrm{d}T = n\int_{T_1}^{T_2} (a + bT + cT^2) \mathrm{d}T$$

$$= n\left[a(T_2 - T_1) + \frac{b}{2}(T_2^2 - T_1^2) + \frac{1}{3}c(T_2^3 - T_1^3) \right] \tag{2-18a}$$

$$\Delta H = Q_p = n\int_{T_1}^{T_2} c_{p,\mathrm{m}} \mathrm{d}T = n\int_{T_1}^{T_2} (a + bT + c'T^{-2}) \mathrm{d}T$$

$$= n\left[a(T_2 - T_1) + \frac{b}{2}(T_2^2 - T_1^2) - c'\left(\frac{1}{T_2} - \frac{1}{T_1}\right) \right] \tag{2-18b}$$

【例 2-4】 在 100kPa 下，使 1kg 生石灰（CaO）从 25℃升温到 1527℃，求所需的热和系统的焓变。

（1）查出真热容进行计算；

（2）查出平均热容进行计算。

解：（1）查附表 4 得到 CaO 的真热容为

$$c_{p,\mathrm{m}} = [48.83 + 4.52 \times 10^{-3}T - 6.53 \times 10^5 T^{-2}]\ \mathrm{J \cdot mol^{-1} \cdot K^{-1}}$$

因为 CaO 的物质的量为 $n = \frac{1000}{56}\mathrm{mol}$，$T_1 = 298\mathrm{K}$，$T_2 = 1800\mathrm{K}$ 代入式（2-17）

$$\Delta H = Q_p = n\int_{T_1}^{T_2} c_{p,\mathrm{m}} \mathrm{d}T$$

$$= \frac{1000}{56} \times \int_{298}^{1800} (48.83 + 4.52 \times 10^{-3} T - 6.53 \times 10^{5} T^{-2}) \mathrm{d}T$$

$$= \frac{1000}{56} \times \left[48.83(1800 - 298) + \frac{1}{2} \times 4.52 \times 10^{-3}(1800^2 - 298^2) + 6.53 \times 10^5 \times \left(\frac{1}{1800} - \frac{1}{298}\right)\right]$$

$$= 1.44 \times 10^6 \mathrm{J}$$

（2）查附表 2，得到 CaO 在 298 ~ 1800K 的平均热容为

$$\bar{c}_{p,\mathrm{m}}(\mathrm{CaO}) = 52.34 \mathrm{J \cdot mol^{-1} \cdot K^{-1}}$$

$$\Delta H = Q_p = n\bar{c}_{p,\mathrm{m}}$$

$$\Delta H = Q_p = n\bar{c}_{p,\mathrm{m}}(\mathrm{CaO})(T_2 - T_1)$$

$$= \frac{1000}{56} \times 52.34 \times (1800 - 298) = 1.404 \times 10^6 \mathrm{J}$$

2.4.3.2 相变热的计算

如果在 T_1 到 T_2 的温度范围内，物质状态发生了变化，则要将相变热加进去，并分段积分计算。例如，某物质从 T_1 到 T_2 的温度范围内经过了熔点和沸点，则所需热量按下式计算：

$$固体(T_1) \rightarrow 固体(T_{熔}) \xrightarrow{熔化} 液体(T_{熔}) \rightarrow 液体(T_{沸}) \xrightarrow{蒸发} 气体(T_{沸}) \rightarrow 气体(T_2)$$

$$\Delta H = Q_p = \int_{T_1}^{T_{熔}} nc_{p,\mathrm{m,s}} \mathrm{d}T + \Delta H_{\mathrm{m},熔化} + \int_{T_{熔}}^{T_{沸}} nc_{p,\mathrm{m,l}} \mathrm{d}T + n\Delta H_{\mathrm{m},蒸发} + \int_{T_{沸}}^{T_2} nc_{p,\mathrm{m,g}} \mathrm{d}T \quad (2\text{-}19)$$

【例 2-5】 将 2mol 的 271K 的冰加热到 393K，计算所需的热量。

解： 整个加热过程所经历的步骤为

$$冰(271\mathrm{K}) \longrightarrow 冰(273\mathrm{K}) \xrightarrow{熔化} 水(273\mathrm{K}) \longrightarrow 水(373\mathrm{K}) \xrightarrow{蒸发} 水蒸气(373\mathrm{K}) \longrightarrow 水蒸气(393\mathrm{K})$$

从附表 4 查得

$$c_{p,\mathrm{m,s}} = (-0.196 + 0.1401T) \mathrm{J \cdot mol^{-1} \cdot K^{-1}}$$

$$c_{p,\mathrm{m,l}} = 75.3 \mathrm{J \cdot mol^{-1} \cdot K^{-1}}$$

$$c_{p,\mathrm{m,g}} = (30.00 + 0.0107T) \mathrm{J \cdot mol^{-1} \cdot K^{-1}}$$

$$\Delta H_{\mathrm{m},熔化} = 6.008 \mathrm{kJ \cdot mol^{-1}}$$

$$\Delta H_{\mathrm{m},蒸发} = 40.67 \mathrm{kJ \cdot mol^{-1}}$$

所需的热为

$$\Delta H = Q_p = n\left[\int_{271}^{273} nc_{p,\mathrm{m,s}} \mathrm{d}T + \Delta H_{\mathrm{m},熔化} + \int_{273}^{373} nc_{p,\mathrm{m,l}} \mathrm{d}T + \Delta H_{\mathrm{m},蒸发} + \int_{373}^{393} nc_{p,\mathrm{m,g}} \mathrm{d}T\right]$$

$$=2\times\left[\int_{271}^{273}(-0.196+0.1401T)\mathrm{d}T+6.008\times10^3+\int_{273}^{373}75.3\mathrm{d}T+40.67\times10^3+\int_{373}^{393}(30.00+0.0107T)\mathrm{d}T\right]$$

$$=109960\mathrm{J}=109.96\mathrm{kJ}$$

2.5 热力学第一定律的应用

热力学第一定律可用于理想气体的单纯状态变化（即 p、V、T）过程、相变化过程及化学变化过程中有关 ΔU、Q 和 W 等的计算。

2.5.1 对理想气体单纯状态变化过程的应用

2.5.1.1 等容过程

等容过程的条件是体积不变，即 $\mathrm{d}V=0$，所以 $\delta W=p\mathrm{d}V=0$，因为 W 不是状态函数，所以将 $\delta W=0$ 进行积分后不是得到 $W=$常数，而是 $W=0$。

当 $W=0$ 时，由 $\Delta U=Q-W$ 可以得知，$\Delta U=Q$。即在等容过程中，所做的功为零，热力学能的增加等于所吸收的能量，热力学能的减少等于所放出的能量。

2.5.1.2 等压过程

等压过程的条件是压力不变，即 $p=p_{外}=$常数，根据式（2-3），理想气体服从 $pV=nRT$ 的关系，所以式（2-3）又可以改成下列形式：

$$W=p(V_2-V_1)=pV_2-pV_1=nRT_2-nRT_1$$

$$W=nR(T_2-T_1) \tag{2-20}$$

得出 W 后，只要知道 ΔU 和 Q 中的任何一个量，就可以求出另外一个量。

【例 2-6】 在等压 $p=100\mathrm{kPa}$ 下，一定量的理想气体 B 由 $0.01\mathrm{m}^3$ 膨胀到 $0.016\mathrm{m}^3$，并从环境吸收热量 700J，求 W 和 ΔU。

解： 由题意知 $Q=700\mathrm{J}$。再由等压过程体积功的计算公式得

$$W=p(V_2-V_1)=10^5\times(0.016-0.01)=600\mathrm{J}$$

$$\Delta U=Q-W=700-600=100\mathrm{J}$$

2.5.1.3 等温过程

等温过程的条件是温度不变，$T=$常数，假设该过程为一可逆过程，又因为理想气体服从 $pV=nRT$ 关系式，代入 $W=\int_{V_1}^{V_2}p\mathrm{d}V$

则有
$$W=\int_{V_1}^{V_2}p\mathrm{d}V=\int_{V_1}^{V_2}\frac{nRT}{V}\mathrm{d}V=nRT\ln\frac{V_2}{V_1} \tag{2-21a}$$

由玻意耳定律
$$p_1V_1=p_2V_2 \qquad \frac{p_1}{p_2}=\frac{V_2}{V_1}$$

所以
$$W = nRT\ln\frac{V_2}{V_1} = nRT\ln\frac{p_1}{p_2} \tag{2-21b}$$

【例 2-7】 4mol O_2 在 298K 时，从 101kPa 等温可逆压缩到 505kPa 时，放出 15950J 的热量，试求 W 与 ΔU。

解： 由题意知 $Q = -15950\text{J}$，

$$W = nRT\ln\frac{p_1}{p_2} = 4 \times 8.314 \times 298 \times \ln\frac{101}{505} = 15950\text{J}$$

则
$$\Delta U = Q - W = -15950 - (-15950) = 0$$

由计算结果知，理想气体等温可逆压缩时，其热力学能不变，系统从环境中得到的功，又以等量的热的形式放出给环境。

2.5.2 对相变过程的应用

系统中物质的组成不变而聚集状态发生转变的过程称为相变过程。正常的相变过程可以视为可逆过程，而且是等温等压的可逆过程。所以在可逆相变过程中热效应等于相变热。体积功 $W = p(V_2 - V_1)$，V_1 为始态的体积即相变以前的体积；V_2 为终态的体积即相变以后生成的新相体积。

（1）体积变化明显的相变过程

$$\text{液体}\underset{\text{凝结}}{\overset{\text{蒸发}}{\rightleftharpoons}}\text{蒸气；固体}\underset{\text{凝固}}{\overset{\text{升华}}{\rightleftharpoons}}\text{气体}$$

对于液体蒸发过程
$$Q = \Delta H_{\text{蒸发}}$$
$$W = p(V_g - V_l)$$

当物质的量一定时，气相体积 V_g 远远大于液相体积 V_l，若视蒸气为理想气体，则有
$$W \approx pV_g = nRT$$

对于固体升华过程，处理方法同上。
$$Q = \Delta H_{\text{升华}},\ W = p(V_g - V_l) \approx pV_g = nRT$$

（2）体积变化不大的相变过程

$$\text{固体}\underset{\text{凝固}}{\overset{\text{熔化}}{\rightleftharpoons}}\text{液体、晶型转变（如：}\alpha\text{-Fe}\underset{100\text{kPa}}{\overset{1183.15\text{K}}{\rightleftharpoons}}\gamma\text{-Fe；}\alpha\text{-石英}\underset{100\text{kPa}}{\overset{1091.15\text{K}}{\rightleftharpoons}}\gamma\text{-石英）}$$

体积功都很小（$W \approx 0$），可以忽略。

【例 2-8】 2mol 水在 373K 和 100kPa 的压力下汽化，试求该过程中的 W、Q 和 ΔU。已知水在 373K 下的蒸发热为 40.67kJ/mol。

解： 水的汽化过程可以看成是可逆过程，而且是个等压过程，因此所做的功可以按式 (2-3) 进行计算。假设将水蒸气看成理想气体，而且液态水的体积与水蒸气的体积比较时可以忽略不计，于是

$$W = p(V_g - V_l) \approx pV_g = nRT$$
$$= 2 \times 8.314 \times 373 = 6202\text{J}$$
$$Q = 40.67 \times 10^3 \times 2 = 81340\text{J}$$

于是 $\Delta U = Q - W = 81340 - 6202 = 75138\text{J}$

2.5.3 在化学变化过程的应用

化学反应是在等温等压条件下进行的，体积功的计算可代入 $W = p(V_2 - V_1)$ 来计算。固、液体的体积与气体体积相比较可以忽略不计，只考虑气体的体积。故得：

$$W = p(V_{产物} - V_{反应物}) \approx p(V_{产物,g} - V_{反应物,g}) = (n_g RT)_{产物} - (n_g RT)_{反应物}$$

$$W = \Delta n_g RT \tag{2-22}$$

式中 Δn_g——化学反应方程式产物气体的总物质的量与反应物气体的总物质的量之差。

【例 2-9】 在 298K、100kPa 条件下，2mol $H_2(g)$ 和 1mol $O_2(g)$ 作用生成 2mol $H_2O(l)$ 时能放出 571.8kJ 的热量。试计算系统的 W、ΔU（设 H_2、O_2 均为理想气体）。

解： 据题意写出化学方程式为

$$2H_2(g) + O_2(g) \longrightarrow 2H_2O(l)$$

$$\Delta n_g = 0 - (2 + 1) = -3\text{mol}$$

$$W = \Delta n_g RT = (-3) \times 8.314 \times 298 = -7.43\text{kJ}$$

$$Q = -571.8\text{kJ}$$

所以 $\Delta U = Q - W = -571.8 - (-7.43) = -564.35\text{kJ}$

2.6 化学反应热效应及化学方程式

2.6.1 化学反应热效应

化学反应热效应的计算是本章的重要内容。本节由物质的热化学数据——标准摩尔生成焓、标准摩尔燃烧焓，结合摩尔热容及相变焓，即可计算在指定条件下化学反应热效应。

为了正确表达反应热效应。首先要掌握反应进度的概念。

2.6.1.1 化学反应进度

化学反应进度是用来描述某一化学反应进行程度的物理量，它具有与物质的量相同的量纲，单位为 mol，用符号 ξ 表示。将反应系统中任何一种反应物或生成物在反应过程中物质的量的变化 Δn_B 与该物质的化学计量数 ν_B 之比定义为该反应的反应进度。其定义式为

$$\xi = \Delta n_B / \nu_B \tag{2-23}$$

例如对于化学反应 $a\text{A} + b\text{B} \longrightarrow y\text{Y} + z\text{Z}$

或写成 $0 = y\text{Y} + z\text{Z} - a\text{A} - b\text{B}$，简写为 $\Sigma \nu_B \text{B} = 0$

ν_B 为反应物或产物 B 的化学计量数。对反应物，ν_B 为负值；对产物 ν_B 为正值（即 $\nu_A = -a$，$\nu_B = -b$，$\nu_Y = y$，$\nu_Z = z$）。这和在化学反应中反应物减少，产物增加是一致的。以合成氨反应为例，若反应前（时间 $t = 0$）$n_1(N_2) = 10\text{mol}$，$n_1(H_2) = 30\text{mol}$，$n_1(NH_3) = 0\text{mol}$。反应到 t 时刻 $n_2(N_2) = 8\text{mol}$，$n_2(H_2) = 24\text{mol}$，$n_2(NH_3) = 4\text{mol}$。

对于反应式　$N_2 + 3H_2 \longrightarrow 2NH_3$

$$\xi = [n_2(N_2) - n_1(N_2)]/\nu(N_2) = (8-10)/(-1) = 2\text{mol}$$

$$\xi = [n_2(H_2) - n_1(H_2)]/\nu(H_2) = (24-30)/(-3) = 2\text{mol}$$

$$\xi = [n_2(NH_3) - n_1(NH_3)]/\nu(NH_3) = (4-0)/2 = 2\text{mol}$$

可见对同一化学反应方程式，采用哪一种物质表示反应进度均是相同的，所以反应进度ξ适用于同一化学反应的任一物质。

上述合成氨系统若反应方程式写成$\frac{1}{2}N_2 + \frac{3}{2}H_2 = NH_3$，则求得$\xi = 4\text{mol}$。可见化学反应进度是与化学反应方程式的写法对应的，所以在使用反应进度ξ时，必须指明具体化学反应方程式。

2.6.1.2　标准态

由于化学反应中能量变化受外部条件的影响，因此为了确定一套精确的热力学基本数据，国际上规定了物质的热力学标准状态，简称标准态。

我国国家标准中规定 100kPa 为标准压力，用$p^{\ominus}$表示，再进一步规定各种系统的热力学标准态。气体物质的标准态，是指除表现出理想气体性质外，其压力（或在混合气体的分压）值为标准压力$p^{\ominus}$时的状态；液体或固体的标准态是指处在$p^{\ominus}$下的纯液体或纯固体；溶液的标准态是指当溶液处于标准压力$p^{\ominus}$下的理想溶液时，溶质的浓度为标准浓度($c^{\ominus}$ = 1mol/L）时的状态。标准态没有特别指明温度，通常用的是 298.15K（可近似为 298K）的数值，可不必指出。如为其他温度，则需在右下角标出该温度数值。

2.6.1.3　标准摩尔反应焓$\Delta_r H_m^{\ominus}$

由式$Q_p = \Delta H$可知系统的等压热效应在数值上等于焓变。所以反应焓（$\Delta_r H$，下标 r 为反应（reaction）的意思）是化学反应的等压热效应，其大小与反应进度ξ有关。

对于任一化学反应$aA + bB = yY + zZ$，根据状态函数特点反应焓应为

$$\Delta_r H = H_Y + H_Z - (H_A + H_B)$$

则摩尔反应焓的定义式为$\Delta_r H_m = \Delta_r H/\xi$。

摩尔反应焓（$\Delta_r H_m$）表示：某化学反应按所给定的化学计量方程式反应，当反应进度$\xi = 1\text{mol}$时的反应焓称为摩尔反应焓。用符号$\Delta_r H_m$表示，m 为反应进度为 1mol 之意。

规定各物质都各自处在标准态下的摩尔反应焓称为标准摩尔反应焓，用符号$\Delta_r H_m$表示，上角标$\ominus$表示热力学标准态。

由于焓的绝对值无法测到，所以对于$aA + bB = yY + zZ$反应，无法由所有产物的标准摩尔焓值之和减去所有反应物的标准摩尔焓值之和来求出摩尔反应焓，即不能用公式$\Delta_r H_m^{\ominus} = \Sigma \nu_B H_m^{\ominus}$来计算。但是，可以引用物质的标准摩尔生成焓和标准摩尔燃烧焓的概念，并用来计算标准摩尔反应焓。虽然规定了标准压力，并定义了标准摩尔反应焓的概念，但因压力改变不大时，各物质的焓变化极小，所以即使压力不是处于标准压力，摩尔反应焓还是近似等于标准摩尔反应焓。

2.6.1.4　化学反应热效应

化学反应系统在不做非体积功的等温过程中，所吸收或放出的热量，称为化学反应热

效应，简称反应热。通常产物（终态）的温度与反应物（始态）的温度是不相同的，等温过程就需要产物回到反应前原始物的温度。若反应系统是在等温等压条件下进行，其热效应称为等压热效应即化学反应焓，用 ΔH 表示；若在等温等容条件下进行，其热效应称为等容热效应，用 ΔU 表示。

2.6.2　热化学方程式

热化学方程式是表示化学反应与热效应的关系式。例如

$$2Fe(s) + \frac{3}{2}O_2(g) \xlongequal{\quad} Fe_2O_3(s) \qquad \Delta H_{298}^{\ominus} = -8241kJ \cdot mol^{-1}$$

该式表明 2mol 固体铁和 1.5mol 氧气在 101.3kPa 和 298.15K 下完全反应生成 1mol 三氧化二铁时，放热 8241kJ。

热化学方程式按如下规范表示：

（1）写出化学方程式并且配平。因为反应式中的反应物、产物分别代表系统的始态和终态，所以反应式中计量系数不同，表达的始态和终态也不同，则反应的热效应也就不同。

$$H_2(g) + \frac{1}{2}O_2(g) \xlongequal{\quad} H_2O(g) \qquad \Delta H_{298}^{\ominus} = -241.825kJ \cdot mol^{-1}$$

$$2H_2(g) + O_2(g) \xlongequal{\quad} 2H_2O(g) \qquad \Delta H_{298}^{\ominus} = -483.65kJ \cdot mol^{-1}$$

（2）注明反应物和产物的聚集状态。因为聚集状态不同，热效应也不同，可在每个分子式后面加括号标明其聚集状态。通常气体以（g）、液体以（l）、固体以（s）表示。固体中若有不同晶型，还应标明晶型。例如

$$S(\text{斜方}) + O_2(g) \xlongequal{\quad} SO_2(g) \qquad \Delta H_{298}^{\ominus} = -296.9kJ \cdot mol^{-1}$$

$$S(\text{单斜}) + O_2(g) \xlongequal{\quad} SO_2(g) \qquad \Delta H_{298}^{\ominus} = -297.2kJ \cdot mol^{-1}$$

（3）反应热效应写在方程式右边。恒容热效应和恒压热效应分别用 ΔU 和 ΔH 表示。

（4）标明反应温度和压力（主要指温度）。因为反应温度对反应热效应有很大的影响，反应温度通常标在 ΔU 和 ΔH 的右下角，反应压力标在 ΔU 和 ΔH 的右上角，如 $\Delta H_{298}^{\ominus}$ 表示 298.15K（为了简便以 298K 表示 298.15K）、各反应物的压力均为 100kPa 时恒压热效应。上标 $\ominus$ 表示标准态，即在 100kPa 压力下。若不特别指明，则指温度为 298K、压力为 100kPa。

2.6.3　化学反应恒压热效应与恒容热效应的关系

化学反应热效应的数据首先是用实验测得的。下面介绍一种测量热效应的方法。图 2-7 所示为氧弹量热计的构造简图。它是用来测定固体物质（例如煤）与氧气反应的热效应的仪器。实验时，先把反应物放在密闭耐高压的钢制弹形反应器中，并通入 1000～1500kPa 的氧气，然后将反应器放入一定量的水中，

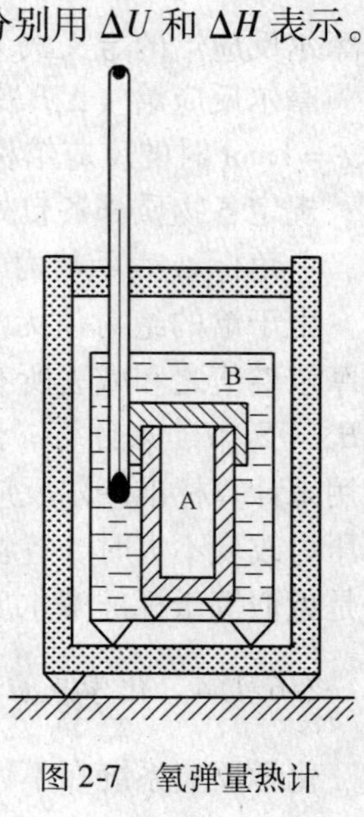

图 2-7　氧弹量热计

于是接通电源，靠电火花点火，使反应发生。随着反应的发生，不断放出热量，传给反应器周围的水，从温度计上读出水温升高的温度，经过计算就可以得出该反应的热效应。

这种实验方法所得的结果中有两点是应该注意的：

（1）反应前后的温度虽然不同，但在计算时已经把产物的温度恢复到变化前的温度，这样才能得到放出或吸收的热量。经过这样的处理以后，就成为某一温度下（规定为298K）的恒温热效应。

（2）因为反应是在一个固定体积的密闭室中进行的，因此是恒容反应。在化工或冶金等过程中，大多数的化学反应是在恒压下进行的，所以需要进行换算。换算方法如下：

因为
$$H = U + pV$$

所以
$$\Delta H = \Delta U + \Delta(pV)$$

$$\Delta H = Q_p,\ \Delta U = Q_V$$

$$Q_p = Q_V + \Delta(pV) = Q_V + (p_2V_2 - p_1V_1)$$

这是恒压热效应与恒容热效应的关系式。式中，p_2V_2 为产物的压力与体积的乘积，p_1V_1 为反应物的压力与体积的乘积。如果反应物与产物都是固体或液体，则引起的 pV 变化很小，可以不考虑。如果是气体，则引起的变化很大。因此在计算 pV 变化时，只考虑气体，不考虑固体和液体。若把反应中的气体都看成理想气体，则

反应前
$$p_1V_1 = n_1RT$$

反应后
$$p_2V_2 = n_2RT$$

所以
$$p_2V_2 - p_1V_1 = (n_2 - n_1)RT = RT\Delta n_g$$

将结果代入上式，可得

$$Q_p = Q_V + RT\Delta n_g \tag{2-24}$$

式中 Δn_g——产物中气体的物质的量与反应物中气体的物质的量之差。

【例 2-10】 已知在1000K时反应 $2C(s) + O_2(g) = 2CO(g)$ 的恒容热效应 $Q_V = -231.27kJ \cdot mol^{-1}$，试求该反应的恒压热效应 Q_p。

解：
$$\Delta n_g = 2 - 1 = 1mol$$

所以 $Q_p = Q_V + RT\Delta n_g = -231270 + 8.314 \times 1000 \times 1 = -222960J \cdot mol^{-1}$

即反应的等压热效应是反应放热 229.96kJ·mol⁻¹。

【例 2-11】 1mol $C_{10}H_8(s)$（萘）与适量的氧气 O_2 反应生成 CO_2 和液态 H_2O，在25℃恒容条件下反应放热5152kJ，分别写出该反应在恒容和恒压下的热化学方程式。

解：根据热化学方程式书写规范的要求，分步写出：

反应式 $C_{10}H_8 + 12O_2 = 10CO_2 + 4H_2O$

标明聚集状态 $C_{10}H_8(s) + 12O_2(g) = 10CO_2(g) + 4H_2O(l)$

所以恒容条件下的热化学方程式为

$$C_{10}H_8(s) + 12O_2(g) = 10CO_2(g) + 4H_2O(l)$$

$$\Delta U_{298} = -5152kJ \cdot mol^{-1}$$

由上述方程式知　　　　$\Delta n_g = 10 - 12 = -2\text{mol}$

按式（2-24）

$$\Delta H = \Delta U + RT\Delta n_g = -5152 + (-2) \times 8.314 \times 298 \times 10^{-3} = -5157\text{kJ} \cdot \text{mol}^{-1}$$

所以恒压条件下的热化学方程式可写成

$$C_{10}H_8(s) + 12O_2(g) \longequal 10CO_2(g) + 4H_2O(l)$$

$$\Delta H_{298} = -5152\text{kJ} \cdot \text{mol}^{-1}$$

至此，必须强调，热化学方程式中的反应热效应指的是化学反应进度 $\xi = 1\text{mol}$ 的热效应。但并不说明该反应一定能够发生或能够进行到底。例如

（1）　$6C(石墨) + 3H_2(g) \longequal C_6H_6(l)$　　$\Delta H^{\ominus}_{298} = 49.04\text{kJ} \cdot \text{mol}^{-1}$

（2）　$N_2(g) + 3H_2(g) \longequal 2NH_3(g)$　　$\Delta H^{\ominus}_{298} = -92.38\text{kJ} \cdot \text{mol}^{-1}$

反应（1）不能发生，反应（2）不可能进行到底，但作为热化学方程式，它们的表达皆正确。

热化学方程式：一方面将化学反应式和反应热效应联系起来，使之更完整地表达化学反应本质和物理现象；另一方面利用方程式的数学规律，也可以进行不同反应之间热效应的换算。

2.7　盖斯定律

化学反应热效应是进行工艺设计的重要数据，但是并非所有的化学反应热效应都能通过实验测定得到，某些反应伴随着副反应发生，难以直接测得其热效应。例如

$$2C(石墨) + O_2(g) \longequal 2CO(g)$$

这个反应常常伴随着 $CO_2(g)$ 生成的副反应，因此其热效应就不宜测定。这样就产生了间接计算热效应的问题。

1840 年盖斯从大量的热化学数据归纳出："在等压或等容条件下，任一化学反应，不管是一步完成或是分几步完成，其反应热效应总是相同的。"这条规律就是盖斯定律。但应注意，若反应是分几步完成时，各步也须在等压（或等容）下进行。

盖斯定律是热力学第一定律确定之前从实验数据中总结出来的。盖斯定律的发现奠定了热化学的基础。

很显然，盖斯定律实质上是热力学第一定律直接用于热化学过程的必然结果。这是因为摩尔等容热效应与摩尔等压热效应分别为

$$Q_{p,\text{m}} = \Delta H_\text{m}$$

$$Q_{V,\text{m}} = \Delta U_\text{m}$$

但是，ΔH_m 与 ΔU_m 都是系统状态函数的变化量，一旦系统的始态、终态确定后，ΔH_m 与 ΔU_m 值便确定了，与完成过程的具体途径无关。所以可以看出 $Q_{p,\text{m}}$ 与 $Q_{V,\text{m}}$，也只是决定于系统的始态、终态，而与途径无关。

依照盖斯定律，我们可以间接地得到碳氧化成一氧化碳这一化学反应的热效应。因为 C(石墨)氧化成 $CO_2(g)$，反应可以一步进行，也可以分两步进行，如图 2-8 所示。C(石

墨）完全燃烧的热效应和 CO 完全燃烧的热效应都可以测定，其热化学方程式分别为

(1)　$C(石墨) + O_2(g) = CO_2(g)$　$\Delta H^{\ominus}_{298} = -393.5kJ \cdot mol^{-1}$

(2)　$CO(g) + \frac{1}{2}O_2(g) = CO_2(g)$　$\Delta H^{\ominus}_{298} = -282.96kJ \cdot mol^{-1}$

根据盖斯定律（也可说按状态函数的概念）：

$$\Delta H_1 = \Delta H_2 + \Delta H_3$$

$$\Delta H_2 = \Delta H_1 - \Delta H_3 = -393.5 - (-282.96) = -110.54kJ \cdot mol^{-1}$$

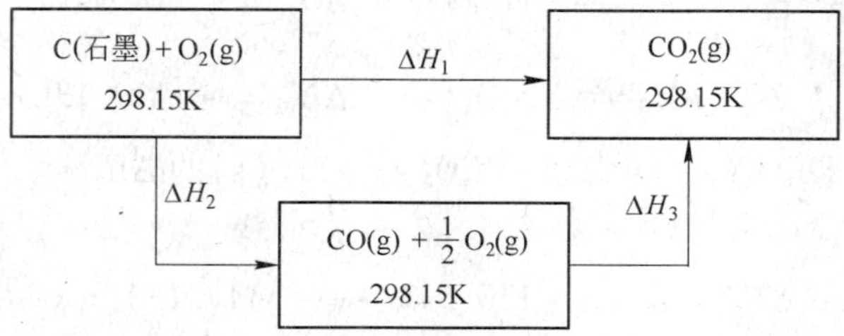

图 2-8　C 燃烧反应的示意图

由此也可看出，将热化学方程式(1) - (2)得：

反应式相减　　　　其热效应相减

$C(石墨) + \frac{1}{2}O_2(g) = CO(g)$　$\Delta H^{\ominus}_{298} = -110.54kJ \cdot mol^{-1}$

由此可见，只要把热化学方程式视为代数方程式进行四则运算，求出指定的化学方程式，反应热也按同样的运算方法处理，即可求出相应的热效应。

盖斯定律有着广泛的应用，利用少量的热效应数据就可以间接地计算出很多化学反应热效应来。尤其是不宜准确地直接测定或者根本不能直接测定的反应热效应，更需要利用盖斯定律来进行计算。

在利用盖斯定律从已知热效应的方程式计算另一方程式的热效应时，只要设法消去新方程式中不需要的物质就行了。不过要特别注意所有物质的量和聚集状态以及反应的条件等均需一致。下面举例加以说明。

【例 2-12】　已知下列反应在 298K 的反应热分别为

(1) $4NH_3(g) + 3O_2(g) = 2N_2(g) + 6H_2O(l)$　$\Delta H^{\ominus}_1 = -1523.0kJ \cdot mol^{-1}$

(2)　$H_2(g) + \frac{1}{2}O_2(g) = H_2O(l)$　$\Delta H^{\ominus}_2 = -285.84kJ \cdot mol^{-1}$

(3) 计算反应：$N_2(g) + 3H_2(g) = 2NH_3(g)$的 $\Delta H^{\ominus}_3$

解： 方程式（3）中没有 $O_2(g)$和 $H_2O(l)$，都要设法消去。又因方程式（1）中 $NH_3(g)$的系数为 4，并且在左边，故知方程式（1）应乘上$\left(-\frac{1}{2}\right)$；又因方程式（2）中 $H_2(g)$的系数是 1，而方程式（3）中为 3，都在左边，故知方程式（2）应乘上系数 3，于是：

(2) × 3 - (1) × $\frac{1}{2}$ 得

$$N_2(g) + 3H_2(g) = 2NH_3(g)$$

即
$$(2)\times 3-(1)\times \frac{1}{2}=(3)$$

所以
$$\begin{aligned}\Delta H_3^{\ominus} &= 3\Delta H_2^{\ominus}-\frac{1}{2}\Delta H_1^{\ominus}\\ &=3\times(-285.84)-0.5\times(-1523.0)\\ &=-96.02\mathrm{kJ\cdot mol^{-1}}\end{aligned}$$

【**例 2-13**】 已知下列反应在 998K 的反应热效应分别为

(1)　$C(s)+\frac{1}{2}O_2(g) = CO(g)$　　$\Delta H_1^{\ominus}=-110.54\mathrm{kJ\cdot mol^{-1}}$

(2)　$3Fe(s)+2O_2(g) = Fe_3O_4(s)$　　$\Delta H_2^{\ominus}=-1117.13\mathrm{kJ\cdot mol^{-1}}$

(3) 计算反应：$Fe_3O_4(s)+4C(s) = CO(g)+3Fe(s)$ 的 $\Delta H_3^{\ominus}$

解：根据盖斯定律得：(3) = 4 × (1) − (2)

所以　$\Delta H_3^{\ominus}=4\Delta H_1^{\ominus}-\Delta H_2^{\ominus}=4\times(-110.54)-(-1117.13)=674.97\mathrm{kJ\cdot mol^{-1}}$

2.8　生成焓和燃烧焓

盖斯定律奠定了整个热化学的基础，它的重要意义在于能使热化学方程式像普通代数方程式那样进行四则运算，从而可以根据已经准确测定了的反应热，计算出未知的反应热。但是自然界的反应成千上万，能否利用少量反应的反应热数据，计算出未知反应的反应热呢？生成焓和燃烧焓的概念正是为满足这种需要而逐渐建立起来的有效方法。

2.8.1　生成焓

2.8.1.1　标准生成焓

在热力学标准态和指定温度下，由最稳定的单质生成 1mol 某物质的等压热效应，称为该物质在该温度下的标准生成焓，记作 $\Delta_f H_m^{\ominus}$。例如，在 25℃ 及 101.3kPa 下

$$C(石墨)+O_2(g) = CO_2(g)\qquad \Delta H_{298}^{\ominus}=-393.5\mathrm{kJ\cdot mol^{-1}}$$

则 $CO_2(g)$ 在 25℃ 时的标准生成焓 $\Delta_f H_m^{\ominus}[CO_2(g)]=-393.5\mathrm{kJ\cdot mol^{-1}}$。

又如　$\frac{1}{2}N_2(g)+\frac{3}{2}H_2(g) = NH_3(g)$　　$\Delta H_{298}^{\ominus}=-46.19\mathrm{kJ\cdot mol^{-1}}$

则 $NH_3(g)$ 在 298K 时的标准生成焓 $\Delta_f H_m^{\ominus}[NH_3(g)]=-46.19\mathrm{kJ\cdot mol^{-1}}$。

原则上标准生成焓可以在任意指定温度下得到，但目前大多数手册中和本书的附表所列的生成焓数据，温度都是在 298K，因此，凡不加说明，标准生成焓皆指 298.15K 下的数据。按标准生成焓的定义，需要注意以下三点：

(1) 反应物必须全部是稳定单质，即指在一定温度和 101.3kPa 时最稳定的单质，例如，石墨、金刚石和无定形碳三者比较，25℃ 下石墨为稳定单质。因此

$$C(石墨)+O_2(g) = CO_2(g)\qquad \Delta H_{298}^{\ominus}=-393.5\mathrm{kJ\cdot mol^{-1}}$$

$$C(金刚石)+O_2(g) = CO_2(g)\qquad \Delta H_{298}^{\ominus}=-395.4\mathrm{kJ\cdot mol^{-1}}$$

前者的热效应是 $CO_2(g)$ 的标准生成焓，而后者不是，两式相减可得到单质金刚石的标准生成焓：

$$C(石墨) = C(金刚石) \qquad \Delta_f H_m^{\ominus}[C(金刚石)] = -1.896kJ \cdot mol^{-1}$$

（2）各种稳定单质（在任意温度下）的标准摩尔生成焓为零。例如

C(石墨) 是最稳定的碳的单质，所以 C(石墨) 的生成焓 $\Delta_f H_m^{\ominus}[C(石墨)] = 0$，$H_2(g)$ 的生成焓 $\Delta_f H_m^{\ominus}[H_2(g)] = 0$。

（3）生成物必须是 1mol 物质。例如，由石墨生成一氧化碳的热化学方程式

$$2C(石墨) + O_2(g) \xlongequal{\quad} 2CO(g) \qquad \Delta H_{298}^{\ominus} = -221.08kJ \cdot mol^{-1}$$

则 $CO(g)$ 的标准生成焓为

$$\Delta_f H_m^{\ominus}[CO(g)] = \frac{1}{2} \qquad \Delta H_{298}^{\ominus} = -110.54kJ \cdot mol^{-1}$$

2.8.1.2　利用标准生成焓计算反应热效应

有了各种物质的标准生成焓就可以方便地计算同一温度下化学反应热效应。下面举例说明计算方法。

【例 2-14】　已知下列反应在 298K 的反应热效应：

(1) $$Ca(s) + \frac{1}{2}O_2(g) \xlongequal{\quad} CaO(s) \qquad \Delta H_1^{\ominus} = -635.6kJ \cdot mol^{-1}$$

(2) $$C(s) + O_2(g) \xlongequal{\quad} CO_2(g) \qquad \Delta H_2^{\ominus} = -393.505kJ \cdot mol^{-1}$$

(3) $$Ca(s) + C(s) + \frac{3}{2}O_2(g) \xlongequal{\quad} CaCO_3(s) \qquad \Delta H_3^{\ominus} = -1206.875kJ \cdot mol^{-1}$$

（4）求：$CaO(s) + CO_2(g) = CaCO_3(s)$ 的 $\Delta H_4^{\ominus}$

解： 根据盖斯定律得：(4) = (3) − (2) − (1)　　即

$$\begin{aligned}\Delta H_4^{\ominus} &= \Delta H_3^{\ominus} - \Delta H_2^{\ominus} - \Delta H_1^{\ominus} \\ &= -1206.875 - (-393.505) - (-635.6) \\ &= -177.77kJ \cdot mol^{-1}\end{aligned}$$

根据标准生成焓的定义：

反应（1）的热效应 $\Delta H_1^{\ominus}$ 就是 $CaO(s)$ 的标准生成焓，即 $\Delta H_1^{\ominus} = \Delta_f H_m^{\ominus}[CaO(s)]$；

反应（2）的热效应 $\Delta H_2^{\ominus}$ 就是 $CO_2(g)$ 的标准生成焓，即 $\Delta H_2^{\ominus} = \Delta_f H_m^{\ominus}[CO(g)]$；

反应（3）的热效应 $\Delta H_3^{\ominus}$ 就是 $CaCO_3(s)$ 的标准生成焓，即 $\Delta H_3^{\ominus} = \Delta_f H_m^{\ominus}[CaCO_3(g)]$。

反应（4）的热效应即为

$$\begin{aligned}\Delta H_4^{\ominus} &= \Delta_f H_m^{\ominus}[CaCO_3(g)] - \Delta_f H_m^{\ominus}[CO(g)] - \Delta_f H_m^{\ominus}[CaO(s)] \\ &= [\Delta_f H_m^{\ominus}(CaCO_3(g))]_{产物} - [\Delta_f H_m^{\ominus}(CO(g)) + \Delta_f H_m^{\ominus}(CaO(s))]_{反应物}\end{aligned}$$

即要计算反应（4）的热效应，只需要把反应式右边所有产物生成焓的总和减去反应式左边所有反应物生成焓的总和就行了。写成公式则为

$$\Delta H_{298K}^{\ominus} = \Sigma \nu_B \Delta_f H_m^{\ominus}(B, 298K) \qquad (2\text{-}25)$$

式中　ν_B——参加反应的各物质前的化学计量数，产物的化学计量数取正数，反应物的化学计量数取负数。

式（2－25）表明化学反应热效应等于产物标准生成焓之和减去反应物标准生成焓之和。

应用该式计算反应热效应时要注意三点：

（1）应用标准生成焓只能计算同一温度下的反应热效应。

（2）物质的聚集状态不同，则标准生成焓也不同，查表时应注意。

（3）计算时不要忘记化学反应式中各分子式前的化学计量数。

【例 2-15】 求证反应式 $3Fe_2O_3(s)+H_2(g)=2Fe_3O_4(s)+H_2O(l)$ 是放热还是吸热？

解： 查附表 4 中的 $\Delta_f H_m^{\ominus}$ 数据：

$$3Fe_2O_3(s) + H_2(g) = 2Fe_3O_4(s) + H_2O(l)$$

$$\Delta_f H_m^{\ominus}/kJ \quad 3\times(-822.1) \quad 1\times 0 \quad 2\times(-1117.1) \quad 1\times(-285.8)$$

$$\Delta H_{298K}^{\ominus} = [2\times(-1117.1)+1\times(-285.8)]-[3\times(-822.1)+1\times 0]$$

$$= -53.7kJ\cdot mol^{-1} < 0$$

所以该反应是放热反应。

2.8.2　燃烧焓

多数有机物不能直接由单质合成，其生成焓难以直接测得。但有机物一般都易燃烧，并能在量热计中直接测定其燃烧反应的反应热。可利用某些燃烧反应的热效应来计算其他反应的热效应。燃烧焓的概念就是为了方便这类计算而建立起来的。

2.8.2.1　标准燃烧焓 $\Delta_c H_m^{\ominus}$

在 100kPa 和指定温度下，1mol 某物质被完全燃烧成指定产物的化学反应恒压热效应，称为该物质的标准燃烧焓，记作 $\Delta_c H_m^{\ominus}$。所谓“完全燃烧成指定产物”是指物质中的 C、H、P、S、N 等分别被氧化为稳定产物 $CO_2(g)$、$H_2O(l)$、$P_2O_5(s)$、$SO_2(g)$、$N_2(g)$ 等。如果化合物中有金属元素，则被氧化为正常价的氧化物。

按照标准燃烧焓的定义，必须明确三点：

（1）各种指定燃烧产物以及氧气的标准燃烧焓为零。例如，$H_2O(l)$ 的标准燃烧焓 $\Delta_c H_m^{\ominus}(H_2O(l))=0$；$N_2(g)$ 的标准燃烧焓 $\Delta_c H_m^{\ominus}(N_2(g))=0$；$CO_2(g)$ 的标准燃烧焓 $\Delta_c H_m^{\ominus}(CO_2(g))=0$。

（2）燃烧反应的产物皆为指定的产物及聚集状态。例如

$C(石墨)+\frac{1}{2}O_2(g)\rightarrow CO(g)$ 的热效应并不是 C 的燃烧焓，因为 $CO(g)$ 不是指定产物。

$H_2(g)+\frac{1}{2}O_2(g)\rightarrow H_2O(g)$ 的热效应也不是 $H_2(g)$ 的标准燃烧焓，因为气态水不是指定的产物及聚集状态。

$C_6H_5NO_2(l)+\frac{49}{4}O_2(g)\rightarrow 6CO_2(g)+NO_2(g)+\frac{5}{2}H_2O(l)$ 的热效应也不是硝基苯

$C_6H_5NO_2(l)$的标准燃烧焓，因为$NO_2(g)$不是燃烧的指定产物($N_2(g)$)。

(3) 被燃烧的反应物是1mol物质。例如乙烷的燃烧反应为

$$\frac{1}{2}C_2H_4(g)+\frac{3}{2}O_2(g)\longrightarrow CO_2(g)+H_2O(l)\qquad \Delta H^{\ominus}_{298K}=-705.49\text{kJ}\cdot\text{mol}^{-1}$$

则

$$\Delta_c H^{\ominus}_m(C_2H_4(g))=2\times\Delta H^{\ominus}_{298K}=-1410.98\text{kJ}\cdot\text{mol}^{-1}$$

2.8.2.2 利用标准燃烧焓计算反应热效应

有了标准燃烧焓的数据，也可以用类似于从标准生成焓计算任何反应热效应的方法计算同一温度下化学反应的热效应。

【例2-16】 已知下列反应在298K的反应热为：

(1) $CH_3COOH(l)+2O_2(g)\longrightarrow 2CO_2(g)+2H_2O(l)\qquad \Delta H^{\ominus}_1=-870.3\text{kJ}\cdot\text{mol}^{-1}$

(2) $C(\text{石墨})+O_2(g)\longrightarrow O_2(g)\qquad \Delta H^{\ominus}_2=-393.5\text{kJ}\cdot\text{mol}^{-1}$

(3) $H_2(g)+O_2(g)\longrightarrow H_2O(l)\qquad \Delta H^{\ominus}_3=-285.8\text{kJ}\cdot\text{mol}^{-1}$

(4) 计算反应：$2C(\text{石墨})+2H_2(g)+O_2(g)\rightarrow CH_3COOH(l)$在298K的热效应$\Delta H^{\ominus}_4$

解： 根据盖斯定律得(4)=2×(2)+2×(3)-(1)，即

$$\Delta H^{\ominus}_4=2\Delta H^{\ominus}_2+\Delta H^{\ominus}_3-\Delta H^{\ominus}_1$$

根据标准燃烧焓的定义：

反应(1)、(2)、(3)的反应热效应分别就是$CH_3COOH(l)$、$C(\text{石墨})$和$H_2(g)$的标准燃烧焓。即$\Delta H^{\ominus}_1=\Delta_c H^{\ominus}_m(CH_3COOH(l))$，$\Delta H^{\ominus}_2=\Delta_c H^{\ominus}_m(C(\text{石墨}))$，$\Delta H^{\ominus}_3=\Delta_c H^{\ominus}_m(H_2(g))$。又$\Delta_c H^{\ominus}_m(O_2(g))=0$所以

$$\Delta H^{\ominus}_4=[2\Delta_c H^{\ominus}_m(C(\text{石墨}))+2\Delta_c H^{\ominus}_m(H_2(g))+\Delta_c H^{\ominus}_m(O_2(g))]_{\text{反应物}}-[\Delta_c H^{\ominus}_m(CH_3COOH(l))]_{\text{生成物}}$$

即化学反应的热效应，等于反应物的标准燃烧焓之和，减去产物标准燃烧焓之和。写成公式则为

$$\Delta H^{\ominus}_{298K}=\Sigma\nu_B\Delta_c H^{\ominus}_m(B,298K)\qquad(2\text{-}26)$$

式中 ν_B——参加反应的各物质前的化学计量数，反应物的化学计量数取正数，产物的化学计量数取负数。

【例2-17】 已知$C_6H_6(l)$的标准燃烧焓为$\Delta_c H^{\ominus}_m(C_6H_6(l))=-3267.77\text{kJ}\cdot\text{mol}^{-1}$，试求$C_6H_6(l)$的标准生成焓。

解： 设$C_6H_6(l)$的标准生成焓为$\Delta_f H^{\ominus}_m$，写出燃烧反应式，并把各个物质的生成焓数据分别列在化学式的下面

$$C_6H_6(l)+\frac{15}{2}O_2(g)\longrightarrow 3H_2O(l)\quad+\quad 6CO_2(g)$$

$$\Delta_f H^{\ominus}_m\qquad \frac{15}{2}\times 0\qquad 3\times(-285.8)\quad 6\times(-393.5)$$

$$\Delta_c H^{\ominus}_m(C_6H_6(l))=-3267.7\text{kJ}\cdot\text{mol}^{-1}$$

所以　　$-3267.7 = [3\times(285.8)+6\times(-393.5)] - [1\times\Delta_f H_m^{\ominus} + 0]$

解得　　$$\Delta_f H_m^{\ominus} = 49.1\text{kJ}\cdot\text{mol}^{-1}$$

$C_6H_6(l)$的标准生成焓为$\Delta_f H_m^{\ominus} = 49.1\text{kJ}\cdot\text{mol}^{-1}$。

2.9　热效应与温度的关系

同一化学反应在不同温度下进行时，热效应不同，如反应

$$C(石墨) + \frac{1}{2}O_2(g) = CO(g)$$

在298.15K时，$\Delta H_{298}^{\ominus} = -110.50\text{kJ}\cdot\text{mol}^{-1}$，而在1800K时，$\Delta H_{1800}^{\ominus} = -117.10\text{kJ}\cdot\text{mol}^{-1}$，即热效应与温度有关。冶金过程大多数反应是在高温条件下进行的，而由生成焓或燃烧焓计算得到的反应热效应，通常是在298.15K下进行，这样的计算还不能完全解决所要解决的问题。为了计算各种温度下的反应热效应$\Delta H_T^{\ominus}$的值，就需要研究反应热效应随温度的变化规律。

2.9.1　基尔霍夫定律

已经知道化学反应的热效应对应系统状态函数的变化值，它只取决于反应的始态、终态，与反应的途径无关。利用这一性质，可以寻求反应热与温度的关系。描述反应热与温度的关系称为基尔霍夫定律，其公式可以通过例2-18导出。

【例2-18】　已知$C(石墨)+CO_2(g)=2CO(g)$，求反应在1000K时的热效应。

解： 设反应经过如图2-9所示的两条途径来完成。

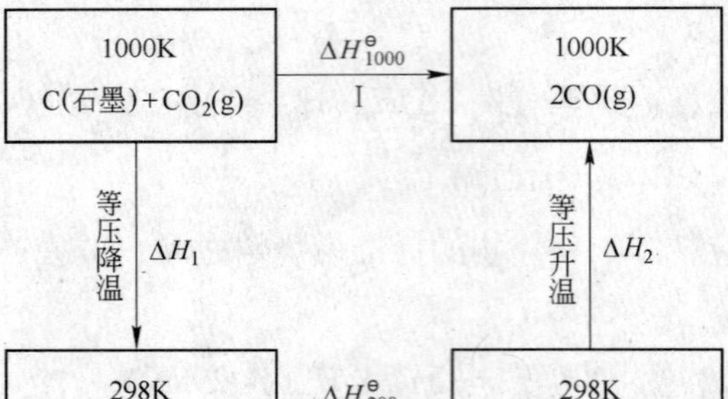

图2-9　无相变时反应热效应与温度的关系示意图

根据盖斯定律得：

$$\Delta H_{1000}^{\ominus} = \Delta H_1 + \Delta H_{298}^{\ominus} + \Delta H_2$$

$$= \Delta H_{298}^{\ominus} + \left[\int_{1000}^{298} 1\times c_{p,m}(C)\,dT + \int_{1000}^{298} 1\times c_{p,m}(CO_2)\,dT\right]_{反应物} + \int_{298}^{1000} 2c_{p,m}(CO)\,dT$$

$$= \Delta H_{298}^{\ominus} + \int_{298}^{1000} [2c_{p,m}(CO) - (1\times c_{p,m}(C) + 1\times c_{p,m}(CO_2))]\,dT$$

$$= \Delta H_{298}^{\ominus} + \int_{298}^{1000} \Sigma\nu_B c_{p,m}(B)\,dT$$

令 $$\Delta c_p = \Sigma \nu_B c_{p,m}(B) \qquad \Delta H^{\ominus}_{1000} = \Delta H^{\ominus}_{298} + \int_{298}^{1000} \Delta c_p \mathrm{d}T$$

若反应在 T 下进行，便有

$$\Delta H^{\ominus}_{T} = \Delta H^{\ominus}_{298} + \int_{298}^{T} \Delta c_p \mathrm{d}T \tag{2-27}$$

式（2-27）称为基尔霍夫定律的数学表达式。式中，$\Delta H^{\ominus}_{298}$和 Δc_p 都可查表得出，因而容易求出 $\Delta H^{\ominus}_{T}$。

在运用基尔霍夫定律进行计算时，可按下述步骤进行：

（1）查附表 4 的各物质的标准生成焓 $\Delta_f H^{\ominus}_m(B, 298K)$ 与 $c_{p,m}$ 值。

（2）由 $\Delta_f H^{\ominus}_m(B, 298K)$ 求得 $\Delta H^{\ominus}_{298}$。

（3）首先求得 Δa、Δb、Δc（或 $\Delta c'$），再表示出 $\Delta c_p = \Delta a + \Delta bT + \Delta cT^{-2}$。

（4）将上述已知数据代入基尔霍夫定律公式。

2.9.2 热效应的计算与应用

2.9.2.1 在 298K 至 T 间反应的各物质不发生相变时的过程

【例 2-19】 例 2-18 计算如下：

$$\mathrm{C(石墨)} + CO_2(g) \Longrightarrow 2CO(g)$$

$\Delta_f H^{\ominus}_m(B, 298K)/kJ$ 　0　　$1 \times (-393.5)$　$2 \times (-110.53)$

所以 $$\Delta H^{\ominus}_{298} = 2 \times (-110.53) - 1 \times (-393.5) = 172.45\mathrm{kJ} = 172450\mathrm{J}$$

又 $$c_{p,m}(C) = (17.15 + 0.00427T - 879000T^{-2})\mathrm{J \cdot mol^{-1} \cdot K^{-1}}$$

$$c_{p,m}(CO_2) = (44.14 + 0.0904T - 853000T^{-2})\mathrm{J \cdot mol^{-1} \cdot K^{-1}}$$

$$c_{p,m}(CO) = (28.41 + 0.00410T - 46000T^{-2})\mathrm{J \cdot mol^{-1} \cdot K^{-1}}$$

所以 $$\Delta c_p = 2 \times c_{p,m}(CO) - [1 \times c_{p,m}(C) + 1 \times c_{p,m}(CO_2)]$$
$$= (-4.47 - 0.00511T + 1640000T^{-2})\mathrm{J \cdot mol^{-1} \cdot K^{-1}}$$

于是 $$\Delta H^{\ominus}_{1000} = \Delta H^{\ominus}_{298} + \int_{298}^{1000} \Delta c_p \mathrm{d}T$$
$$= 172450 + \int_{298}^{1000} (-4.47 - 0.00511T + 1640000T^{-2})\mathrm{d}T$$
$$= 170840\mathrm{J}$$

2.9.2.2 在 298K 至 T 间反应的各物质发生相变的过程

应用式（2-27）时应当注意，在 298K 至 T 间，参加反应的各物质均不发生相变；若有相变，则要分段计算，并将相变热数值加进去。

【例 2-20】 已知 $Pb(s) + H_2S(g) = PbS(s) + H_2(g)$ 的 $\Delta H^{\ominus}_{298} = -74.06\mathrm{kJ \cdot mol^{-1}}$，求 950℃时 $Pb(l) + H_2S(g) = PbS(s) + H_2(g)$ 的恒压热效应。Pb 的熔化温度为 600.5K，熔化热为 $5.121\mathrm{kJ \cdot mol^{-1}}$。有关物质的定压热容（$\mathrm{J \cdot mol^{-1} \cdot K^{-1}}$）为

$$c_{p,\mathrm{m}}(\mathrm{Pb(s)}) = 23.93 + 8.703 \times 10^{-3}T$$

$$c_{p,\mathrm{m}}(\mathrm{H_2S(g)}) = 29.29 + 15.69 \times 10^{-3}T$$

$$c_{p,\mathrm{m}}(\mathrm{PbS(s)}) = 44.48 + 19.29 \times 10^{-3}T$$

$$c_{p,\mathrm{m}}(\mathrm{H_2(g)}) = 27.82 + 2.887 \times 10^{-3}T$$

$$c_{p,\mathrm{m}}(\mathrm{Pb(l)}) = 28.45$$

解：按题意可设计过程如图 2-10 所示，分段计算

$$\Delta H_1 = \int_{T_1}^{T_2}[c_{p,\mathrm{m}}(\mathrm{Pb(s)}) + c_{p,\mathrm{m}}(\mathrm{H_2S(g)})]\mathrm{d}T$$

$$= \int_{298}^{600.5}(23.93 + 8.703 \times 10^{-3}T + 29.29 + 15.69 \times 10^{-3}T)\mathrm{d}T$$

$$= \int_{298}^{600.5}(53.22 + 24.39 \times 10^{-3}T)\mathrm{d}T$$

$$= [53.22 \times (600.5 - 298) + 0.5 \times 24.39 \times (600.5^2 - 298^2)] \times 10^{-3}$$

$$= 19.41\mathrm{kJ}$$

ΔH_2 为熔点时 Pb 的熔化热，即

$$\Delta H_2 = n \cdot \Delta H_{熔化} = 1 \times 5.121 = 5.121\mathrm{kJ}$$

$$\Delta H_3 = \int_{T_2}^{T_3}[c_{p,\mathrm{m}}(\mathrm{Pb(l)}) + c_{p,\mathrm{m}}(\mathrm{H_2S(g)})]\mathrm{d}T$$

$$= \int_{600.5}^{1223}(28.45 + 29.29 + 15.69 \times 10^{-3}T)\mathrm{d}T$$

$$= \int_{600.5}^{1223}(57.74 + 15.69 \times 10^{-3}T)\mathrm{d}T$$

$$= [57.74 \times (1223 - 600.5) + 0.5 \times 15.69 \times (1223^2 - 600.5^2)] \times 10^{-3}$$

$$= 44.85\mathrm{kJ}$$

$$\Delta H_4 = \int_{T_3}^{T_1}[c_{p,\mathrm{m}}(\mathrm{PbS(s)}) + c_{p,\mathrm{m}}(\mathrm{H_2(g)})]\mathrm{d}T$$

$$= \int_{1223}^{298}(44.48 + 19.29 \times 10^{-3}T + 27.82 + 2.887 \times 10^{-3}T)\mathrm{d}T$$

$$= \int_{1223}^{298}(72.30 + 22.177 \times 10^{-3}T)\mathrm{d}T$$

$$= [72.3 \times (298 - 1223) + 0.5 \times 22.177 \times (298^2 - 1223^2)] \times 10^{-3}$$

$$= -82.48\mathrm{kJ}$$

$$\Delta H^{\ominus}_{298} = \Delta H_1 + \Delta H_2 + \Delta H_3 + \Delta H^{\ominus}_{1223} + \Delta H_4$$

则

$$\Delta H^{\ominus}_{1223} = \Delta H^{\ominus}_{298} - \Delta H_1 - \Delta H_2 - \Delta H_3 - \Delta H_4$$

$$= -74.06 - 19.41 - 5.121 - 44.85 + 82.48 = -60.96\text{kJ}$$

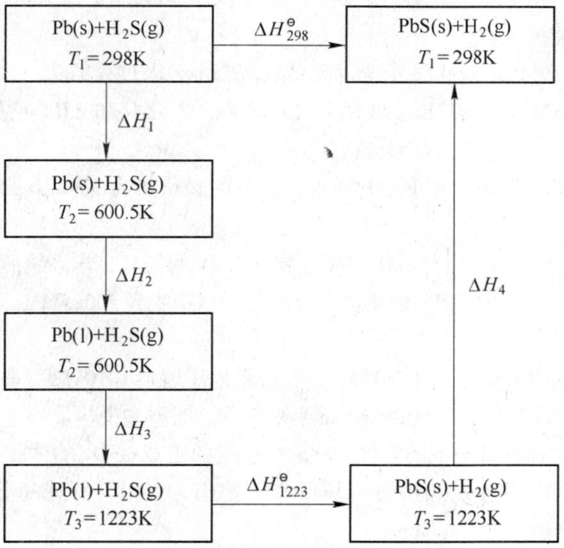

图 2-10　有相变时反应热效应与温度的关系示意图

习　题

2-1　如何理解系统和环境，敞开、封闭和隔离系统能否人为地转化，依据什么条件？

2-2　状态函数有哪些特性，为什么说热和功不是状态函数？举例说明。

2-3　“根据道尔顿分压定律 $p = \Sigma p_B$ 压力具有加和性，因此是容量函数。”这一结论正确否，为什么？

2-4　“凡是系统的温度升高时就一定要吸热，而温度不变时，则系统既不吸热也不放热。”这种说法是否正确？举例说明。

2-5　功和热都不是状态函数，为什么任何循环过程的功和热的总和均为零？

2-6　“可逆过程一定是循环过程，循环过程一定是可逆过程”这种说法对吗，为什么？

2-7　$p_{外}\,dV$ 与 $p_{外}\,\Delta V$ 有何不同，pV 就是体积功，对吗？

2-8　“功、热与热力学能均是能量，所以它们的性质相同。”这句话正确否？

2-9　为什么无非体积功的等压过程的热，只决定于系统的始态、终态？

2-10　“因为 $\Delta H = Q_p$，所以 Q_p 也具有状态函数的性质”对吗，为什么？

2-11　盖斯定律指出“不管化学反应是一步完成还是分几步完成，过程的总热效应是相同的”，然而知道热是过程函数，两者是否矛盾？

2-12　何谓标准生成焓和标准燃烧焓，“标准”的含义是什么，哪些物质的标准生成焓或标准燃烧焓为零？

2-13　试举出 3 个化学反应，它们的反应热效应既可以说是某物质的生成焓又可以是该反应的另一物质的燃烧焓。

2-14　根据 $Q_p = Q_V + RT\Delta n_g$，Q_p 一定大于 Q_V 吗，为什么？举例说明。

2-15　有一个系统，在某一过程中放出热量 25J，对外做了功 20J，问它的热力学能变化量是多少？

2-16　有一系统对外膨胀做了 100J 的功，系统的温度下降了，其热力学能减少 10J，问此系统是吸热还是放热？

2-17　某理想气体在恒定外压（93.3kPa）下膨胀，其体积从 $50dm^3$ 变到 $100dm^3$，同时吸收 6.5kJ 的热量，试计算热力学能的变化。

2-18　1mol 水蒸气在 100℃、101.325kPa 下全部凝结成液态水，求过程的功。

2-19　450g 水蒸气在 101.325kPa、373K 下液化为水，求 W、Q、ΔU 和 ΔH。已知每克水在上述条件下汽化为水蒸气时需要吸收 2255J 的热量。

2-20　450g 冰在 101.325kPa、273.15K 下融化成水，设冰的融化热为 334.7J/g，试计算该过程的 W、Q、ΔU 和 ΔH。

2-21　在 101325Pa 的压力下，当金属与酸作用时，放出 4.4L 的氢气，求系统所做的功。

2-22　3mol 理想气体在 300K 和 1013kPa 的条件下等温缓慢地膨胀到 506.5kPa，求系统所做的功和吸收的热。

2-23　100mol 理想气体，在 300K 时，自 101kPa 等温缓慢地压缩到 1010kPa，求：ΔU、Q、W。

2-24　在标准状况下的纯氧 11.2L，要从 298K 加热到 673K，问需多少热量？

2-25　某鼓风炉每分钟鼓进标准状态下的空气 $200m^3$，空气的组成按 O_2 的体积分数为 21% 和 N_2 的体积分数为 79% 计算。今若将空气加热到 673K 入炉，室温为 298K，试求每分钟的空气量从 298K 加热到 673K 所需的热量。

2-26　将 18g263K 的冰加热，使它融化成水，并将它继续加热，使之完全汽化成水蒸气，最后温度为 400K，问需热量多少？

2-27　在 101325Pa、298K 时，反应 $Ag(s) + \frac{1}{2}Cl_2(g) = AgCl(s)$ 在烧杯中直接进行，放热 127.03kJ。若将此反应组装成原电池，在上述条件下进行，则除了体积功以外，还对外做电功 109.60kJ，求在电池中做功的同时放出多少热？

2-28　查表计算下列反应在 298K 时的热效应：

(1) $CaCO_3(s) = CaO(s) + CO_2(g)$；

(2) $Fe_2O_3(s) + 2Al(s) = Al_2O_3(s) + 2Fe(g)$。

2-29　根据下列数据计算 $ZnSO_4(s)$ 的标准生成焓：

(1) $ZnS(s) = Zn(s) + S(斜方)$　　$\Delta H^\ominus_{298} = 184.1kJ/mol$

(2) $2ZnS(s) + 3O_2(g) = 2ZnO(s) + 2SO_2(g)$　　$\Delta H^\ominus_{298} = -928.3kJ/mol$

(3) $2SO_2(g) + O_2(g) = 2SO_3(g)$　　$\Delta H^\ominus_{298} = -196.1kJ/mol$

(4) $ZnSO_4(s) = ZnO(s) + SO_3(g)$　　$\Delta H^\ominus_{298} = 230.5kJ/mol$

2-30　已知 25℃时下列反应的热效应，求 $AgCl(s)$ 的生成焓：

(1) $Ag_2O(s) + 2HCl(g) = 2AgCl(s) + H_2O(l)$　　$\Delta H^\ominus_1 = -324.71kJ/mol$

(2) $2Ag(s) + \frac{1}{2}O_2(g) = Ag_2O(s)$　　$\Delta H^\ominus_2 = -30.57kJ/mol$

(3) $HCl(g) = \frac{1}{2}H_2(g) + \frac{1}{2}Cl_2(g)$　　$\Delta H^\ominus_3 = 92.31kJ/mol$

(4) $H_2O(l) = H_2(g) + \frac{1}{2}O_2(g)$　　$\Delta H^\ominus_4 = 285.84kJ/mol$

2-31　利用标准生成焓数据和下列数据

$$c_{p,m}(\text{C(石墨)}) = (11.17 + 0.0109T)\ \text{J} \cdot \text{mol}^{-1} \cdot \text{K}^{-1}$$

$$c_{p,m}(\text{CO}_2(\text{g})) = (32.22 + 0.0222T)\ \text{J} \cdot \text{mol}^{-1} \cdot \text{K}^{-1}$$

$$c_{p,m}(\text{CO(g)}) = (27.61 + 0.005T)\ \text{J} \cdot \text{mol}^{-1} \cdot \text{K}^{-1}$$

求反应 C(石墨) + CO_2(g)══2CO(g) 在 900K 时的热效应。

2-32　高炉冶炼生铁时有以下间接还原反应发生：

$$\text{Fe}_2\text{O}_3(\text{s}) + 3\text{CO(g)} = 2\text{Fe(s)} + 3\text{CO}_2(\text{g})$$

(1) 计算在 100kPa，298K 时反应的热效应；

(2) 计算在 100kPa，1100K 时反应的热效应。

3 热力学第二定律和第三定律

热力学第一定律指出：隔离系统的能量是守恒的。热力学第二定律则要论证：热和功等能量形式的转化是有一定方向的。因为实际能够进行的过程也有一定的方向。例如：重物落地撞击地面，按热力学第一定律所述，所减少的势能将转化为等量的热。那么这等量的热能否再重新转化为功，而使重物又上升到原来的高度呢？上述过程并不违背第一定律，但经验表明：要使重物和地面都恢复到原来的状态是不可能的。这就是将系统（重物）和环境（地面）作为一个整体，即隔离系统中的任一实际过程发生之后，隔离系统不可能完全复原。这是因为功虽可全部转化为热，但热全部转化为功而不引起其他变化是不可能的，即热转化为功是有一定限制的。这就是热力学第二定律要讨论的基本问题。

由于热变为功有上述限制，所以在一定条件下，宏观过程可能进行的方向和可能达到的限度是一定的。能量形式转化的限制，决定了一定条件下过程的可能性问题，因此，从某种意义上说，热力学第二定律就是从热转化为功的限制条件出发来判断过程可能性的基本定律。过程的可能性问题，亦即过程的方向和限度问题。

3.1 热力学第二定律

3.1.1 过程的方向和限度

自然界中所进行的一切过程都是有一定方向的。

例如，刚浇铸的钢锭在室温的空气中会自动地冷却下来，但冷钢锭却不会自动地从空气中吸收热量而达到高温。高处的水可以自动地流向低处，但低处的水则不会自动地流向高处。像这样不需外力帮助就能自动地进行的过程，称为自动过程，或者称为自发过程。反之，如果是需要外力帮助才能进行的过程，则称为非自动过程或非自发过程。这里要特别注“自动”二字，不是说水不能由低处流到高处去，而是说水不能“自动”地流到高处去。在外力的帮助下（如使用抽水机）水是可以由低处流到高处去的。但此过程不是自动的，而是非自动过程。

一个过程是否能自动进行，都可以用一个有关的物理量来进行判断。众所周知，自然界凡是可以自动发生的过程，都有各自的推动力。例如，水总是自动地从高处流往低处的，水位差是水流的推动力。水位差越大，自动流动的倾向也越大，水位差为零时，水停止流动。可见，判断水流倾向的物理量是水位差。水位差为零时，达到了最终限度。

气体总是从高压的地方自动地流向压力低的地方，压力差是气流的推动力，压力差越大，气体流动的倾向越大，一直流动到压力相等才达到平衡。可见，判断气流的倾向大小的物理量是压力差，其最终的限度是压力差等于零。

热总是从高温物体自动地传向低温物体，温度差是推动热传导的推动力，温度差越大，热传导的倾向越大，一直进行到两物体的温度相等为止。可见，判断热传导的倾向大小的物理量是温度差。其最终的限度是温度差等于零。

将上面几个例子加以归纳，见表3-1。

表3-1 自动过程的方向及其最终限度

自动过程	判断过程方向的物理量	最终限度（平衡状态）
水流动过程	水位差（Δh）	$\Delta h=0$
气体流动过程	压力差（Δp）	$\Delta p=0$
热传导过程	温度差（ΔT）	$\Delta T=0$

总之，各种各样的能够自动发生的过程都有各自特殊的推动力。

可用系统做功能力的变化 ΔB 来量度过程的推动力。各类自动过程的推动力皆等于系统做功能力的减少，即

$$\text{过程的推动力} = -\Delta B_{\text{系}} \tag{3-1}$$

因自动过程做功，能不断减小，从能量守恒的观点看，过程中环境的做功能力一定增加，这个增加了的做功能力就形成了过程反抗力，即

$$\text{过程反抗力} = \Delta B_{\text{环}} \tag{3-2}$$

因此，过程的净推动力应为推动力与反抗力之差。故

$$\text{净推动力} = \text{推动力} - \text{反抗力} = -\Delta B_{\text{系}} - \Delta B_{\text{环}} \tag{3-3}$$

因系统与环境作为一个整体构成隔离系统，即

$$\Delta B_{\text{隔}} = \Delta B_{\text{系}} + \Delta B_{\text{环}}$$

故

$$\text{净推动力} = -\Delta B_{\text{隔}} \tag{3-4}$$

因而式（3-4）可概括为隔离系统自动过程的判据，即

$$\Delta B_{\text{系}} + \Delta B_{\text{环}} = \Delta B_{\text{隔}} \begin{cases} < 0 & \text{自动} \\ = 0 & \text{可逆(平衡)} \end{cases} \tag{3-5a}$$

或

$$\mathrm{d}B_{\text{系}} + \mathrm{d}B_{\text{环}} = \mathrm{d}B_{\text{隔}} \begin{cases} < 0 & \text{自动} \\ = 0 & \text{可逆(平衡)} \end{cases} \tag{3-5b}$$

上述判据是一切热力学过程的共同判据，也称为 $B_{\text{隔}}$ 判据。此判据表明：只有那些系统与环境总的做功能力减少的过程，才具有净推动力，因而才是可自动进行的过程。总做功能力减少无限小的过程为可逆过程。而总做功能力增加的过程是不能自动进行的。

自动过程是极具特点的特殊过程，不但都有各自进行的推动力和判断过程的标志，而且有以下3条规律。

（1）这些过程都有明显的方向性，即自动地朝着平衡状态的方向变化，一直到平衡状态为止。而逆向进行则是非自动的，必须有外力帮助。或者说，不可逆性是自动过程的共同特征。

（2）对于每一种自动过程，都能找到相应的物理量来判断过程的方向。例如，用水位差判断水流方向；用压力差判断气流方向；用温度差判断热传导方向等。

（3）每一种自动过程都有特殊的推动力，也具有做功能力，而这种做功能力是系统与环境做功能力的总和。任何自动过程都是具有净推动力的过程，即总做功能力减少的过程。而总做功能力增加的过程是不可能自动发生的。

3.1.2　热力学第二定律的表述

热力学第二定律有多种说法，这里只列举两种经典说法。

克劳修斯说法：热不能自动地从低温物体传导给高温物体。

所谓“自动”是指不需要环境的帮助，其实若环境对它做功（开动冷冻机），热还是能从低温物体流向高温物体的。因此，没有环境的帮助，又不引起其他变化，热绝不会自动从低温物体传导给高温物体的。

开尔文说法：不可能从单一热源取出热使之完全变为功，而不引起其他变化。

两种说法是一致的，即一切自动过程都是不可逆的。既然自动过程的共同特点是单方向进行的且不可逆的，自然发生变化的系统都是由远离平衡向着平衡状态进行。自动过程最终趋向平衡，这是理解第二定律的关键。

3.1.3　熵的定义及其物理意义

既然自动过程是单方向的，不可逆的，可以设想，在自动过程中，必然有一个物理量也是单方向变化的，这个物理量是系统的状态函数。

热力学所研究的对象都是宏观系统，系统的热力学性质实际上就是大量质点综合表现的平均性质。例如：温度是无数分子的平均动能的综合表现，压力是无数气体分子撞击器壁所发生的动量变化的总和。用这些宏观的物理量来描述系统的状态时，就有一个确定的宏观热力学状态，然而，从微观角度来观察一个确定的宏观热力学状态时，由于粒子的状态随着粒子的运动不断地改变着，因此系统可以出现种种不同的微观状态。所谓系统的微观状态，即对系统内每个微观粒子的状态都给予确切描述时系统所呈现的状态。例如，一个包含有三个粒子（以 a b c 表示）的系统，假定每个粒子可能采取两种状态之一（即状态 A 或 B），则这个系统就可出现 8 种微观状态，见表 3-2。

表 3-2　系统的微观状态

状态 A	abc	a	b	c	bc	ac	ab	
状态 B		bc	ac	ab	a	b	c	abc

若用数学方法来计算，设 Ω_B 表示各个粒子可能采取的状态数，Ω 表示整个系统的微观状态数，则有如下关系

$$\Omega = \Omega_1 \times \Omega_2 \times \Omega_3 = 2 \times 2 \times 2 = 8$$

由此可见，一个确定的宏观热力学状态可以由许多不同微观状态来体现；或者说，一个确定的宏观热力学状态与一定数量的微观状态相对应。这种微观状态数的多少。体现了系统的混乱程度。为了形象化起见，现将一定的宏观状态下系统可能出现的微观状态数量定义为这一宏观状态的混乱度，以 Ω 表示。现举例说明这种混乱度的计算。

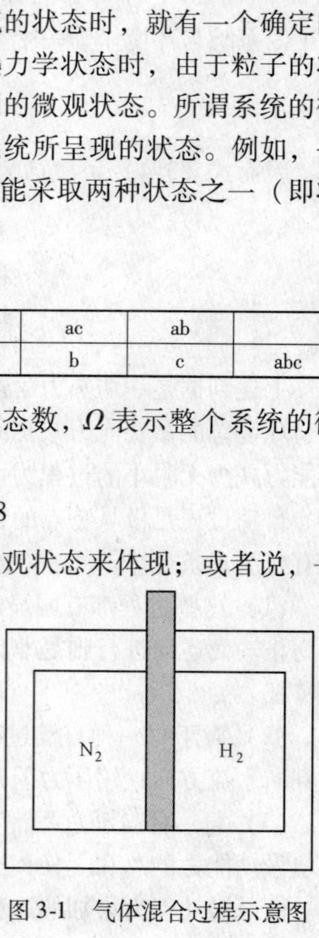

图 3-1　气体混合过程示意图

设有一个密闭的绝热箱中装有 N_2 和 H_2，中间用绝热板隔开，如图 3-1 所示。把隔板抽掉后，两种气体就迅速混合成均匀的平衡状态，无论再等多久，也看不到箱内的混合气

体会重新分开而成为原来状态。这就是说气体混合的过程是自动过程。

设 N_2 和 H_2 各包含两个分子 a_1、a_2 和 b_1、b_2。隔板抽掉后，它们在箱内两边空间中可能出现的分布，见表3-3。

表3-3　气体混合时的分布

分布方式	左　边	右　边	各种分布的可能式样
1. 四个分子都在左边	a_1 a_2 b_1 b_2		$C_4^4=1$
2. 三个分子都在左边 一个分子都在右边	a_1 a_2 b_1 a_1 a_2 b_2 a_1 b_1 b_2 a_2 b_1 b_2	b_2 b_1 a_2 a_1	$C_4^3=4$
3. 两个分子都在左边 两个分子都在右边	a_1 a_2 a_1 b_1 a_1 b_2 a_2 b_1 a_2 b_2 b_1 b_2	b_1 b_2 a_2 b_2 a_2 b_1 a_1 b_2 a_1 b_1 a_1 a_2	$C_4^2=6$
4. 一个分子都在左边 三个分子都在右边	b_2 b_1 a_2 a_1	a_1 a_2 b_1 a_1 a_2 b_2 a_1 b_1 b_2 a_2 b_1 b_2	$C_4^1=4$
5. 四个分子都在右边		a_1 a_2 b_1 b_2	$C_4^0=1$
总　计			16

从表3-3的分布情况可以看出，当隔板未抽掉时，所假设的系统的微观状态只有一个，即：相当于第三种分布中的第一个式样，也就是 a_1、a_2 和 b_1、b_2 各在隔板的左右两边。隔板抽掉后，由于所有分子都可以在两边自由移动，因此，可能出现的式样即微观状态数就增加到16个，或者说混乱度由1增加到16，（即 $2^4=16$）。

如果 N_2 和 H_2 各自的分子数都增加到50个，抽掉隔板后，微观状态数目则由1增加到 2^{100}，即 1.26×10^{30} 个（可用对数进行计算）。可见，混乱度增加得更为显著。在标准状态下，1mL的气体中共有 3×10^9 个分子，混合时总微观状态数为 $2^{3\times10^{19}}$，可见混合时混乱度的增加就非常大了。

必须指出，在各种分布中，均匀分布（即两边分子数相同）的式样占绝大多数。例如在分子数各为2时，均匀分布的式样占6/16。在分子数各为50时，一共有101种分布，均匀分布占 $\dfrac{1.01\times10^{29}}{1.26\times10^{30}}$。因此，均匀分布的微观状态出现的机会最大，而且当分子数为一个大数目时，均匀分布出现的机会就很大，而其他微观状态出现的机会就会很小，以至对比之下可以忽略不计。这样，对于一个确定的热力学状态，在宏观上观察到的现象基本上是由这种均匀分布表现出来的性质所决定的。由此可见，两种气体自动混合的过程，是朝着混乱度增大的方向进行的。

上述过程是在封闭的绝热箱内进行的，排除了外界环境的一切影响。所以是一个隔离系统。由此我们可以得出如下结论。

在隔离系统中，自动过程总是向着混乱度增大的方向进行的，当混乱度达到最大时，系统就处于平衡状态。

混乱度既然是系统可能实现的微观状态数目，所以在一定的热力学状态下，它有确定的数值。因此，混乱度也可以看成是系统的一种状态函数。但由于混乱度是系统的微观状态数目，在实际应用中难于测定和计算，玻耳兹曼进行了进一步整理，使之成为自然对数函数 $k\ln\Omega$ 的形式的宏观的物理量，用混乱度函数的形式代替混乱度作为判断自动过程的方向和限度的依据。热力学中将 $k\ln\Omega$ 定义为一个新的状态函数，称为熵，用符号 S 表示，即：

$$S = k\ln\Omega \tag{3-6}$$

式中，k 为一常数，称为玻耳兹曼常数（$k = R/N_A$）。此公式称为玻耳兹曼公式。这个公式在宏观的热力学函数 S 与微观的物理量 Ω 之间建立起了一座重要的桥梁。

混乱度的测定和计算十分困难，为了将其变为宏观可测量，要作如下设定和变换：

设物质的量为 n 的理想气体在恒温 T 时由 V_1 可逆膨胀到 V_2，若每个分子膨胀前后的微观状态数目，即混乱度分别为 Ω_1 和 Ω_2，那么：

$$\frac{\Omega_2}{\Omega_1} = \frac{V_2}{V_1} \tag{3-7}$$

系统膨胀后熵的增量是

$$\Delta S = S_2 - S_1 = k\ln\Omega_2^{nN_A} - k\ln\Omega_1^{nN_A} = nkN_0\ln\frac{\Omega_2}{\Omega_1} \tag{3-8}$$

已知 $kN_0 = R$，将式（3-7）代入式（3-8）中，得

$$\Delta S = nR\ln\frac{V_2}{V_1} \tag{3-9}$$

对于理想气体等温可逆过程，$\Delta U_T = 0$，由热力学第一定律得

$$Q_{可} = W_{可} = \int_{V_1}^{V_2} p\mathrm{d}V = \int_{V_1}^{V_2}\frac{nRT}{V}\mathrm{d}V = nRT\ln\frac{V_2}{V_1} \tag{3-10}$$

比较式（3-9）与式（3-10）得

$$\Delta S = \frac{Q_{可}}{T} \tag{3-11a}$$

或

$$\mathrm{d}S = \frac{\delta Q_{可}}{T} \tag{3-11b}$$

这是熵的另一定义式，也是熵的基本计算公式。其中的 Q/T 称为热温熵。

3.1.4　熵函数的特点

熵是系统混乱度的函数。从微观角度看，熵具有统计意义，它是系统微观状态的一种量度。熵值小的状态，对应于比较有秩序的状态；熵值大的状态，对应于无秩序的状态，

且在隔离体系中由比较有秩序的状态向比较无秩序的状态变化，是自动变化的方向，这就说明了熵函数的特点，也揭示了第二定律的本质。

综上所述，将熵函数的特点归纳如下：

（1）熵是系统的状态函数，其增量 ΔS 只与变化的始、终态有关，而与变化的途径无关。

（2）熵是系统混乱度的函数，而混乱度是与物质的量有关的量，因此熵是一个广义函数。

（3）在隔离系统中，任何自动过程都是熵增大的不可逆过程，达平衡时，熵值最大。若系统处于平衡状态，则其熵值不再改变，其中发生的任何过程都是可逆过程。

3.2 熵变的计算

为了用熵变数值判断实际过程的方向与限度，首先要掌握各种变化过程熵变的计算。

3.2.1 p、V、T 变化的熵变

p、V、T 变化是指无相变化和化学变化的过程，只有膨胀、压缩或加热、冷却的过程。在这类过程中，若系统内部温度、压力和浓度均匀一致，则过程可逆与否就只决定于系统与环境间压力与温度是否相差无限小。所以在无其他外场作用的 p、V、T 变化，其可逆过程只交换体积功，并不交换非体积功（$W'_r=0$），故 $\delta W = p\mathrm{d}V$。由第一定律得

$$\mathrm{d}U = \delta Q - \delta W$$

$$\delta Q_r = \mathrm{d}U + p\mathrm{d}V$$

代入熵的定义式得

$$\mathrm{d}S = (\mathrm{d}U + p\mathrm{d}V)/T \tag{3-12}$$

$$\Delta S = \int_1^2 (\mathrm{d}U + p\mathrm{d}V)/T \tag{3-13}$$

此式适用于封闭系统 $W'_r=0$ 的可逆过程，为计算熵变的基本公式之一。

3.2.1.1 恒温过程

一定量的物质进行 p、V、T 变化时，T 一定，则 V 随 p 而变。但在压力不太高时，凝聚态（液态或固态）的内能和体积几乎不受压力的影响，故按式（3-13），可以粗略认为恒温常压下熵值不随压力而变。且低压下的实际气体也可视为理想气体。

对于理想气体，$pV=nRT$，当 $\mathrm{d}T=0$ 时，$\mathrm{d}U=0$，故按式（3-13），理想气体恒温膨胀过程的熵变：

$$\Delta_T S = \int_1^2 (\mathrm{d}U + p\mathrm{d}V)/T = \int_1^2 (p\mathrm{d}V/T)$$

$$= \int_1^2 (nR/V)\mathrm{d}V$$

即

$$\Delta_T S = nR\ln\frac{V_2}{V_1} \tag{3-14a}$$

或
$$\Delta_T S = nR\ln\frac{p_1}{p_2} \tag{3-14b}$$

【例 3-1】 有 1mol 理想气体由 1MPa 膨胀到 0.1MPa。

(1) 在 298K 下等温可逆膨胀。(2) 在 298K 下自由膨胀，求其熵变。

解：(1) 等温可逆膨胀：

$$\Delta_T S = nR\ln\frac{p_1}{p_2} = 1 \times 8.314\ln\frac{1}{0.1} = 19.14\text{J}\cdot\text{K}^{-1}$$

此过程为等温可逆膨胀，系统与环境有热和功的交换，系非隔离系统。故 $\Delta_T S$ 的值不能作为过程的方向判据：

(2) 自由膨胀，过程与 (1) 过程始终态相同，状态函数 ΔS 的增量与 (1) 相同。又因理想气体进行等温自由膨胀时，功和热皆为零，故此系统是隔离系统。ΔS 的增量可以作为该过程方向的判据。即

$$\Delta S_{隔} = \Delta S_{系} = 19.14\text{J}\cdot\text{K}^{-1} > 0$$

可见，理想气体等温自由膨胀是自动过程。

3.2.1.2　等容或等压过程

保持 V 或 p 不变，且无相变化或化学变化的过程，称为等容或等压变温过程。在这种加热或冷却的变温过程中，若系统与环境间温差为无限小，则为可逆传热；温差不是无限的，则为不可逆传热。但因等容时 $Q_V = \Delta U$，等压时，$Q_p = \Delta H$，此两种传热只决定于始态、终态，且可逆热与不可逆热相等。由此可得式 (3-15a)、式 (3-15b)

$$\mathrm{d}_V S = \delta_V Q_r / T = nc_{V,\mathrm{m}}\mathrm{d}T/T \tag{3-15a}$$

$$\mathrm{d}_p S = \delta_p Q_r / T = nc_{p,\mathrm{m}}\mathrm{d}T/T \tag{3-15b}$$

积分后得

$$\Delta_V S = \int_{T_1}^{T_2}\frac{nc_{V,\mathrm{m}}}{T}\mathrm{d}T \quad (等容变温) \tag{3-16a}$$

$$\Delta_p S = \int_{T_1}^{T_2}\frac{nc_{p,\mathrm{m}}}{T}\mathrm{d}T \quad (等压变温) \tag{3-16b}$$

若 $c_{V,\mathrm{m}}$ 与 $c_{p,\mathrm{m}}$ 可视为常数，则

$$\Delta_V S = nc_{V,\mathrm{m}}\ln\frac{T_2}{T_1} \tag{3-17a}$$

$$\Delta_p S = nc_{p,\mathrm{m}}\ln\frac{T_2}{T_1} \tag{3-17b}$$

不论过程是否可逆，以上 4 式对气、液、固三态均可适用。但由于液体及固体的不可压缩性，当温度不变而改变压力时，可以近似地看做状态不变，所以熵值亦不变。凝聚系统不等压变温过程可作等压变温系统计算其熵变。

【例 3-2】 气缸中有 3mol、400K 的氢气，在 101.3kPa 下向 300K 的大气中散热，直到平衡。求氢气的熵变，已知 $c_{p,\mathrm{m}}(H_2) = 29.1\text{J}\cdot\text{mol}^{-1}\cdot\text{K}^{-1}$

解：H_2 的始终态如下：

$$\boxed{\begin{array}{l} H_2:\ 3\text{mol} \\ p_1 = 101.3\text{kPa} \\ T_1 = 400\text{K} \end{array}} \xrightarrow[\mathrm{d}p=0]{\text{等压}} \boxed{\begin{array}{l} H_2:\ 3\text{mol} \\ p_2 = p_1 = 101.3\text{kPa} \\ T_2 = 300\text{K} \end{array}}$$

氢气恒压降温
$$\delta Q_r = nc_{p,\mathrm{m}}\mathrm{d}T$$

故
$$\Delta_p S = \int_{T_1}^{T_2} \frac{3c_{p,\mathrm{m}}}{T}\mathrm{d}T$$

因 $c_{p,\mathrm{m}}$为常数，故积分后得

$$\Delta_p S = nc_{p,\mathrm{m}}\ln\frac{T_2}{T_1} = 3 \times 29.1 \times \ln\frac{300}{400} = -25.1\mathrm{J}\cdot\mathrm{K}^{-1}$$

3.2.1.3 p、V、T 同时改变的过程

在只做体积功的封闭系统中，p、V、T 三个变量中指定任意两个即可确定状态，且确定了始终态就能进行熵变的计算。若任选 T 和 V 作为状态变量，则始态（T_1，V_1）⟶终态（T_2，V_2）熵变的计算可分两步走。即

$$\text{始态}(T_1,V_1) \xrightarrow[\mathrm{d}V=0]{\Delta_V S} \text{中间态}(T_2,V_1) \xrightarrow[\mathrm{d}T=0]{\Delta_T S} \text{终态}(T_2,V_2)$$

那么

$$\Delta_V S = \int_{T_1}^{T_2} \frac{nc_{V,\mathrm{m}}}{T}\mathrm{d}T$$

$$\Delta_T S = \int_{V_1}^{V_2} (\mathrm{d}U + p\mathrm{d}V)/T$$

故
$$\Delta S = \Delta_V S + \Delta_T S = \int_{T_1}^{T_2} \frac{nc_{V,\mathrm{m}}}{T}\mathrm{d}T + \int_{V_1}^{V_2} (\mathrm{d}U + p\mathrm{d}V)/T$$

若系统为理想气体，且 $c_{V,\mathrm{m}}$视为常数，则

$$\Delta S = nc_{V,\mathrm{m}}\ln\frac{T_2}{T_1} + nR\ln\frac{V_2}{V_1} \tag{3-18a}$$

用类似的方法还可导出如下两式

$$\Delta S = nc_{p,\mathrm{m}}\ln\frac{T_2}{T_1} + nR\ln\frac{p_1}{p_2} \tag{3-18b}$$

$$\Delta S = nc_{V,\mathrm{m}}\ln\frac{p_2}{p_1} + nc_{p,\mathrm{m}}\ln\frac{V_2}{V_1} \tag{3-18c}$$

上三式是理想气体 p、V、T 变化的 ΔS 的计算公式，它们对于等温、等容、等压过程也是适用的。即

等温：
$$\Delta_T S = nR\ln\frac{V_2}{V_1} = nR\ln\frac{p_1}{p_2}$$

等容：
$$\Delta_V S = nc_{V,\mathrm{m}}\ln\frac{T_2}{T_1} = nc_{V,\mathrm{m}}\ln\frac{p_2}{p_1}$$

等压：
$$\Delta_p S = nc_{p,\mathrm{m}}\ln\frac{T_2}{T_1} = nc_{p,\mathrm{m}}\ln\frac{V_2}{V_1}$$

【例 3-3】 将 12g 氧气由 293K、0.1MPa 压缩到 233K、6MPa，求 ΔS。已知 $c_{p,\mathrm{m}}(O_2)$ =

$29.2J \cdot mol^{-1} \cdot K^{-1}$。

解： 这是一个物质的量不变，p、V、T 都改变的任意过程，因始终态的 T、p 已知，可用式（3-18b）计算。

$$n = \frac{m}{M} = \frac{12}{32} = 0.375\text{mol}$$

$$\Delta S = nc_{p,\text{m}}\ln\frac{T_2}{T_1} + nR\ln\frac{p_1}{p_2}$$

$$= 0.375 \times 29.2 \times \ln\frac{233}{293} + 0.375 \times 8.314 \times \ln\frac{0.1}{6}(0.1/6)$$

$$= -2.51 - 12.77 = -15.28\text{J} \cdot \text{K}^{-1}$$

【例 3-4】 20dm^3 10MPa、500K 的氮气，在恒定外压 0.1MPa 下绝热膨胀到平衡态，求 ΔS。已知 $c_{V,\text{m}} = 20.9\text{J} \cdot \text{mol}^{-1} \cdot \text{K}^{-1}$。

解： 该过程为不可逆恒外压绝热膨胀过程，由题意知：

$p_2 = p_{外} = 0.1\text{MPa}$，$W' = 0$，$Q = 0$，由热力学第二定律得：$\Delta U = -W$ 且

$$W = p_{外}(V_2 - V_1) \qquad \Delta U = nc_{V,\text{m}}(T_2 - T_1)$$

所以

$$nc_{V,\text{m}}(T_2 - T_1) = -p_{外}(V_2 - V_1)$$

根据 $pV = nRT$ 得 $n = \dfrac{pV}{RT} = \dfrac{10 \times 10^6 \times 20 \times 10^{-3}}{8.314 \times 500} = 48.1\text{mol}$

将 $V_2 = nRT_2/p_2$，$V_1 = nRT/p_1$ 代入上式得

$$nc_{V,\text{m}}(T_2 - T_1) = -np_{外}R\left(\frac{T_2}{p_2} - \frac{T_1}{p_1}\right)$$

代入已知数据解得

$$T_2 = 359\text{K}$$

因为

$$c_{p,\text{m}} = c_{V,\text{m}} + R = 29.2$$

由式（3-18）得

$$\Delta S = nc_{p,\text{m}}\ln\frac{T_2}{T_1} + nR\ln\frac{p_1}{p_2}$$

$$= 48.1 \times 29.2\ln\frac{359}{500} + 48.1 \times 8.314 \times \ln\frac{10}{0.1}$$

$$= 1376.7\text{J} \cdot \text{K}^{-1}$$

3.2.2　相变化的熵变

3.2.2.1　可逆相变化

在无限接近平衡的条件下进行相变化，为可逆相变化。如水在 373.15K，饱和蒸气压为 101.325kPa 时的相变。一般说，在常温常压下正常相变点的相变均为可逆相变。因为可逆相变是等温等压可逆过程，所以相变热等于其过程相变焓。即

$$\Delta S_{相} = \frac{Q_{相}}{T_{相}} = \frac{\Delta H_{相}}{T_{相}} \tag{3-19}$$

式中，$T_{相}$为可逆相变时的温度，即正常相变点熔点、沸点等。

【**例 3-5**】 10mol 水在 373.15K，101.325kPa 下汽化为水蒸气，已知该条件下的汽化热 $\Delta H_{m,汽化} = 4.06 \times 10^4 J \cdot K^{-1}$，求过程的 ΔS。

解：因水在 373.15K 时的饱和蒸气压为 101.325kPa，故该过程为可逆相变过程。那么：

$$\Delta S = \frac{Q_{相}}{T_{相}} = \frac{\Delta H_{相}}{T_{相}} = \frac{n\Delta H_{m,气化}}{T_{气化}} = \frac{10 \times 4.06 \times 10^4}{373.15} = 1088 J \cdot K^{-1}$$

3.2.2.2 不可逆相变化

凡不在无限接近平衡条件下进行的相变化过程，均为不可逆相变化。即在非正常相变点上的相变化。不可逆相变化不能用式（3-19）计算 ΔS，但因熵是状态函数，为此，可以在相同的始终态间另拟一个可逆过程进行计算。新过程的熵变的总和就等于原过程的熵变。

【**例 3-6**】 1mol 263.15K 的过冷水于恒定的 101.325kPa 下凝固为 263.15K 的冰，求系统的熵变。已知水的凝固热 ΔH_m(273.15K,101.32kPa) = $-6020 J \cdot mol^{-1}$，水的摩尔热容 $c_{p,m}$(水) = $75.3 J \cdot mol^{-1} \cdot K^{-1}$，冰的摩尔热容 $c_{p,m}$(冰) = $37.6 J \cdot mol^{-1} \cdot K^{-1}$。

解：在 101.32kPa，273.15K 下，水与冰互相平衡，所以本题之相变是在非正常相变点下进行的不可逆相变过程见图 3-2。为计算其熵变，在原始终态间假设图 3-2 虚线所示的可逆途径，通过计算其各可逆步骤熵变之和计算该过程的熵变。

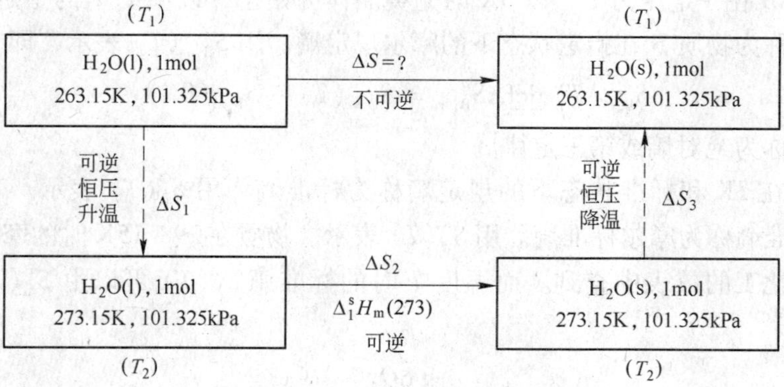

图 3-2 水与冰互相平衡

$$\Delta S = \Delta S_1 + \Delta S_2 + \Delta S_3$$

$$\Delta S_1 = nc_{p,m}(水)\ln\frac{T_2}{T_1} = 1 \times 75.3 \times \ln\frac{273.15}{263.15} = 2.808 J \cdot K^{-1}$$

$$\Delta S_2 = \frac{n\Delta_l^s H_m(水)}{T} = \frac{1 \times (-6020)}{273.15} = -22.039 J \cdot K^{-1}$$

$$\Delta S_3 = nc_{p,m}(\text{冰})\ln\frac{T_1}{T_2} = 1\times 37.6\times\ln\frac{263.15}{273.15} = -1.402\text{J}\cdot\text{K}^{-1}$$

故 $$\Delta S = \Delta S_1 + \Delta S_2 + \Delta S_3 = 2.808 - 22.039 - 1.402 = -20.63\text{J}\cdot\text{K}^{-1}$$

3.3　热力学第三定律

3.3.1　热力学第三定律的表述

20 世纪初，人们从低温化学反应和电池的电动势的测定中发现，等温过程的熵变 $\Delta_T S$ 随温度下降而减少。1906 年能斯特首先提出如下假设：

凝聚系统在等温过程中的熵变，随温度趋于 0K 而趋于零。即

$$\lim_{T\to 0\text{K}}\Delta_T S = 0 \tag{3-20}$$

1911 年，普朗克又进一步提出：0K 时凝聚相的纯物质的熵值为零。1920 年，路易斯和吉布斯对普朗克的定义进行了修正。提出热力学第三定律。即

0K 时，完美晶体的纯物质的熵值为零。即

$$S^*(0\text{K},\text{完美晶体}) = 0 \tag{3-21}$$

这里的纯物质包括单质和化合物。第三定律给物质的熵值定了一个基准线，它的含义与熵的物理意义是一致的。因为 0K 时，在完美晶体中，所有分子、原子或电子的运动均处于最低能级，空间排布只有一种方式，微观上只有一种状态。$\Omega=1$，由 $S = k\ln\Omega$，$S = 0$。

3.3.2　规定熵与标准熵

1mol 物质 B 在一定压力下，以 0K 的完美晶体为始态，以温度 T 的指定状态为终态，其熵值的增量称为物质 B 在指定状态下的摩尔规定熵。用 $S_{\text{B,m}}(T)$ 表示，即

$$S_{\text{B,m}}(T) \overset{\text{def}}{=\!=} \Delta S_{\text{B,m}} = S_{\text{B,m}}(T) - S_{\text{B,m}}(0\text{K}) \tag{3-22}$$

规定熵也称为绝对熵或第三定律熵。

将物质 B 在 TK 和标准状态下的规定熵称为标准熵，用 $S_{\text{B}}^{\ominus}(T)$ 表示。若物质的量为 1mol，则该标准熵称为摩尔标准熵。用 $S_{\text{m}}^{\ominus}(T)$ 表示。物质在 298.15K 时的摩尔标准熵数值可以在化学、化工的数表中查到。而温度 T 时的标准熵 $S_{\text{B}}^{\ominus}(T)$ 可以由 $S_{\text{m}}^{\ominus}(298\text{K})$ 换算出来

$$S_{\text{m}}^{\ominus}(T) = \int_{0\text{K}}^{T}\frac{\delta Q_r}{T} = \int_{0\text{K}}^{T}\frac{c_{p,\text{m}}}{T}\text{d}T \tag{3-23}$$

在 0K 到 TK 的温度区间内，若物质有相变，则计算时要分段，且将相变熵加到总熵变中去。

由于在极低的温度下实验测定 $c_{p,\text{m}}$ 值非常困难，一般缺乏 15K 以下的数据，所以在 0 ~ 15K范围内的 $c_{p,\text{m}}$ 值常用下式计算

$$c_{p,\text{m}} \approx c_{V,\text{m}} = aT^3 \quad (\text{非金属}) \tag{3-24a}$$

$$c_{p,\text{m}} \approx c_{V,\text{m}} = aT^3 + bT \quad (\text{金属}) \tag{3-24b}$$

上两式称为德拜 T^3 公式，其系数 a、b 由实验测得。

【例 3-7】 求 298K 时 HCl 的标准熵。已知 HCl 的相转变条件为

98.36K 晶型转化 由 α 晶→β 晶 $\Delta H_m^{\ominus} = 1190 \text{J} \cdot \text{mol}^{-1}$

158.91K 熔化由 β 晶→液 $\Delta H_m^{\ominus} = 1992 \text{J} \cdot \text{mol}^{-1}$

188.07K 气化由液→气 $\Delta H_m^{\ominus} = 16150 \text{J} \cdot \text{mol}^{-1}$

解：先用德拜 T^3 公式求出 $c_{p,m}$(低温)，并分别查出 $c_{p,m}(\alpha)$、$c_{p,m}(\beta)$、$c_{p,m}(l)$ 及 $c_{p,m}(g)$ 的数据，然后分如下步骤求出各步的 ΔS，再求过程总熵变即 298K 时 HCl 的标准熵，分步如下：

0Kα 晶 $\xrightarrow{\Delta S_1}$ 16Kα 晶 $\xrightarrow{\Delta S_2}$ 98.36Kα 晶 $\xrightarrow{\Delta S_3}$ 98.36Kβ 晶 $\xrightarrow{\Delta S_4}$ 158.91Kβ 晶 $\xrightarrow{\Delta S_5}$ 158.91K 液态 $\xrightarrow{\Delta S_6}$ 188.07K 液态 $\xrightarrow{\Delta S_7}$ 188.07K 气态 $\xrightarrow{\Delta S_8}$ 298K 气态

$$\Delta S_1 = \int_{0\text{K}}^{16\text{K}} \frac{c_{p,m(\text{低温})}}{T} dT = 1.3 \text{J} \cdot \text{mol}^{-1} \cdot \text{K}^{-1}$$

16K→98.36K，为 α 晶升温过程

$$\Delta S_2 = \int_{16\text{K}}^{98.36\text{K}} \frac{c_{p,m(\alpha)}}{T} dT = 29.5 \text{J} \cdot \text{mol}^{-1} \cdot \text{K}^{-1}$$

98.36K 下进行晶型转化过程

$$\Delta S_3 = \frac{\Delta H_m^{\ominus}}{T} = \frac{1190}{98.36} = 12.1 \text{J} \cdot \text{mol}^{-1} \cdot \text{K}^{-1}$$

98.36K→158.9K，为 β 晶型升温过程

$$\Delta S_4 = \int_{98.36\text{K}}^{158.9\text{K}} \frac{c_{p,m(\beta)}}{T} dT = 21.1 \text{J} \cdot \text{mol}^{-1} \cdot \text{K}^{-1}$$

158.9K 下进行 β 晶型熔化过程

$$\Delta S_5 = \frac{1992}{158.9} = 12.6 \text{J} \cdot \text{mol}^{-1} \cdot \text{K}^{-1}$$

158.9K→188.07K 为液态 HCl 升温过程

$$\Delta S_6 = \int_{158.9\text{K}}^{188.0\text{K}} \frac{c_{p,m(l)}}{T} dT = 9.9 \text{J} \cdot \text{mol}^{-1} \cdot \text{K}^{-1}$$

188.07K 时液态 HCl 气化过程

$$\Delta S_7 = \frac{16150}{188.07} = 85.9 \text{J} \cdot \text{mol}^{-1} \cdot \text{K}^{-1}$$

188.07K→298K 为气态 HCl 升温过程

$$\Delta S_8 = \int_{188.07\text{K}}^{298\text{K}} \frac{c_{p,m(g)}}{T} dT = 13.5 \text{J} \cdot \text{mol}^{-1} \cdot \text{K}^{-1}$$

则

$$S_m^{\ominus}(298\text{K}) = \Delta S = \Delta S_1 + \Delta S_2 + \Delta S_3 + \Delta S_4 + \Delta S_5 + \Delta S_6 + \Delta S_7 + \Delta S_8$$
$$= 185.9 \text{J} \cdot \text{mol}^{-1} \cdot \text{K}^{-1}$$

3.3.3　化学变化的熵变计算

各种物质的规定熵值已能进行计算，且 298K 的标准摩尔熵值可以查到，若化学反应是在标准状态下进行，就可以用和计算化学反应热相类似的方法，计算任意温度下进行的化学反应的标准熵变 $\Delta S^{\ominus}(T)$。

若反应在 298K 下进行，则

$$\Delta S^{\ominus}(298\text{K}) = \sum_B \gamma_B S_m^{\ominus}(298\text{K}) \tag{3-25}$$

若反应在 TK 下进行，则

$$\Delta S^{\ominus}(T) = \Delta S^{\ominus}(298\text{K}) + \int_{298\text{K}}^{T} \frac{\Delta c_p}{T} dT \tag{3-26}$$

其中

$$\Delta c_p = \sum_B \gamma_B c_{p,m}(\text{B})$$

式（3-25）与式（3-26）中的 γ_B 为反应式中参加反应的物质的系数。对产物取正值，对反应物取负值。若反应在 TK 下进行，则：

【例 3-8】 计算反应 C(石墨) + CO_2(气)→2CO(气)在下列条件下的熵变。

（1）298K　101325Pa；（2）1000K　101325Pa。

解：查得各物质的 $S_m^{\ominus}(298\text{K})$ 及 $c_{p,m}$ 值，见表 3-4。

表 3-4　$S_m^{\ominus}$(298K) 及 $c_{p,m}$ 值

项　目	$S_m^{\ominus}$/J · mol^{-1} · K^{-1}	$c_{p,m} = a + bT + c'T^{-2}$		
		a/J · mol^{-1} · K^{-1}	b/J · mol^{-1} · K^{-1}	c'/J · mol^{-1} · K^{-1}
C(石墨)	5. 694	17. 15	0. 00427	－879000
CO_2(气)	213. 65	44. 14	0. 00904	－853000
CO(气)	197. 907	28. 41	0. 00410	－46000

故

$$\Delta c_p = \sum_B \gamma_B c_{p,m}(\text{B}) = (-4.47 - 0.00511T + 1640000T^{-2})\,\text{J}\cdot\text{K}^{-1}$$

(1) $\Delta S^{\ominus}(298\text{K}) = \sum_B \gamma_B S_m^{\ominus}(\text{B}\cdot 298) = 2\times 197.907 - 5.694 - 213.65 = 176.47\text{J}\cdot\text{K}^{-1}$

(2) $\Delta S^{\ominus}(1000\text{K}) = \Delta S^{\ominus}(298\text{K}) + \int_{298}^{1000} \frac{\Delta c_p}{T} dT$

$$= 176.47 + \int_{298}^{1000} \frac{1}{T}(-4.47 - 0.00511T + 1640000T^{-2})\,dT$$

$$= 175.88\text{J}\cdot\text{K}^{-1}$$

这里要注意：化学变化的 $S_m^{\ominus}(298\text{K})$ 是指所有参加反应物质的压力均为 101325Pa 时的熵变。

3.3.4　熵与过程的方向性

熵的基本计算公式为 $dS = \delta Q_{可}/T$，但它只适用于可逆过程。对于不可逆过程，因为 $W_{不} < W_{可}$，$Q_{不} < Q_{可}$，进而导出

$$dS > \frac{\delta Q_{不}}{T} \tag{3-27a}$$

或

$$\Delta S > \frac{Q_{不}}{T} \tag{3-27b}$$

综合式（3-11b）与（3-27a）可得

$$\Delta S = \int_A^B dS \geqslant \int_A^B \frac{\delta Q}{T} \begin{cases} > 0 \text{ 为不可逆过程} \\ = 0 \text{ 为可逆过程} \end{cases} \tag{3-28}$$

式（3-28）可表述为：在可逆过程中，系统的熵的增量等于热温商；在不可逆过程中，系统的熵的增量大于热温商。式（3-28）称为克劳修斯不等式。它可以作为第二定律的数学表达式。

隔离系统的熵判据：

在隔离系统中，由于系统环境之间既无物质交换，又无能量交换，为此 $\delta Q = 0$，由式（3-28）得

$$\Delta S_{隔离} \begin{cases} > 0 \text{ 自动过程} \\ = 0 \text{ 平衡过程} \end{cases} \tag{3-29}$$

由此得出如下结论：

在隔离系统中，自动过程总是指向熵值增大的方向，而熵值减少的过程是不可能发生的。当系统达到平衡状态时，熵值最大。这就是最大熵原理。

式（3-29）只能应用于隔离系统，离开这个条件就不能应用，对于非隔离系统，用熵增量来判断过程方向，则要将环境的熵的增量也加上，使其成为一个新的大隔离系统。其数学表达式为

$$\Delta S_{系统} + \Delta S_{环境} \begin{cases} > 0 \text{ 大隔离系统自动过程} \\ = 0 \text{ 大隔离系统平衡过程} \end{cases} \tag{3-30}$$

3.4 亥姆霍兹自由能与吉布斯自由能

由热力学第一定律与热力学第二定律我们得到了热力学能与熵两个状态函数。利用这两个函数原则上可以解决热力学上的一般问题，例如能量变换、过程的方向与限度等问题。在热力学第一定律的应用中，为了处理问题的方便，引入了焓这个状态函数。焓本身不是热力学第一定律的直接结果，但有了焓这个辅助函数，解决热化学方面的问题就方便得多了。

当利用熵判据来解决变化过程的方向与限度时，系统必须是隔离的。对于一般系统必须同时考虑系统与环境的熵变，这是很不方便的。实际科研或生产上的许多变化是在等温、等温等容或等温等压条件下发生的。能否利用系统自身的某些状态函数的变化值而不用考虑环境的特殊要求直接来判断这些变化的方向与限度呢？为了解决这个问题，亥姆霍兹与吉布斯分别引入两个新函数，分别作为等温等容及等温等压条件下过程的判据。与焓一样，它们都是辅助热力学函数。有了它们，处理问题将方便得多。

3.4.1　亥姆霍兹自由能

设一封闭系统，与温度为 T 的热源接触，发生一个等温过程，由热力学第二定律基本式（3-28）

$$\mathrm{d}S \geqslant \frac{\delta Q}{T}\begin{cases} > 0 \text{ 为不可逆过程} \\ = 0 \text{ 为可逆过程} \end{cases}$$

代入热力学第一定律基本公式 $\delta Q = \mathrm{d}U + \delta W$，

可得
$$\mathrm{d}S \geqslant \frac{\mathrm{d}U + \delta W}{T}$$

移项整理得
$$-(\mathrm{d}U - T\mathrm{d}S) \geqslant \delta W \tag{3-31}$$

亥姆霍兹定义了一个新函数
$$A = U - TS \tag{3-32}$$

则式(3-31) 变为
$$-\mathrm{d}A \geqslant \delta W \quad \text{或} \quad -\Delta A \geqslant \Delta W \tag{3-33}$$

式中，A 称为亥姆霍兹自由能。由于 U、T、S 都是状态函数，因此 A 也是状态函数，A 具有能量的量纲，是容量函数。

式（3-33）的意义：封闭系统在等温可逆过程中所做的功等于系统亥姆霍兹自由能的减少；在等温不可逆过程中所做的功小于系统亥姆霍兹自由能的减少。即在等温可逆过程中系统做最大功。

系统所做的功可分为体积功和非体积功两部分，即 $\delta W = p_{外}\mathrm{d}V + \delta W'$，若系统在等温、等容、不做非体积功时式（3-33）则变成

$$\mathrm{d}A \leqslant 0 \quad \text{或} \quad A \leqslant 0 \tag{3-34}$$

由式（3-34）可以得出一个重要结论：在等温、等容、不做非体积功时，系统发生可逆过程，则亥姆霍兹自由能不变；发生不可逆过程，亥姆霍兹自由能必减少。因此在上述条件下，自发过程总是向着亥姆霍兹自由能减少的方向进行，直到亥姆霍兹自由能达到最小值，系统达到平衡为止。这就是用亥姆霍兹自由能判断过程的方向与限度的结论。

3.4.2　吉布斯自由能

热力学第一定律数学表达式为 $\mathrm{d}U = \delta Q - \delta W - \delta W'$（$W'$为非体积功），可以改成

$$\delta Q = \mathrm{d}U + p_{外}\mathrm{d}V + \delta W'$$

热力学第二定律数学表达式为 $\mathrm{d}S \geqslant \dfrac{\delta Q}{T}$，也可以改写成 $T\mathrm{d}S - \delta Q \geqslant 0$；

将热力学第一定律数学表达式代入热力学第二定律数学表达式，可得

$$T\mathrm{d}S - \mathrm{d}U - p_{外}\mathrm{d}V - \delta W' \geqslant 0\begin{cases} > 0 \text{ 为自动过程} \\ = 0 \text{ 为平衡状态} \end{cases} \tag{3-35}$$

若过程为恒温、恒压，则式（3-35）可变为

$$-\mathrm{d}(U + pV - TS) \geqslant \delta W'$$

或
$$-\mathrm{d}(H - TS) \geqslant \delta W'$$

式中，U、p、V、T 及 S 均为系统的状态函数，故由其组合成的 $(U+pV-TS)$ 或 $(H-TS)$ 也一定是状态函数。我们将此新函数称之为吉布斯自由能（或吉布斯函数），简称自由能，用字母 G 表示。

$$G = U + pV - TS = H - TS \tag{3-36}$$

故在恒温恒压下

$$-\mathrm{d}_{T,p}G \geqslant \delta W' \begin{cases} >0 \text{ 为自动过程} \\ =0 \text{ 为平衡状态} \end{cases} \tag{3-37a}$$

或

$$-\Delta_{T,p}G \geqslant W' \begin{cases} >0 \text{ 为自动过程} \\ =0 \text{ 为平衡状态} \end{cases} \tag{3-37b}$$

而 $-\mathrm{d}_{T,p}G < \delta W'$ 的过程是不可能自动发生的。式（3-37）是恒温恒压条件下过程方向和限度的判据。它表明：在恒温恒压条件下，系统在不可逆过程所做的非体积功小于吉布斯自由能的减少，而在可逆过程中所做的非体积功等于吉布斯自由能的减少。

若非体积功等于零，则

$$\mathrm{d}_{T,p}G \leqslant 0 \begin{cases} <0 \text{ 为自动过程} \\ =0 \text{ 为平衡状态} \end{cases} \tag{3-38a}$$

或

$$\Delta_{T,p}G \leqslant 0 \begin{cases} <0 \text{ 为自动过程} \\ =0 \text{ 为平衡状态} \end{cases} \tag{3-38b}$$

式（3-38）可以看出：在恒温恒压无非体积功的系统中，自动过程总是向着自由能减少的方向进行，达到平衡时，自由能最小，这就是最小自由能原理。或者说，系统处于平衡状态的必要条件是 $\mathrm{d}_{T,p}G=0$。

自由能的特点如下：

（1）由定义式 $G=U+pV-TS=H-TS$ 知，因为 U、H、S 都是容量性质，所以 G 也是容量性质的状态函数，其值只与始态和终态有关，而与过程无关。

（2）$\Delta G = \Delta H - \Delta(TS)$ 对于封闭系统的任何过程都适用。

（3）$\Delta_{T,p}G$ 作为判据时必须满足恒温恒压条件。只有在 $W'=0$ 时才可以用 $\Delta_{T,p}G \leqslant 0$ 来判断自动过程的方向和限度。

由式（3-38b）知 $\Delta_{T,p}G=0$ 是平衡的特征，换句话说，在恒温恒压、不做非体积功的条件下，判断过程的方向，只要看始终态的吉布斯自由能 $G_{终}<G_{始}$，过程自动进行；$G_{终}>G_{始}$，逆过程自动进行；$G_{终}=G_{始}$，系统处于平衡状态。

从某种意义上说，吉布斯自由能类似于推动流体流动的势能，它推动了某些化学热力学过程的进行。因此每摩尔纯物质的吉布斯自由能，即摩尔吉布斯自由能 G_m 也常被称为化学势。例如在50℃，压力为 $p^{\ominus}$ 时，G_m(水) < G_m(水蒸气)，则水蒸气自发地冷凝成水，而水不能蒸发变成水蒸气；在100℃，压力为 $p^{\ominus}$ 时，G_m(水) = G_m(水蒸气)，则水蒸气与水处于平衡状态。

3.4.3　吉布斯自由能的计算

3.4.3.1　理想气体等温变化过程 ΔG

用 ΔG 判断过程的方向时，一定要在等温等压条件下。对于理想气体来说，在等温等压下，系统就已完全确定。因此，ΔG 不能用来判断这种过程的方向。但是计算恒温下状态变化的 ΔG 仍具有重要意义，因为讨论许多不可逆的相变过程或化学变化时都要借助于它的数值。

因为没有非体积功，按热力学第一定律有

$$\mathrm{d}U = \delta Q - \delta W = T\mathrm{d}S - p\mathrm{d}V$$

又因为

$$G = U + pV - TS$$

所以

$$\begin{aligned}\mathrm{d}G &= \mathrm{d}U + p\mathrm{d}V + V\mathrm{d}p - T\mathrm{d}S - S\mathrm{d}T \\ &= (T\mathrm{d}S - p\mathrm{d}V) + p\mathrm{d}V + V\mathrm{d}p - T\mathrm{d}S - S\mathrm{d}T \\ &= -S\mathrm{d}T + V\mathrm{d}p\end{aligned}$$

即

$$\mathrm{d}G = -S\mathrm{d}T + V\mathrm{d}p \tag{3-39}$$

这是一个很重要的关系式，以后还要用到。由于所讨论的过程是等温的，即 $\mathrm{d}T = 0$，于是式（3-39）可以写成

$$\mathrm{d}G = V\mathrm{d}p \tag{3-40}$$

积分得

$$G_2 - G_1 = \Delta G = \int_{G_1}^{G_2}\mathrm{d}G = \int_{p_1}^{p_2}V\mathrm{d}p = \int_{p_1}^{p_2}\frac{nRT}{p}\mathrm{d}p$$

故

$$\Delta G = nRT\ln\frac{p_2}{p_1} = nRT\ln\frac{V_1}{V_2} \tag{3-41}$$

若取 1mol 理想气体，在一定温度时，从标准状态的 $p^{\ominus}$ 到任意状态的压力 p 积分，可以得到

$$G_m - G_m^{\ominus} = nRT\ln\frac{p}{p^{\ominus}} \tag{3-42}$$

式中　G_m—— 一定温度 T 时理想气体的摩尔吉布斯自由能；

$G_m^{\ominus}$—— 一定温度 T 时理想气体的标准摩尔吉布斯自由能。

式（3-42）说明，摩尔吉布斯自由能与温度有关。但由于标准摩尔吉布斯自由能也是温度的函数，所以摩尔吉布斯自由能与温度的关系就变得相当复杂。因此，在吉布斯自由能的变化量的计算中，往往回避变温过程，而主要讨论恒温过程。

【例 3-9】　2mol 理想气体从 298K，202kPa 等温可逆地膨胀到 10.1kPa，试问：(1) ΔG是多少？(2) 若过程不可逆进行时，ΔG 又是多少？

解：（1）按式（3-41）得

$$\Delta G = nRT\ln\frac{p_2}{p_1} = 2\times 8.314\times 298\times \ln\frac{10.1}{202} = -14844\text{J}$$

（2）因 $-\mathrm{d}_{T,S}G=\delta W'_{可}$，即系统吉布斯自由能的减少等于系统所做的最大非体积功。对于不可逆过程，也要设想一个同始态和终态的可逆过程来计算最大功，才会等于系统吉布斯自由能的减少，因此过程不可逆进行时，其 ΔG 亦为 -14844J。

3.4.3.2 相变时的 ΔG

相变过程一般是在等温等压条件下进行的，若始态和终态的两相是相互平衡的（例如在正常沸点下汽化），则此过程是可逆的。此时因为不做非体积功，故 $\Delta G=0$。

若始态和终态的两相是互不平衡的，此过程就是不可逆的，这时就应该另外设记一个可逆过程来计算。

【例 3-10】 试计算 1mol H_2O 由液态（298.15K，101.325kPa）变为气态（298.15K，101.325kPa）时的 ΔG，并问此过程能否自动进行？

解： 要解决这个问题，必须先知道 H_2O 的液气两相互为平衡时的条件。

已知 298.15K 时水的饱和蒸汽压为 3.168kPa，这说明两相平衡的条件为 $T=298.15$K，$p\approx 3.168$kPa。为此，可设计下面的可逆过程进行计算，如图 3-3 所示。

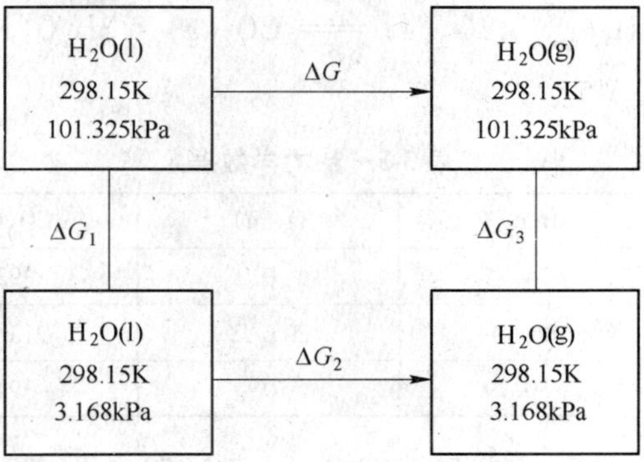

图 3-3 计算水汽化时的 ΔG 的示意图

因为 G 是状态函数，故有 $\Delta G=\Delta G_1+\Delta G_2+\Delta G_3$。

根据式（3-40）$\mathrm{d}G=V\mathrm{d}p$，可得

$$\Delta G_1=\int_{p_1}^{p_2}V_{液}\,\mathrm{d}p \qquad \Delta G_3=\int_{p_2}^{p_1}V_{气}\,\mathrm{d}p$$

而第二个过程为恒温恒压可逆过程，故知 $\Delta G_2=0$。

所以 $$\Delta G=\int_{p_1}^{p_2}V_{液}\,\mathrm{d}p+\int_{p_2}^{p_1}V_{气}\,\mathrm{d}p=\int_{p_2}^{p_1}(V_{气}-V_{液})\,\mathrm{d}p$$

而且因为 $V_{气}$ 远远大于 $V_{液}$，故 $V_{液}$ 可以忽略不计，并把 $H_2O(g)$ 看成理想气体，即 $V_{气}=\dfrac{nRT}{p}$，故得

$$\Delta G=\int_{p_2}^{p_1}\frac{nRT}{p}\mathrm{d}p=nRT\ln\frac{p_1}{p_2}$$

$$= 1 \times 8.314 \times 298.15 \times \ln\frac{101.325}{3.168} = 8591\text{J}$$

因为 $\Delta G > 0$

故此过程不能自动进行。

3.4.3.3 化学变化时的 ΔG

化学反应是在等温等压条件下进行的，且因 $G = H - TS$，故知

$$\Delta G = \Delta H - T\Delta S \tag{3-43}$$

计算化学反应的 ΔH 和 ΔS，在前面已讲过，所以通过式（3-43）可以直接算出 ΔG。

（1）若化学反应在 298K 和 101325Pa 下进行，则有两种计算方法。即

$$\Delta G_{298}^{\ominus} = \Delta H_{298}^{\ominus} - 298\Delta S_{298}^{\ominus} \tag{3-44}$$

$$\Delta G_{298}^{\ominus} = \sum_{B} \nu_{\mathrm{B}} \Delta_{\mathrm{f}} G_{\mathrm{m}}^{\ominus}(\mathrm{B}, 298\mathrm{K}) \tag{3-45}$$

式中 ν_{B}——参加反应的各物质前的化学计量数，产物的化学计量数取正数，反应物的化学计量数取负数。

【例 3-11】 求下列反应的 $\Delta G_{298}^{\ominus}$，并判断过程的方向。

$$CH_4(g) + 2O_2(g) \longrightarrow CO_2(g) + 2H_2O(l)$$

有关热力学数据见表 3-5。

表 3-5 热力学数据

物 质	$CH_4(g)$	$O_2(g)$	$CO_2(g)$	$H_2O(l)$
$\Delta_f H_m^{\ominus}/\text{kJ}\cdot\text{mol}^{-1}$	-74.85	0	-393.51	-285.8
$S_m^{\ominus}(298\text{K})/\text{J}\cdot\text{mol}^{-1}\cdot\text{K}^{-1}$	186.19	205.02	213.64	69.93
$\Delta G_{298}^{\ominus}/\text{J}\cdot\text{mol}^{-1}\cdot\text{K}^{-1}$	-50.79	0	-394.38	-237.191

解: $\Delta H_{298}^{\ominus} = -393.51 + 2 \times (-285.8) - (-74.85) = -890.34\text{kJ}$

$\Delta S_{298}^{\ominus} = 213.64 + 2 \times 69.92 - 186.19 - 2 \times 205.02 = -243\text{J}\cdot\text{K}^{-1}$

$\Delta G_{298}^{\ominus} = \Delta H_{298}^{\ominus} - 298\Delta S_{298}^{\ominus} = -890.34 - 298 \times 243 \times 10^{-3} = -818\text{kJ} < 0$

或者用 $\Delta G_{298}^{\ominus} = \sum_{B} \nu_{\mathrm{B}} \Delta_{\mathrm{f}} G_{\mathrm{m}}^{\ominus}(\mathrm{B}, 298\mathrm{K})$ 进行计算

$$\Delta G_{298}^{\ominus} = -394.38 + 2 \times (-237.191) - (-50.79) = -818\text{kJ}$$

由于 $\Delta G_{298}^{\ominus} < 0$，说明在常温常压下，若反应物和产物均处于标准状态，则甲烷氧化成二氧化碳的反应是自发的。

（2）对于任意温度和 101325Pa 下的化学反应，要先算出 $\Delta H_T^{\ominus}$ 和 $\Delta S_T^{\ominus}$，即

$$\Delta H_T^{\ominus} = \Delta H_{298}^{\ominus} + \int_{298}^{T} \Delta c_p \mathrm{d}T$$

和

$$\Delta S_T^{\ominus} = \Delta S_{298}^{\ominus} + \int_{298}^{T} \frac{\Delta c_p}{T} \mathrm{d}T$$

然后代入

$$\Delta G_T^{\ominus} = \Delta H_T^{\ominus} - T\Delta S_T^{\ominus}$$

【例 3-12】 计算反应 C(石墨) + CO_2(g)═2CO(g)在下列条件下的 ΔG:(1) 298K, 101325Pa;(2) 1000K, 101325Pa。此反应能否自动进行?

解:(1) 查得各物质的热力学数据如下:

	C(石墨) +	$CO_2(g)$ ═	2CO(g)
$\Delta_f H_m^\ominus(298)/kJ$	0	$1\times(-393.5)$	$2\times(-110.53)$
$S_m^\ominus(298)/J\cdot K^{-1}$	1×5.694	1×213.65	2×197.907

$$c_{p,m}(C)=17.15+0.00027T-879000T^{-2}\ J\cdot K^{-1}\cdot mol^{-1}$$

$$c_{p,m}(CO_2)=44.14+0.00904T-853000T^{-2}\ J\cdot K^{-1}\cdot mol^{-1}$$

$$c_{p,m}(CO)=28.41+0.00410T-46000T^{-2}\ J\cdot K^{-1}\cdot mol^{-1}$$

于是 $$\Delta H_{298}^\ominus=2\times(-110.53)-1\times(-393.5)=172.45kJ=172450J$$

$$\Delta S_{298}^\ominus=2\times197.907-1\times5.694-1\times213.65=176.47J\cdot K^{-1}$$

故 $$\Delta G_{298}^\ominus=\Delta H_{298}^\ominus-298\Delta S_{298}^\ominus=172450-298\times176.47=119860J$$

(2) $$\Delta c_p=2\times c_{p,m}(CO)-[1\times c_{p,m}(C)+1\times c_{p,m}(CO_2)]$$
$$=(-4.47-0.00511T+1640000T^{-2})J\cdot K^{-1}$$

故 $$\Delta H_{1000}^\ominus=\Delta H_{298}^\ominus+\int_{298}^{1000}\Delta c_p dT$$
$$=172450+\int_{298}^{1000}(-4.47-0.00511T+1640000T^{-2})dT$$
$$=170840J$$

$$\Delta S_{1000}^\ominus=\Delta S_{298}^\ominus+\int_{298}^{1000}\frac{\Delta c_p}{T}dT$$
$$=\Delta S_{298}^\ominus+\int_{298}^{1000}\frac{1}{T}(-4.47-0.00511T+1640000T^{-2})dT$$
$$=175.88J\cdot K^{-1}$$

于是 $$\Delta G_{1000}^\ominus=\Delta H_{1000}^\ominus-1000\times\Delta S_{1000}^\ominus$$
$$=170840-1000\times175.88=-5040J$$

可见反应在 298K 下不能自动向右进行,而在 1000K 下才能自动向右进行。

为了进一步理解焓、熵和吉布斯自由能等概念,现对式(3-43)进行一些分析。式(3-43)表明,吉布斯自由能的变化是由两项决定的,一项是焓变 ΔH,另一项是与熵有关的 $T\Delta S$。焓和熵对化学反应进行的方向和限度都产生影响,只是在不同的条件下产生影响的大小不同而已。若系统进行某一过程时焓减少(即放热反应,$\Delta H<0$),则有利于吉布斯自由能的降低;若系统的熵增加($\Delta S>0$),也有利于吉布斯自由能的降低。因此,假若是一个焓减和熵增的过程,此过程必然是自动进行。若是焓减和熵减的过程,或者是焓增和熵增的过程,则要看这两种因素产生影响的相对大小才能确定过程是否自动进行。反应的吉布斯自由能变化虽然包含了焓因素和熵因素两个方面,但有时熵因素作用不大,吉布斯自由能的变化主要决定于焓因素；有时焓因素作用不大，吉布斯自由能的变化主要决定于熵因素。这两种因素的作用不同，反映了化学反应的方向和限度不同。从例 3-12 的计算可以看出，当温度为 298K 时，焓因素是主要方面，即 ΔH 项远超过 $T\Delta S$ 项，因此，吉布斯自由能的变化主要取决于焓因素。在这里条件是主要的，可以提高反应的温度，使 $T\Delta S$ 项超过 ΔH 项，从而使主要方面发生变化。计算表明，超过 1000K 时，就为负值了。生产中常靠升温或其他办法来增加产物的量，就是这个道理。

3.5 热力学基本方程

将热力学第一定律和热力学第二定律应用于封闭的平衡系统得到热力学基本方程。热力学基本方程把系统的热力学能、焓、亥姆霍兹自由能和吉布斯自由能表示成两个变量的函数，可以进行有关计算。由基本方程出发，根据数学原理还可以得出麦克斯韦关系式及其他公式。这些公式在热力学中非常重要，要求了解本节中的有关内容。

处于热力学平衡态的封闭系统，在可逆情况下发生变化时，若不做非体积功（$\delta W'_r=0$），将可逆功 $\delta W_r=p\mathrm{d}V$ 及可逆热 $\delta Q_r=T\mathrm{d}S$ 代入热力学第=定律表达式 $\mathrm{d}U=\delta Q-\delta W$，可以得到

$$\mathrm{d}U = T\mathrm{d}S - p\mathrm{d}V \tag{3-46}$$

因为熵来源于热力学第二定律，故式（3-46）可以说是热力学第一定律与热力学第二定律的结合式，是非常重要的公式。

将焓的定义式求全微分 $\mathrm{d}H = \mathrm{d}U + p\mathrm{d}V + V\mathrm{d}p$ 再将式（3-46）代入即得

$$\mathrm{d}H = T\mathrm{d}S + V\mathrm{d}p \tag{3-47}$$

将亥姆霍兹自由能的定义式求全微分 $\mathrm{d}A = \mathrm{d}U - T\mathrm{d}S - S\mathrm{d}T$ 再将式（3-46）代入即得

$$\mathrm{d}A = -S\mathrm{d}T - p\mathrm{d}V \tag{3-48}$$

将吉布斯自由能的定义式求全微分 $\mathrm{d}G = \mathrm{d}U + p\mathrm{d}V + V\mathrm{d}p - T\mathrm{d}S - S\mathrm{d}T$ 再将式（3-46）代入即得

$$\mathrm{d}G = -S\mathrm{d}T + V\mathrm{d}p \tag{3-49}$$

式(3-46)～式(3-49)四个公式统称为热力学基本方程。

从上面的推导可知：热力学基本方程适用于封闭的平衡系统发生的不做非体积功的任何可逆过程。无论系统是纯物质还是混合物，单相的还是多相的，以及过程有无相变和化学变化，只要从一个平衡态可逆地变到另一个平衡态，均可用热力学基本方程计算。计算时要将系统的 T 与 S 之间、p 与 V 之间表示成函数关系后再积分。由于 U、H、A、G 均为状态函数，其变化量与途径无关，故由可逆途径求得的积分式，亦可以用于同工始态与终态的不可逆途径。

以上四个热力学基本方程中，使用最多的是式（3-49），其次是式（3-48）。将这两个方程应用于凝聚系统恒温变压过程，因为 $\mathrm{d}T=0$，凝聚态的等温压缩程度很小，可以忽略，故过程的

$$\Delta A = -\int_{V_1}^{V_2} p\mathrm{d}V = 0 \text{（凝聚系统，恒温）} \tag{3-50}$$

$$\Delta G = \int_{p_1}^{p_2} V\mathrm{d}p = V\Delta p\text{（凝聚系统，恒温）} \tag{3-51}$$

将式（3-50）、式（3-51）应用于理想气体恒温膨胀与压缩过程，因为 $\mathrm{d}T = 0$，$pV = nRT$，故过程的

$$\Delta A = -\int_{V_1}^{V_2} p\mathrm{d}V = -\int_{V_1}^{V_2} \frac{nRT}{V}\mathrm{d}V = -nRT\ln\frac{V_2}{V_1}\text{（理想气体，恒温）} \tag{3-52}$$

$$\Delta G = \int_{p_1}^{p_2} V\mathrm{d}p = \int_{p_1}^{p_2} \frac{nRT}{p}\mathrm{d}p = nRT\ln\frac{p_2}{p_1}\text{（理想气体，恒温）} \tag{3-53}$$

这与由理想气体恒温过程 $\Delta S = nRT\ln\frac{V_2}{V_1} = -nRT\ln\frac{p_2}{p_1}$ 按照 $\Delta A = -T\Delta S$、$\Delta G = T\Delta S$ 求得的结果是相同的。

热力学基本方程若应用于混合理想气体中任一组分 B 时，则式中的量均应是气体 B 的值，如 S_B、p_B，但因系统的 T、V 即是气体 B 的值，故不必使用下标。例如，将式（3-48）、式（3-49）应用于混合理想气体中的组分 B 时，则为

$$\mathrm{d}A_B = -S_B\mathrm{d}T - p_B\mathrm{d}V$$

$$\mathrm{d}G_B = -S_B\mathrm{d}T + V\mathrm{d}p_B$$

因此，当混合气体中的组分 B 在恒温下，其分压由 p_{B1} 变到 p_{B2} 时，由 $\mathrm{d}G_B = V\mathrm{d}p_B$，得

$$\Delta G_B = \int_{p_{B1}}^{p_{B2}} V\mathrm{d}p_B = \int_{p_{B1}}^{p_{B2}} \frac{n_BRT}{p_B}\mathrm{d}p_B = n_BRT\ln\frac{p_{B2}}{p_{B1}}$$

【例 3-13】 计算 100g 液体水在 $t = 4$℃下，外压从 100kPa 增至 200kPa 时的 ΔG。已知在此温度下水的密度为 $\rho = 1000\mathrm{kg/m^3}$。

解： 水的质量 $m = 0.1\mathrm{kg}$，其体积 $V = m/\rho = (0.1/1000)\mathrm{m^3} = 10^{-4}\mathrm{m^3}$，不随外压变化。由热力学基本方程得

$$\Delta G = \int_{p_1}^{p_2} V\mathrm{d}p = V(p_2 - p_1) = 10^{-4} \times (200 - 100) \times 1000 = 10\mathrm{J}$$

可见 ΔG 是很小的。

【例 3-14】 在 25℃下，2mol 体积为 $50\mathrm{dm^3}$ 理想气体 A 与 3mol 体积为 $100\mathrm{dm^3}$ 的理想气体 B 在总体积不变下混合，求过程的 ΔG。

解： $n_A = 2\mathrm{mol}$，$V_{A1} = 50\mathrm{dm^3}$，$V_{A2} = 150\mathrm{dm^3}$，$n_B = 3\mathrm{mol}$，$V_{B1} = 100\mathrm{dm^3}$，$V_{B2} = 150\mathrm{dm^3}$。

$$\Delta G_A = n_ART\ln\frac{p_{A2}}{p_{A1}} = n_ART\ln\frac{V_{A1}}{V_{A2}}$$

$$= 2 \times 8.314 \times 298.15 \times \ln\frac{50}{150} \times 10^{-3} = -5.477\mathrm{kJ}$$

$$\Delta G_B = n_BRT\ln\frac{p_{B2}}{p_{B1}} = n_BRT\ln\frac{V_{B1}}{V_{B2}}$$

$$= 3 \times 8.314 \times 298.15 \times \ln\frac{100}{150} \times 10^{-3} = -3.015\mathrm{kJ}$$

$$\Delta G = \Delta G_A + \Delta G_B = -5.447 - 3.015 = -8.462\mathrm{kJ}$$

习　题

3-1　自动过程都是不可逆过程，不可逆过程都是自动过程，对吗？

3-2　有始态和终态都相同的两个过程：一个是可逆过程；另一个是不可逆过程。问哪一个过程的熵变量较大，为什么？

3-3　263K 的过冷水结成 263K 的冰，$\Delta S<0$，与熵增加原理相矛盾吗，为什么？

3-4　“标准压力下、298K 过冷的水蒸气变成 298K 的水所放的热 $Q_p=\Delta H$，而 ΔH 只决定于始、终态而与等压过程的可逆与否无关，因而便可用该相变过程的热 Q_p，根据 $\Delta S=Q_p/T$（$T=298\text{K}$）来计算体系的熵变”这种看法是否正确，为什么？

3-5　任意过程的熵变量都可以由 $\Delta S=Q/T$ 求得，这种说法对吗，为什么？

3-6　从 $\Delta G=\Delta H-T\Delta S$ 可以看出吸热反应的 ΔH 为正，因而 ΔG 为正，故反应不能自动进行。对吗，为什么？

3-7　熵值减小的过程是不能发生的。这种说法对吗？

3-8　用熵变量判断过程与用吉布斯自由能变化量判断过程，各受什么条件限制？试比较之。

3-9　吉布斯自由能 G 是状态函数，从始态 A 到终态 B，不管经历什么过程，ΔG 总是一定的，并且总等于最大非体积功 $W'_{可}$。这种说法对吗？

3-10　“凡是自由能降低的过程，一定是自动过程。”这种说法对吗？

3-11　求以下可逆恒温压缩过程熵的变化：

（1）1mol O_2 在 25℃从 101.325kPa 到 1013.25kPa；

（2）1mol 甲烷在 125℃从 10132.5Pa 到 101325Pa。

3-12　1mol H_2O 在 393K 和 101325Pa 下汽化，已知汽化热为 40.67kJ · mol^{-1}，求 Q、ΔU、ΔH、ΔS、ΔG。

3-13　根据附表 4 的有关热力学数据计算下列反应在标准状态下的 $\Delta H^{\ominus}_{298}$、$\Delta S^{\ominus}_{298}$，并求反应的 $\Delta G^{\ominus}_{298}$，判断反应能否自动进行？

（1）$PbO(s)+CO(g)\longrightarrow Pb(s)+CO_2(g)$；

（2）$Cu_2S(s)+\frac{1}{2}O_2(g)\longrightarrow CuO(s)+SO_2(g)$；

（3）$FeS(s)+2FeO(s)\longrightarrow 3Fe(s)+SO_2(g)$。

3-14　在 101325Pa 下将 1mol N_2 从 300K 加热至 900K。计算过程的 ΔS。

3-15　通过计算判断反应 $Fe(s)+CuSO_4(s)\rightarrow FeSO_4(s)+Cu(s)$在 298K 下能否自动进行？

3-16　下列反应在 25℃、101.325kPa 下进行，计算 ΔH、ΔG、ΔS，并判断在该条件下反应进行的方向：

（1）$2C(石墨)+2H_2(g)=\!=\!=C_2H_4(g)$；

（2）$2Ag(s)+\frac{1}{2}O_2(g)=\!=\!=Ag_2O(s)$。

3-17　计算反应 $C_2H_2(g)+2H_2(g)=C_2H_6(g)$

（1）若反应在 298K 下进行，求 $\Delta S^{\ominus}_{298}$；

（2）若反应在 500K 下恒温进行，求 $\Delta S^{\ominus}_{500}$。

已知几种物质的标准熵和从 298～500K 的平均热容，见表 3-6。

3-18　2mol N_2 由 298K、1013.25kPa 反抗恒外压 101.325kPa 绝热膨胀至 101.325kPa，计算过程的 ΔS 并判断过程是否可能发生？（设氮气视为理想气体，$c_{p,\text{m}}=3.5R$）

3-19　计算不同温度的液体混合前后的熵变。设有一个系统储有 1kg 的水，系统与外界间没有能量传递。开始时，一部分水的质量为 0.30kg、温度为 90℃，另一部分水的质量为 0.70kg、温度为 30℃。混合后，系统内水温达到平衡。试求水的熵变？

表 3-6　标准熵和平均热容

项　目	物　质			项　目	物　质		
	$C_2H_2(g)$	$H_2(g)$	$C_2H_6(g)$		$C_2H_2(g)$	$H_2(g)$	$C_2H_6(g)$
$S_m^{\ominus}(298)/J \cdot mol^{-1} \cdot K^{-1}$	200.8	130.6	229.5	$\bar{c}_p/J \cdot mol^{-1} \cdot K^{-1}$	49.29	27.54	65.79

3-20　2mol、300K、20dm^3 的理想气体，在等温下膨胀至 50dm^3，分别计算以下各过程的 Q、W、ΔH 及 ΔS。

（1）可逆膨胀过程；

（2）自由膨胀过程；

（3）反抗恒外压 101.325kPa 的膨胀过程。

3-21　计算反应式 $CO(g) + H_2O(g) = CO_2(g) + H_2(g)$ 的 $\Delta H^{\ominus}_{1000}$、$\Delta S^{\ominus}_{1000}$、$\Delta G^{\ominus}_{1000}$。

4 化学平衡

根据热力学第二定律，在等温等压条件下，当 $\Delta G(T)>0$ 时，化学反应不能自发进行；当 $\Delta G(T)<0$ 时，则化学反应自动地由反应物变成产物。整个过程中，反应物的浓度逐渐减小，产物的浓度逐渐增加，产物和反应物吉布斯自由能之差趋近于零，直到 $\Delta G(T)=0$时，达到平衡。平衡状态表明了在一定条件下化学反应进行的限度。只要外界条件不变，平衡状态不再随时间变化，但是，外界条件一旦改变，原来的平衡状态就要遭到破坏，这时，系统又要按照新的条件建立新的平衡状态。平衡状态从宏观上看似乎是静止状态，而实际上是正逆反应速率相等，反应在不断地进行，是一种动态平衡。

本章从热力学第二定律入手，导出化学反应平衡常数和等温方程式，用于判定等温条件下过程的方向和限度，以及平衡常数的计算。

4.1 单相反应的平衡常数

4.1.1 单相反应和多相反应

系统中具有相同的物理性质和化学性质的任何均匀部分称为相，相与相之间有界面将它们分开，如液态水是一个相，而冰、液体水和蒸汽组成的系统则是三个相；均匀的、无固体存在的糖水溶液是一个相，饱和的有固体存在的糖水溶液则有两个相；成分不同的固体是两个相，就是成分相同而晶型不同的两个固体物质也是两个相（如金刚石碳和石墨碳）。

因此，气体混合物或无沉淀的均匀溶液都只有一个相，称为单相。系统中参加反应的各种物质均处在同一个相的反应，称为单相反应。通常单相反应指的是气体与气体相互之间的反应，或者是溶液中发生的且无固相和气相产生的反应。如果系统中参加反应的各种物质不是处于同一相中而是两相或两相以上的反应，称为多相反应。如 $3H_2(g)+N_2(g)\rightleftharpoons NH_3(g)$为单相反应，而 $CaCO_3(s)\rightleftharpoons CaO(s)+CO_2(g)$为多相反应。

4.1.2 单相反应的平衡常数

从热力学角度推导单相反应的平衡常数的表达为：假设有一个气相反应（单相反应），在一定温度和压力下达到平衡：

$$aA(g)+bB(g)\rightleftharpoons yY(g)+zZ(g)$$

其中，A、B、Y、Z 都是气体物质，并假设都是理想气体。a、b、y、z 为各物质的系数。

设 p_A、p_B、p_Y、p_Z 分别表示各气体的平衡分压。根据公式 $dG=Vdp$，对于理想气体，式中 V 以摩尔体积 $V_m=\frac{RT}{p}$ 代之，得 $dG=\frac{RT}{p}dp$，进行积分得

$$G_2-G_1=RT\ln\frac{p_2}{p_1} \tag{4-1}$$

若 $p_1=100\text{kPa}$，则 $G_1=G^{\ominus}(T)$ 为标准吉布斯自由能，于是式（4-1）可写成（省略了下标“2”）：

$$G = G^{\ominus}(T) + RT\ln\frac{p}{p^{\ominus}} \tag{4-2}$$

式（4-2）表明了在一定温度下，理想气体的吉布斯自由能与其压力之间的关系。

同样，对于理想气体混合物中的各种气体，式（4-2）也是适用的，于是反应式中各物质的吉布斯自由能分别为：

$$G_A = a[G_A^{\ominus}(T) + RT\ln p_A/p^{\ominus}]$$

$$G_B = b[G_B^{\ominus}(T) + RT\ln p_B/p^{\ominus}]$$

$$G_Y = y[G_Y^{\ominus}(T) + RT\ln p_Y/p^{\ominus}]$$

$$G_Z = z[G_Z^{\ominus}(T) + RT\ln p_Z/p^{\ominus}]$$

平衡时

$$\Delta G(T) = G_Y + G_Z - G_B - G_A$$

即

$$\Delta G(T) = y[G_Y^{\ominus}(T) + RT\ln p_Y/p^{\ominus}] + z[G_Z^{\ominus}(T) + RT\ln p_Z/p^{\ominus}] - a[G_A^{\ominus}(T) + RT\ln p_A/p^{\ominus}] - b[G_B^{\ominus}(T) + RT\ln p_B/p^{\ominus}]$$

整理后得

$$yG_Y^{\ominus}(T) + zG_Z^{\ominus}(T) - aG_A^{\ominus}(T) - bG_B^{\ominus}(T) = -RT\ln\frac{(p_Y/p^{\ominus})^y(p_Z/p^{\ominus})^z}{(p_A/p^{\ominus})^a(p_B/p^{\ominus})^b}$$

令

$$\Delta G^{\ominus}(T) = yG_Y^{\ominus}(T) + zG_Z^{\ominus}(T) - aG_A^{\ominus}(T) - bG_B^{\ominus}(T)$$

得

$$\Delta G^{\ominus}(T) = -RT\ln\frac{(p_Y/p^{\ominus})^y(p_Z/p^{\ominus})^z}{(p_A/p^{\ominus})^a(p_B/p^{\ominus})^b} \tag{4-3}$$

对于一定的化学反应，$\Delta G^{\ominus}(T)$ 也只是温度的函数，当温度一定时，$-\Delta G^{\ominus}(T)/RT$ 也应为常数。

令

$$\ln K_p^{\ominus} = -\Delta G^{\ominus}(T)/RT \tag{4-4}$$

代入式(4-3)得

$$\ln K_p^{\ominus} = \ln\frac{(p_Y/p^{\ominus})^y(p_Z/p^{\ominus})^z}{(p_A/p^{\ominus})^a(p_B/p^{\ominus})^b}$$

$$K_p^{\ominus} = \frac{(p_Y/p^{\ominus})^y(p_Z/p^{\ominus})^z}{(p_A/p^{\ominus})^a(p_B/p^{\ominus})^b} \tag{4-5}$$

这就是化学平衡常数的数学表达式。其中 $K_p^{\ominus}$ 为平衡常数，p_A、p_B、p_Y、p_Z 为各气体的平衡分压，$p_i/p^{\ominus}$ 使 $K_p^{\ominus}$ 成为无量纲的纯数。

由式（4-3）已知，$\Delta G^{\ominus}(T)$ 只是温度的函数，温度一定时 $\Delta G^{\ominus}(T)$ 为一定值。所以很容易看出只与温度有关，温度一定，$K_p^{\ominus}$ 为常数，与体积和压力无关系。

现举例说明平衡常数可以用来计算一个化学反应的平衡组成。

【例 4-1】 已知反应 $H_2O(g) + CO(g) \rightleftharpoons CO_2(g) + H_2(g)$ 在 1000K 时的 $K_p^{\ominus}=1.391$，若取 $H_2O(g)$ 和 $CO(g)$ 各 1mol（没有 $CO_2(g)$ 和 $H_2(g)$），放入一个容器中，升温到 1000K，使其达到平衡，设平衡的总压为 101325Pa，求平衡时的系统组成。

解：设平衡时，$H_2O(g)$与$CO(g)$的物质的量分别为$x$mol，则$CO_2(g)$与$H_2(g)$的物质的量分别为$(1-x)$mol。将反应前和平衡时各物质的量分别写在各自的下面。

$$H_2O(g) + CO(g) \rightleftharpoons CO_2(g) + H_2(g)$$

	$H_2O(g)$	$CO(g)$	$CO_2(g)$	$H_2(g)$
反应前	1mol	1mol	0	0
平衡时	$x$mol	$x$mol	$(1-x)$mol	$(1-x)$mol

故总的物质的量为 $(x + x + 1 - x + 1 - x) = 2\text{mol}$

$$p(CO) = p(H_2O) = 101.325\text{kPa} \times \frac{x}{2}\text{kPa}$$

$$p(CO_2) = p(H_2) = 101.325\text{kPa} \times \frac{1-x}{2}\text{kPa}$$

于是

$$K_p^{\ominus} = \frac{[p(CO_2)/p^{\ominus}][p(H_2)/p^{\ominus}]}{[p(CO)/p^{\ominus}][p(H_2O)/p^{\ominus}]} = \frac{(101.325)^2[(1-x)/2]^2}{(101.325)^2(x/2)^2} = 1.391$$

解得 $x = 0.46$

于是，H_2O 或 CO 的组成为$(0.46/2) \times 100\% = 23\%$；$CO_2$ 或 H_2 的组成为$[(1-0.46)/2] \times 100\% = 27\%$。

4.1.3 平衡常数的各种表示法

4.1.3.1 $K_p^{\ominus}$的不同表示法

式（4-5）所表示的平衡常数 $K_p^{\ominus}$ 的数值不仅与反应本身及温度有关，也与反应式中各物质的系数有关。系数不同，即使在同一条件下，$K_p^{\ominus}$ 的数值也不同。例如：

（1）$\frac{1}{2}N_2 + \frac{3}{2}H_2 \rightleftharpoons NH_3$

$$K_{p1}^{\ominus} = \frac{p(NH_3)/p^{\ominus}}{[p(N_2)/p^{\ominus}]^{1/2}[p(H_2)/p^{\ominus}]^{3/2}}$$

（2）$N_2 + 3H_2 \rightleftharpoons 2NH_3$

$$K_{p2}^{\ominus} = \frac{[p(NH_3)/p^{\ominus}]^2}{[p(N_2)/p^{\ominus}][p(H_2)/p^{\ominus}]^3}$$

显然

$$K_{p2}^{\ominus} = (K_{p1}^{\ominus})^2$$

【例 4-2】 已知反应 $CO + \frac{1}{2}O_2 \rightleftharpoons CO_2$ 在 298K、101.3kPa 下，$K_{p1}^{\ominus} = 6.433$。求：

（1）$2CO + O_2 \rightleftharpoons 2CO_2$，$K_{p2}^{\ominus}$；

（2）$CO_2 \rightleftharpoons CO + \frac{1}{2}O_2$，$K_{p3}^{\ominus}$。

解：对于反应方程式 $CO + \frac{1}{2}O_2 \rightleftharpoons CO_2$

$$K_{p1}^{\ominus} = \frac{p(CO_2)/p^{\ominus}}{[p(CO)/p^{\ominus}][p(O_2)/p^{\ominus}]^{1/2}}$$

（1）对于反应方程式 $2CO + O_2 \rightleftharpoons 2CO_2$

$$K_{p2}^{\ominus} = \frac{[p(CO_2)/p^{\ominus}]^2}{[p(CO)/p^{\ominus}]^2[p(O_2)/p^{\ominus}]}$$

所以 $$K_{p2}^{\ominus} = (K_{p1}^{\ominus})^2 = 6.433^2 = 41.38$$

（2）对于反应方程式 $CO_2 \rightleftharpoons CO + \frac{1}{2}O_2$

$$K_{p3}^{\ominus} = \frac{[p(CO)/p^{\ominus}][p(O_2)/p^{\ominus}]^{1/2}}{p(CO_2)/p^{\ominus}}$$

所以 $$K_{p3}^{\ominus} = 1/K_{p1}^{\ominus} = 1/6.433 = 0.1554$$

4.1.3.2 用 $K_c^{\ominus}$ 表示

理想的气体平衡常数除可用分压来表示外，还可用物质的量浓度表示。

对于理想气体的化学反应：

$$aA(g) + bB(g) \rightleftharpoons yY(g) + zZ(g)$$

各气体的分压与其物质的量浓度 c_i 之间的关系为

$$p_i = (n_i/V)RT = c_iRT$$

式中，V 为理想气体混合的总体积。

引用该式，式（4-5）可写为

$$K_p^{\ominus} = \frac{c_Y^y c_Z^z}{c_A^a c_B^b}(RT/p^{\ominus})^{y+z-a-b}$$

为了用物质的量浓度来表示无量纲的平衡常数，将标准浓度 $c^{\ominus}$（通常以1mol/L表示）引入上式各项中，得

$$K_p^{\ominus} = \frac{(c_Y/c^{\ominus})^y(c_Z/c^{\ominus})^z}{(c_A/c^{\ominus})^a(c_B/c^{\ominus})^b}(c^{\ominus}RT/p^{\ominus})^{y+z-a-b}$$

令 $K_c^{\ominus}$ 为以气体（平衡时）物质的量浓度表示的平衡常数，即

$$K_c^{\ominus} = \frac{(c_Y/c^{\ominus})^y(c_Z/c^{\ominus})^z}{(c_A/c^{\ominus})^a(c_B/c^{\ominus})^b} \tag{4-6}$$

而以 Δn 表示化学方程式中产物的计量系数与反应物的计量系数之差，即

$$\Delta n = y + z - a - b$$

则 $$K_p^{\ominus} = K_c^{\ominus}(c^{\ominus}RT/p^{\ominus})^{\Delta n} \tag{4-7a}$$

$$K_c^{\ominus} = K_p^{\ominus}(c^{\ominus}RT/p^{\ominus})^{-\Delta n} \tag{4-7b}$$

由式（4-7）可以看出，对于一定的化学方程式，Δn 一定，而且温度一定时 $K_p^{\ominus}$ 为定值。故 $K_c^{\ominus}$ 也仅由温度决定。

一定温度下，$K_p^{\ominus}$ 与 $K_c^{\ominus}$ 一般并不相同，只有当 $\Delta n = 0$ 的反应，其 $K_p^{\ominus}$ 与 $K_c^{\ominus}$ 才相等。

式（4-7）还可以写成

$$K_p^{\ominus}/K_c^{\ominus} = (c^{\ominus}RT/p^{\ominus})^{\Delta n} = (1000 \times 8.314T/101325)^{\Delta n}$$

$$K_p^{\ominus} = K_c^{\ominus}(0.08205T)^{\Delta n} \tag{4-8a}$$

故
$$K_c^{\ominus} = K_p^{\ominus}(0.08205T)^{-\Delta n} \tag{4-8b}$$

【例 4-3】 已知气相反 $2SO_2 + O_2 \rightleftharpoons 2SO_3$ 在 1000K 时的 $K_p^{\ominus} = 3.44$，求 $K_c^{\ominus}$。

解：根据式（4-8b）得：

$$K_c^{\ominus} = K_p^{\ominus}(0.08205T)^{-\Delta n}$$
$$= 3.44 \times (0.08205 \times 1000)^{-(2-2-1)} = 282$$

4.1.3.3 用 K_x 表示

把气相反应中的气体视为理想气体，由于理想气体分压与总压有如下关系

$$p_i = x_i p$$

引用式（4-5）可写成

$$K_p^{\ominus} = \frac{x_Y^y x_Z^z}{x_A^a x_B^b}(p/p^{\ominus})^{y+z-a-b}$$

令 K_x 为以气体（平衡时）摩尔分数表示的平衡常数，即

$$K_x = \frac{x_Y^y x_Z^z}{x_A^a x_B^b}$$

则
$$K_p^{\ominus} = K_x(p/p^{\ominus})^{\Delta n} \tag{4-9a}$$
$$K_x = K_p^{\ominus}(p/p^{\ominus})^{-\Delta n} \tag{4-9b}$$

式中
$$\Delta n = y + z - a - b$$

由式（4-9）可以看出，当 $\Delta n = 0$ 时，$K_x = K_p^{\ominus}$。但是当 $\Delta n \neq 0$ 时，平衡常数凡不仅是温度的函数，还与系统的总压有关。

【例 4-4】 求例 4-3 在压力为：

（1）$p_1 = 101.3\text{kPa}$ 时的 K_{x1}；

（2）$p_2 = 2 \times 101.3\text{kPa}$ 时的 K_{x2}。

解：（1）根据式（4-9b）得

$$K_{x1} = K_p^{\ominus}(p/p^{\ominus})^{-\Delta n}$$
$$= 3.44 \times (101.3/101.3)^{-(2-1-2)} = 3.44$$

（2）同理

$$K_{x2} = 3.44 \times (2 \times 101.3/101.3)^{-(2-2-1)} = 6.88$$

从上例可以看出，对于气体分子数减少的反应，总压力增加，K 值增大。必须指出，各种平衡常数表示式仅适用于理想气体或理想溶液（包括稀溶液）的反应系统，对于那些高压下的真实气体或浓度大的真实溶液反应系统，则要用“活度”表示平衡常数。

4.2 多相反应的平衡常数和分解压

4.2.1 多相反应的平衡常数

前面讲述的气相反应和溶液反应都是单相反应，但是在化工过程中或冶金过程中的反

应大都属于多相反应。以下从纯液体或纯固体参加的多相反应出发，讨论多相反应的平衡常数。

假设前述反应中有一个物质为纯固相（或纯液相）。

$$aA(g) + bB(g) \rightleftharpoons yY(g) + zZ(s)$$

反应达到平衡时

$$K'_p = \frac{(p_Y/p^\ominus)^y (p_Z/p^\ominus)^z}{(p_A/p^\ominus)^a (p_B/p^\ominus)^b}$$

对于纯固体或纯液体参加的化学反应，在一定温度下，反应达到平衡时，纯固体或纯液体的平衡分压应等于该温度下的升华压或饱和蒸气压。只要温度恒定，其升华压以及饱和蒸气压为定值，与纯固体或纯液体的量无关。因此，可将升华压和饱和蒸气压合并到平衡常数 K'_p 中去，写成

$$K_p^\ominus = K'_p \frac{1}{(p_Z/p^\ominus)^z} = \frac{(p_Y/p^\ominus)^y}{(p_A/p^\ominus)^a (p_B/p^\ominus)^b}$$

同理，若反应为 $aA(g) + bB(s) \rightleftharpoons yY(g) + zZ(s)$，则平衡常数可写成

$$K_p^\ominus = \frac{(p_Y/p^\ominus)^y}{(p_A/p^\ominus)^a}$$

其余类推。

可见，对于多相反应的平衡常数 $K_p^\ominus$，仅由反应系统中气体物质的平衡分压表示，与纯固体或液体的升华压和饱和蒸气压以及数量无关。

【例 4-5】 1373K 下反应

$$Fe(s) + H_2O(g) \rightleftharpoons FeO(s) + H_2(g)$$

$K_p^\ominus = 1.4$，试求生成 1mol H_2 所需的最少的水蒸气。

解： 设所需要的水蒸气为 $x$mol H_2O，则当反应达到平衡时。H_2 的物质的量为 1mol，H_2O 的物质的量为 $(x-1)$mol，而总的物质的量为 $(x-1+1)$mol $= x$mol，于是

$$K_p^\ominus = 1.4 = \frac{p(H_2)/p^\ominus}{p(H_2O)/p^\ominus} = \frac{1}{x-1}$$

所需的水蒸气的物质的量为 1.71mol。

4.2.2 分解压

碳酸盐、氧化物、硫化物等分解反应，在冶金过程中具有特殊重要的意义。这类反应有一个共同的特点，就是参加反应的物质中，只有一个物质是气体，其他物质都是纯液体或纯固体。因此，它们的平衡常数的表示式最简单。例如，碳酸钙的分解反应为：

$$CaCO_3(s) \rightleftharpoons CaO(s) + CO_2(g)$$

其平衡常数可表示成 $K_p^\ominus = p(CO_2)/p^\ominus$。

又如氧化物分解反应 $2MeO(s) \rightleftharpoons 2Me(s) + O_2(g)$，其平衡常数表示成 $K_p^\ominus = p(O_2)/p^\ominus$。

当温度一定时，$K_p^\ominus$ 为常数，则 $p(CO_2)$ 或 $p(O_2)$ 也是常数，而与反应中其他物质的量

无关。显然，$p(CO_2)$或$p(O_2)$是反应达到平衡时该气体的平衡压力。一般来说，在一定温度下，固体物质分解只有一种产物为气体的平衡压力称为该物质的分解压。用p'表示。$p' = K_p^{\ominus} \cdot p^{\ominus}$由于$K_p^{\ominus}$是温度的函数，故物质的分解压也应由温度决定。不同温度下碳酸钙的分解压，如表4-1所示。

表4-1　不同温度下碳酸钙的分解压

温度/℃	500	600	700	800	897	1100	1200
p^*	0.000093	0.00242	0.0292	0.220	1	11.5	28.68

由表4-1可见，温度升高时，分解压也增加，且增加的速度相当快。所以，升高温度是加速化合物分解的有效措施。

分解压的大小也是衡量该化合物稳定程度的一个尺度。分解压越大，表示该化合物越容易分解，即化合物越不稳定；反之，当分解压越小时，表示该化合物越难分解，即该化合物越稳定。

【例4-6】 已知298K时下列反应

$$NH_4HS(s) \rightleftharpoons NH_3(g) + H_2S(g)$$

的平衡常数$K_p^{\ominus} = 0.109$，如果将固体NH_4HS放入298K的已盛有45.66kPa的H_2S密闭容器中进行反应，计算达到平衡时各气体的分压。

解： 设NH_3的平衡分压为$p(NH_3)$，则H_2S的平衡分压为

$$p(H_2S) = 45.6 + p(NH_3)$$

于是

$$K_p^{\ominus} = (p(NH_3)/p^{\ominus})(p(H_2S)/p^{\ominus}) = 0.109$$

$$p(NH_3)(45.6 + p(NH_3)) = 0.109 \times 101.3^2$$

得

$$p(NH_3) = 17.7\text{kPa}$$

于是

$$p(H_2S) = 45.6 + 17.7 = 63.3\text{kPa}$$

4.3　化学反应等温方程式

4.3.1　化学反应等温方程式的表述

前面已经分析过，当一个化学反应$aA(g) + bB(g) \rightleftharpoons yY(g) + zZ(g)$达到平衡时，各物质的分压服从关系式

$$K_p^{\ominus} = \frac{(p_Y/p^{\ominus})^y (p_Z/p^{\ominus})^z}{(p_A/p^{\ominus})^a (p_B/p^{\ominus})^b}$$

当反应尚未达到平衡，即各物质的实际分压不是平衡分压而是另-个数值时，系统发生的化学反应将向哪一个方向进行呢？要回答这个问题，必须找出反应的吉布斯自由能变化和各物质的实际分压之间的关系，即化学反应等温方程式。

在等温等压下，设有如下理想气体反应

$$aA(g) + bB(g) \rightleftharpoons yY(g) + zZ(g)$$

各物质的实际分压分别为p'_A、p'_B、p'_Y、p'_Z，平衡时的分压分别为p_A、p_B、p_Y、p_Z，根

据式（4-2）得

$$G_A = a[G_A^\ominus(T) + RT\ln p'_A/p^\ominus]$$

$$G_B = b[G_B^\ominus(T) + RT\ln p'_B/p^\ominus]$$

$$G_Y = y[G_Y^\ominus(T) + RT\ln p'_Y/p^\ominus]$$

$$G_Z = z[G_Z^\ominus(T) + RT\ln p'_Z/p^\ominus]$$

于是
$$\begin{aligned}\Delta G(T) &= G_Y + G_Z - G_B - G_A \\ &= [yG_Y^\ominus(T) + zG_Z^\ominus(T) - aG_A^\ominus(T) - bG_B^\ominus(T)] + \\ &\quad RT\ln\frac{(p'_Y/p^\ominus)^y(p'_Z/p^\ominus)^z}{(p'_A/p^\ominus)^a(p'_B/p^\ominus)^b}\end{aligned}$$

即
$$\Delta G(T) = \Delta G^\ominus(T) + RT\ln\frac{(p'_Y/p^\ominus)^y(p'_Z/p^\ominus)^z}{(p'_A/p^\ominus)^a(p'_B/p^\ominus)^b} \tag{4-10}$$

此式适合于任何状态，既适合于非平衡状态，也适合平衡状态。将平衡状态时的特殊值代入，当 $p'_A = p_A$、$p'_B = p_B$、$p'_Y = p_Y$、$p'_Z = p_Z$ 时，$\Delta G(T) = 0$，即

$$0 = \Delta G(T) = \Delta G^\ominus(T) + RT\ln\frac{(p'_Y/p^\ominus)^y(p'_Z/p^\ominus)^z}{(p'_A/p^\ominus)^a(p'_B/p^\ominus)^b}$$

或
$$\Delta G^\ominus(T) = -RT\ln K_p^\ominus \tag{4-11}$$

将此式代入式（4-10），且设

$$Q_p = \frac{(p'_Y/p^\ominus)^y(p'_Z/p^\ominus)^z}{(p'_A/p^\ominus)^a(p'_B/p^\ominus)^b}$$

得
$$\Delta G(T) = -RT\ln K_p^\ominus + RT\ln Q_p = RT\ln Q_p/K_p^\ominus \tag{4-12}$$

式（4-12）就是化学反应等温方程式，简称反应等温方程式。式中，$K_p^\ominus$ 是在一定温度下反应达到平衡时压力商即平衡常数，温度不变时为一定值；Q_p 称为压力商，其数值与反应进行的程度有关。

化学反应等温方程式是化学平衡中的一个重要公式，利用它可以判定反应进行的方向和限度。

若 $Q_p < K_p^\ominus$，则 $\Delta G(T) < 0$，正反应可以自动进行，而逆反应不能自动进行。

若 $Q_p > K_p^\ominus$，则 $\Delta G(T) > 0$，逆反应可以自动进行，而正反应不能自动进行。

若 $Q_p = K_p^\ominus$，则 $\Delta G(T) = 0$，反应处于平衡状态。

【例 4-7】 已知反应 $2SO_2(g) + O_2(g) \rightleftharpoons 2SO_3(g)$ 在 1000K 时的 $K_p^\ominus$ 为 3.45，若将 2mol SO_2、1mol O_2 与 1mol SO_3 放在一个容器中，总压为 121.2kPa，温度为 1000K，问反应将向哪个方向进行？

解： 先计算各个物质的实际分压

$$p'(SO_3) = 1/(2+1+1) \times 121.2\text{kPa} = 30.3\text{kPa}$$

$$p'(O_2) = 1/4 \times 121.2\text{kPa} = 30.3\text{kPa}$$

$$p'(SO_2) = 2/4 \times 121.2\text{kPa} = 60.6\text{kPa}$$

于是　$Q_p = \dfrac{[p'(SO_3)/p^\ominus]^2}{[p'(SO_2)/p^\ominus]^2[p'(O_2)/p^\ominus]} = \dfrac{(30.3/101.3)^2}{(60.6/101.3)^2(30.3/101.3)} = 0.84$

因 $Q_p < K_p^\ominus$，故反应向生成 SO_3 的方向进行。

【例 4-8】 在 900℃、100kPa 下使 CO 和 H_2 的混合气体通过催化剂来研究下列反应 $CO_2(g) + H_2(g) \rightleftharpoons CO(g) + H_2O(g)$ 的平衡，把反应达到平衡后的气体进行分析，得到各气体的分压分别为 $p(CO_2) = 21704Pa$；$p(H_2) = 25825Pa$；$p(H_2O) = (CO) = 26892Pa$，问各气体分压均为 $2 \times 101.3kPa$ 时反应能否进行？

解：（1）根据平衡常数定义，可利用 900℃ 时各气体的平衡分压计算平衡常数 $K_p^\ominus$：

$$K_p^\ominus = \frac{[p(CO)/p^\ominus][p(H_2O)/p^\ominus]}{[p(CO_2)/p^\ominus][p(H_2)/p^\ominus]} = \frac{(26892/10^5)^2}{(21704/10^5)(25825/10^5)} = 1.29$$

（2）根据化学反应等温式判定过程能否自发进行：

$$Q_p = \frac{[p'(CO)/p^\ominus][p'(H_2O)/p^\ominus]}{[p'(CO_2)/p^\ominus][p'(H_2)/p^\ominus]} = \frac{(2 \times 100/100)^2}{(2 \times 100/100)^2} = 1$$

所以

$$\Delta G(T) = -RT\ln K_p^\ominus + RT\ln Q_p$$

$$= -8.314 \times 1173\ln 1.29 + 8.314 \times 1173\ln 1 = -2483J$$

式中，$\Delta G(T) < 0$，故反应自发地向右进行。

4.3.2　标准吉布斯自由能变化

$\Delta G^\ominus(T) = -RT\ln K_p^\ominus$，它是标准吉布斯自由能变化与平衡常数的关系式。这里要特别强调指出，$\Delta G^\ominus(T)$ 是指在一定温度下各物质都处于标准条件时的反应的吉布斯自由能变化值，而不是指反应处于平衡状态时的吉布斯自由能变化值（平衡时，$\Delta G(T) = 0$）。

在前面已经学会了 $\Delta G^\ominus(T)$ 的计算，利用式（4-11）就可以算出平衡常数来，并可以进一步计算产物的产量或气相组成。因此有了式（4-11），可以直接由热力学函数计算出平衡常数和产物的产量。

有些热力学函数表中直接列出了各种物质的生成反应的标准吉布斯自由能变化，即 $\Delta_f G_m^\ominus$（298K）。这时，计算反应的标准吉布斯自由能变化也可以像计算反应的热效应一样计算，即

$$\Delta G^\ominus(298K) = \Sigma\gamma_B \Delta_f G_m^\ominus(B, 298K)$$

【例 4-9】 CuO 按照下式分解：

$$4CuO(s) \rightleftharpoons 2Cu_2O(s) + O_2(g)$$

（1）若已知反应的 $\Delta G^\ominus(1273K) = 31300J \cdot mol^{-1}$，计算在 1273K 时的分解压。

（2）问在大气中此反应的方向如何？

解：（1）因 $\Delta G^\ominus(T) = -RT\ln K_p^\ominus$

故

$$\lg K_p^\ominus = \frac{-31300}{2.303 \times 8.314 \times 1273} = -1.284$$

于是

$$K_p^\ominus = p(O_2)/p^\ominus = 0.052$$

故 $$p(O_2)=101.325\times 0.052=5.27\text{kPa}$$

（2）大气中氧的分压 $p'(O_2)=21.28\text{kPa}$

故 $$Q_p=21.28/101.325=0.21$$

式中，$Q_p>K_p^\ominus$，因而 $\Delta G>0$，即反应向生成 CuO 的方向进行。

【例 4-10】 查表计算反应 C(石墨) + CO_2(g)⇌2CO(g)在 298K 时的平衡常数。

解： 先查出各物质的标准生成吉布斯自由能：

	C(石墨) +	CO_2(g)	⇌	2CO(g)
$\Delta_f G_m^\ominus(298\text{K})$	0	$1\times(-394.38)$		$2\times(-137.269)$

故 $$\Delta G^\ominus(298\text{K})=2\times(-137.269)-1\times(-394.38)=119.84\text{kJ}$$

代入 $$\Delta G^\ominus(T)=-RT\ln K_p^\ominus$$

得 $$\lg K_p^\ominus=-20.989$$

故 $$K_p^\ominus=1.02\times 10^{-21}$$

平衡常数这样小，说明该反应不能向右进行。

4.4 平衡常数与温度的关系

4.4.1 等压方程式

在火法冶金和化工生产中，许多反应都是在较高的温度下进行的，要想用 298K 下的平衡常数计算高温下的平衡常数，就必须找出平衡常数与温度的关系。

利用 $\mathrm{d}G=-S\mathrm{d}T+V\mathrm{d}p$ 关系式，当压力不变时，得 $\mathrm{d}G=-S\mathrm{d}T$，对反应物和产物分别得到 $\mathrm{d}G_1=-S_1\mathrm{d}T$ 及 $\mathrm{d}G_2=-S_2\mathrm{d}T$

相减得 $$\mathrm{d}(G_2-G_1)=-(S_2-S_1)\mathrm{d}T$$

即 $$\mathrm{d}(\Delta G)=-\Delta S\mathrm{d}T$$

或 $$\mathrm{d}(\Delta G)/\mathrm{d}T=-\Delta S\text{(压力不变)}$$

又因 $$\ln K_p^\ominus=-\Delta G^\ominus(T)/RT$$

在压力不变的条件下，对 T 微分

$$\frac{\mathrm{d}\ln K_p^\ominus}{\mathrm{d}T}=-\frac{1}{R}\frac{\mathrm{d}}{\mathrm{d}T}\left(\frac{\Delta G^\ominus}{T}\right)=-\frac{1}{RT^2}\left[T\frac{\mathrm{d}(\Delta G^\ominus)}{\mathrm{d}T}-\Delta G^\ominus\right]$$

$$=-\frac{1}{R}\left[\frac{1}{T^2}(-T\Delta S^\ominus-\Delta G^\ominus)\right]=\frac{1}{RT^2}(\Delta G^\ominus+T\Delta S^\ominus)$$

又因 $$\Delta G=\Delta H-T\Delta S$$

所以 $$\Delta H^\ominus=\Delta G^\ominus+T\Delta S^\ominus$$

$$\frac{\mathrm{d}\ln K_p^\ominus}{\mathrm{d}T}=\frac{\Delta H^\ominus}{RT^2} \tag{4-13}$$

式（4-13）表明气体反应的平衡常数与温度的关系，因是在等压的条件下得出的，所以称为化学反应等压方程式，又称为范特霍夫方程式。且因压力对热效应的影响不大，故可用 ΔH 替代 $\Delta H^{\ominus}$。

从式（4-13）可以看出：

若 $\Delta H>0$，即吸热反应，则 $\dfrac{\mathrm{d}\ln K_p^{\ominus}}{\mathrm{d}T}>0$，说明 $K_p^{\ominus}$ 随温度的升高而增大。

若 $\Delta H<0$，即放热反应，则 $\dfrac{\mathrm{d}\ln K_p^{\ominus}}{\mathrm{d}T}<0$，说明 $K_p^{\ominus}$ 随温度的升高而减小。

也即升高温度有利于反应向吸热方向进行，降低温度有利于反应向放热方向进行。此结论与勒夏特利平衡原理相符。

4.4.2　化学反应等压方程式的应用

化学反应等压方程式不仅定性地说明了平衡常数与温度的关系，而且对它积分，还能定量地计算出平衡常数随温度的变化。当温度变化不大时，ΔH 可以认为是常数，取定积分得

$$\ln\frac{K_{p2}^{\ominus}}{K_{p1}^{\ominus}}=\frac{\Delta H}{R}\left(\frac{1}{T_1}-\frac{1}{T_2}\right) \tag{4-14}$$

【例 4-11】　反应 $NH_4Cl(s)\rightleftharpoons NH_3(g)+HCl(g)$ 的平衡常数在 250～400K 温度范围内为 $\ln K_p^{\ominus}=37.32-\dfrac{21020}{T}$，试计算 300K 时反应的 $\Delta G^{\ominus}$、$\Delta H^{\ominus}$、$\Delta S^{\ominus}$。

解： 在 300K 时

$$\ln K_p^{\ominus}=37.32-\frac{21020}{300}=-32.75$$

$$\Delta G^{\ominus}(T)=-RT\ln K_p^{\ominus}=-8.314\times300\times(-32.75)=81.677\mathrm{kJ\cdot mol^{-1}}$$

由式(4-13)得

$$\frac{\mathrm{d}\ln K_p^{\ominus}}{\mathrm{d}T}=\frac{\Delta H^{\ominus}}{RT^2}=\frac{21020}{T^2}$$

$$\Delta H^{\ominus}=R\times21020=8.314\times21020=174760\mathrm{J\cdot mol^{-1}}=174.76\mathrm{kJ\cdot mol^{-1}}$$

因为

$$\Delta G^{\ominus}=\Delta H^{\ominus}-T\Delta S^{\ominus}$$

所以

$$\Delta S^{\ominus}=\frac{\Delta H^{\ominus}-\Delta G^{\ominus}}{T}=\frac{174.76-81.677}{300}$$

$$=0.310\mathrm{kJ\cdot K^{-1}\cdot mol^{-1}}=310.3\mathrm{J\cdot K^{-1}\cdot mol^{-1}}$$

【例 4-12】　在高温下，制备水煤气的反应为

$$C(s)+H_2O(g)\rightleftharpoons H_2(g)+CO(g)$$

已知反应在 1000K 和 1200K 时的平衡常数分别为 2.472 和 37.58。试求：

（1）该反应在高温度区间内的 ΔH（设 ΔH 在该温度区间内为常数，$\Delta H^{\ominus}\approx\Delta H$）；

（2）在 1100K 时的平衡常数。

解：（1）设 $T_1=1000\mathrm{K}$，$T_2=1200\mathrm{K}$ 代入

$$\ln\frac{K_{p2}^{\ominus}}{K_{p1}^{\ominus}}=\frac{\Delta H}{R}\left(\frac{1}{T_1}-\frac{1}{T_2}\right)$$

$$\ln\frac{37.58}{2.472}=\frac{\Delta H}{8.314}\left(\frac{1}{1000}-\frac{1}{1200}\right)$$

$$\Delta H\approx\Delta H^{\ominus}=135.8\mathrm{kJ\cdot mol^{-1}}$$

（2）设 $T_1=1000\mathrm{K}$，$T_2=1100\mathrm{K}$ 代入

$$\ln\frac{K_{p2}^{\ominus}}{2.472}=\frac{135.8}{8.314}\left(\frac{1}{1000}-\frac{1}{1100}\right)\times10^3$$

解得 $$K_{p2}^{\ominus}=10.91$$

4.5 平衡常数的计算方法

平衡常数的获得，除了直接用实验方法测得外，大部分用间接计算的方法求得。

式 $\Delta G^{\ominus}(T)=-RT\ln K_p^{\ominus}$ 是标准吉布斯自由能变化与平衡常数的关系式。要特别强调指出 $\Delta_r G_m^{\ominus}$ 是指在一定温度下各物质处于标准条件时的反应的吉布斯自由能变化值，而不是指反应处于平衡状态时的吉布斯自由能变化值（平衡时 $\Delta_r G_m^{\ominus}$）。

4.5.1 标准生成吉布斯自由能法

在热力学函数表中可直接查出各种物质的标准生成吉布斯自由能值（298K），这样可以直接求出 298K 下的反应的标准自由能变化值。

$$\Delta G^{\ominus}(298\mathrm{K})=\Sigma\gamma_B\Delta_f G_m^{\ominus}(\mathrm{B},298\mathrm{K})\tag{4-15}$$

式中，γ_B 对产物为正值，对反应物为负值。

再根据式 $\Delta G^{\ominus}(298\mathrm{K})=-298R\ln K_p^{\ominus}$，可求出 $K_p^{\ominus}(298\mathrm{K})$值。

再通过等压方程式就可进一步求出任意温度下的 $K_p^{\ominus}(T)$

【例 4-13】 计算 $C(s)+CO_2(g)\rightleftharpoons 2CO(g)$ 在 400K 时的平衡常数。

解： 先从附表 4 中查出各种物质的 $\Delta_f G_m^{\ominus}(298\mathrm{K})$及 $\Delta_f H_m^{\ominus}(298\mathrm{K})$值列于反应式下：

	$C(s)$ +	$CO_2(g)$ $\rightleftharpoons$	$2CO(g)$
$\Delta_f G_m^{\ominus}(298\mathrm{K})/\mathrm{kJ\cdot mol^{-1}}$	0	$1\times(-394.38)$	$2\times(-137.296)$
$\Delta_f H_m^{\ominus}(298\mathrm{K})/\mathrm{kJ\cdot mol^{-1}}$	0	$1\times(-393.511)$	$2\times(-110.525)$

那么 $$\Delta G^{\ominus}(298\mathrm{K})=2\times(-137.269)-1\times(-394.38)=119.84\mathrm{kJ}$$

代入 $$\Delta G^{\ominus}(298\mathrm{K})=-298R\ln K_p^{\ominus}$$

解得 $$K_p^{\ominus}(298\mathrm{K})=1.02\times10^{-21}$$

又 $$\Delta H^{\ominus}(298\mathrm{K})=2\times(-110.525)-1\times(-393.511)=172.461\mathrm{kJ}$$

那么根据等压方程（设 ΔH 为常数且等于 $\Delta H^{\ominus}$）定积分式

$$\lg K_p^{\ominus}(400\mathrm{K})=\frac{\Delta H^{\ominus}(298\mathrm{K})}{2.303R}\left(\frac{T_2-T_1}{T_2T_1}\right)+\lg K_p^{\ominus}(298\mathrm{K})$$

$$= \frac{172461}{2.303 \times 8.314}\left(\frac{400-298}{400 \times 298}\right) + (-20.989)$$

$$= -13.282$$

所以　　$K_p^{\ominus}(400\text{K}) = 5.23 \times 10^{-14}$

4.5.2 熵法

此法在第3章已经讲过，归纳它的过程，可以分为下面三步：

第一步：用热力学数据求出 $\Delta H^{\ominus}(298\text{K})$ 和 $\Delta S^{\ominus}(298\text{K})$ 的值。

第二步：用下面两个公式求出 $\Delta H^{\ominus}(T)$ 和 $\Delta S^{\ominus}(T)$ 的值。

$$\Delta H^{\ominus}(T) = \Delta H^{\ominus}(298\text{K}) + \int_{298}^{T} \Delta c_p \mathrm{d}T$$

$$\Delta S^{\ominus}(T) = \Delta S^{\ominus}(298\text{K}) + \int_{298}^{T} \frac{\Delta c_p}{T} \mathrm{d}T$$

进而用下式求 $\Delta G^{\ominus}(T)$

$$\Delta G^{\ominus}(T) = \Delta H^{\ominus}(T) - T\Delta S^{\ominus}(T) \tag{4-16}$$

第三步：用 $\Delta G^{\ominus}(T) = -RT\ln K_p^{\ominus}$ 求任意温度下的 $K_p^{\ominus}(T)$。此法计算过程较麻烦，但计算结果比较精确。为了计算方便，有时也用近似法计算。

设 ΔH 和 ΔS 都不随温度而变，则式（4-16）变为

$$\Delta G^{\ominus}(T) = \Delta H^{\ominus}(298\text{K}) - T\Delta S^{\ominus}(298\text{K}) \tag{4-17}$$

式（4-17）称为熵法近似式，应用颇广。

【例4-14】 求下列反应在400K时的 $\Delta G^{\ominus}(400\text{K})$ 和 $K_p^{\ominus}$。

$$C_2H_5OH \rightleftharpoons C_2H_4 + H_2O$$

已知各物质298K时的热力学数据，见表4-2。

表4-2　热力学数据

项　目	$\Delta_f H_m^{\ominus}(298\text{K})/\text{kJ}\cdot\text{mol}^{-1}$	$S_m^{\ominus}(298\text{K})/\text{J}\cdot\text{mol}^{-1}\cdot\text{K}^{-1}$
$C_2H_5OH(g)$	-235.3	282.0
$C_2H_4(g)$	52.922	219.45
$H_2O(g)$	-241.8	188.74

解： 根据平衡常数的熵法近似式

$$\Delta H^{\ominus}(298\text{K}) = \Sigma\gamma_B \Delta_f H_m^{\ominus}(B, 298\text{K})$$

$$= -241.8 + 52.292 - (-235.3) = 45.79\text{kJ}$$

$$\Delta S^{\ominus}(298\text{K}) = \Sigma\gamma_B S_m^{\ominus}(B, 298\text{K})$$

$$= 188.74 + 219.45 - 282.0 = 126.19\text{J}\cdot\text{K}^{-1}$$

$$\Delta G^{\ominus}(400K) = \Delta H^{\ominus}(298K) - 400\Delta S^{\ominus}(298K)$$
$$= 45790 - 400 \times 126.19 = -4686J$$

根据
$$\Delta G^{\ominus}(T) = -RT\ln K_p^{\ominus}$$

得
$$\ln K_p^{\ominus} = \frac{-\Delta G^{\ominus}(T)}{RT} = \frac{4686}{8.314 \times 400} = 1.409$$

所以
$$K_p^{\ominus}(400K) = 4.09$$

4.5.3　线性方程式

把各种类型的反应的 $\Delta G^{\ominus}(T)$ 与 T 的关系整理成线性方程 $\Delta G^{\ominus}(T) = A + BT$。选择其中几个方程适当组合，就可得出所求的方程，然后将温度值代入，就可求得 $\Delta G^{\ominus}(T)$，因而可以求出平衡常数。某些反应的线性方程中 A、B 值可查有关热力学数据表。

【例 4-15】　利用表 4-3 给出的数据用线性方程法求 $CO(g) + H_2O(g) \rightleftharpoons CO_2(g) + H_2(g)$ 在 1000K 下的 $K_p^{\ominus}$。

解： 分析已知条件得 $(1) - \frac{1}{2}(2) - \frac{1}{2}(3)$，就是所求的反应方程。

故有
$$\Delta G^{\ominus}(T) = -35550 + 31.87T$$

表 4-3　例 4-15 热力学数据

项　目	A/J	B/J·K^{-1}
(1)$C(s) + O_2(g) = CO_2(g)$	-394100	-0.84
(2)$2C(s) + O_2 = 2CO_{(g)}$	-223400	-175.31
(3)$2H_2(g) + O_2(g) = 2H_2O(g)$	-493700	109.90

令 T = 1000K，得
$$\Delta G^{\ominus}(1000K) = -3680J$$

于是
$$\lg K_p^{\ominus}(1000K) = \frac{3680}{2.303 \times 80314 \times 1000} = 0.19$$

所以
$$K_p^{\ominus}(1000K) = 1.56$$

4.6　化学动力学

4.6.1　反应速率的表示方法及测定

化学反应用于生产实践主要有两个方面的问题：一是反应进行的方向和限度以及外界条件对平衡的影响；二是反应进行的速率和反应的历程（即机理）。前者属于化学热力学的研究范围，后者属于化学动力学的研究范围。热力学只能预言在给定条件下，反应发生的可能性，即在给定条件下，反应能不能进行，进行到什么程度，至于如何把可能性变为现实性，以及过程进行的速率如何。单凭热力学不能作出回答，这是因为在经典热力学的研究方法中既没有考虑到时间因素，也没有考虑反应进行的细节。以氢和氧化合成水的反应为例，从热力学来看，在 298K 时 $\Delta G^{\ominus} = -237kJ \cdot mol^{-1}$，反应自发性很大。然而这个结论是从反应的始态和终态得出的，它并不涉及反应速率和反应机理。实际上这个反应在

298K 时的速率是非常小的，只有在升高温度或加入催化剂时才能以明显的速率进行。有些反应的 $\Delta G^{\ominus}$ 负值并不大，但在室温或不甚高的温度下就能以相当快的速率进行。如 NH_3 与 HCl 生成 NH_4Cl 的反应，$\Delta G^{\ominus}_{298} = -92\text{kJ} \cdot \text{mol}^{-1}$。NO 氧化为 NO_2 的反应 $\Delta G^{\ominus}_{298} = -38.53\text{kJ} \cdot \text{mol}^{-1}$。由此可见，反应的自发性大，不一定反应速率也大；反应的自发性小，不一定反应的速率也小。对于化学反应来说，只研究它的热力学，根据 $\Delta G^{\ominus}$ 来判断反应的方向与限度是不够的，还应当研究其动力学，即反应速率、影响反应速率的因素和反应机理，才能做到对化学反应的全面了解。一个化学反应，如果在热力学上是可能的，还应当研究这个反应的速率以及各种因素对反应速率的影响，这样才能合理地选择反应的最佳条件。如果反应在热力学上是不可能的，那么，研究它的反应速率就没有意义了。热力学和动力学是研究问题的两个方面。热力学只回答可能性，动力学则回答现实性，它们是互相补充的。

化学动力学的发展不像化学热力学那么成熟，还有许多问题尚待解决。物质结构理论的不断发展及新技术应用的日益增多，正推动着化学动力学的发展。

4.6.1.1　反应速率的表示方法

研究化学反应速率时，一般以单位时间内某一反应物或生成物的浓度改变量来表示该反应的速率。反应开始后，反应物的浓度随时间而减少，生成物的浓度则随时间而增加。在大多数的反应系统中，化学反应速率并不是恒定的，开始时反应物的浓度较大，反应速率较快，随着反应物的逐渐消耗，反应速率逐渐减小，所以反应速率是随时间而改变的，不是恒量。正确表示反应速率应该用瞬时速率。即某一瞬间浓度的变化率。

例如，在恒容下的某反应

$$b\text{B} + d\text{D} \xlongequal{\quad} e\text{E} + f\text{F}$$

其化学反应速率可表示成

$$\frac{-\,\mathrm{d}C_{\mathrm{B}}}{\mathrm{d}t} \quad 或 \quad \frac{-\,\mathrm{d}C_{\mathrm{D}}}{\mathrm{d}t}$$

也可以表示成

$$\frac{\mathrm{d}C_{\mathrm{E}}}{\mathrm{d}t} \quad 或 \quad \frac{\mathrm{d}C_{\mathrm{F}}}{\mathrm{d}t}$$

由于参加反应的各物质 B、D、E、F 的系数不相同，所以用上述各式来表示反应速率时，在数值上并不相等。显然，它们之间应当有简单的比例关系。如上述反应，用不同物质表示的反应速率关系如下：

$$\frac{-\,\mathrm{d}C_{\mathrm{B}}}{\mathrm{d}t} : \frac{-\,\mathrm{d}C_{\mathrm{D}}}{\mathrm{d}t} : \frac{\mathrm{d}C_{\mathrm{E}}}{\mathrm{d}t} : \frac{\mathrm{d}C_{\mathrm{F}}}{\mathrm{d}t} = b : d : e : f \tag{4-18}$$

这样，如果要从用某一物质浓度变化所表示的速率改为用另一物质浓度变化来表示，则只需按它们的系数换算就行了。例如：

$$-\frac{\mathrm{d}C_{\mathrm{B}}}{\mathrm{d}t} = \frac{b}{d}\left(\frac{-\,\mathrm{d}C_{\mathrm{D}}}{\mathrm{d}t}\right)$$

4.6.1.2 反应速率的实验测定

随着化学反应的进行，反应物的浓度不断减少，生成物的浓度不断增大。要测定反应在不同时刻的反应速率，实际上就是测定不同时间内的反应物或产物的浓度，因此需要定量分析。分析方法可以分为化学方法和物理方法两种。

（1）化学方法。化学方法是用化学分析法直接测定反应过程中不同时间里反应物或产物的浓度。这样可直接得到用浓度变化表示的反应速率。此法的缺点是：为了防止分析操作时反应继续进行，不得不采取必要的措施，如骤冷、移去催化剂，加入阻化剂，冲稀或除去反应物等。手续比较麻烦，有时比较费时而且不可靠。优点是能直接测定反应物的浓度。

（2）物理方法。在反应进行的不同时间，对某一个与物质浓度有关的物理量进行测定，就能得出浓度的变化率。当然，所选择的物理量的变化要能够准确反映出物质浓度的变化，最好选择与浓度变化呈线性关系的物理量。通常被利用的物理量有：压强、体积、旋光度折射率、吸收光谱、介电常数、黏度、导热率、质谱和色谱等。此方法的优点是：节省时间，可以不中断反应连续在反应器内直接测定，消除了取样误差，易于采取自动化和连续记录装置。其缺点是：浓度是间接测定的，当有少量副产物或杂质存在时，有可能引起较大误差。另外使用仪器多了，受干扰的因素也多了，也可能使实验结果的误差扩大。

4.6.2 反应速率与浓度的关系

影响反应速率的主要因素一般是浓度，压力、温度、催化剂等。以下重点讨论其他因素不变时浓度对反应速率的影响。

4.6.2.1 基元反应和非基元反应

一般而言，一个化学反应方程式仅仅表示反应的始、终态，也就是只表明原始物是什么，产物是什么，关于反应的历程，即反应机理怎样，由原始物变成产物的过程中，要经过什么步骤，这从反应式是看不出来的。事实上化学反应一般多是由若干个简单步骤所组成，每一个简单的反应步骤称为一个基元反应（单元反应）。总反应由哪些基元反应所组成，是研究反应机理的中心内容。

例如，氢与碘的气相反应，曾一直被认为是氢分子与碘分子经碰撞直接就转化为碘化氢分子，也就是说人们一直认为：$H_2 + I_2 \rightarrow 2HI$ 是一个基元反应。经过精密的研究现已否定了这一传统看法，而认为该反应是由下列几个简单的反应步骤组成：

（1）$I_2 + M \rightarrow I\cdot + I\cdot + M$；

（2）$H_2 + I\cdot + I\cdot \rightarrow HI + HI$；

（3）$I\cdot + I\cdot + M \rightarrow I_2 + M$。

式中，M 表示气体中存在的 H_2 和 I_2 等分子；I · 代表自由原子碘；I · 旁边的黑点“·”表示未配对的价电子。在式（1）中表示 I_2 分子与动能足够高的 M 分子相碰撞，生成两个 I · 自由原子和一个能量较小的 M 分子。因为自由原子碘很活泼，所以它能与 H_2 分子进行三体碰撞生成两个 HI 分子，如式（2）。这两个 I · 也可能如式（3），与能量较低的 M 分子相碰撞，将过剩的能量传递给 M 后，自己变成稳定的 I_2 分子。上述每一个简单的反应步骤，都是一个基元反应，因为基元反应能代表真正的反应过程，而大多数反应式并不代表真正的反应过程，事实上很多反应式只表示若干个基元反应步骤的总结果，所以，大多数反应属于非基元反应。也就是说，它们都不是一步就直接转化为生成物分子，而往往要经过若干步骤才能最后转化为生成物。

基元反应是组成一切化学反应的基本单元。所谓反应机理一般是指该反应是由哪些基元反应组成的。例如上述三个基元反应就构成了 H_2 分子与 I_2 分子生成 HI 的反应机理。

化学反应方程，除非特别注明，一般都属于化学计量方程，而不代表基元反应。例如：

$$N_2 + 3H_2 \longrightarrow 2NH_3$$

就是计量方程，它只说明参加反应的各个组分，N_2、H_2 和 NH_3 在反应过程中，它们数量的变化符合方程式系数间的比例关系，即 1∶3∶2，并不能说明一个 N_2 分子与三个 H_2 分子相碰撞直接就生成了两个 NH_3 分子。所以它不是一个基元反应。

4.6.2.2　基元反应的速率方程——质量作用定律

基元反应的速率与反应浓度的关系可以用质量作用定律来表示。质量作用定律是从大量的科学实验中总结出来的客观规律，首先由古堡（Guldberg）及韦格（Waage）发表的。其内容是：在一定温度下的基元反应，其化学反应的瞬时速率与反应物的瞬时浓度的乘积成正比，各反应物浓度的指数等于化学反应方程式中各反应物的计量系数。这就是质量作用定律，或称为动力学的质量作用定律。

设在某温度下，发生下列基元反应

$$bB + dD \Longrightarrow eE + fF$$

反应经 t 秒后，反应物浓度分别为 C_B、C_D，反应速率与反应物浓度成下列正比关系；以作用物的浓度的减少来表示，则有

$$-\frac{dC_B}{dt} = k_1 C_B^b \cdot C_D^d \tag{4-19}$$

或

$$-\frac{dC_D}{dt} = k_2 C_B^b \cdot C_D^d \tag{4-20}$$

若以产物浓度的增加来表示，则有

$$\frac{dC_E}{dt} = k_3 C_B^b \cdot C_D^d \tag{4-21}$$

或

$$\frac{dC_F}{dt} = k_4 C_B^b \cdot C_D^d \tag{4-22}$$

上面几个表示反应速率与浓度关系的式子，称为反应速率方程式，或称动力学方程式。式中的比例系数 k_1、k_2、k_3、k_4 称为反应速率常数，或反应比速率。k 值的意义是当反应物的浓度均为单位浓度时的反应速率。k 值的大小取决于参加反应物质的本性、溶剂的性质和温度。也与浓度和时间所采用的单位以及按哪一个反应物来表示反应速率有关

系。一个反应的 k 值愈大，说明这个反应的速率愈快。

应当指出，对于一个化学反应式，如果它不能代表反应机理，那么，它就是一个复杂反应，就不能应用质量作用定律直接写出其速率方程。

4.6.2.3 速率方程的一般形式

由于反应机理在许多情况下还不知道，因而不能按质量作用定律直接写出其速率方程。速率方程中的浓度方次只能由实验确定。其结果与式（4-19）类似

$$-\frac{dC_B}{dt} = kC_B^{\alpha} \cdot C_D^{\beta} \cdots \tag{4-23}$$

式中，α、β 由实验确定。

$$n = \alpha + \beta + \cdots$$

n 称为反应级数。反应级数就是反应速率方程中各物质浓度方次之和。n 等于几，便称这个反应为几级反应。$n=1$ 称为一级反应，$n=2$ 称二级反应，其余类推。反应级数表示浓度对反应速率的影响程度，级数越大则反应速率受浓度的影响越大。

化学动力学把基元反应中相互作用物质的分子总数称该基元反应的分子数。只有一个分子参加的反应称为单分子反应。例如气体的离解反应：$Br_2 \rightarrow 2Br$。有两个分子参加的反应称为双分子反应，例如 $NO + O_3 = NO_2 + O_2$。三分子反应是很少的，更多分子数的反应还没有发现过。基元反应的反应分子数与它的计量系数是一致的，而且质量作用定律只能适用于基元反应。所以，一般来说，对基元反应，反应分子数就等于反应级数，几分子反应就是几级的反应。单分子反应为一级反应，双分子反应为二级反应，三分子反应为三级反应。但是若有一种反应物保持大量过剩，反应过程中，它的浓度可以看作不变，合并到速率常数中，则二分子反应可按一级处理，在这种情况下反应分子数才与反应级数不同。

非基元反应是由若干个基元反应组成，可以说每个基元反应的反应分子数为多少，而不能根据总计量式说总的反应分子数为多少。例如，如果说非基元反应 $N_2 + 3H_2 \rightarrow 2NH_3$ 的反应分子数是 4 就错了。对组成非基元反应的每个基元反应，都可以有一个速率方程，总反应有一个总的速率方程，后者可以是由机理推导出来的机理方程，也可以是由实验确定的经验方程。但对非基元反应来说，不论是什么方程，总速率方程中的级数都与总计量式系数无关。基元反应的级数必定是正整数，非基元反应的级数可以是整数也可以是分数。例如五氧化二氮的分解

$$2N_2O_5 \longrightarrow 2N_2O_4 + O_2$$

实验测得反应速率与反应物浓度的关系为

$$-\frac{dC_{N_2O_5}}{dt} = kC_{N_2O_5} \quad \text{为一级反应}$$

又如，乙醛（气相）在 720K 时的分解反应：

$$CH_3CHO \longrightarrow CH_4 + CO$$

实验测得其速率方程为：

$$-\frac{dC_{CH_3CHO}}{dt} = kC_{CH_3CHO}^{\frac{3}{2}} \quad \text{为 3/2 级反应}$$

由此可见，化学反应的级数是根据实验测定的动力学方程的表达式来决定的。

最后，特别指出反应的级数与反应的分子数是两个不同的概念。反应的分子数是由同时参加反应的分子数目来决定的，而反应级数则是在反应速率与反应物浓度的关系式中，由反应物浓度的指数和来确定的。虽然，有的反应，反应级数与反应的分子数可以相同，但很多反应则不一致。特别是有零级反应、分数级反应甚至有反应级数为负值的反应，而反应的分子数却恒为正整数。

4.6.3　具有简单级数反应的速率方程及其积分式

4.6.3.1　一级反应

凡是反应速率只与反应物浓度的一次方成正比时，这种反应就称为一级反应。

设反应 $A \rightarrow B + G$ 为一级反应，以 C 表示 A 的浓度，则

$$-\frac{dC}{dt} = kC \tag{4-24}$$

$$-\frac{dC}{C} = k dt$$

设反应开始时（$t=0$），反应物的浓度为 C_0，对上式积分。

$$\int_{C_0}^{C} \frac{-dC}{C} = \int_0^t k dt$$

$$\ln\frac{C_0}{C} = kt \tag{4-25}$$

或写成指数形式

$$C = C_0 e^{-kt} \tag{4-26}$$

从式（4-25）可见，t 与 $\ln\frac{C_0}{C}$ 呈直线关系。从直线的斜率便可求出 k，这是一级反应的特征。如图 4-1 所示。

当反应物消耗了一半，即 $C=\frac{1}{2}C_0$ 时，所需时间称为半衰期，以符号 $t_{1/2}$ 表示。以 $t=t_{1/2}$ 和 $C=\frac{1}{2}C_0$，代入式（4-24），可得一级反应的半衰期为

$$t_{1/2} = \frac{\ln 2}{k} = \frac{0.693}{k} \tag{4-27}$$

由式（4-27）看出，一级反应的半衰期只决定于速率常数 k，与反应物的初始浓度 C_0 无关。这也是一级反应的特征。

一级反应的例子很多，如镭的放射性蜕变，碘蒸汽的离解，五氧化二氮的分解等。

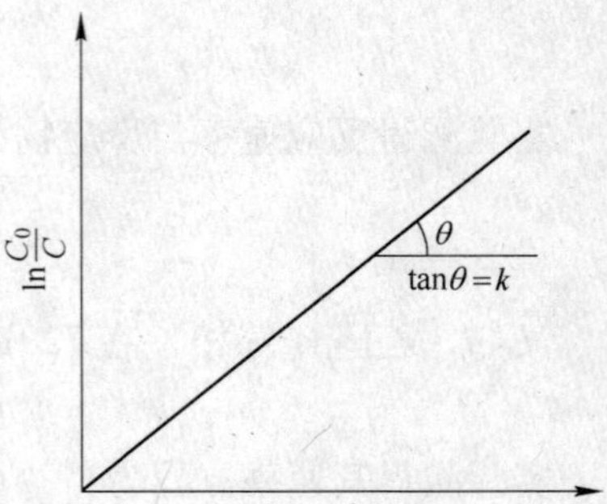

图 4-1　一级反应 $\ln\frac{C_0}{C}$ 与 t 的关系

【例 4-16】 35℃ 时 N_2O_5 的气相分解是一级反应。实验测得经 40min 分解了 27.4%，求：

（1）反应速率常数为多少？

（2）50min 分解了多少？

（3）半衰期。

解：（1）按式（4-24）得

$$k = \frac{1}{t}\ln\frac{C_0}{C} = \frac{2.303}{40}\lg\frac{C_0}{(1-0.274)C_0} = 0.0080\text{min}^{-1}$$

从计算中得出，一级反应速率常数的单位为［时间］$^{-1}$。这就揭示出了一级反应的第三个特征。

（2）$\lg\dfrac{C}{C_0} = \dfrac{-kt}{2.303} = -\dfrac{0.008\times 50}{2.303} = -0.174$

$\dfrac{C}{C_0} = 0.670$，　100% − 67.0% = 33.0%

（3）$t_{1/2} = \dfrac{0.693}{k} = \dfrac{0.693}{0.0080} = 86.6\text{min}$

4.6.3.2 二级反应

凡是反应速率与反应物浓度的二次方成正比的反应，就称为二级反应。即二级反应的速率方程中反应物浓度的指数和等于 2。设下列反应：

$$A + B \longrightarrow G$$

实验测知其为二级反应，则其速率方程为：

$$\frac{-dC_A}{dt} = kC_A \cdot C_B \tag{4-28}$$

若 A、B 的起始浓度相同，则反应中两种反应物的浓度也必相等，此时可用 $C_A = C_B = C$ 代入上式得：

$$\frac{-dC}{C} = kC^2 \tag{4-29}$$

设 $t = 0$ 时，$C = C_0$ 将上式分离变量并积分：

$$\int_{C_0}^{C} -\frac{dC}{C^2} = \int_0^t k dt$$

即
$$\frac{1}{C} - \frac{1}{C_0} = kt \tag{4-30}$$

或
$$k = \frac{1}{t}\left(\frac{C_0 - C}{C_0 C}\right) \tag{4-31}$$

从式（4-30）可以看出，若以 $\dfrac{1}{C}$ 对 t 作图，应得到一条直线，其斜率就等于速率常数 k（见图 4-2）。这是二级反应的特征，也是求 k 和判断反应是不是二级反应的一个方法。

将 $C=\dfrac{C_0}{2}$代入式（4-31）得：

$$k=\frac{1}{C_0 t_{1/2}}$$

或
$$t_{1/2}=\frac{1}{kC_0} \tag{4-32}$$

上式说明，二级反应的半衰期与反应物的最初浓度成反比。这也是二级反应的特征。反应物最初浓度愈大，则反应掉一半所需的时间愈短。

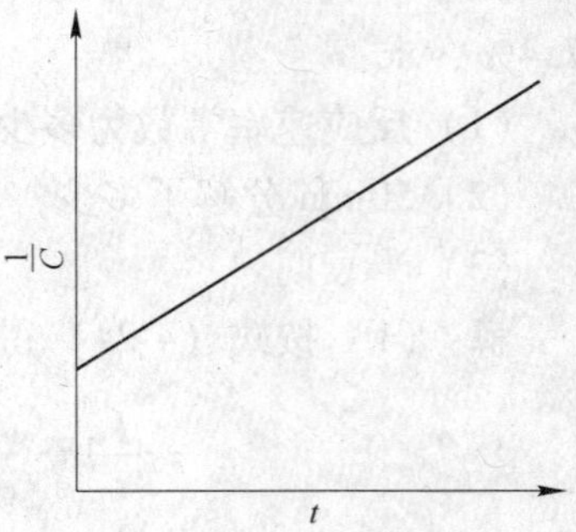

图 4-2　二级反应 $1/C$ 与 t 的关系

若 A、B 的起始浓度不同，以 a 和 b 代表反应 A 和 B 的起始浓度，经时间 t 后，A、B 两物质都有 x 参加了反应，则 A 物质的浓度为 $a-x$，B 物质的浓度为 $b-x$，于是：

$$\frac{-\mathrm{d}(a-x)}{\mathrm{d}t}=\frac{\mathrm{d}x}{\mathrm{d}t}=k(a-x)(b-x) \tag{4-33}$$

或
$$\frac{\mathrm{d}x}{(a-x)(b-x)}=\frac{1}{a-b}\left(\frac{1}{b-x}-\frac{1}{a-x}\right)\mathrm{d}x=k\mathrm{d}t \tag{4-34}$$

从 $t=0$ 到 $t=t$ 积分，得：

$$\frac{1}{a-b}\ln\frac{b}{a}\frac{a-x}{b-x}=kt \tag{4-35}$$

如以 $\ln\dfrac{b}{a}\dfrac{a-x}{b-x}$ 对 t 作图为一直线，其斜率为 $k(a-b)$。

二级反应也常见，例如乙烯、丙烯和异丁烯的二聚作用，氯酸钾的分解，酯类的皂化、碘化氢、甲醛的热分解等都是二级反应。

【例 4-17】 乙酸甲酯用氢氧化钠在 25℃时皂化，酯和碱的起始浓度皆为 0.010mol·L^{-1}，反应经过 420s 后，已发生作用的酯为 4.50×10^{-3}mol·L^{-1}。实验证明该反应为二级反应，试求：（1）反应速率常数 k；（2）经过 900s 后，酯的浓度变为多少？

解：（1）根据式（4-31）得

$$k=\frac{1}{t}\left(\frac{C_0-C}{C_0 C}\right)$$

代入有关数据得：$k=\dfrac{1}{420}\times\dfrac{4.5\times10^{-3}}{(0.01-4.5\times10^{-3})\times0.01}=0.194\mathrm{L\cdot mol^{-1}\cdot s^{-1}}$

从计算中得出，二级反应的速率常数的单位为[浓度]$^{-1}$·[时间]$^{-1}$。这就揭示了二级反应的第三个特征。

（2）应用式（4-30）得

$$\frac{1}{C}-\frac{1}{C_0}=kt$$

代入已知数据得：

$$\frac{1}{C}=kt+\frac{1}{C_0}=0.194\times900+0.010=274.6$$

故 $$C_0 = 3.64 \times 10^{-3}\,\mathrm{mol \cdot L^{-1}}$$

4.6.3.3 *零级反应*

凡反应速率与反应物的浓度无关的反应称零级反应。也就是说，不管反应物的浓度为多少，单位时间发生反应的数量总是那么多。一些光化学反应，只与光的强度有关，光的强度保持恒定则为等速反应，反应速率不随反应物的浓度变小而有所变化，所以它是零级反应。

设反应 A →2B + C 为零级的反应，则其中速率方程为：

$$\frac{-\mathrm{d}C}{\mathrm{d}t} = kC_{\mathrm{A}}^{0} = k \tag{4-36}$$

设反应物 A 在 $t=0$ 时的浓度为 C_0，$t=t$ 时的浓度为 C_{A}，对上式积分

$$\int_{C_0}^{C_{\mathrm{A}}} \frac{-\mathrm{d}C_{\mathrm{A}}}{k} = \int_0^t \mathrm{d}t$$

得 $$t = \frac{1}{k}(C_0 - C_{\mathrm{A}}) \tag{4-37}$$

或 $$C_0 - C_{\mathrm{A}} = kt \tag{4-38}$$

可见零级反应 C_{A} 与 t 是线性关系，直线斜率为 $-k$。这是零级反应的特征。将 $C_{\mathrm{A}} = \frac{C_0}{2}$ 代入式（4-37）得

$$t_{1/2} = \frac{C_0}{2k} \tag{4-39}$$

可见，零级反应的半衰期与初始浓度成正比，这也是零级反应的特征。而零级反应的速率常数 k 的单位为：[浓度]·[时间]$^{-1}$这是零级反应的第三个特征。

以下讨论可以用单一组元的浓度表示的 n 级反应。

设某反应的速率方程为

$$\frac{-\mathrm{d}C_{\mathrm{A}}}{\mathrm{d}t} = kC_{\mathrm{A}}^{a}C_{\mathrm{B}}^{b}$$

若 $C_{\mathrm{A}} = C_{\mathrm{B}} = C$，且 $n = a + b$，则上面公式可用其中一个组元的浓度表示：

$$\frac{-\mathrm{d}C}{\mathrm{d}t} = kC^{n} \tag{4-40}$$

积分上式

$$-\int_{C_0}^{C} \frac{-\mathrm{d}C}{C^{n}} = \int_0^t k\mathrm{d}t$$

当 $n=1$，则得一级反应的积分式（4-24），当 $n \neq 1$，则得

$$t = \frac{1}{k(n-1)}\left[\frac{1}{C^{n-1}} - \frac{1}{C_0^{n-1}}\right] \tag{4-41}$$

反应的半衰期为

$$t_{1/2} = \frac{2^{n-1} - 1}{k(n-1)} \cdot \frac{1}{C_0^{n-1}} = k' \frac{1}{C_0^{n-1}} \tag{4-42}$$

其中　$k' = \dfrac{2^{n-1} - 1}{k\ (n-1)}$

式（4-42）说明当 $n \neq 1$ 时，n 级反应的半衰期与起始浓度的 $n-1$ 次方成反比。

n 级反应的特点：

（1）以 $\dfrac{1}{C^{n-1}}$ 对 t 作图得一直线。

（2）半衰期与起始浓度的（$n-1$）次方成反比。

（3）速率常数 k 的单位为[浓度]$^{1-n}$·[时间]$^{-1}$。

4.6.4　反应级数的确定

要知道浓度对反应速率的影响，必须确定反应级数。以下介绍几种确定反应级数的方法。

4.6.4.1　*微分法*

对于速率方程可用微分式的通式表达时：

$$\frac{-\mathrm{d}C}{\mathrm{d}t} = kC^n$$

在两个不同浓度下，速率公式是：

$$\frac{-\mathrm{d}C_1}{\mathrm{d}t} = kC_1^n, \quad \frac{-\mathrm{d}C_2}{\mathrm{d}t} = kC_2^n$$

两边取对数后，得：

$$\lg\left(\frac{-\mathrm{d}C_1}{\mathrm{d}t}\right) = \lg k + n\lg C_1$$

$$\lg\left(\frac{-\mathrm{d}C_2}{\mathrm{d}t}\right) = \lg k + n\lg C_2$$

两式相减，整理后得：

$$n = \frac{\lg\left(\dfrac{-\mathrm{d}C_1}{\mathrm{d}t}\right) - \lg\left(\dfrac{-\mathrm{d}C_2}{\mathrm{d}t}\right)}{\lg C_1 - \lg C_2} \tag{4-43}$$

求反应级数时，先将不同浓度的实验数据作图（见图 4-3）。选 C_1 和 C_2 两个浓度，根据曲线在此两点的斜率求得 $-\dfrac{\mathrm{d}C_1}{\mathrm{d}t}$ 和 $-\dfrac{\mathrm{d}C_2}{\mathrm{d}t}$，代入式（4-43），即可求得反应级数 n。

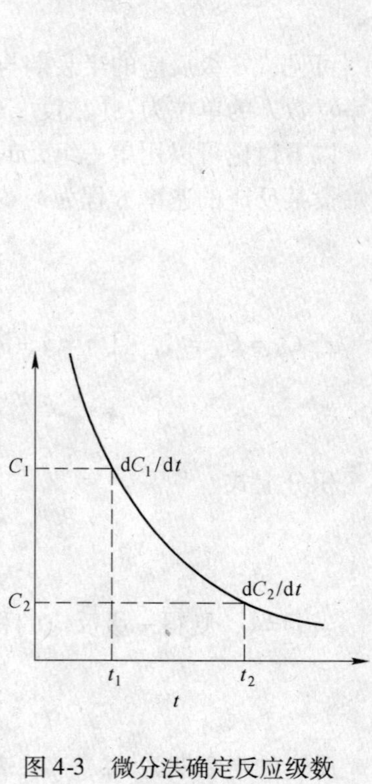

图 4-3　微分法确定反应级数

另外，对式（4-40）两边取对数

$$\lg\left(\frac{-\mathrm{d}C}{\mathrm{d}t}\right) = \lg k + n\lg C \tag{4-44}$$

在不同的 C 时，有相对应的不同速率 $-\dfrac{\mathrm{d}C}{\mathrm{d}t}$，以

$\lg\left(-\frac{dC}{dt}\right)$ 对 $\lg C$ 作图应为一直线，从直线的斜率便可以求出反应级数 n，从截距就可以求出速率常数 k。

4.6.4.2 尝试法

将几组实验数据（不同时间 t 及相应的浓度）代入各级反应的积分式中，计算出速率常数 k。如果以不同时间、不同浓度代入积分式，求出的 k 值是一个不变的常数，则该公式的级数就是反应级数。如果不论用哪一个积分公式计算所得的 k 值都不是常数，那么这个反应一定是不能用级数表示的复杂反应。

4.6.4.3 作图法

将所测 C_A 与 t 数据，分别按各级反应相应的特征直线关系作图，例如以 $\ln\frac{C_0}{C}$ 对 t 作图或 $\frac{1}{C}$ 对 t 作图等，看哪种级数的图成直线关系，即为该反应的级数。尝试法和作图法一般适用于确定整数级反应的级数，不能确定分数级反应的级数。

4.6.4.4 半衰期法

此法只适用于速率方程为 $-\frac{dC}{dt} = kC^n$ 的形式。其半衰期公式为式（4-42）。

$$t_{1/2} = \frac{2^{n-1}-1}{k(n-1)} \cdot \frac{1}{C_0^{n-1}}$$

同一反应，其他条件相同时，对不同的初始浓度 C_0' 和 C_0''，实验得出不同的半衰期 $t_{1/2}'$ 和 $t_{1/2}''$，则代入上式，相除后可得

$$\frac{t_{1/2}'}{t_{1/2}''} = \left[\frac{C_0''}{C_0'}\right]^{n-1}$$

将上式两边取对数后得

$$\lg\frac{t_{1/2}'}{t_{1/2}''} = (n-1)\lg\frac{C_0''}{C_0'}$$

整理后得

$$n = 1 + \frac{\lg(t_{1/2}'/t_{1/2}'')}{\lg(C_0''/C_0')} \tag{4-45}$$

利用此式可以求得反应级数。

若有多组数据，则可用作图法。将式（4-42）两边取对数：

$$\lg t_{1/2} = \lg B + (1-n)\lg C_0$$

式中 $B = (2^{n-1}-1)/k(n-1)$，为一常数，与 C_0 无关。以 $\lg t_{1/2}$ 对 $\lg C_0$ 作图应得一条直线，斜率为 $1-n$，求出斜率就可以求出反应级数 n。再由直线的截距找出 $\lg B$ 之值，就可以算出速率常数 k 了。

半衰期法可适用于整数级数，也可适用于分数级数。

【例 4-18】 设反应 A + B →D，其实验数据见表 4-4，试求反应级数及速率常数。

表 4-4 反应实验数据

实验号数	原始浓度		半衰期/h
	$A/mol \cdot L^{-1}$	$B/mol \cdot L^{-1}$	
1	2.0	2.0	2.5
2	5.0	5.0	1.0

解:

$$n = 1 + \frac{\lg(t'_{1/2}/t''_{1/2})}{\lg(C''_0/C'_0)} = 1 + \frac{\lg(2.5/1.0)}{\lg(5.0/2.0)} = 1 + \frac{\lg2.5}{\lg2.5} = 2$$

故反应级数为 2 反应速率常数，根据式（4-32）得

$$k = \frac{1}{t_{1/2}C_0} = \frac{1}{2.5 \times 2} = 0.2\text{L} \cdot \text{mol}^{-1} \cdot \text{h}^{-1}$$

4.6.5 反应速率与温度的关系

一般情况下，温度不影响反应的级数，故温度对反应速率的影响就反映在温度对反应速率常数的影响上。

大量事实说明，温度升高反应速率加快。例如，在 300℃时，氢与氧化合生成水的反应很慢，以致无法测量。但是温度升高到 700℃，此反应就会以爆炸的方式完成。又如反应 $2HI \rightarrow H_2 + I_2$，在 100℃时，反应的半衰期约为 31400 年，而 700℃时，反应的半衰期约为 0.02s。人们研究温度对反应速率的影响，先从实验总结出了一些经验规律，然后逐步上升到理性认识。针对温度上升大多数化学反应速率加快的实验事实，总结出了两个著名的经验规律。

4.6.5.1 范特霍夫规则与阿累尼乌斯方程式

范特霍夫（Vah' t Hoff）规则是一个近似的经验规则。其内容是：温度每升高 10℃，反应速率大约增至原来速率的 2 ~ 4 倍。即

$$\frac{k_{t+10}}{k_t} = \gamma \approx 2 \sim 4 \tag{4-46}$$

γ 称为反应速率的温度系数。对一定反应，当温度变化范围不大时，可以看作常数，如温度升高至 $t + n \times 10$℃，可得

$$\frac{k_{t+n\times10}}{k_t} = \gamma^n \qquad (n = 1,2,3,\cdots,\text{正整数}) \tag{4-47}$$

式（4-46）、式（4-47）就是范特霍夫规则表达式。此规则是很粗略的，尤其在高温下更不可靠。当数据缺乏或不要求精确结果时，可以采用。比较准确的是阿累尼乌斯公式。

根据实验结果，阿累尼乌斯（Arrhenius）于 1889 年提出了反应速率随温度变化的经验式：

$$\frac{\mathrm{d}\ln k}{\mathrm{d}T} = \frac{E_a}{RT^2} \tag{4-48}$$

E_a 为反应的活化能（$\mathrm{J \cdot mol^{-1}}$），一般可认为不随温度而变。将此式进行定积分，可得

$$\int_{k_1}^{k2} \mathrm{d}\ln k = \int_{T_1}^{T2} \frac{E_a}{RT^2}\mathrm{d}T$$

$$\ln \frac{k_2}{k_1} = -\frac{E_a}{R}\left(\frac{1}{T_2} - \frac{1}{T_1}\right) = \frac{E_a}{R}\left(\frac{T_2 - T_1}{T_2 T_1}\right) \tag{4-49}$$

已知两个温度下的速率常数则可求得 E_a，或已知 E_a 和 T_1 时之 k_1，可求 T_2 时之 k_2。

若将微分式进行不定积分，可得

$$\ln k = -\frac{E_a}{RT} + B \tag{4-50}$$

B 为积分常数。以 $\ln k$ 对 $1/T$ 作图，可得一直线，其斜率为 $-E_a/R$，由此可求出活化能。

式（4-50）又可以写成指数形式（令 $B = \ln A$）

$$k = A\mathrm{e}^{-\frac{E_a}{RT}} \tag{4-51}$$

这是阿累尼乌斯方程的又一形式，A 称频率因子，其单位与 k 相同。对于一定反应来说，也是一个常数。由式（4-51）看出，速率常数 k 与温度 T 成指数关系，可见温度对反应速率影响之大。

【例 4-19】 $CO(CH_2COOH)_2$ 在水溶液中分解反应的速率常数：10℃时为 $1.080 \times 10^{-4}\ \mathrm{s^{-1}}$，60℃时为 $5.484 \times 10^{-2}\ \mathrm{s^{-1}}$。求该分解反应的活化能 E_a 及在 30℃时的反应速率常数。

解：应用式（4-49）代入已知数据得：

$$\ln \frac{5.484 \times 10^{-2}}{1.080 \times 10^{-4}} = \frac{E_a}{8.314}\left(\frac{333 - 283}{333 \times 283}\right)$$

解得：$E_a = 97643\ \mathrm{J \cdot mol^{-1}}$。

由于已求得 E_a，故可由 10℃下的 k 求 30℃下的 k，即：

$$\ln \frac{k_{30℃}}{1.080 \times 10^{-4}} = \frac{97643}{8.314}\left(\frac{303 - 283}{303 \times 283}\right)$$

解之得：$k_{30℃} = 1.67 \times 10^{-3}\ \mathrm{s^{-1}}$。

4.6.5.2 活化分子和活化能

阿累尼乌斯在解释他提出的经验公式时，提出了活化分子和活化能的概念。他认为当化学反应发生时，分子间相互作用的首要条件是它们必须相互接触。由于分子间的碰撞次数很大，若每次碰撞都能引起反应，那么，一切气体反应均将瞬时完成。实际上许多反应并非如此：这说明不是所有的碰撞都是有效的，只有少数能量较大的分子碰撞后才能发生化学反应，这种分子称为活化分子。具有平均能量的反应物分子需吸收足够能量变为活化

分子，才能进行化学反应而变为产物。由普通反应物分子变为活化分子所需的最低能量称为活化能。

为进一步理解活化能的意义，可用一个可逆反应来讨论，例如反应：

$$A \rightleftharpoons C$$

设在温度 T 时，正、逆反应的速率常数分别为 k_1、k_{-1}，正、逆反应的活化能分别为 E_{a1}、E_{a-1}。根据式（4-48）可得

$$\frac{\mathrm{d}\ln k_1}{\mathrm{d}T} = \frac{E_{a1}}{RT^2}$$

$$\frac{\mathrm{d}\ln k_{-1}}{\mathrm{d}T} = \frac{E_{a-1}}{RT^2}$$

两式相减，得到

$$\frac{\mathrm{d}\ln \dfrac{k_1}{k_{-1}}}{\mathrm{d}T} = \frac{E_{a1} - E_{a-1}}{RT^2}$$

但是正、逆反应的速率常数与平衡常数之间有如下关系：

$$\frac{k_1}{k_{-1}} = K_C$$

所以又可表示为：

$$\frac{\mathrm{d}\ln K_C}{\mathrm{d}T} = \frac{E_{a1} - E_{a-1}}{RT^2}$$

据范特霍夫等压方程：

$$\frac{\mathrm{d}\ln K_C}{\mathrm{d}T} = \frac{\Delta H}{RT^2}$$

式中，ΔH 为化学反应的热效应。两式比较，得：

$$E_{a1} - E_{a-1} = \Delta H \tag{4-52}$$

由此可见，正、逆反应的活化能之差等于化学反应的热效应。这种关系可清楚地从图4-4 中看出。

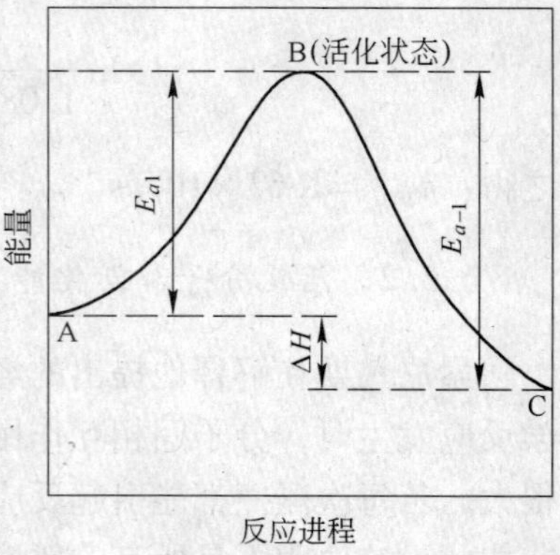

图4-4　反应过程中系统能量的变化

如图 4-4 所示，反应物 A 要变成产物 C，中间要经过一个活化状态 B。也就是要经过活化分子相互作用时的状态，活化状态 B 的能量均高于反应物 A 和产物 C 的能量。因此，反应物 A 必须先吸收一定能量，使其能量比原分子平均能量高出 E_{a1} 而成为活化分子，才能发生化学反应，转变成产物 C，并放出能量 E_{a-1}。同理，对于逆反应来说，物质 C 必须获得能量 E_{a-1}，达到活化状态 B，才能发生反应生成 A。所以，E_{a1} 是正反应的活化能，E_{a-1} 是逆反应的活化能。从反应物 A 转变成产物 C 活化能 E_{a1} 与 E_{a-1} 之差，等于反应的热效应 C。

若 $E_{a-1} > E_{a1}$ 则为放热反应，反之则为吸热反应。

阿累尼乌斯对活化能的解释只对基元反应才是确切的，托尔曼用统计力学的方法，较严格地作出证明。绝大多数反应都是非基元反应，因此由阿累尼乌斯经验式计算得到的活化能，实际上是组成该反应的各基元反应活化能的代数和。这种非基元反应的活化能称为表观活化能。

阿累尼乌斯的理论是较粗略的，但此理论关于活化状态和活化能的基本观点，一直为大家所接受，并成为近代反应速率理论的基础。

习　题

4-1　化学平衡为什么是动态平衡？

4-2　什么是相、单相和多相反应？

4-3　既然 $K_p^{\ominus}$ 是用压力表示的平衡常数，则 $K_p^{\ominus}$ 的单位应该是压力的单位，对不对，为什么？

4-4　在化学平衡体系中，平衡组成发生了变化，$K_p^{\ominus}$ 是否要改变？

4-5　对反应 $CaCO_3(s) \rightleftharpoons CaO(s) + CO_2(g)$ 的平衡常数可表示成 $K_p^{\ominus} = p(CO_2)/p^{\ominus}$，那么 $K_p^{\ominus}$ 就等于碳酸钙的分解压。这个说法对吗，为什么？

4-6　某化学反应在一定温度和压力下，$\Delta G(T) > 0$，是否可以得出结论，该化学反应在任何条件下都不能进行？

4-7　根据 $\Delta G^{\ominus}(T) = -RT\ln K_p^{\ominus}$，因为 $K_p^{\ominus}$ 为平衡常数，所以 $\Delta G^{\ominus}$ 就是化学反应达到平衡时的吉布斯自由能变化，这种说法对吗？

4-8　在什么条件下化学反应恒温方程式可简化为 $\Delta G^{\ominus}(T) = -RT\ln K_p^{\ominus}$。

4-9　$\Delta G(T)$ 和 $\Delta G^{\ominus}(T)$ 在意义上有何不同，用 $\Delta G^{\ominus}(T)$ 数据来判定在一定条件下反应的自发与平衡可以吗，以下说法对吗？

（1）某一反应的 $\Delta G^{\ominus} > 0$，即表明该反应不能自发进行。

（2）某一反应的 $\Delta G^{\ominus}(298K) = -4814kJ$，说明该反应在 101.325kPa 和 298K 下可以自发向右进行。

4-10　某反应向右进行的趋势大时，则向右的反应速率也必然很大，此说法对吗，为什么？

4-11　动力学质量作用定律的内容是什么？写出其数学表达式。

4-12　什么是基元反应与非基元反应，动力学质量作用定律对两者是否都适用？

4-13　反应级数与反应分子数有何区别？

4-14　什么是半衰期，一级反应、二级反应的半衰期各有何特征？

4-15　确定反应级数常用哪几种方法，这些方法是否只适用于基元反应，非基元反应能否适用？

4-16　温度对反应速率影响的规律有哪些，阿累尼乌斯经验式中各项符号表示什么意义？

4-17　温度升高反应速率迅速增大的根本原因是什么？

4-18　表示下列反应的 $K_p^{\ominus}$：

（1）$CO(g) + \frac{1}{2}O_2(g) \rightleftharpoons CO_2(g)$

（2）$CO_2(g) \rightleftharpoons CO(g) + \frac{1}{2}O_2(g)$

（3）$2CO(g) + O_2(g) \rightleftharpoons 2CO_2(g)$

4-19　1mol N_2 和 3mol H_2 的混合气体在 400℃ 通过催化剂达到平衡，平衡后压力为 1.01325×10^5Pa，分析 NH_3 的摩尔分数是 0.0044，求平衡常数 $K_p^{\ominus}$、$k_c^{\ominus}$。

4-20 1mol CO_2 和 1mol H_2 的混合气体在 298K，100kPa 下发生下列反应，且已达到平衡：

$$CO_2(g) + H_2(g) \rightleftharpoons CO(g) + H_2O(g)$$

分析平衡混合物组成得出 $\varphi(CO) = 0.16\%$，假定气体是理想气体，计算平衡常数 $K_p^\ominus$。

4-21 298K 下，1mol 乙酸乙酯和 3mol 水混合并充分振荡，直至平衡，问乙酸乙酯还剩多少？已知 298K 时乙醇和乙酸进行酯化反应的平衡常数 $K_p^\ominus = 4$。

4-22 已知反应 $C_2H_6 = C_2H_4 + H_2$ 在 1000K，$p = 101.3$kPa 时，平衡转化率为 $x = 0.485$，求 $K_p^\ominus$。

4-23 已知反应 $CO(g) + \frac{1}{2}O_2(g) \rightleftharpoons CO_2(g)$，在 2000K 时的平衡常数 $K_p^\ominus = 6.443$，求在相同温度时下列反应的 $K_p^\ominus$：

(1) $2CO(g) + O_2(g) \rightleftharpoons 2CO_2(g)$

(2) $CO_2(g) \rightleftharpoons CO(g) + \frac{1}{2}O_2(g)$

4-24 水煤气反应为 $H_2(g) + CO_2(g) \rightleftharpoons CO(g) + H_2O(g)$，若反应最初混合物中，$H_2$ 为 5mol、CO_2 为 2mol、CO 为 1mol、没有 H_2O，今设反应到平衡时 CO_2 已消耗一半，求混合物中各气体的物质的量，平衡常数为多少？

4-25 乙烯和氯化氢制备氯乙烷反应为 $C_2H_4(g) + HCl(g) \rightleftharpoons C_2H_5Cl(g)$，在 200℃ 和 101.3kPa 下的平衡常数 $K_p^\ominus = 16.6$，乙烯和氯化氢的投料量分别为 1mol 和 2mol，求反应达到平衡时氯乙烷的最大产率是多少，乙烯和氯化氢的平衡转化率是多少，各种气体的摩尔分数分别是多少？

4-26 醋酸、乙醇和水各 1mol 相混合，在 100℃ 时反应达到平衡，计算醋酸被酯化的百分数（已知 100℃ 时该反应的 $K_p^\ominus = 4.0$）。

4-27 下列反应的 $K_p^\ominus$ 怎样表示？

(1) $Fe_3O_4(s) + H_2(g) \rightleftharpoons 3FeO(s) + H_2O(g)$

(2) $2ZnS(s) + 3O_2(g) \rightleftharpoons 2ZnO(s) + 2SO_2(g)$

(3) $2Fe(OH)_3(s) \rightleftharpoons Fe_2O_3(s) + 3H_2O(g)$

4-28 已知四氧化二氮的分解反应

$$N_2O_4(g) \rightleftharpoons 2NO_2(g)$$

在 298K 时，$\Delta G^\ominus(298K) = 4.78$kJ。试判定在此温度及下列条件下反应的方向：

(1) $N_2O_4(1.01325 \times 10^5 Pa), NO_2(1.01325 \times 10^5 Pa)$

(2) $N_2O_4(1.01325 \times 10^4 Pa), NO_2(1.01325 \times 10^5 Pa)$

(3) $N_2O_4(3 \times 1.01325 \times 10^5 Pa), NO_2(2 \times 1.01325 \times 10^5 Pa)$

4-29 下列反应的 $\Delta G^\ominus(T)$ 在 298 ~ 2500K 范围内适用：

(1) $C(s) + O_2(g) \rightleftharpoons CO_2(g)$　　$\Delta G_1^\ominus(T) = -394133 - 0.84T$

(2) $2CO(g) + O_2(g) \rightleftharpoons 2CO_2(g)$　　$\Delta G_2^\ominus(T) = -565285 + 173.64T$

(3) 求：$C(s) + \frac{1}{2}O_2(g) \rightleftharpoons CO(g)$ 在 1000K 时的 $K_p^\ominus$ 和 $\Delta G_3^\ominus(T)$。

4-30 根据附表 4 中各物质的标准生成吉布斯自由能，求下列反应在 298K、$p = 101.3$kPa 下的 $\Delta G^\ominus(298K)$ 和 $K_p^\ominus$：

(1) $C_3H_8 \rightleftharpoons C_3H_6 + H_2$

(2) $NO_2 + SO_2 \rightleftharpoons NO + SO_3$

4-31 气相反应

$$CO + H_2O \rightleftharpoons CO_2 + H_2 \qquad \Delta H^\ominus(T) = -36400J$$

已知 500K 时，$K_p^\ominus = 126$，求 1500K 时的 $K_p^\ominus(1500K)$（视 $\Delta H^\ominus(T)$ 为常数）。

4-32　求 298.15K 时下列反应的 $\Delta G^{\ominus}(298K)$ 及 $K_p^{\ominus}$。

$$CH_4(g) + 2H_2O(g) \rightleftharpoons CO_2(g) + 4H_2(g)$$

已知有关物质 298.15K 时的热力学数据，如表 4-5 所示。

表 4-5　热力学数据

物　质	CH_4	$H_2O(g)$	$CO_2(g)$	$H_2(g)$
$\Delta_f H_m^{\ominus}(298K)/kJ \cdot mol^{-1}$	-74.81	-241.82	-393.51	0
$S_m^{\ominus}(298K)/J \cdot mol^{-1} \cdot K^{-1}$	188.0	188.83	213.7	130.68

4-33　对于水煤气反应

$$CO(g) + H_2O(g) \rightleftharpoons CO_2(g) + H_2(g)$$

（1）用标准吉布斯自由能法求 1000K 下的平衡常数；

（2）用近似熵法求 1000K 下的平衡常数；

（3）用线性方程法求 1000K 下的平衡常数。

4-34　反应 $SO_2Cl_2 \rightarrow SO_2 + Cl_2$ 是一级的气相反应。在 320℃时；反应速率常数 $k = 2.2 \times 10^{-5} s^{-1}$。问在 320℃时，反应经过 90min 后，$SO_2Cl_2$ 分解了多少？

4-35　氧化乙烯的热分解 $(CH_2)_2O \rightarrow CH_4 + CO$ 为一级反应，在 378.5℃时，半衰期为 363min，问 200min 内分解了多少？

4-36　C^{14} 放射性蜕变的半衰期为 5730 年，今在一考古学样品中测得 C^{14} 的含量（质量分数）只有 72%，问该样品距今有多少年？

4-37　乙烷裂解制取乙烯的反应如下：

$$C_2C_6 \longrightarrow C_2H_4 + H_2$$

已知 800℃时的速率常数 $k = 3.43s^{-1}$，问当乙烷的转化率为 50%，75% 时，分别多少时间？

4-38　设有下列二级反应：

$$A + B \longrightarrow C + D$$

反应物的起始浓度同为 $0.4mol \cdot L^{-1}$，反应进行 80min 后，转化了 30%。试求速率常数 k，并计算当反应转化了 80% 所需的时间为多少？

4-39　某二级反应在 $a = b$ 时，经过 500s 原始物作用了 20%，问原始物作用 60% 时需经过多少时间。

4-40　设二级反应：

$$A + B \longrightarrow C + D$$

已知该反应的动力学方程为：

$$\frac{-dC_A}{dt} = kC_A C_B$$

且测得，82℃时反应的速率常数为 $k = 5.20L \cdot mol^{-1} \cdot h^{-1}$。试计算 82℃时：

（1）如果反应物 A 和 B 的起始浓度相同，$C_{A0} = C_{B0} = 1.20mol \cdot L^{-1}$，反应物 A 转化 95% 时需要多少时间？

（2）在同样起始浓度的条件下，A 转化率达到 99.75% 需要多少时间？

4-41　65℃时，在气相中 N_2O_5 分解的速率常数为 $0.292min^{-1}$，活化能为 $103.3kJ \cdot mol^{-1}$，求 80℃时的速率常数。

4-42　已知 HI 的分解反应 $2HI \rightarrow H_2 + I_2$

在 556K 时其速率常数 $k_1 = 3.50 \times 10^{-7} \mathrm{L \cdot mol^{-1} \cdot s^{-1}}$

在 573K 时其速率常数 $k_2 = 1.14 \times 10^{-6} \mathrm{L \cdot mol^{-1} \cdot s^{-1}}$

试计算此反应的活化能。

4-43 在 25℃，压力为 101325Pa 时反应

$$O_3(g) + NO(g) \longrightarrow O_2(g) + NO_2(g)$$

其活化能为 $10.7 \mathrm{kJ \cdot mol^{-1}}$，反应热为 $-198.8 \mathrm{kJ \cdot mol^{-1}}$，问逆向反应的活化能是多少？

5 溶　液

很多化学反应都是在溶液中进行的，如人体和生物体内所进行的生物化学反应几乎全部在溶液中进行。从广义上讲，凡两种或两种以上的物质均匀混合且彼此呈分子状态分布的系统即为溶液（solution）。因此，广义的溶液包含气态溶液、固态溶液和液态溶液。通常所指的溶液是呈液态的多种物质的均相混合物。对于液态溶液，把含量较多的组分称为溶剂（solvent），含量较少的组分称为溶质（solute），对溶液中的溶剂和溶质，往往采用不同的方法进行研究。若对溶液中所有组分都用相同的方法进行研究，则这种系统称为混合物（mixture）。

溶液又可分为电解质溶液和非电解质溶液，例如无机酸、碱及盐类等化合物溶解于水，在水分子的作用下会电离为正、负离子，这种溶液称为电解质溶液；若溶液中各组分的分子不电离，或基本上不电离，这类溶液则称为非电解质溶液，如糖类等有机化合物的水溶液等。本章主要介绍非电解质溶液。

5.1 溶液组成的表示方法

给定溶液的组成是恒定的，但表示溶液组成的方式可以不同。本节介绍几种常用的表示溶液组成的方法。

5.1.1 物质的量分数

物质的量分数也称为摩尔分数。在理论推导中，这种表示法使用起来最为方便，其符号为 x_B。溶液中组分 B 的摩尔分数定义是

$$x_B = \frac{n_B}{n} \tag{5-1}$$

式中，n_B 是 B 组分物质的量；n 是溶液中所有组分物质的量的总和，即 $n = \sum_i n_i \cdot n_i$ 与 n 的单位均为摩尔（mol），故摩尔分数 x_B 没有量纲。显然对于任何溶液，所有组分的摩尔分数之和等于 1，即：$\sum_i x_B = 1$。

5.1.2 质量摩尔浓度

溶质 B 的质量摩尔浓度 b_B 的定义为：溶液中溶质 B 的物质的量 n_B 除以溶剂 A 的质量 m_A。即

$$b_B = \frac{n_B}{m_A} \tag{5-2}$$

式中，b_B 的单位是摩尔每千克（$mol \cdot kg^{-1}$）。

对于溶质 B，其摩尔分数 x_B 与质量摩尔浓度 b_B 的关系为

$$x_B = \frac{n_B}{n_A + \sum_i n_i}$$

式中，n_A 是溶剂的物质的量；i 为除溶剂外的其他组分。取 A 的质量为 1kg，则溶液中各溶质的物质的量 n_i 恰好等于其质量摩尔浓度，于是上式可写成

$$x_B = \frac{b_B}{\frac{1}{M_A} + \sum_i b_i} = \frac{b_B M_A}{1 + M_A \sum_i b_i} \tag{5-3}$$

式中　M_A——溶剂 A 的摩尔质量，kg/mol。

对于二组分溶液，溶质摩尔分数与质量摩尔浓度的关系为

$$x_B = \frac{b_B M_A}{1 + b_B M_A} \tag{5-4}$$

如果是稀溶液，当溶液中各溶质的浓度都很小时，有

$$b_i \ll 1 \quad 且 \quad M_A \sum_i b_i \ll 1$$

则式（5-3）与式（5-4）共同简化为

$$x_B = b_B M_A (稀溶液) \tag{5-5}$$

5.1.3　物质的量浓度

溶液中溶质 B 的物质的量浓度 c_B 的定义为：溶质 B 的物质的量除以混合物或溶液体积 V，即

$$c_B = \frac{n_B}{V} \tag{5-6}$$

式中，c_B 的单位是 $mol \cdot L^{-1}$ 或 $mol \cdot m^{-3}$。

若溶液的密度为 ρ，总质量为 m，则溶液体积为

$$V = \frac{m}{\rho} = \frac{n_A \cdot M_A + \sum_i n_i M_i}{\rho}$$

代入 c_B 的表达式

$$c_B = \frac{\rho \cdot n_B}{n_A \cdot M_A + \sum_i n_i M_i}$$

式中，i 是溶液中溶质组分。物质的量浓度 c_B 与摩尔分数 x_B 的关系为

$$x_B = \frac{n_A \cdot M_A + \sum_i n_i M_i}{\rho(n_A + \sum_i n_i)} \cdot c_B \tag{5-7}$$

当溶液中各溶质组分的浓度都很小时，有

$$n_i \ll n_A \quad 且 \quad \sum_i n_i \ll n_A$$

$$\sum_i n_i M_i \ll n_A \cdot M_A$$

所以
$$x_B \approx \frac{c_B \cdot M_A}{\rho}(稀溶液) \tag{5-8}$$

将式（5-8）与式（5-5）相比可得 b_B 与 c_B 的关系为

$$b_B \approx \frac{c_B}{\rho}(稀溶液) \tag{5-9}$$

如果溶液是极稀的水溶液，溶液的密度近似等于水的密度，在常温下 $\rho_{(水)} \approx 1\text{kg} \cdot \text{dm}^{-3}$，故有

$$\rho \approx \rho_{(水)} \approx 1\text{kg} \cdot \text{dm}^{-3}$$

因而极稀水溶液中溶质的质量摩尔浓度的值与物质的量浓度的值几乎相等，即 $b_B \approx c_B$。

以上介绍的三种浓度中，x_B 与 b_B 只与溶液的组成有关而与温度无关。但因溶液的体积会随温度而变化，所以 c_B 不仅是溶液组成的函数，它还是温度的函数。正因为上述原因，为了避免引入更多的变量，在物理化学中通常使用摩尔分数 x_B 及质量摩尔浓度 b_B 两种表示法。

5.1.4 质量分数

溶液的组成还经常采用质量分数（符号为 w）来表示。其定义为：溶液中某组分 B 的质量除以所有组分的质量，用百分数表示，即

$$w_B = \frac{m_B}{\sum_i m_i} \times 100\%$$

【例 5-1】 质量分数为 0.12 的 $AgNO_3$ 水溶液 20℃及标准压力时的密度为 $1.1080\text{kg} \cdot \text{dm}^{-3}$，求溶质 $AgNO_3$ 在此条件下的摩尔分数、质量摩尔浓度和物质的量浓度。

解： $AgNO_3$ 和 H_2O 的摩尔质量分别为 $169.87\text{g} \cdot \text{mol}^{-1}$ 和 $18.015\text{g} \cdot \text{mol}^{-1}$，每 1000g 溶液中含 120g $AgNO_3$，含 880g H_2O，120g $AgNO_3$ 的物质的量为 $\frac{120}{169.87} = 0.7064\text{mol}$。

故 $AgNO_3$ 的摩尔分数 x 为

$$x(AgNO_3) = \frac{n(AgNO_3)}{n(H_2O) + n(AgNO_3)} = \frac{0.7064}{\frac{880}{18.015} + \frac{120}{169.87}} = \frac{0.7064}{48.86 + 0.7064} = 0.01426$$

每 1kg 溶液的体积
$$V = \frac{1}{1.1080} = 0.9025\text{dm}^3$$

所以
$$b(AgNO_3) = \frac{n(AgNO_3)}{n(H_2O) \cdot M(AgNO_3)} = \frac{0.7064}{0.8800} = 0.8028\text{mol} \cdot \text{kg}^{-1}$$

5.1.5 各浓度间相互转换关系

下式中 w_B 为一百分数给出 B 的质量分数：

（1）二元系中

$$w_B = \frac{100}{\frac{M_A}{M_B} \times \frac{1}{x_B} + \left(1 - \frac{M_A}{M_B}\right)} \tag{5-10}$$

（2）二元系中

$$x_B = \frac{w_B/M_B}{w_B/M_B + (100 - w_B)/M_A} = \frac{w_B M_A}{w_B(M_A - M_B) + 100M_B} \tag{5-11}$$

二元稀溶液

$$x_B = \frac{w_B M_A}{100M_B} \tag{5-12}$$

即二元稀溶液中，B 的摩尔分数与其质量分数呈线性关系。

（3）

$$c_B = \frac{w_B}{100} \times \frac{\rho}{M_B} \tag{5-13}$$

$$c_B = \frac{n_B}{V} = \frac{1}{V} \times \left(\frac{w_B}{100} \times V\rho\right) \times \frac{1}{M_B} = \frac{w_B}{100} \times \frac{\rho}{M_B}$$

5.2 分配定律与萃取

5.2.1 分配定律

如果把两种互不溶解的液体放在同一容器里，则液体会分成两层，轻的在上，重的在下。若有第三种物质能同时溶解于上述两种液体中，把它加入上述容器中，则第三种物质溶解于两液层的相对量具有一定的关系。即：

在某温度下，物质分配在两种互不溶解的液体中达到平衡时的浓度比为一常数。此规律称为分配定律。用数学式表示为：

$$K = \frac{c_{B(\alpha)}}{c_{B(\beta)}} \tag{5-14}$$

式中　$c_{B(\alpha)}$，$c_{B(\beta)}$——溶质 B 分别溶解于溶剂 α、β 中的浓度；

K——分配常数，它与平衡时温度、压强以及溶质和溶剂的性质有关。

应用分配定律时需要注意两点：

（1）只能用于稀溶液。

（2）溶质在两液相中要有相同的分子状态。如果溶质在 α 相中是单分子的，而在 β 相中有缔合、解离等现象，则分配定律不能应用。

5.2.2 萃取

选用与溶液中的溶剂不互溶而对溶液中溶质的溶解度较大的另一种溶剂，来从该溶液中分离提取某一溶质的过程称为萃取。萃取的方法在实验中和工业生产中应用甚广。根据分配定律可以计算出经过萃取操作后被提出物质的量。

假定含有某种物质 m_0 的溶液为 V_a(mL)，用 V_b(mL)的某种溶剂进行萃取，其中未被提出而残留于原来溶液中的物质为 m_1，则：

$$\frac{\dfrac{m_1}{V_a}}{\dfrac{m_0 - m_1}{V_b}} = K$$

整理可得：

$$m_1 = m_0 \frac{KV_a}{KV_a + V_b}$$

如果再用 V_b(mL)的溶剂对剩余溶液作第二次萃取，则经第二次萃取后残余液内，剩余的溶质量为 m_2，单位为 g，于是：

$$m_2 = m_1 \frac{KV_a}{KV_a + V_b} = m_0\left(\frac{KV_a}{KV_a + V_b}\right)^2$$

如果每次都用 V_b(mL)溶剂，共萃取 n 次，则最后在剩余溶液中残留的溶质量为 m_n，单位为 g，为

$$m_n = m_0\left(\frac{KV_a}{KV_a + V_b}\right)^n \tag{5-15}$$

【例 5-2】 在 1L 水中含有某物质 100g。现以 1L 乙醚进行萃取。

问：(1) 如用 1L 乙醚萃取一次；

(2) 如用 1L 乙醚分成两次萃取；

(3) 如用 1L 乙醚分成 10 次萃取。

已知 $$K = \frac{c_{B(H_2O)}}{c_{B(C_4H_{10}O)}} = \frac{1}{2}$$

求萃取出来的物质的质量各为多少？

解：(1) 设一次萃取，被萃取出来物质的质量为 m_1。

$$\frac{\dfrac{100 - m_1}{1000}}{\dfrac{m_1}{1000}} = \frac{1}{2}$$

解得：被萃取物质的质量 $m_1 = 66.7$g。

(2) 设萃取两次后在水中剩下物质的质量为 m_2。

$$m_2 = 100\left(\frac{\dfrac{1}{2} \times 1000}{\dfrac{1}{2} \times 1000 + 500}\right)^2 = 25\text{g}$$

解得：被萃取物质的质量为：100 - 25 = 75g。

（3）设萃取 10 次后，残留物质的质量为 m_{10}。

$$m_{10} = m_0\left(\frac{KV_a}{KV_a + V_b}\right)^{10} = 100\left(\frac{\frac{1}{2}\times 1000}{\frac{1}{2}\times 1000 + 100}\right)^{10} = 16.14\text{g}$$

解得：被萃取物质的质量为：100 - 16.14 = 83.86g。

由此例可见，如用相同量的溶剂，分多次萃取的效率比用全部溶剂一次萃取的效率高。

5.3　溶液的基本物理化学定律

在恒温下研究溶液的蒸气压和溶液组成的关系发现，有些溶液的蒸气压与溶液组分的浓度具有线性关系。

5.3.1　拉乌尔定律

在溶液中当组分 B 的 $x_B \to 1$ 时，它的蒸气压与其浓度 x_B 成线性关系

$$p'_B = p_B^* \cdot x_B \tag{5-16}$$

式中　p'_B——组分 B 在 x_B 的平衡蒸气分压；

p_B^*——纯组分 B 在同温度下的饱和蒸气压。

这个实验规律称为拉乌尔定律。在整个浓度范围内，服从拉乌尔定律的溶液称为理想溶液。上式的图形关系，如图 5-1 所示。性质十分相近的组分，如 Fe-Mn、Fe-Co、FeO-MnO 等形成的溶液近似于理想溶液。这种溶液形成时，异种质点间的交互作用能（u_{AB}）和同种质点间的交互作用能（u_{AA}，u_{BB}）的关系为 $u_{AB} = \frac{1}{2}(u_{AA} + u_{BB})$，所以蒸气压与浓度有线性关系。

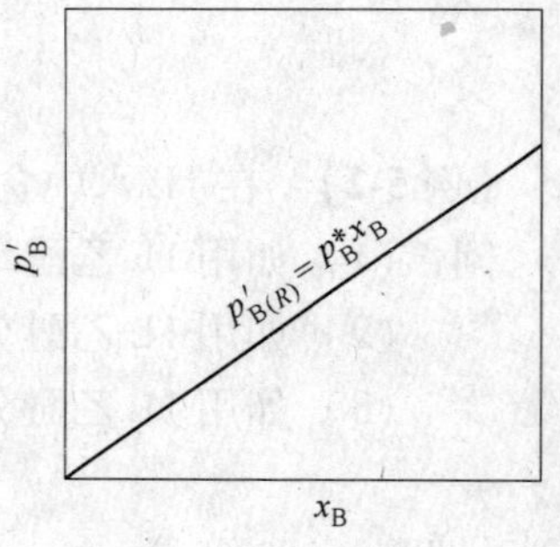

图 5-1　拉乌尔定律图

5.3.2　亨利定律

当溶液组分 B 的浓度趋近于零（$x_B \to 0$）的所谓稀溶液中，组分 B 的蒸气压与其浓度 x_B 成线性关系

$$p'_B = K_{H(x)} \cdot x_B \tag{5-17}$$

式中　$K_{H(x)}$——比例常数。

这一关系称为稀溶液的亨利定律，而服从亨利定律的溶液称为稀溶液。在这种溶液内，因为溶质 B 的浓度很小，组分 B 的原子完全为溶剂原子所包围，溶质原子仅受到周围溶剂原子的匀称作用，所以蒸气压与浓度也呈线性关系，如图 5-2 中的直线所示。图中曲线为实际溶液的蒸气压与其浓度的非线性关系。

$K_{H(x)}$ 是比例常数。由 $p'_B = K_{H(x)} \cdot x_B$ 知，$K_{H(x)} = p'_B / x_B$，故将图中亨利定律直线外

延至 $x_B=1$ 的纵轴上的截距即是 $K_{H(x)}$，如图 5-3 所示。$x_B=1$，即实际的纯物质 B 的蒸气压为 p_B^*，所以 $K_{H(x)}$ 是视为虚设的纯组分 B 的蒸气压，又称为假想纯物质 B 的蒸气压。

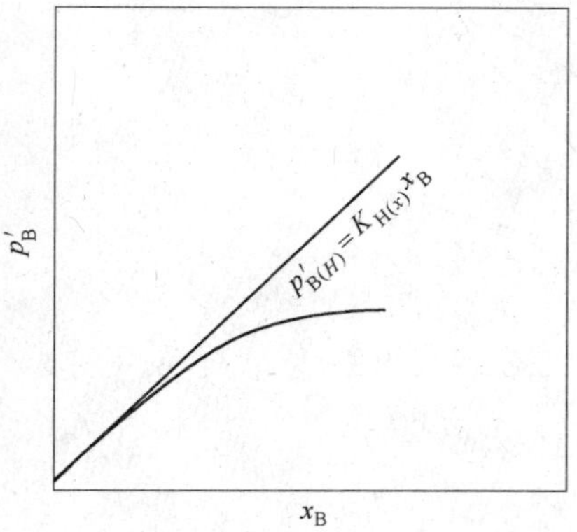

图 5-2 亨利定律图

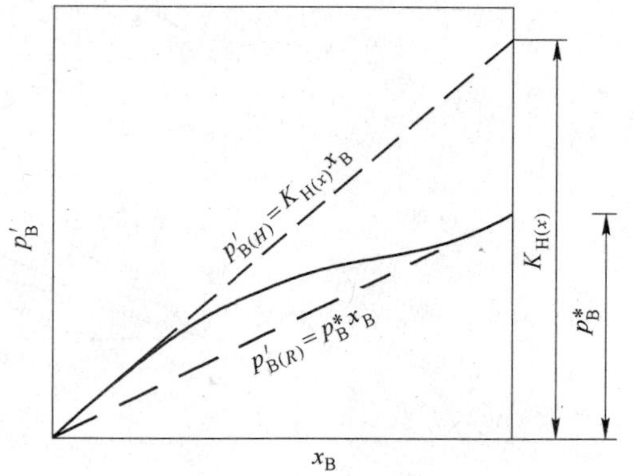

图 5-3 溶液的 p'_B-x_B 综合关系

当稀溶液组分的浓度采用质量分数（%）时，由式（5-12）知，组分 B 的摩尔分数 x_B 与其质量分数 w_B 成正比，故亨利定律又可用下式表示出

$$p'_B = K_{H(x)} \cdot x_B = K_{H(x)} \times \frac{M_A}{100M_B} \times w_B$$

故

$$p'_B = K_{w(H)} \cdot w_B \tag{5-18}$$

而

$$K_{w(H)} = K_{H(x)} \times \frac{M_A}{100M_B}$$

式中 p'_B——稀溶液内组分 B 的质量分数 w_B 的蒸气压。

$K_{w(H)}$——比例常数，等于 $K_{H(x)} \times \frac{M_A}{100M_B}$，下标 $w(H)$ 及 $H(x)$ 分别为亨利定律以质量分数及摩尔分数表示的亨利定律常数 K 的下标。

当 $w_B=1\%$ 时，$K_{w(H)}=p'_B$，即 $K_{w(H)}$ 是溶浓中组分 B 的 w_B 为 1% 的蒸气压。但此 1% 浓度的蒸气压可以是真实的或假想的。如果此 w_B 在遵守亨利定律浓度范围内，则 $K_{w(H)}$ 是稀溶液内 $w_B=1\%$ 的蒸气压。但对 $w_B=1\%$ 不服从亨利定律的溶液，则此 $K_{w(H)}$ 是假想的 $w_B=1\%$ 的蒸气压。这时可从亨利定律直线（$p'_B=K_{w(H)} \cdot w_B$）外延到 $w_B=1\%$ 的纵轴上的截距，求得 $K_{w(H)}$，如图 5-4 所示。$K_{w(H)}$ 可称为亨利定律的基本常数，由实验确定，将它乘上组分 B 浓度的转换系数，如 $\frac{M_A}{100M_B}$ 可得到相应浓度［质量分数（1%）］的亨利常数，即 $K_{w(H)}$。

虽然上两定律出现在溶液中原子间作用力比较简单的理想状态下，但它们却是描述实际溶液热力学性质的基础。

表 5-1 为拉乌尔定律与亨利定律的对照表。

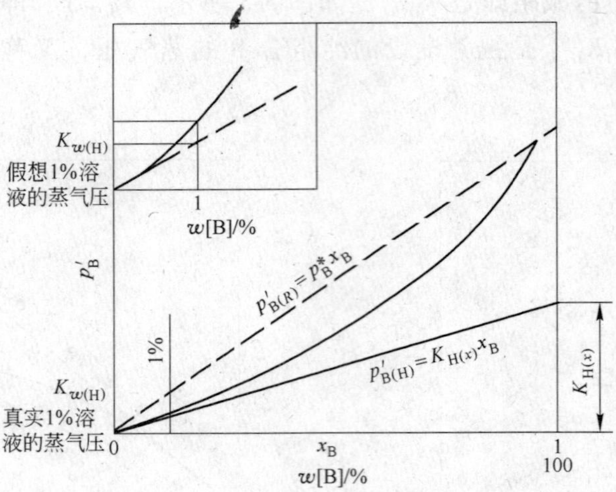

图 5-4　亨利定律常数 $K_{H(x)}$、$K_{w(H)}$ 求法

表 5-1　拉乌尔定律与亨利定律的比较

定　律	公　式	浓度	常　数	常数确定法
拉乌尔定律	$p'_B=p_B^* \cdot x_B$	x_B	p_B^*，纯物质 B 的蒸气压	蒸气压热力学方程：$\lg p_B^*=f(T)$ 计算
亨利定律	$p'_B=K_{H(x)} \cdot x_B$	x_B	$K_{H(x)}$，假想纯物质 B 的蒸气压与溶剂种类有关	由实际蒸气压曲线外推法：$K_{H(x)}=\lim\limits_{x_B\to 1}\left\|\dfrac{p'_B}{x_B}\right\|$
	$p'_B=K_{w(H)} \cdot w_B$	w_B/%	$K_{w(H)}$，质量 1% 溶液蒸气压与溶剂种类有关	$K_{w(H)}=\lim\limits_{w_B\to 1}\left\|\dfrac{p'_B}{w_B}\right\|$

5.3.3　活度及活度系数

图 5-5 为实际溶液的蒸气压曲线。组分 B 的蒸气压与其浓度呈现非线性关系。因为溶

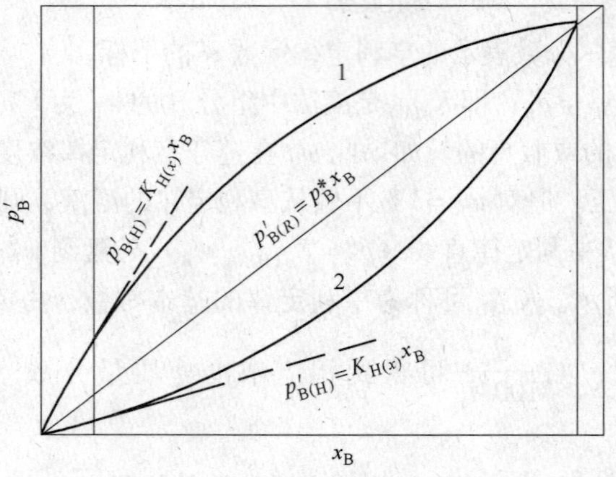

图 5-5　实际溶液的蒸气压曲线

1—正偏差；2—负偏差

液中异类原子间的交互作用能（u_{AB}）不等于同类原子间的交互作用能（u_{AA}，u_{BB}），所以当 $u_{AB} < \frac{1}{2}(u_{AA} + u_{BB})$ 时，对拉乌尔定律形成正偏差；$u_{AB} > \frac{1}{2}(u_{AA} + u_{BB})$ 对拉乌尔定律形成负偏差。

由图 5-5 可见，实际溶液组分 B 的浓度位于曲线两端，即 $x_B \to 1$ 和 $x_B \to 0$ 时，蒸气压曲线分别服从拉乌尔定律和亨利定律，呈现直线段。但在此两端浓度之间，却是非线性关系。为使这种实际溶液组分的蒸气压与浓度的关系保持两定律的形式，提出了对浓度进行修正的方法，即在实际溶液浓度范围内，引入对浓度的修正系数的拉乌尔定律及亨利定律式，作为计算蒸气压的公式。

因此，实际溶液组分 B 蒸气压的计算可如下导出：

（1）以拉乌尔定律为基准或参考态，对组分 B 浓度进行修正。

$$p'_B = p_B^* \cdot \gamma_B \cdot x_B = p_B^* \cdot a_{B(R)}$$

$$a_{B(R)} = \frac{p'_B}{p_B^*} \qquad \gamma_B = \frac{p'_B}{p_B^* \cdot x_B} = \frac{p'_B}{p'_{B(R)}} \quad \text{或} \quad \gamma_B = \frac{a_{B(R)}}{x_B}$$

式中 p'_B——组分 B 在 x_B 时，溶液为理想溶液的蒸气压，$p'_{B(R)} = p_B^* \cdot x_B$；

$a_{B(R)}$——以拉乌尔定律为基准，组分 B 在 x_B 时的活度；

γ_B——活度系数（修正系数）。

（2）以亨利定律为基准或参考态，对浓度进行修正。

1）浓度用 x 表示时：

$$p'_B = K_{H(x)} \cdot f_B \cdot x_B = K_{H(x)} \cdot a_{B(H)}$$

$$a_{B(H)} = \frac{p'_B}{K_{H(x)}} \qquad f_B = \frac{p'_B}{K_{H(x)} \cdot x_B} = \frac{p'_B}{p'_{B(H)}} \quad \text{或} \quad f_B = \frac{a_{B(H)}}{x_B}$$

式中 p'_B——组分 B 在 x_B 时，溶液为理想溶液的蒸气压，$p'_{B(H)} = K_{H(x)} \cdot x_B$；

$a_{B(H)}$——以亨利定律为基准，组分 B 在 x_B 时的活度；

f_B——活度系数（修正系数）。

2）浓度用质量分数 w_B 表示时：

$$p'_B = K_{w(H)} \cdot f_B \cdot w_B = K_{w(H)} \cdot a_{w(B)}$$

$$a_{w(B)} = \frac{p'_B}{K_{w(H)}} \qquad f_B = \frac{p'_B}{K_{w(H)} \cdot w_B} = \frac{p'_B}{p'_{w(B)}} \quad \text{或} \quad f_B = \frac{a_{w(B)}}{w_B}$$

结论：溶液组分 B 活度的定义式：

$$a_B = \frac{p'_B}{p_{B(\text{标})}} \tag{5-19}$$

式中 p'_B——实际溶液浓度为 x_B 或 w_B 时组分 B 的蒸气压；

$p_{B(\text{标})}$——代表 p_B^*，$K_{H(x)}$，$K_{w(H)}$，即分别为纯物质 B，假想纯物质 B 及 $w_B = 1\%$ 溶液的蒸气压。它们也是两定律的比例常数。

把具有这种蒸气压或两定律的比例常数的状态称为活度的标准态。根据上述的活度定义标准态的活度应为1：

$$a_{B(R)} = \frac{p'_B}{p_B^*} = \frac{p_B^*}{p_B^*} = 1;\quad a_{w(B)} = \frac{p'_B}{K_{H(x)}} = \frac{K_{H(x)}}{K_{H(x)}} = 1;\quad a_{w(B)} = \frac{p'_B}{K_{w(H)}} = \frac{K_{w(H)}}{K_{w(H)}} = 1$$

活度系数 γ_B 或 f_B 则是浓度的修正系数（$a_{B(R)} = \gamma_B x_B$ 或 $a_{w(B)} = f_B w_B$），它表示实际溶液对选作标准溶液偏差的方向（正或负偏差）及程度。

活度是个相对值，但对不同的标准态，由同一组分的蒸气压（p'_B）计算的活度有不同的数值。

如图5-6所示钢铁冶金中通常选用的活度的三种标准态。A点是纯物质标准态（p_B^*），是以拉乌尔定律为基准的；B点是假想纯物质标准态（$K_{H(x)}$），是以亨利定律为基准的；C点是质量1%液标准态（$K_{w(H)}$ 或 $K_{H(x)} \times \frac{M_A}{100M_B}$），仍是以亨利定律为基准的。图中右边还绘有由此三种标准态计算的活度值数量级的比较。

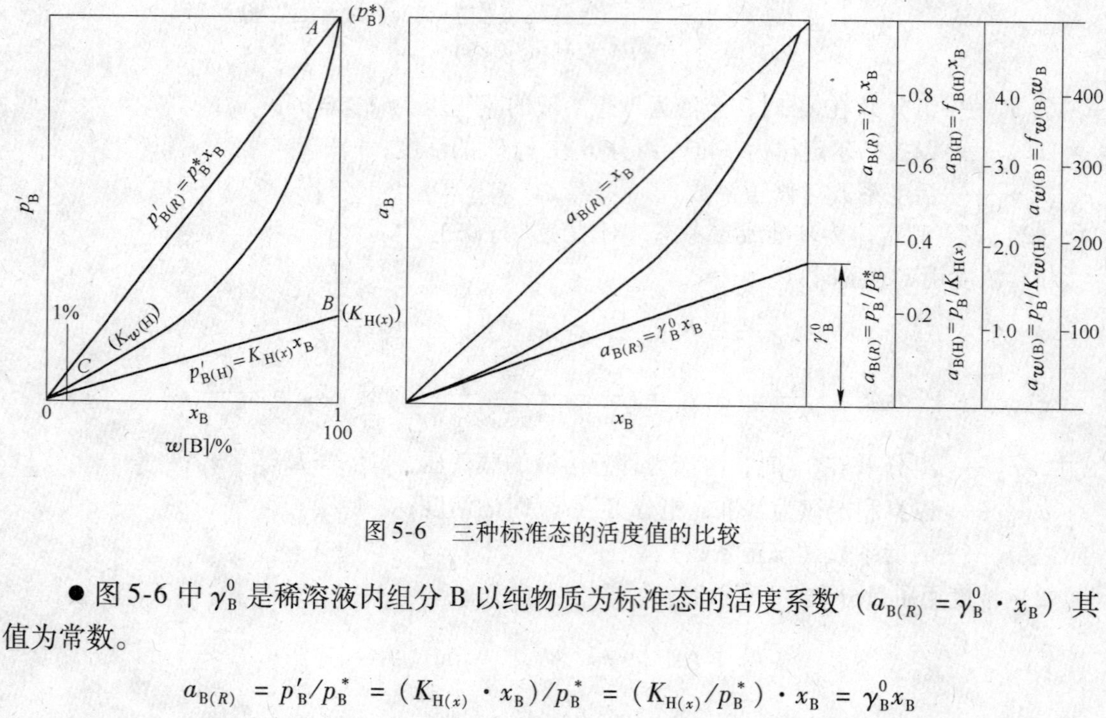

图5-6　三种标准态的活度值的比较

● 图5-6中 γ_B^0 是稀溶液内组分B以纯物质为标准态的活度系数（$a_{B(R)} = \gamma_B^0 \cdot x_B$）其值为常数。

$$a_{B(R)} = p'_B/p_B^* = (K_{H(x)} \cdot x_B)/p_B^* = (K_{H(x)}/p_B^*) \cdot x_B = \gamma_B^0 x_B$$

故 $\gamma_B^0 = K_{H(x)}/p_B^*$。所以 γ_B^0 为稀溶液对理想溶液的偏差。

● γ_B^0 可由稀溶液的 $a_{B(R)} = \gamma_B \cdot x_B$ 直线外推到 $x_B = 1$ 纵轴上的截距求得：

$$\gamma_B^0 = \lim_{x_B \to 1} \left| \frac{a_{B(R)}}{x_B} \right|$$

或从实际溶液的 γ_B-x_B 图形外推到 $x_B = 0$ 纵轴上的截距求得：$\gamma_B^0 = \lim_{x_B \to 0} |\gamma|$。

【例5-3】 用蒸气压法测得973K，Sn-Zn系中Zn不同浓度的蒸气压见表5-2，在此温度，Zn的饱和蒸气压 $p_{Zn}^* = 7.984 \times 10^{-2}$ Pa。已知 $\gamma_{Zn}^0 = 1.38$。试计算三种标准态的Zn的活度和活度系数。

表 5-2 Sn-Zn 系中 Zn 的蒸气压值

$x[Zn]$	0.050	0.100	0.150	0.200	0.300	0.400	0.500
$p'_{Zn}\times10^2/Pa$	0.551	1.086	1.605	2.124	3.114	3.992	4.744

解： 由 $\gamma_B^0 = K_{H(x)}/p_B^*$ 可知

$$K_{H(x)} = \gamma_B^0 \cdot p_B^* = \gamma_{Zn}^0 \cdot p_{Zn}^* = 1.38 \times 7.984 \times 10^{-2} = 11 \times 10^{-2}\text{Pa}$$

则

$$K_{H(\%)} = K_{H(x)} \times \frac{M_A}{100M_B} = K_{H(x)} \times \frac{M_{Sn}}{100M_{Zn}}$$

$$= 11 \times 10^{-2} \times \frac{118.7}{100 \times 65.4} = 0.20 \times 10^{-2}\text{Pa}$$

三种标准态活度和活度系数的计算公式为

$$(1)\ a_{Zn(R)} = \frac{p'_B}{p_B^*} = \frac{p'_{Zn}}{p_{Zn}^*} = \frac{p'_{Zn}}{7.984 \times 10^{-2}},\quad \gamma_{Zn} = \frac{p'_B}{p_B^* \cdot x_B} = \frac{p'_{Zn}}{7.984 \times 10^{-2} \cdot x[Zn]};$$

$$(2)\ a_{Zn(H)} = \frac{p'_B}{K_{H(x)}} = \frac{p'_{Zn}}{K_{H(x)}} = \frac{p'_{Zn}}{11.0 \times 10^{-2}},\quad f_{Zn(H)} = \frac{p'_B}{K_{H(x)} \cdot x_B} = \frac{p'_{Zn}}{11.0 \times 10^{-2} \cdot x[Zn]};$$

$$(3)\ a_{w(Zn)} = \frac{p'_B}{K_{w(H)}} = \frac{p'_{Zn}}{K_{w(H)}} = \frac{p'_{Zn}}{0.20 \times 10^{-2}},\quad f_{w(Zn)} = \frac{p'_B}{K_{w(H)} \cdot w_B} = \frac{p'_{Zn}}{0.20 \times 10^{-2} \cdot w[Zn]}$$

而 $w[Zn]$ 可用下式由 $x[Zn]$ 求得：

$$w[Zn] = \frac{100}{\dfrac{M_A}{M_B} \times \dfrac{1}{x_B} + \left(1 - \dfrac{M_A}{M_B}\right)} = \frac{100}{\dfrac{M_{Sn}}{M_{Zn}} \times \dfrac{1}{x_{Zn}} + \left(1 - \dfrac{M_{Sn}}{M_{Zn}}\right)}$$

$$= \frac{100}{\dfrac{118.7}{65.4} \times \dfrac{1}{x_{Zn}} + \left(1 - \dfrac{118.7}{65.4}\right)} = \frac{100}{\dfrac{1.815}{x_{Zn}} - 0.815}$$

计算结果列入表 5-3。

表 5-3 Sn-Zn 系中 Zn 的活度及活度系数

$x[Zn]$	0.050	0.100	0.150	0.200	0.300	0.400	0.500
$p'_{Zn}\times10^2/Pa$	0.551	1.086	1.605	2.124	3.114	3.992	4.744
$a_{Zn(R)}$	0.069	0.136	0.201	0.266	0.390	0.500	0.594
γ_{Zn}	1.38	1.36	1.34	1.33	1.30	1.25	1.20
$a_{Zn(H)}$	0.05	0.099	0.146	0.193	0.283	0.363	0.431
$f_{Zn(H)}$	1.00	0.99	0.97	0.965	0.943	0.907	0.863
$a_{w(Zn)}$	2.755	5.43	8.025	10.62	15.57	19.96	23.72
$w[Zn]/\%$	2.82	5.76	8.86	12.11	19.10	26.86	35.51
$f_{w(Zn)}$	0.98	0.94	0.91	0.88	0.82	0.74	0.67

5.3.4 活度标准态的选择及转换

由上例可知，活度的值与标准态的选择有关，虽然标准态的选择是任意的，但它的选择应使组分在溶液中表现的性质，如蒸气压，与其作为基准的拉乌尔定律或亨利定律所得的值尽可能相近。一般作为溶剂或浓度较高的组分可选纯物质做标准态，当其进入浓度较大的范围内时，其活度值接近其浓度值。组分的浓度比较低时，可选用假想纯物质或质量1%溶液做标准态，而进入浓度较小的范围内，其活度值也接近其浓度值。

在处理冶金反应的平衡常数时，需要注意组分活度的某些特点：

（1）在冶金反应中，作为溶剂的铁，如果其中元素的溶解量不高，而铁的浓度很高时，则可视 $w[\mathrm{Fe}]=100\%$，$x[\mathrm{Fe}]=1$，以纯物质为标准态时，$a_{\mathrm{Fe}}=x[\mathrm{Fe}]=1$，而$\gamma_{\mathrm{Fe}}=1$。

（2）形成饱和溶液的组分 B 以纯物质为标准态时，其 $a_B=1$。因为在饱和溶液中，溶解的组分［B］与其纯的固相平衡共存时，它们的吉布斯自由能或化学势相等：$G_B^{\ominus}+RT\ln p'_B=G_B^{\ominus}+RT\ln p_B^*$（式中$p'_B$为组分 B 的蒸气压），故$p'_B=p_B^*$，则$a_B=p'_B/p_B^*=p_B^*/p_B^*=1$。

（3）如果溶液属于稀溶液，则可以浓度代替活度（K_H 标准态）。

（4）熔渣中组分的活度常选用纯物质标准态，这是因为其浓度都比较高。

此外，在热力学的计算中，常涉及活度标准态之间的转换，有下列几种转换关系：

1）纯物质标准态活度与假想纯物质标准态活度之间的转换：

$$\frac{a_{B[R]}}{a_{B[H]}}=\frac{p'_B/p_B^*}{p'_B/K_{H(x)}}=\frac{K_{H(x)}}{p_B^*}=\gamma_B^0 \qquad 故\ a_{B[R]}=\gamma_B^0 a_{B[H]} \tag{5-20}$$

2）纯物质标准态活度与质量 1%溶液标准态活度之间的转换：

$$\frac{a_{B[R]}}{a_{w(B)}}=\frac{p'_B/p_B^*}{p'_B/K_{w(H)}}=\frac{K_{w(H)}}{p_B^*}=\frac{M_A}{100M_B}\times\frac{K_{H(x)}}{p_B^*}=\frac{M_A}{100M_B}\times\gamma_B^0 \tag{5-21}$$

3）假想纯物质标准态活度与质量 1%溶液标准态活度之间的转换：

$$\frac{a_{B[H]}}{a_{w(B)}}=\frac{p'_B/K_{H(x)}}{p'_B/K_{w(H)}}=\frac{K_{w(H)}}{K_{H(x)}}=\frac{M_A}{100M_B} \tag{5-22}$$

由 $a_{B[R]}=\gamma_B^0 a_{B[H]}$，即 $\gamma_B x_B=\gamma_B^0 f_B x_B$，可得 $\gamma_B=\gamma_B^0 f_B$ 或 $\gamma_B^0=\gamma_B/f_B$。这是活度系数之间的转换关系式。这也是浓度单位相同的活度系数之间的关系式。当组分的浓度很低或 $M_A-M_B=\Delta M$ 接近于 0 时，此式亦适用于纯物质标准态与质量 1%溶液标准态的活度系数之间的转换关系，这时$f_{B(H)}\approx f_{w(B)}$。$\dfrac{M_A}{100M_B}$是稀溶液内不同浓度单位的转换系数。它和 γ_B^0 同是上述不同标准态活度之间的转换系数。表 5-4 总结了不同标准态活度之间转换的特性，对照了它们之间的异同。

表 5-4 不同标准态活度转换的关系式及特性

活度间转换类别	转换系数	转换系数特性
$a_{B[R]}/a_{B[H]}$	γ_B^0	浓度单位相同，参考态不同，仅是 γ/f 的转变
$a_{B[R]}/a_{w(B)}$	$\gamma_B^0\times\dfrac{M_A}{100M_B}$	浓度单位不相同，参考态亦不同，故涉及两者均需转换
$a_{B[H]}/a_{w(B)}$	$\dfrac{M_A}{100M_B}$	参考态相同，故无 γ/f 的转换，但浓度单位不同，故仅涉及浓度单位的转换

因此，γ_B^0 是溶液的一个重要常数。它是稀溶液组分 B 以纯物质为标准态的活度系数（$a_B=\gamma_B^0 x_B$），在一定温度是常数。可由实际溶液的 a_B-x_B 或 γ_B-x_B 曲线用外推法求得。它

乃是 $K_{H(x)}$ 对 p_B^* 的比值，表示了稀溶液对理想溶液的偏差，当 $\gamma_B^0=1$ 时，稀溶液即是理想溶液。它也是不同标准态活度及活度系数（$\gamma_B^0=\gamma_B/f_B$）之间的转换系数。此外，它还是计算元素标准溶解吉布斯自由能的参数。

【例 5-4】 表 5-5 为 Fe-Cu 系在 1873K 时，铜以纯物质为标准态的活度。试计算铜以假想纯物质和质量 1% 溶液为标准态的活度。

表 5-5　Fe-Cu 系中 Cu 的活度（$a_{Cu(R)}$）

$x[Cu]$	0.015	0.025	0.061	0.217	0.467	0.626	0.792	1.000
$a_{Cu(R)}$	0.119	0.1823	0.424	0.730	0.820	0.870	0.888	1.00

解：计算公式为：$a_{Cu(H)}=a_{Cu(R)}/\gamma_{Cu}^0$ 及 $a_{w(Cu)}=a_{Cu(R)}\Big/\left(\dfrac{M_{Fe}}{100M_{Cu}}\times\gamma_{Cu}^0\right)$

因此，应先求出 γ_{Cu}^0。由溶液的 $a_{Cu(R)}-x[Cu]$ 图或 $\gamma_{Cu}-x[Cu]$ 图用外推法：将曲线外推到 $x[Cu]=0$ 处求得 $\gamma_{Cu}^0=7.93$。如图 5-7a、b 所示。

故

$$a_{Cu(H)}=a_{Cu(R)}/\gamma_{Cu}^0=a_{Cu(R)}/7.93=0.126a_{Cu(R)}$$

$$a_{w(Cu)}=a_{Cu(R)}\Big/\left(\frac{M_{Fe}}{100M_{Cu}}\times\gamma_{Cu}^0\right)=a_{Cu(R)}\Big/\left(\frac{55.85}{100\times63.5}\times7.93\right)=14.34a_{Cu(R)}$$

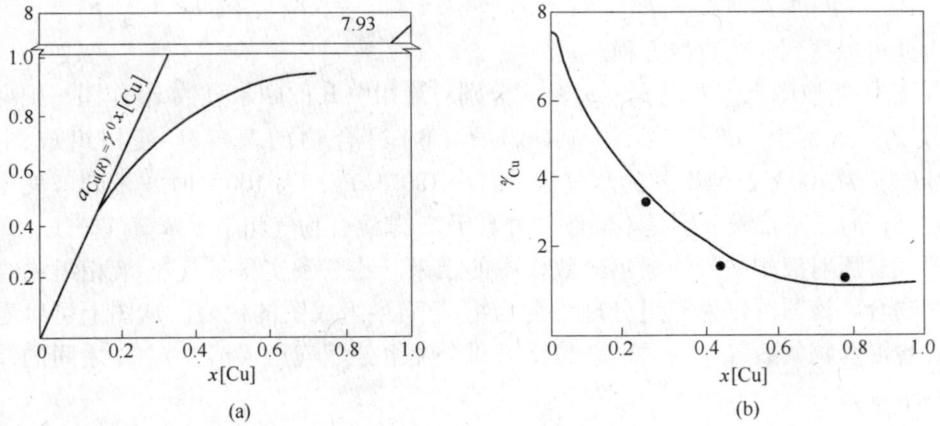

图 5-7　$a_{Cu(R)}$-$x[Cu]$ 图与 γ_{Cu}-$x[Cu]$ 图

(a) $a_{Cu(R)}-x[Cu]$；(b) $\gamma_{Cu}-x[Cu]$

利用上式计算的活度值见表 5-6。

表 5-6　Fe-Cu 系的 $a_{Cu(R)}$、$a_{Cu(H)}$ 及 $a_{w(Cu)}$

$x[Cu]$	0.015	0.025	0.061	0.217	0.467	0.626	0.792	1.000
$a_{Cu(R)}$	0.119	0.1823	0.424	0.730	0.820	0.870	0.888	1.00
γ_{Cu}	7.93	7.29	6.95	3.36	1.76	1.39	1.12	1.00
$a_{Cu(H)}$	0.015	0.023	0.053	0.092	0.103	0.110	0.112	0.126
$a_{w(Cu)}$	1.706	2.614	6.080	10.47	11.76	12.48	12.74	14.34

5.4 真实液态混合物对理想液态混合物的偏差

5.4.1 二组分理想混合物的压力-组成图

溶液的任一组分在全部浓度范围内都符合拉乌尔定律的溶液称为理想液态混合物，又称理想溶液。对于 A 与 B 二元理想溶液就是

$$p'_A = p_A^* \cdot x_A$$

$$p'_B = p_B^* \cdot x_B = p_B^* \cdot (1 - x_A)$$

溶液上方的蒸气压 p'是两个组分的蒸气分压之和，即

$$p' = p'_A + p'_B = p_A^* \cdot x_A + p_B^* \cdot (1 - x_A) = (p_A^* - p_B^*) \cdot x_A + p_B^* \tag{5-23}$$

此式表明，溶液上方的蒸气压 p'与 x_A 呈直线关系。

甲苯和苯组成的二组分混合物可作为理想混合物的例子。以 A 和 B 分别代表甲苯和苯。在一定温度下，由于两种组分在所有浓度范围内均符合拉乌尔定律，故 A、B 的分压 p'_A、p'_B和总压 p'分别为

$$p'_A = p_A^* \cdot x_A = p_A^* \cdot (1 - x_B)$$

$$p'_B = p_B^* \cdot x_B$$

$$p' = p'_A + p'_B = p_A^* \cdot x_A + p_B^* \cdot (1 - x_A) = (p_A^* - p_B^*) \cdot x_A + p_B^*$$

由此可以得到三个直线方程。

在压力-组成图上，若以 p'_A、p'_B及 p'分别对液相中 B 的摩尔分数 x_B 作图，则可得到三条直线。图 5-8 为 100℃ 时，甲苯（A）-苯（B）混合物的蒸气压-液相组成图。$p_A^* =$ 74.17kPa，为 100℃时纯甲苯的蒸气压；$p_B^* = 180.1$kPa，为 100℃时纯苯的蒸气压。标以 p'_A、p'_B及 p'的三条直线分别是不同摩尔分数甲苯-苯混合物气相中甲苯蒸气分压、苯蒸气分压及蒸气总压对液相中苯的摩尔分数作图的结果。这三条实测蒸气压-液相组成线与上面三式相吻合。该图可作为二组分理想混合物蒸气压-组成图的代表。从图上可以看出，二组分理想混合物的蒸气压（p'）总是介于两个纯组分蒸气压（p_A^*、p_B^*）之间的，如本例为 $p_A^* < p' < p_B^*$。

$p' - x_B$ 线表示系统的压力（即蒸气总压）与系统液相组成的关系，称为液相线。液相线上任何一点所代表的系统均处于气、液平衡状态。

若以 y_A 和 y_B 分别表示气相中 A 和 B 的摩尔分数，通常与理想混合物相平衡的蒸气为理想气体混合物，故按分压定律及拉乌尔定律：

$$y_A = p'_A/p' = p_A^* \cdot x_A/p' \tag{5-24}$$

$$y_B = p'_B/p' = p_B^* \cdot x_B/p' \tag{5-25}$$

在此系统中，由于 $p_B^* > p_A^*$，按前面的理论。$p' > p_A^*$，则 $p_A^*/p' < 1$。从式（5-24）可以看出：

$$y_A < x_A$$

由于 $p_B^* > p'$，则 $p_B^*/p' > 1$。从式（5-25）可以看出

$$y_B > x_B$$

由 A 与 B 组成混合物时，通常将纯组分蒸气压较大的组分称为易挥发组分，纯组分蒸气压较小的组分称为难挥发组分。对于甲苯-苯混合物来说如图 5-8 所示，同温度下纯苯的蒸气压比纯甲苯的蒸气压大，故苯（B）为易挥发组分，甲苯（A）为难挥发组分。这里得到 $y_A < x_A$ 及 $y_B > x_B$ 的结果表明：由蒸气压不同的两种液体组成的理想混合物达到气-液平衡时，两相的组成不同。易挥发组分在气相中的相对含量大于它在液相中的相对含量；难挥发组分在液相中的相对含量大于它在气相中的相对含量。即二组分理想混合物达到气-液平衡时，由于两组分的挥发性不同，挥发性较大的组分较多地进入气相，留在液相中较少；挥发性较小的组分进入气相的较少，留在液相中较多。这就是通过精馏将这两种组分分开的理论根据。

用二组分理想混合物的蒸气总压 p' 对气相中 B 的摩尔分数 y_B 作图，所得的 $p'-y_B$ 线称为气相线。将 $p'-x_B$ 线（液相线）和 $p'-y_B$ 线（气相线）画在同一张图上，且为区分液相线和气相线，分别用实线和虚线表示液相线和气相线，这样就得到如图 5-9 所示的甲苯(A)-苯（B）混合物的压力-组成图。

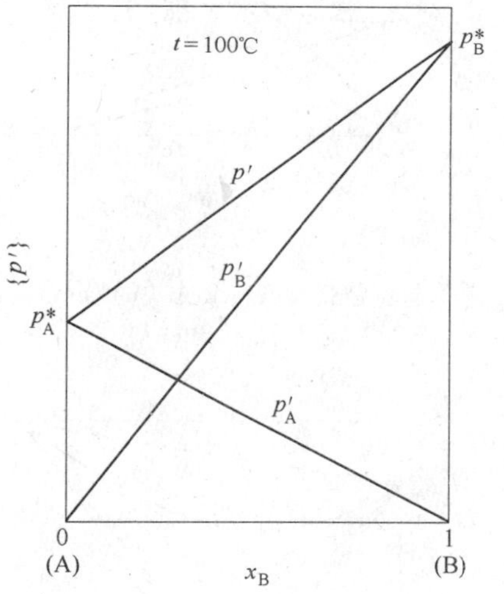

图 5-8 甲苯(A)-苯（B）混合物的蒸气压-组成图

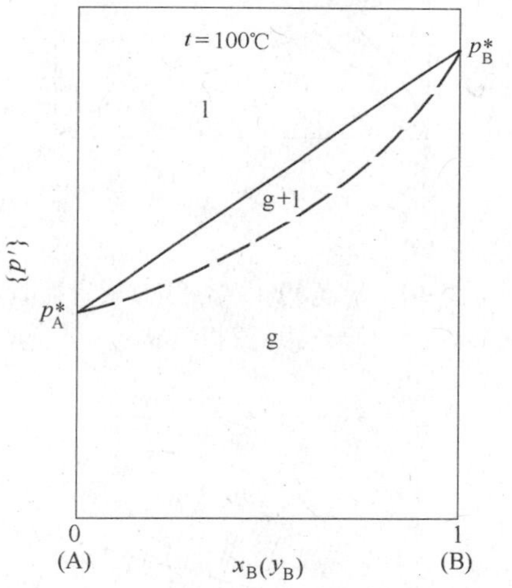

图 5-9 甲苯(A)-苯（B）混合物的压力-组成图

二组分理想混合物的压力-组成图有两个特点：

（1）液相线。总在气相线之上，系统处于液相线之上时呈液态；系统处于气相线以下时则呈气态；系统若处于气相线与液相线之间（包括在两条线上）为气、液两相平衡状态。通常对气相区、液相区和气-液两相共存区分别标示 g、l 及 g+l。

（2）液相线为一条直线，这条直线符合式（5-23），而气相线则为曲线。气相线和液相线上各点的压力（p'）均介于两种纯组分蒸气压（p_A^* 和 p_B^*）之间。

5.4.2 真实液态混合物对理想液态混合物的偏差

如果 $p'_B > p_B^* \cdot x_B$，即组分 B 的蒸气压比拉乌尔定律计算值大时，称组分 B 对拉乌尔定律发生正偏差。反之，如果 $p'_B < p_B^* \cdot x_B$ 组分 B 的蒸气压比拉乌尔定律计算值小时，则

称为组分 B 对拉乌尔定律发生负偏差。

理想液态混合物的例子较少，大多数二组分混合物都居于真实混合物。二组分真实混合物的压力-组成图与理想混合物的最大的不同是，真实混合物的液相线不再是直线。这是因为真实混合物各组分的蒸气压只在其摩尔分数接近于 1 的很小范围内符合拉乌尔定律，而在其他的摩尔分数时偏离拉乌尔定律，故蒸气压-液相组成关系不再符合直线方程式（5-23），而成为曲线。

根据压力-组成图上液相线与理想行为程度（按拉乌尔定律算出的直线 p'-x_B 关系）的偏离程度，二组分真实混合物可分为四种类型。这四种类型混合物的蒸气压-液相组成图，如图 5-10 ~ 图 5-13 所示。

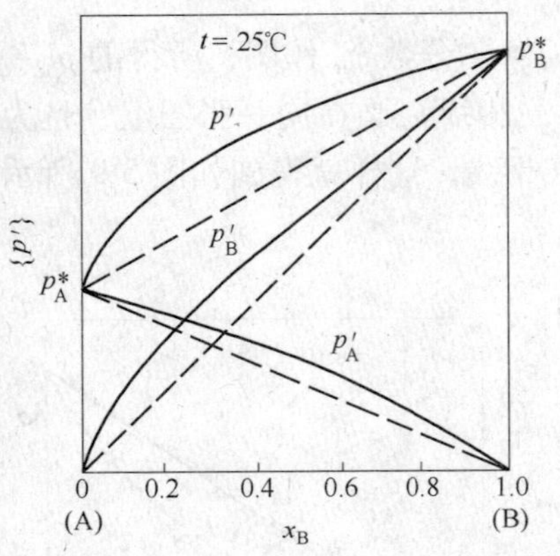

图 5-10　苯（A）-丙酮（B）混合物的蒸气压-液相组成

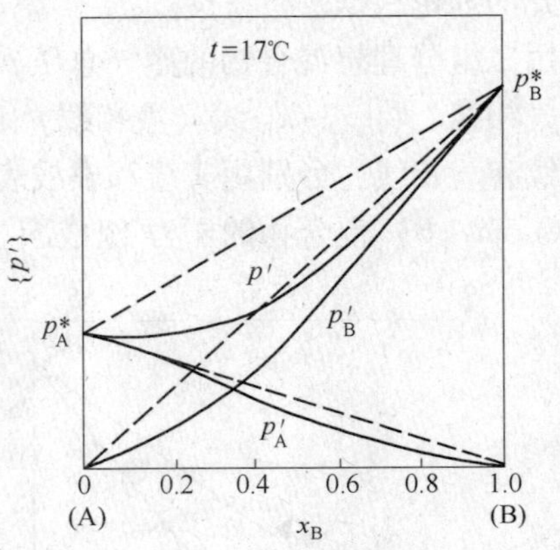

图 5-11　氯仿（A）-乙醚（B）混合物的蒸气压-液相组成

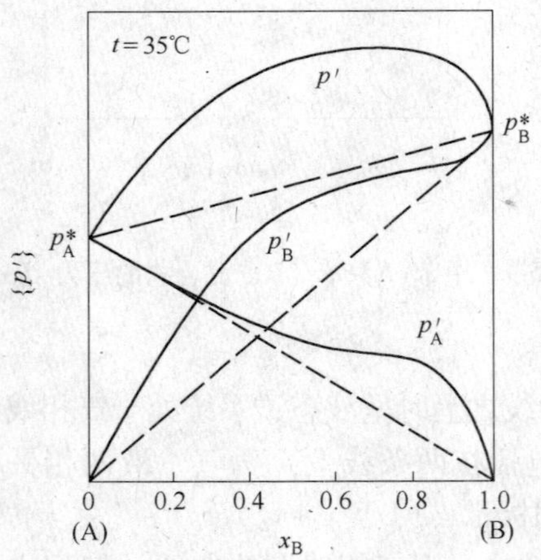

图 5-12　甲醇（A）-氯仿（B）混合物的蒸气压-液相组成

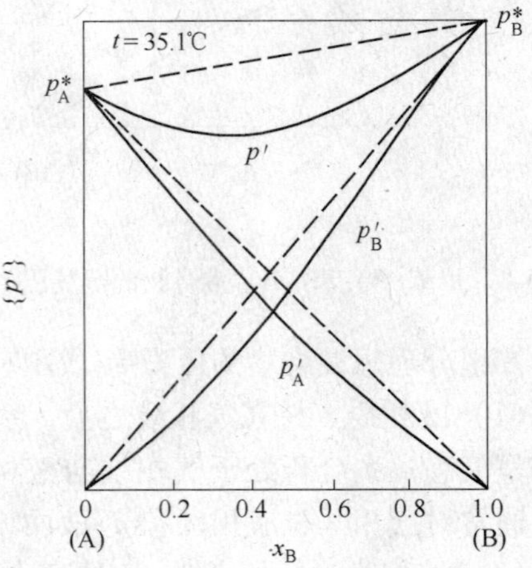

图 5-13　氯仿（A）-丙酮（B）混合物的蒸气压-液相组成

一般正偏差混合物，其液相线为向上弯曲的曲线，但在全部浓度范围内，混合物的蒸气总压均介于两个纯组分的蒸气压之间。苯(A)-丙酮（B）混合物即属这种类型，其蒸气压-液相组成图，如图 5-10 所示。图中标以 p'、p'_A 和 p'_B 的三条实线分别为蒸气总压、气相中苯的分压和丙酮分压对液相中丙酮摩尔分数 x_B 的关系。各实线下的虚线为按拉乌尔定律计算的相应蒸气压与液相组成关系。

一般负偏差混合物，其液相线为向下弯曲的曲线，但在全部浓度范围内，混合物的蒸气总压均介于两个纯组分的蒸气压之间。氯仿(A)-乙醚（B）混合物即属于这种类型，其蒸气压-液相组成图，如图 5-11 所示。

如果混合物的蒸气总压产生严重正偏差，或两个纯组分的蒸气压相差不大，这样就可能在一段浓度范围内，混合物的蒸气总压超出易挥发纯组分的蒸气压，液相线上出现最高点。这种混合物称为出现最大正偏差的混合物，如甲醇(A)-氯仿（B）混合物即属于这种类型，其蒸气压-液相组成图，如图 5-12 所示。

如果混合物的蒸气总压产生严重的负偏差，或两个纯组分的蒸气压相差不大，这样就可能在一段浓度范围内，混合物的蒸气总压低于难挥发纯组分的蒸气压，液相线上出现最低点。这种混合物称为出现最大负偏差的混合物，如氯仿(A)-丙酮（B）混合物，即属这种类型，其蒸气压-液相组成图，如图 5-13 所示。

习　题

5-1　在 293.2K 时，0.164mg H_2 溶在 100.0g 水中，水面上 H_2 的平衡分压为 101325Pa。试求：

（1）293.2K 时，H_2 在水中的亨利常数；（2）当水面上 H_2 的平衡压力为 1013250Pa 时，在 293.2K 下，1kg 水中可溶解多少氢气？

5-2　293.2K 时，纯苯和纯甲苯的蒸气压分别为 9.919kPa 及 2.933kPa。若将质量相等的苯与甲苯混合形成理想溶液，试求：

（1）苯的分压及甲苯的分压；

（2）气相总平衡压力；

（3）气相中苯和甲苯的摩尔分数。

5-3　A 与 B 形成理想溶液，在 320K 溶液Ⅰ中含 3mol A 和 1mol B，总蒸气压为 5.33×10^4Pa，再加入 2mol B 形成溶液Ⅱ，总蒸气压为 6.13×10^4Pa，试求：

（1）纯液体的蒸气压 p_A^* 与 p_B^*；

（2）理想溶液Ⅰ的平衡气相组成；

（3）若在溶液Ⅱ中再加入 3mol B 形成理想溶液Ⅲ，其总蒸气压为多少？

5-4　乙醇和正丙醇的某混合物在 353.15K 和 1.01×10^5Pa 时沸腾。已知 353.15K 时乙醇和正丙醇的蒸气压分别为 1.08×10^5Pa 和 5.01×10^4Pa，两者可以形成理想溶液，试计算该混合物的组成和蒸气的组成？

5-5　将质量分数为 70%(Zn)和 30%(Cd)的合金换算成摩尔分数。(Zn-65.4；Cd-112.4)

5-6　在 0.100L 水中含有 12.76×10^{-3}g 碘，若

（1）用 0.010L 四氯化碳萃取一次；

（2）用 0.010L 四氯化碳萃取两次，每次用 0.005L。

问：被萃取出来的碘占总量的多少？（已知分配常数 $K=\dfrac{c_{I_2(CCl_4)}}{c_{I_2(H_2O)}}=85$）

5-7　溶有 3g 苯甲酸（C_6H_5-COOH）的 1L 溶液，加入 100mL 乙醚（C_2H_5-O-C_2H_5），经充分振荡，使之

达到平衡。计算有多少克苯甲酸进入乙醚中？（已知苯甲酸在水和乙醚中的分配常数 $K = c_{苯甲酸(水)}/c_{苯甲酸(乙醚)} = 0.010$）

5-8 在 1800K 测得 Fe-Ni 系内 Ni 以纯液态为标准态的活度系数，如表 5-7 所示。试求镍在稀溶液内的 γ_{Ni}^0 及 1% 溶液标准态的活度。（原子量：Fe-55.85；Ni-58.69）

表 5-7 习题 5-8

$x[Ni]$	0.1	0.2	0.3	0.4	0.5
γ_{Ni}	0.668	0.677	0.690	0.710	0.750

5-9 1823K 时，Fe-Cu 系内 Cu 以纯铜为标准态的活度系数与 $x[Fe]$ 的关系式为：
$\lg\gamma_{Cu} = 1.45(x[Fe])^2 - 1.86(x[Fe])^3 + 1.41(x[Fe])^4$，而 $\gamma_{Cu}^0 = 10.1$，试计算 $w[Cu]$ 分别为：0.5%，1.0%，2.0%，2.5% 的以质量 1% 为标准态的活度 $a_{w(Cu)}$。

5-10 在 1873K，Fe-Cu 系内铜的蒸气压的测定值，如表 5-8 所示。纯铜蒸汽压的温度关系式为：$\lg p_{Cu}^* = 15919/T - 6.636$，$p_{Cu}^*$ 的单位为 Pa（也可用 $\gamma_{Cu}^0 = 7.93$ 计算）。

（1）绘出 $x[Cu] = 0 \sim 1$ 的饱和蒸气压曲线，并求出亨利定律及拉乌尔定律；

（2）计算铜以纯铜、假象纯物质及 1% 溶液为标准态的活度及活度系数。

表 5-8 Fe-Cu 系内 Cu 的蒸气压

$x[Cu]$	0.015	0.023	0.061	0.217	0.467	0.626	0.792	0.883
p'_{Cu}/Pa	87	13.3	30.9	53.2	59.8	63.4	64.7	67.2

6 冶金热力学基础

热力学第二定律是冶金热力学的基础，它是研究冶金反应在一定条件下进行的可能性、方向和限度，进而能控制或创造一定条件，使之达到人们所要求的方向及其进行的程度。

6.1 化学反应的标准吉布斯自由能变化及平衡常数

6.1.1 理想气体的吉布斯自由能变化

理想气体的吉布斯自由能变化的基本公式

$$dG = Vdp' - SdT \tag{6-1}$$

式中 G——吉布斯自由能，$J \cdot mol^{-1}$；

V——体积，m^3；

p'——气体的压力，Pa；

S——熵，$J \cdot mol^{-1} \cdot K^{-1}$；

T——温度，K。

可得

$$\Rightarrow \begin{cases} \left(\dfrac{\partial G}{\partial p'}\right)_T = V \\ \left(\dfrac{\partial G}{\partial T'}\right)_p = -S \end{cases} \tag{6-2}$$

即在恒温下，吉布斯自由能对压力的偏微商等于气体的体积；而在恒压下，吉布斯自由能对温度的偏微商等于气体熵的负值。

又在恒温下，即 $dT = 0$ 时，由式（6-1）可知：

$$dG = Vdp' \tag{6-3}$$

由理想气体状态方程，$p'V = RT$（$V = RT/p'$）

可得：

$$dG = RTdp'/p' = RTd\ln p'$$

积分

$$\int_{G^\ominus}^{G} dG = \int_{p^\ominus}^{p'} RTd\ln p'$$

得

$$G = G^\ominus + RT\ln\frac{p'}{p^\ominus} = G^\ominus + RT\ln p \tag{6-4}$$

式中 G，$G^\ominus$——分别为 1mol 气体在温度 T 及压力 p'、$p^\ominus$ 的吉布斯自由能和标准吉布斯自由能（及 1mol 气体在 100kPa 及温度 T 的吉布斯自由能）；

$p^\ominus$——标准态压力，100kPa。

上式中，$p = p'/p^\ominus$，称为量纲一的压力。

由理想气体的道尔顿分压定律：理想混合气体中任一组分气体 B（1mol）的吉布斯自由能可表示为：

$$G_B = G_B^{\ominus} + RT\ln p_B \tag{6-5}$$

式中　p_B——混合气体中组分 B 的量纲一的分压，$p_B = p'_B/p^{\ominus}$；

p'_B——组分 B 的分压，Pa。

注意：上列各式仅适用于温度较高而压力不高的冶金反应气体，而对于高压、低温的气体，应在式中以气体的逸度 f 代替压力 p。

6.1.2　化学反应的等温方程式

（1）对于气体 B_1、B_2、…等的化学反应：

$$\nu_1 B_1 + \nu_2 B_2 + \cdots = \nu_i B_i + \cdots + \nu_j B_j$$

反应的吉布斯自由能变化为

$$\Delta G = \Sigma\nu_B G_B = \Sigma\nu_B G_B^{\ominus} + RT\Sigma\nu_B \ln p_B \tag{6-6}$$

式中　ν_B——参加反应的气体物质的化学计量数，对于反应物取负号，生成物取正号；

p_B——气体物质的量纲一的分压。

式(6-6) 可简写成　　$\Delta G = \Delta G^{\ominus} + RT\Sigma\ln p_B^{\nu_B}$

由于分压的对数和等于分压积的对数，并采用乘积的符号：$\prod\limits_{B=1}^{n} p_B = p_{B_1} p_{B_2} \cdots p_{B_n}$，

则上式可写成

$$\Delta G = \Delta G^{\ominus} + RT\ln\prod_{B}^{n} p_B^{\nu_B} \tag{6-7}$$

式中　$\Delta G^{\ominus}$——各气体压力的量纲为一时反应的标准吉布斯自由能变化。

当反应处于平衡态时，其 $\Delta G = 0$，则由上式可得：

$$\Delta G^{\ominus} = -RT\ln\prod_{B}^{n} p_B^{\nu_B} \tag{6-8}$$

上式右边对数符号后的乘积用 K 表示，称之为反应的平衡常数，即 $K = \prod\limits_{B}^{n} p_B^{\nu_B}$

而式(6-8) 改写成　　$\Delta G^{\ominus} = -RT\ln K$

或

$$K = e^{-\Delta G^{\ominus}/(RT)} \tag{6-9}$$

对于一定的化学反应，$\Delta G^{\ominus}$ 仅是温度的函数，所以 K 也仅与温度有关。

（2）如果参加反应的各物质溶解于溶液中，则按上述原理，可得出用各物质的活度 a_B 表示的 ΔG：

$$\Delta G = \Delta G^{\ominus} + RT\ln\prod_{B}^{n} a_B^{\nu_B} \tag{6-10}$$

式中　$\Delta G^{\ominus}$——各物质的活度为 1 时反应的标准吉布斯自由能变化。

式（6-7）和式（6-10）均称为化学反应的等温方程，表示化学反应按化学计量方程式从左向右每单位反应进度的吉布斯自由能变化。

$$\frac{dG}{d\xi} = \Sigma\nu_B G_B = \Delta_r G_m \tag{6-11}$$

式中 ξ——化学反应的进度，mol。

故以下化学反应的热力学变化符号均注以下标 m，如 $\Delta_r G_m^\ominus$、$\Delta_r H_m^\ominus$ 等，其单位为 $J \cdot mol^{-1}$。

上述的平衡常数是用量纲一的压力或活度表示的。是个量纲一的量，在标准状态规定之后，它仅是温度的函数，而称为标准平衡常数，可用 $K^\ominus$ 表示（也可写成 $K_p^\ominus$ 或 $K_a^\ominus$）。

上述的等温方程式中，$RT\ln\prod_B^n p_B^{\nu_B}$ 或 $RT\ln\prod_B^n a_B^{\nu_B}$ 分别称为压力商或活度商，其值使反应的 $\Delta_r G_m \Rightarrow \begin{cases} \Delta_r G_m < 0 \text{ 时，反应能向正向进行；} \\ \Delta_r G_m = 0 \text{ 时，反应达到平衡，此时的温度即为反应在非标准态下的平衡温度。} \end{cases}$

因此，$\Delta_r G_m$ 是决定恒温恒压下反应方向的物理量。正因为如此，改变压力商或活度商常常是冶金生产中采用的实现反应的手段。

同样，由 $\Delta_r G_m^\ominus$ 计算的 $K^\ominus$ 却是决定反应在该温度能够完成的最大产率或反应的平衡浓度的物理量：$\begin{cases} \Delta_r G_m^\ominus \text{ 值越负，则 } K^\ominus \text{ 值越大，反应正向进行得越完全；} \\ \Delta_r G_m^\ominus \text{ 值越正，则 } K^\ominus \text{ 值越小，反应进行得越不完全，甚至不能进行。} \end{cases}$

（3）范特霍夫方程式（等压方程）。对于一定的化学反应，$\Delta_r G_m^\ominus$ 及 $K^\ominus$ 是温度的函数。它们的温度关系式可用等压方程表示。由于

$$\left(\frac{\partial \Delta_r G_m^\ominus / T}{\partial T}\right)_p = -\frac{\Delta_r H_m^\ominus}{T^2} \tag{6-12}$$

$$\left(\frac{\partial \ln K^\ominus}{\partial T}\right)_p = \frac{\Delta_r H_m^\ominus}{RT^2} \tag{6-13}$$

式中 $\Delta_r H_m^\ominus$——反应的标准焓变量，$J \cdot mol^{-1}$。

上式称为范特霍夫方程式或等压方程。它可确定对平衡移动的影响：

（1）$\Delta_r H_m^\ominus > 0$（吸热反应）时，$\partial \ln K^\ominus / \partial T > 0$，$K^\ominus$ 随温度的上升而增大，即平衡向吸热方向移动。

（2）$\Delta_r H_m^\ominus < 0$（放热反应）时，$\partial \ln K^\ominus / \partial T < 0$，$K^\ominus$ 随温度的上升而减小，即平衡向相反方向亦即向吸热方向移动。

（3）$\Delta_r H_m^\ominus = 0$（无热交换的反应体系）时，$\partial \ln K^\ominus / \partial T = 0$，$K^\ominus$ 与温度无关，即温度不能改变平衡状态。

因此，通过反应的 $\Delta_r H_m^\ominus$ 的特征，可确定温度对反应极限（$K^\ominus$）的影响——提高温度，平衡都向吸热方向移动。

6.1.3 标准生成吉布斯自由能（$\Delta_f G_m^\ominus$）的温度关系式

化合物的 $\Delta_f G_m$(B)，可由其形成反应的 $\Delta_r G_m^\ominus$ 求出。

6.1.3.1 $\Delta_r G_m^\ominus$ 与 T 的多项式（两种导出方法）

（1）由 Gibbs-Helmholz 方程知：

$$\mathrm{d}\left(\frac{\Delta_r G_m^{\ominus}}{T}\right) = -\frac{\Delta_r H_m^{\ominus}}{T^2}\mathrm{d}T$$

$$\frac{\Delta_r G_m^{\ominus}}{T} = -\int \frac{\Delta_r H_m^{\ominus}}{T^2}\mathrm{d}T \tag{1}$$

按 Kirchhooff 定律：

$$\left(\frac{\partial \Delta_r H_m^{\ominus}}{\partial T}\right)_p = \Delta c_{p,m}$$

式中 $\Delta c_{p,m}$——化学反应生成物热容与反应物热容的差值。

而 $$c_{p,m} = a_0 + a_1 \times 10^{-3}T + a_{-2} \times 10^5 T^{-2}\ \mathrm{J \cdot mol^{-1} \cdot K^{-1}}$$

积分上式后得：

$$\Delta_r H_m^{\ominus} = \int \Delta c_{p,m}\mathrm{d}T$$

$$= \Delta H_0 + \Delta a_0 T + \frac{\Delta a_1 \times 10^{-3}}{2}T^2 - \Delta a_{-2} \times 10^5 T^{-1} \tag{2}$$

将式（2）代入式（1），积分后得：

$$\Delta_r G_m^{\ominus} = \Delta H_0 - \Delta a_0 T\ln T - \frac{\Delta a_1 \times 10^{-3}}{2}T^2 - \frac{\Delta a_{-2} \times 10^5}{2}T^{-1} - IT \tag{6-14}$$

式中 ΔH_0——积分常数，可由 $T=298\mathrm{K}$ 及 $\Delta H^{\ominus}(298\mathrm{K})$ 求得；

I——积分常数，可由 $T=298\mathrm{K}$ 及 $\Delta G^{\ominus}(298\mathrm{K})$ 求得。

（2）由吉布斯自由能的含义 $\Delta_r G_m^{\ominus} = \Delta_r H_m^{\ominus} - T\Delta_r S_m^{\ominus}$ 导出：

应为 $$\Delta_r H_m^{\ominus} = \Delta_r H_m^{\ominus}(298\mathrm{K}) + \int_{298}^{T} \Delta c_{p,m}\mathrm{d}T$$

$$\Delta_r S_m^{\ominus} = \Delta_r S_m^{\ominus}(298\mathrm{K}) + \int_{298}^{T} \frac{\Delta c_{p,m}}{T}\mathrm{d}T$$

得 $$\Delta_r G_m^{\ominus} = \Delta_r H_m^{\ominus} - T\Delta_r S_m^{\ominus}$$

$$= \Delta_r H_m^{\ominus}(298\mathrm{K}) + \int_{298}^{T} \Delta c_{p,m}\mathrm{d}T - T\left[\Delta_r S_m^{\ominus}(298\mathrm{K}) + \int_{298}^{T} \frac{\Delta c_{p,m}}{T}\mathrm{d}T\right] \tag{6-15}$$

或 $$\Delta_r G_m^{\ominus} = \Delta_r H_m^{\ominus}(298\mathrm{K}) - T\Delta_r S_m^{\ominus}(298\mathrm{K}) + \int_{298}^{T} \Delta c_{p,m}\mathrm{d}T - T\int_{298}^{T} \frac{\Delta c_{p,m}}{T}\mathrm{d}T$$

经数学处理并代入 $\Delta c_{p,m}$式，可简化为

$$\Delta_r G_m^{\ominus} = \Delta_r H_m^{\ominus}(298\mathrm{K}) - T\Delta_r S_m^{\ominus}(298\mathrm{K}) - T(\Delta a_0 M_0 + \Delta a_1 M_1 + \Delta a_{-2} M_{-2}) \tag{6-16}$$

其中 $$M_0 = \ln\frac{T}{298} + \frac{298}{T} - 1$$

$$M_1 = \frac{1}{2T}(T - 298)^2 \times 10^{-3}$$

$$M_{-2} = \frac{1}{2}\left(\frac{1}{298} - \frac{1}{T}\right)^2 \times 10^5$$

式中 M_0，M_1，M_{-2}——温度的函数，可由计算机进行计算或查表求得。

1）式（6-16）可以直接计算而不需求 ΔH_0 及 I。

2）如果物质在积分上下限的温度区间内有相变发生，则应计入相变温度（T_{trs}）的相变焓（$\Delta_{trs}H_m^{\ominus}$）及相变熵（$\Delta_{trs}S_m^{\ominus}$）而 $c_{p,m}$ 也要采用该温度区间的温度式。

3）如果将式（6-14）略加简化（取 $c_{p,m}$ = 常数）则得三项式：

$$\Delta_r G_m^{\ominus} = A + BT\ln T + CT \quad \mathrm{J \cdot mol^{-1}} \tag{6-17}$$

式中 A，B，C——常数项。

6.1.3.2 $\Delta_r G_m^{\ominus}$ 与 T 的二项式

上面导出的 $\Delta_r G_m^{\ominus}$ 的温度多项式中包含有 $\ln T$、T^2、T^{-1} 等项，计算不方便。但是此多项式的 $\Delta_r G_m^{\ominus}$-T 的图像则是十分近似的直线关系。因此，可采用 $\Delta_r G_m^{\ominus}$ 的温度函数的二项式：$\Delta_r G_m^{\ominus} = A + BT$ 表示，式中的常数项 A、B 是上述多项式用二元回归法处理得到——相当于在此二项式适用的温度范围内标准焓变及熵变负值的平均值（$\Delta_r G_m^{\ominus} = \Delta_r H_m^{\ominus} - T\Delta_r S_m^{\ominus}$）。

【例 6-1】 计算 FeO 在 298～1650K 温度范围内的标准生成吉布斯自由能的温度式。

已知：FeO 的生成反应为 $\mathrm{Fe(s)} + \frac{1}{2}\mathrm{O_2} = \mathrm{FeO(s\ 或\ l)}$

反应的(见表 6-1) $\Delta_f H_m^{\ominus}(\mathrm{FeO,s,298K}) = -264429 \quad \mathrm{J \cdot mol^{-1}}$

$$\Delta_f S_m^{\ominus}(\mathrm{FeO,s,298K}) = -70.96 \quad \mathrm{J \cdot mol^{-1} \cdot K^{-1}}$$

表 6-1 Fe、O_2 及 FeO 的热力学数据

物质	相态	$\Delta_f H_m^{\ominus}(\mathrm{FeO,s,298K})$ /J · mol^{-1}	$S_m^{\ominus}(298\mathrm{K})$ /J · mol^{-1} · K^{-1}	相变温度/K	相变焓 /J · mol^{-1}	$c_{p,m}(\mathrm{B})$ /J · mol^{-1} · K^{-1}
Fe	α	0	27.15	1033	5021	$17.49 + 24.77 \times 10^{-3}T$
	β	0	27.15	1183	900	37.66
	γ	0	27.15	1673	690.36	$7.70 + 19.50 \times 10^{-3}T$
FeO	s	−264429	58.71	1650		$48.79 + 8.37 \times 10^{-3}T - 2.8 \times 10^5 T^{-2}$
	l	−264429				68.200
O_2	g	0	205.04			$30 + 4.2 \times 10^{-3}T - 1.67 \times 10^5 T^{-2}$

解： 参加反应的 Fe 和 FeO 在 298～1650K 内发生相变，现需分段计算 298K、1033K、1183K、1650K 温度的 $\Delta_f G_m^{\ominus}(\mathrm{FeO,s,}T)$ 的值。

298～1033K：

$$\Delta c_{p,m}(\mathrm{FeO,s}) = c_{p,m}(\mathrm{FeO,s}) - \frac{1}{2}c_{p,m}(\mathrm{O_2}) - c_{p,m}(\mathrm{Fe,s})$$

$$= 16.30 - 18.5 \times 10^{-3}T - 1.97 \times 10^5 T^{-2}$$

$$\Delta a_0 = 16.30, \Delta a_1 = -18.5, \Delta a_{-2} = -1.97$$

式（6-16）中 M_0、M_1、M_{-2}分别为

$$M_0 = \ln\frac{T}{298} + \frac{298}{T} - 1 = \ln\frac{1033}{298} + \frac{298}{1033} - 1 = 0.5316$$

$$M_1 = \frac{1}{2T}(T - 298)^2 \times 10^{-3} = \frac{1}{2 \times 1033}(1033 - 298)^2 \times 10^{-3} = 0.2615$$

$$M_{-2} = \frac{1}{2}\left(\frac{1}{298} - \frac{1}{T}\right)^2 \times 10^5 = \frac{1}{2}\left(\frac{1}{298} - \frac{1}{1033}\right)^2 \times 10^5 = 0.2850$$

298K：

$$\Delta_f H_m^{\ominus}(\text{FeO,s,298K}) = -264429\ \text{J} \cdot \text{mol}^{-1}$$

$$\Delta_f S_m^{\ominus}(\text{FeO,s,298K}) = -70.96\ \text{J} \cdot \text{mol}^{-1} \cdot \text{K}^{-1}$$

$$\begin{aligned}\Delta_f G_m^{\ominus}(\text{FeO,s,298K}) &= \Delta_f H_m^{\ominus}(\text{FeO,s,298K}) - T\Delta_f S_m^{\ominus}(\text{FeO,s,298K}) \\ &= -264429 - 298 \times (-70.96) = -243283\ \text{J} \cdot \text{mol}^{-1}\end{aligned}$$

1033K（未相变时）：

$$\begin{aligned}\Delta_f G_m^{\ominus}(\text{FeO,s,1033K}) &= \Delta_f H_m^{\ominus}(298\text{K}) - T\Delta_f S_m^{\ominus}(298\text{K}) - T(\Delta a_0 M_0 + \Delta a_1 M_1 + \Delta a_{-2} M_{-2}) \\ &= -264429 - 1033 \times (-70.96) - \\ &\quad 1033[16.30 \times 0.5316 + (-18.5) \times 0.2615 + (-1.97) \times 0.2850] \\ &= -194500\ \text{J} \cdot \text{mol}^{-1}\end{aligned}$$

通过计算还能求出

1183K：

$$\begin{aligned}\Delta_f G_m^{\ominus}(\text{FeO,s,1183K}) &= \left[-264429 - 5021 - 1183\left(-70.96 - \frac{5021}{1033}\right)\right] - \\ &\quad 1183[3.2659 + (-3.87) \times 0.09 + 6.27 \times 0.0695 - 1.97 \times 0.0301] \\ &= -179754 - 1183 \times 3.2592 = -183610\text{J} \cdot \text{mol}^{-1}\end{aligned}$$

1650K：

$$\begin{aligned}\Delta_f G_m^{\ominus}(\text{FeO,s,1650K}) &= \left[-264429 - 5021 - 900 - 1650\left(-70.96 - \frac{5021}{1033} - \frac{900}{1183}\right)\right] - \\ &\quad 1650(3.2659 - 3.87 \times 0.2614 + 6.27 \times 0.2229 - 1.97 \times 0.0629) \\ &= -149803\ \text{J} \cdot \text{mol}^{-1}\end{aligned}$$

各温度的 $\Delta_f G_m^{\ominus}(\text{FeO,s},T)$ 如下：

298K	$-243283\text{J} \cdot \text{mol}^{-1}$	1033K	$-194500\text{J} \cdot \text{mol}^{-1}$
1183K	$-183610\text{J} \cdot \text{mol}^{-1}$	1650K	$-149803\text{J} \cdot \text{mol}^{-1}$

利用上列数据作 $\Delta_f G_m^{\ominus}(\text{FeO,s})$-$T$ 图，如图 6-1 所示，$\Delta_f G_m^{\ominus}(\text{FeO,s})$ 与 T 之间十分接近直线关系。

利用回归分析法处理上列数据，得出 FeO 的 $\Delta_f G_m^{\ominus}(\text{FeO,s}) = A + BT$ 的二项式。

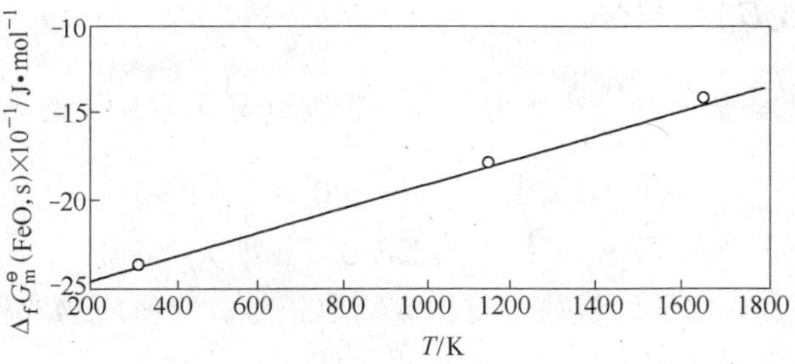

图 6-1 FeO 的 $\Delta_f G_m^{\ominus}(FeO,s)$-$T$

回归分析法计算公式为：$y = A + Bx$

对本题：$y = \Delta_f G_m^{\ominus}(FeO,s)$，$x = T$

而
$$B = \frac{\Sigma(x_i - \bar{x})(y_i - \bar{y})}{\Sigma(x_i - \bar{x})^2}$$

$$A = \bar{y} - B\bar{x}$$

式中 x_i，y_i——分别为各温度及计算的 $\Delta_f G_m^{\ominus}(FeO,s)$；

$\bar{x}$，$\bar{y}$——分别为它们的平均值。

将各计算值列成表 6-2。由表中数值得

$$B = \frac{\Sigma(x_i - \bar{x})(y_i - \bar{y})}{\Sigma(x_i - \bar{x})^2} = \frac{65012622}{943158} = 68.93$$

$$A = \bar{y} - B\bar{x} = -192799 - 68.93 \times 1041 = -264555$$

故
$$\Delta_f G_m^{\ominus}(FeO,s) = -264555 + 68.93T \ J \cdot mol^{-1}$$

$$相关系数\ r = \frac{\Sigma(x_i - \bar{x})(y_i - \bar{y})}{\sqrt{\Sigma(x_i - \bar{x})^2 \Sigma(y_i - \bar{y})^2}} = \frac{65012622}{\sqrt{9431588 \times 4484621422}} = \frac{65012622}{65036194} = 1.0$$

利用上述方法可计算出任一化合物得标准生成吉布斯自由能在一定温度范围内的 $\Delta_r G_m^{\ominus}(B)$ 的二项式。附表 5 的化合物的标准生成反应的 $\Delta_f G_m^{\ominus}(B)$ 即是利用这种方法求出的。但对某些反应，从多项式得到的二项式中常数项有较大误差时，可根据实验所得的平衡常数进行修正。这样的二项式称为半经验二项式。

表 6-2 回归分析法计算值列表

x_i	$x_i - \bar{x}$	$(x_i - \bar{x})^2$	y_i	$y_i - \bar{y}$	$(y_i - \bar{y})^2$	$(x_i - \bar{x})(y_i - \bar{y})$
298	-743	552049	-243283	-50484	2548634300	37509612
1033	-8	64	-194500	-1701	2893401	13609
1183	142	20164	-183610	9189	84437721	1304838
1650	609	370881	-149803	42996	1848656000	26184564
$\Sigma x_i = 4164$ $\bar{x} = 1041$		$\Sigma(x_i - \bar{x})^2$ $= 943158$	$\Sigma y_i = -771196$ $\bar{y} = -192799$		$\Sigma(y_i - \bar{y})^2$ $= 4484621422$	$\Sigma(x_i - \bar{x})(y_i - \bar{y})$ $= 65012622$

6.1.4 冶金反应的 $\Delta_r G_m^\ominus$ 的求法

6.1.4.1 利用化合物的标准生成吉布斯自由能计算化学反应的 $\Delta_r G_m^\ominus$

对于反应 $$\nu_1 B_1 + \nu_2 B_2 + \cdots = \nu_i B_i + \cdots + \nu_j B_j$$

有 $$\Delta_r G_m^\ominus(T) = \Sigma \nu_B \Delta_f G_m^\ominus(B,T)$$

式中 ν_B——物质的化学计量数，对生成物取正号，对反应物取负号；

$\Delta_f G_m^\ominus(B,T)$——物质 B 的标准生成吉布斯自由能，$J \cdot mol^{-1}$。

【例 6-2】 求下列反应的标准生成吉布斯自由能变化（$\Delta_r G_m^\ominus$）及平衡常数的温度关系。

$$TiO_2(s) + 3C(石) = TiC(s) + 2CO(g)$$

解：由附录 1 的表中取上述反应中各化合物的 $\Delta_f G_m^\ominus$：

$$\Delta_f G_m^\ominus(CO,g) = -114400 - 85.77T \ J \cdot mol^{-1}$$

$$\Delta_f G_m^\ominus(TiC,s) = -184800 + 12.55T \ J \cdot mol^{-1}$$

$$\Delta_f G_m^\ominus(TiO_2,s) = -941000 + 177.57T \ J \cdot mol^{-1}$$

可得
$$\begin{aligned}\Delta_r G_m^\ominus &= 2\Delta_f G_m^\ominus(CO,g) + \Delta_f G_m^\ominus(TiC,s) - \Delta_f G_m^\ominus(TiO_2,s) \\ &= 2(-114400 - 85.77T) + (-184800 + 12.55T) - (-941000 + 177.57T) \\ &= 527400 - 336.56T \ J \cdot mol^{-1}\end{aligned}$$

而 $$\Delta_r G_m^\ominus = -RT\ln K^\ominus = -19.147T\lg K^\ominus$$

故 $$\lg K^\ominus = -\frac{\Delta_r G_m^\ominus}{19.147T} = -\frac{527410 - 336.56T}{19.147T} = -\frac{27545}{T} + 17.58$$

6.1.4.2 由实验室测定的反应的平衡常数求得反应的 $\Delta_r G_m^\ominus$

在 $d\ln K^\ominus = \frac{\Delta_r H_m^\ominus}{RT^2}$ 中，若 $\Delta_r H_m^\ominus$ 可视为常数，在温度 $T_1 \sim T$ 界限内积分，则可得

$$\ln K^\ominus = -\frac{\Delta_r H_m^\ominus}{RT} + \left(\frac{\Delta_r H_m^\ominus}{RT_1} + \ln K_1^\ominus\right)$$

式中 $K_1^\ominus$，$K^\ominus$——分别为温度 T_1、T 的平衡常数。

当取 T_1 的 $K_1^\ominus$ 是已知时，则上式可改写为

$$\ln K^\ominus = \frac{A}{T} + B \qquad (6\text{-}18)$$

式中 $$A = -\frac{\Delta_r H_m^\ominus}{R} \quad B = \frac{\Delta_r H_m^\ominus}{RT_1} + \ln K_1^\ominus$$

因此，以不同温度下测得的反应的 $K^\ominus$ 的 $\ln K^\ominus$ 对该温度的倒数 $\frac{1}{T}$ 作图，如图 6-2 所示可得一直线关系，而由直线的斜率和截距分别可得出常数 A 及 B，进而可得出该反

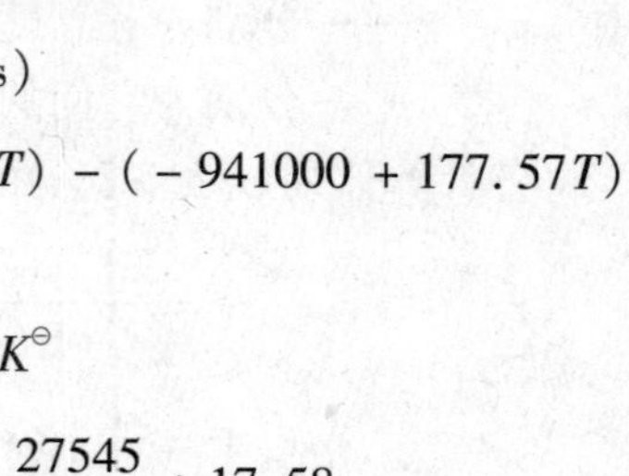

图 6-2 $\ln K^\ominus - 1/T$ 图

应的 $\ln K^{\ominus}$ 及 $\Delta_r G_m^{\ominus}$ 的温度关系式：

$$\Delta_r G_m^{\ominus} = -RT\ln K^{\ominus} = -RT\left(\frac{A}{T}+B\right) = -RA - RBT \quad \mathrm{J \cdot mol^{-1}}$$

【例 6-3】 在不同温度下测得碳酸钙分解反应 [$CaCO_3(s) = CaO(s) + CO_2$] 的平衡常数，如表 6-3 所示。试用回归分析法计算反应平衡常数的温度式和 $\Delta_r G_m^{\ominus}$ 的温度式。

表 6-3 碳酸钙在不同温度时的平衡常数

温度/℃	$K^{\ominus}$	温度/℃	$K^{\ominus}$
800	0.158	860	0.435
820	0.220	880	0.690
840	0.315		

解：利用式（6-18）的关系，可由各温度测定的反应平衡常数的 $\lg K^{\ominus}$ 对 $\frac{1}{T}$ 作图，由所作直线的参数得到平衡常数对温度的关系式。作图的数值如表 6-4 所示。

表 6-4 计算的数值表

t/℃	T/K	$\frac{1}{T}(\times 10^4)$	$\lg K^{\ominus}$	t/℃	T/K	$\frac{1}{T}(\times 10^4)$	$\lg K^{\ominus}$
800	1073	9.32	−0.80	860	1133	8.83	−0.36
820	1093	9.15	−0.66	880	1153	8.67	−0.16
840	1113	8.98	−0.50				

利用表 6-4 的数值作出的 $\lg K^{\ominus}$-$\frac{1}{T}$ 的关系如图 6-3 所示。直线的斜率为

$$A = \frac{-0.7-(-0.3)}{(9.2-8.8)\times 10^{-4}} = -10000$$

将以上数值代入式（6-18）中，得

$$\lg K^{\ominus} = -\frac{10000}{T} + B$$

再将各温度的 $\lg K^{\ominus}$ 值代入上式，取平均值，得 $B = 8.51$。于是

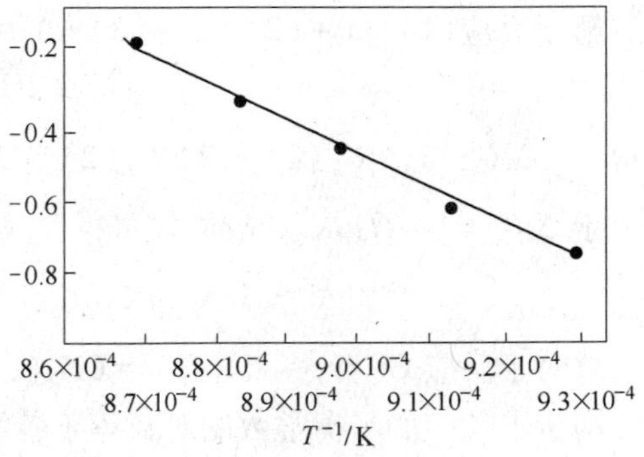

图 6-3 $CaCO_3(s)$ 分解反应的 $\lg K^{\ominus} - 1/T$ 关系

$$\lg K^{\ominus} = -\frac{10000}{T} + 8.51$$

又

$$\Delta_r G_m^{\ominus} = -RT\ln K^{\ominus} = -19.147T\lg K^{\ominus} = -19.147T\left(-\frac{10000}{T}+8.51\right)$$

$$= 19147 - 162.94T \ \mathrm{J \cdot mol^{-1}}$$

回归分析法计算的公式为 $y = Bx + A$，$y = \lg K^{\ominus}$，$x = \frac{1}{T}$

$$B = \frac{\sum(x_i-\bar{x})(y_i-\bar{y})}{\sum(x_i-\bar{x})^2} = -9771$$

$$A = \bar{y} - B\bar{x} = -0.496 + 9771 \times 8.99 \times 10^{-4} = 8.20$$

故得

$$\lg K^{\ominus} = -\frac{9771}{T} + 8.20$$

$$\Delta_r G_m^{\ominus} = -19.147T\left(-\frac{9771}{T} + 8.20\right) = 187085 - 157.01T\ \mathrm{J \cdot mol^{-1}}$$

6.1.4.3 线性组合法求反应的 $\Delta_r G_m^{\ominus}$

因为 $\Delta_r G_m^{\ominus}$ 是反应过程的热力学函数，只与反应过程的始末态有关，而与中间反应过程无关，故可将反应物转变为生成物的反应所经历的一些中间反应的 $\Delta_r G_m^{\ominus}$ 用线性组合法，就可以得到所求反应的 $\Delta_r G_m^{\ominus}$：

$$\Delta_r G_m^{\ominus} = \sum m_B \Delta_r G_m^{\ominus}(B) \tag{6-19}$$

式中 $\Delta_r G_m^{\ominus}(B)$——各组合反应的 $\Delta_r G_m^{\ominus}$；

m_B——进行线性组合时各组合反应的 $\Delta_r G_m^{\ominus}$，应乘上系数。

【例 6-4】 C(石)与 H_2 生成 CH_4 的反应：C(石) + $2H_2(g) = CH_4(g)$，可有 C（石）、$H_2(g)$、$CH_4(g)$燃烧反应的 $\Delta_r G_m^{\ominus}$ 求得：

(1) C(石) + O_2 ══ CO_2　　$\Delta_r G_m^{\ominus}(1) = -395350 - 0.54T\ \mathrm{J \cdot mol^{-1}}$

(2) $H_2 + \frac{1}{2}O_2$ ══ $H_2O(g)$　　$\Delta_r G_m^{\ominus}(2) = -247500 + 55.88T\ \mathrm{J \cdot mol^{-1}}$

(3) $CH_4 + 2O_2$ ══ $CO_2 + 2H_2O(g)$　　$\Delta_r G_m^{\ominus}(3) = -799306 + 0.50T\ \mathrm{J \cdot mol^{-1}}$

解： 反应(1) ×1 + (2) ×2 − (3) ×1 可得反应

C(石) + $2H_2(g)$ ══ $CH_4(g)$

故得 $\Delta_r G_m^{\ominus} = \Delta_r G_m^{\ominus}(1) + 2\Delta_r G_m^{\ominus}(2) - \Delta_r G_m^{\ominus}(3) = -91044 + 110.72T\ \mathrm{J \cdot mol^{-1}}$

又由于 $\Delta_r G_m^{\ominus} = -RT\ln K^{\ominus}$，故同样可得

$$\ln K^{\ominus} = \ln K_1^{\ominus} + 2\ln K_2^{\ominus} - \ln K_3^{\ominus} = \ln[K_1^{\ominus}(K_2^{\ominus})^2(K_3^{\ominus})^{-1}]$$

故对于反应 C(石) + $2H_2(g) = CH_4(g)$的平衡常数 $K^{\ominus} = K_1^{\ominus}(K_2^{\ominus})^2(K_3^{\ominus})^{-1}$。

即所求反应的平衡常数的对数等于各组成反应的平衡常数的对数的代数和。即

$$\ln K^{\ominus} = \sum m_B \cdot \ln K_B^{\ominus} = \sum \ln(K_B^{\ominus})^{m_B}$$

必须指出，各个反应式中同种物质的状态必定相同，这实际上是体系中有多个化学反应同时达到平衡，各相之间也达到平衡，而每个物质可能同时存在于几个化学反应中，各物质的活度（或浓度、分压）应符合各个反应的平衡常数的关系。

线性组合法适用于难于实验测得其热力学数据的反应。

6.2 活度的测量及计算方法

溶液中组分的活度不像浓度那样可以由化学分析法直接测定。当包含有活度因素的热力学公式中，若其他物理量或参数是可测的或一致的，就可由此计算组分的活度。常用的方法有：蒸气压法，分配定律法，化学平衡法，电动势法等。

6.2.1 蒸气压法

利用公式：$a_B = \dfrac{p'_B}{p_{B(标)}}$ 由测量组分的蒸气压来计算活度的方法。$p_{B(标)}$ 与选择的标准有关：

（1）当以纯物质为标准态时，$p_{B(标)}$ 可由纯物质测定的蒸气压（$p_{B(标)} = p_B^*$）或由该物质的蒸气压与温度有关的公式计算出。

（2）当采用假象纯物质为标准态时，需要由实验测定出 $K_{H(x)}$（$p_{B(标)} = K_{H(x)}$）。

（3）当采用1%溶液为标准态时，$p_{B(标)} = K_{w(H)}$。

蒸气压法适用于测定蒸气压较高的有色合金组分的活度，一般采用的测量方法是使惰性气体通过金属溶液面上，测定一定体积的气体挥发组分的质量。此外也有利用真空中组分的升华速度或组分的蒸气通过标定的小孔的流速来测定蒸气压的。

6.2.2 分配定律法

当组分 B 溶解于互不相溶的两相中时，如果已知一相中的活度，则可由分配常数的测定，求出此组分在另一相中的活度。

两相（Ⅰ，Ⅱ）中组分的化学势为：

$$\mu_{B(\mathrm{I})} = \mu^{\ominus}_{B(\mathrm{I})} + RT\ln a_{B(\mathrm{I})}; \quad \mu_{B(\mathrm{II})} = \mu^{\ominus}_{B(\mathrm{II})} + RT\ln a_{B(\mathrm{II})}$$

平衡时：

$$\mu_{B(\mathrm{I})} = \mu_{B(\mathrm{II})}$$

故上式可得：

$$\ln\frac{a_{B(\mathrm{II})}}{a_{B(\mathrm{I})}} = \ln L_B = \frac{\mu^{\ominus}_{B(\mathrm{I})} - \mu^{\ominus}_{B(\mathrm{II})}}{RT} \quad 或 \quad L_B = a_{B(\mathrm{II})}/a_{B(\mathrm{I})}$$

式中 L_B——分配常数，$L_B = \mathrm{e}^{\frac{\mu^{\ominus}_{B(\mathrm{I})} - \mu^{\ominus}_{B(\mathrm{II})}}{RT}}$，在一定温度下，$L_B$ 与组分 B 在两相内的标准态有关；

下标（Ⅰ），（Ⅱ）——相应两相中的物理量。

（1）如两相中的组分 B 均选纯物质标准态，则 $\mu^{\ominus}_{B(\mathrm{I})} = \mu^{\ominus}_{B(\mathrm{II})}$，从而 $L_B = 1$ 及 $a_{B(\mathrm{I})} = a_{B(\mathrm{II})}$。

（2）如两相中组分 B 的标准态不同（p_B^*、$K_{H(x)}$ 或 $K_{w(H)}$），则 $L_B \neq 1$，而 $a_{B(\mathrm{I})} \neq a_{B(\mathrm{II})}$。

由于

$$L_B = \frac{a_{B(\mathrm{II})}}{a_{B(\mathrm{I})}} = \frac{x_{B(\mathrm{II})}\gamma_B}{x_{B(\mathrm{I})}f_B} = L'_B\frac{\gamma_B}{f_B}$$

L'_B 称为表观分配常数，是两相中组分 B 浓度之比：

当 $x_B \to 0$ 时，$\gamma_B = f_B = 1$，而 $L'_B = L_B$，这样，可由实验测定的 L'_B，以 $\lg L'_B$-x_B 关系作图，直线外推到 $x_B = 0$，可得到 $L'_B = L_B$，但这仍是由组分 B 在两相内位于理想溶液或稀溶液范围内的浓度求得，因为此时 $a_B = x_B$。

【例 6-5】 实验测得 1873K 时，磷在铁及银两液体金属中的分配平衡浓度，如表 6-5 所示。试求铁液中磷的活度。

表 6-5　P 在 Fe 及 Ag 金属内的平衡分配浓度

$x(P_{[Fe]})$	0.10	0.15	0.20	0.25
$x(P_{[Ag]})$	6.3×10^{-5}	1.5×10^{-4}	3.16×10^{-4}	6.25×10^{-4}

解：　$L_P = \dfrac{a_{P[Ag]}}{a_{P[Fe]}}$　　$a_{P[Fe]} = a_{P[Ag]}/L_P$

由表6-5中数据可以看出，银溶液中P的平衡浓度很低，位于稀溶液内，因此可以视为

$$a_{P[Ag]} = x(P_{[Ag]})$$

因而

$$a_{P[Fe]} = x(P_{[Ag]})/L_P$$

由表6-5中的平衡浓度得出表观分配常数 $L'_P = x(P_{[Ag]})/x(P_{[Fe]})$，然后再由 $\lg L'_P - x(P_{[Fe]})$ 关系（见图6-4），曲线外推到 $x(P_{[Fe]}) = 0$ 处，求得 $L'_P = L_P$，计算值如表 6-6 所示。由图 6-4 可得，在 $x(P_{[Fe]}) = 0$ 时，$\lg L'_P = \lg L_P = -3.29$，$L_P = 5.12\times10^{-4}$，所以 $a_{P[Fe]} = x(P_{[Ag]})/(5.12\times10^{-4})$。

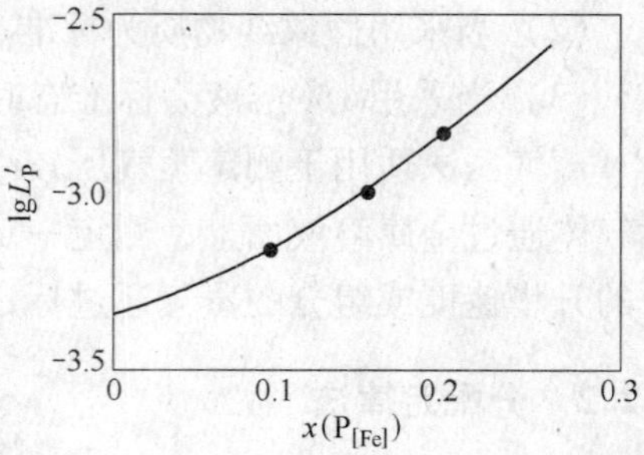

图 6-4　$\lg L'_P - x(P_{[Fe]})$ 的关系

表 6-6　求 $a_{P[Fe]}$ 的有关计算值及铁液中磷的活度

$x(P_{[Fe]})$	0.10	0.15	0.20	0.25
$x(P_{[Ag]})$	6.3×10^{-5}	1.5×10^{-4}	3.16×10^{-4}	6.25×10^{-4}
$L'_P = x(P_{[Ag]})/x(P_{[Fe]})$	6.3×10^{-4}	1.0×10^{-3}	1.58×10^{-3}	2.5×10^{-3}
$\lg L'_P$	−3.20	−3.00	−2.80	−2.60
$a_{P[Fe]}$	0.12	0.29	0.62	1.22

【例 6-6】　实验测得 1813K 时与成分为 $w(CaO) = 41.33\%$、$w(MgO) = 2.70\%$、$w(SiO_2) = 42.58\%$、$w(FeO) = 13.39\%$ 的熔渣平衡的铁液氧的 $w[O] = 0.048\%$，而纯氧化铁渣下，铁液中氧的溶解度与温度的关系式为 $\lg w[O] = -6230/T + 2.734$，试求熔渣中氧化铁的活度及活度系数。

解： 氧在熔渣与铁液间的反应可表示为

$$(FeO) == [O] + [Fe]$$

反应的平衡常数为

$$K^{\ominus} = \frac{a_{[O]}a_{Fe}}{a_{(FeO)}}$$

这里，熔渣中（FeO）的活度标准态是纯物质，而铁液中氧［O］的活度标准态是质量1%溶液。又因将氧在铁液中形成稀溶液看待时，$a_{[O]} = w[O]$；溶剂铁以纯物质为标准态，而其浓度又很高，$x[Fe]\approx1$，故 $a_{Fe} = x[Fe] = 1$。于是平衡常数为 $K^{\ominus} = w[O]/a_{(FeO)}$。

这时 $K^{\ominus}$ 可看作铁液中氧的浓度与其平衡的熔渣中氧化铁的活度之比，这即是氧以不同形式在两相中的分配比，故可认为 $K^{\ominus} = L_O$。因此，可得出由铁液的 $w[O]$ 和 L_O 计算 $a_{(FeO)}$ 的公式：

$$a_{(FeO)} = w[O]/L_O$$

L_O 可由纯氧化铁渣与铁液形成的平衡体系的数据得出。在这种情况下，$a_{(FeO)} = x(FeO) = 1$，而 $L_O = w[O]/a_{(FeO)} = a_{[O]}$，故可由 $\lg w[O] = -6320/T + 2.734$ 得出 L_O：

$$\lg w[O] = -\frac{6230}{1873} + 2.734 = -0.642 \qquad w[O] = 0.23\%$$

亦即 $L_O = 0.23$，于是 $a_{(FeO)} = w[O]/L_O = 0.048/0.23 = 0.209$

又

$$\gamma_{(FeO)} = w[O]/[L_O x(FeO)]$$

$x(FeO)$ 可根据 100g 熔渣组分的物质的量计算出：

$$n(CaO) = 41.93/56 = 0.749 \qquad n(MgO) = 2.74/40 = 0.069$$

$$n(SiO_2) = 42.58/60 = 0.710 \qquad n(FeO) = 13.39/72 = 0.185$$

$$\Sigma n = 1.713 \qquad x(FeO) = 0.185/1.713 = 0.108$$

故

$$\gamma_{(FeO)} = 0.048/(0.23 \times 0.108) = 1.932$$

6.2.3　化学平衡法

化学平衡法求活度是冶金中最常采用的方法之一，由于化学反应的平衡常数 $K^{\ominus} = \prod_{B}^{n} a_B^{\nu_B}$。

故

$$a_B = \prod_{j}^{n} a_j^{\nu_j} / K^{\ominus}$$

式中，$\prod_{j}^{n} a_j^{\nu_j}$ 表示除组分 B 的活度外，反应中其他组分的活度或分压的积。当它们的数值是已知的或可测定的，就能利用反应的 $K^{\ominus}$ 来计算组分 B 的活度。例如，铁液中溶解 C、O、S 等元素的活度可通过下述反应得出：

$$CO_2 + [C] = 2CO \qquad a_{[C]} = \frac{p_{CO}^2}{p_{CO_2}} \times (K^{\ominus})^{-1}$$

$$CO + [O] = CO_2 \qquad a_{[O]} = \frac{p_{CO_2}}{p_{CO}} \times (K^{\ominus})^{-1}$$

$$H_2 + [O] = H_2O(g) \qquad a_{[O]} = \frac{p_{H_2O(g)}}{p_{H_2}} \times (K^{\ominus})^{-1}$$

$$H_2 + [S] = H_2S(g) \qquad a_{[S]} = \frac{p_{H_2S(g)}}{p_{H_2}} \times (K^{\ominus})^{-1}$$

以上诸式中，$K^{\ominus}$ 为各反应的平衡常数。在一定温度下，它与组分活度的标准态有关。$K^{\ominus}$ 值决定后，就可由测定反应的气相组分的平衡分压比计算溶解组分的活度。

$K^{\ominus}$ 值可用下述方法得出。例如，对于上述第 1 个反应，当 $w[C]$ 取质量 1% 溶液标准态时，

$$K^{\ominus} = \frac{p_{CO}^2}{p_{CO_2}} \times \frac{1}{a_{[C]}} = \frac{p_{CO}^2}{p_{CO_2} \times w[C]} \times \frac{1}{f_C} = K' \times \frac{1}{f_C}$$

式中，$K' = \dfrac{p_{CO}^2}{p_{CO_2} \times w[C]}$，称为反应的表观平衡常数，因为其内溶解的［C］的量用质量分数表示。虽然 K' 和 f_C 随 $w[C]$ 而改变，但它们是在保持 $K^{\ominus}$ 不变的条件下相应改变。当 $f_C = 1$ 时，$K' = K^{\ominus}$，故可由实验测定的 K'，用 $\lg K' - w[C]$ 构成的半对数曲线，外推到 $w[C] = 0$ 纵轴上的截距得出 $\lg K'$ 或 $K^{\ominus}$，因此 $f_C = K'/K^{\ominus}$，$a_{[C]} = w[C] \times (K'/K^{\ominus})$。

当 K' 值较小时，亦可直接用 K' 作图。

如［C］采用纯物质，即纯石墨为标准态，则可由反应的 $\Delta_r G_m^{\ominus}$ 求 $K^{\ominus}$。

【例 6-7】　在 1813K，用 $CO + CO_2$ 混合气体与铁液中溶解的碳反应：$CO_2 + [C] = 2CO$，测得不同碳浓度的 $(p_{CO}^2/p_{CO_2})_{平}$ 比值如表 6-7 所示，试计算碳的活度及活度系数 γ_C^0。

表 6-7　反应 $CO_2 + [C] = 2CO$ 的 $(p_{CO}^2/p_{CO_2})_{平}$

$w[C]/\%$	0.100	0.216	0.425	0.640	1.06	2.92	5.20（饱和）
$(p_{CO}^2/p_{CO_2})_{平}$	43	93	191	292	525	2930	15300

解： 反应的 $K^{\ominus} = \dfrac{p_{CO}^2}{p_{CO_2}} \times \dfrac{1}{a_{[C]}}$，故 $a_{[C]} = \dfrac{p_{CO}^2}{p_{CO_2}} \times \dfrac{1}{K^{\ominus}}$，而 $\gamma_C = \dfrac{p_{CO}^2}{p_{CO_2} x[C]} \times \dfrac{1}{K^{\ominus}}$，$K^{\ominus}$ 与碳活度的标准态有关。

（1）碳以纯石墨为标准态。这时可由反应 $CO_2 + [C] = 2CO$ 的 $\Delta_r G_m^{\ominus}$ 求 $K^{\ominus}$。

因为 C(石) 的标准态是纯物质，$CO_2 + [C] = 2CO$，$\Delta_r G_m^{\ominus} = 166550 - 171T \ \mathrm{J \cdot mol^{-1}}$

$$\lg K^{\ominus} = \frac{166550}{-19.147 \times 1813} + \frac{171}{19.147} = 4.133 \qquad K^{\ominus} = 13583$$

$$a_{C(R)} = \frac{p_{CO}^2}{p_{CO_2}} \times \frac{1}{13583} \qquad \gamma_C = \frac{p_{CO}^2}{p_{CO_2} x[C]} \times \frac{1}{13583}$$

而
$$x[C] = \frac{w[C] \times M_{Fe}}{w[C](M_{Fe} - M_C) + 100M_C} = \frac{55.85w[C]}{43.85w[C] + 1200}$$

例如：对于 $w[C] = 0.1\%$

$$a_{C(R)} = \frac{43}{13583} = 3.17 \times 10^{-3} \qquad x[C] = \frac{0.1 \times 55.85}{43.85 \times 0.1 + 1200} = 4.64 \times 10^{-3}$$

$$\gamma_C = \frac{43}{13583 \times 4.64 \times 10^{-3}} = 0.68$$

其余 $w[C]$ 的相应数值见表 6-8。

又由表 6-7 可知，5.2% 是铁液中碳的饱和浓度，在以纯物质为标准态时，其活度为 1，这时反应的 $(p_{CO}^2/p_{CO_2})_{平} = 15300$。

故
$$K^{\ominus} = \frac{p_{CO}^2}{p_{CO_2}} \times \frac{1}{a_{[C]}} = 15300 \times \frac{1}{1} = 15300 \qquad 而 \quad a_{C(R)} = \frac{p_{CO}^2}{p_{CO_2}} \times \frac{1}{13583}$$

对于 $w[C] = 0.1\%$ 获 $x[C] = 4.64 \times 10^{-3}$，$(p_{CO}^2/p_{CO_2})_{平} = 43$

故
$$a_{C(R)} = \frac{43}{15300} = 2.81 \times 10^{-3} \qquad \gamma_C = 0.606$$

（2）碳以质量 1% 溶液为标准态。为计算 $K^{\ominus}$，先计算出碳各浓度的表观平衡常数 K'，如表 6-8 所示，用 $\lg K' - w[C]$ 作图，直线外推到 $w[C]=0$ 的纵轴上的截距得出 $\lg K' = 2.623$，获得 $K' = K^{\ominus} = 420$，如图 6-5 所示。

故
$$a_{w(C)} = \frac{p_{CO}^2}{p_{CO_2}} \times \frac{1}{K^{\ominus}} = \frac{p_{CO}^2}{p_{CO_2}} \times \frac{1}{420}$$

$$f_C = \frac{a_{w(C)}}{w[C]} = \frac{p_{CO}^2}{p_{CO_2} w[C]} \times \frac{1}{420}$$

例如：对于 $w[C]=0.1\%$

$$a_{w(C)} = \frac{43}{420} = 0.102$$

$$f_C = \frac{43}{420 \times 0.1} = 1.02$$

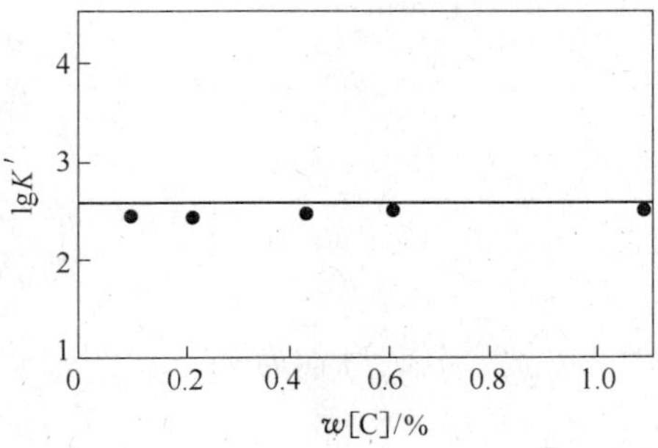

图 6-5 反应 $\lg K' - w[C]$的关系

其余 $w[C]$的 $a_{w(C)}$ 和 f_C 见表 6-8。

表 6-8 Fe-C 系碳的活度及活度系数

$w[C]/\%$		0.100	0.216	0.425	0.640	1.06	2.92	5.20(饱和)
p_{CO}^2/p_{CO_2}		43	93	191	292	525	2930	15300
$a_{C(R)}$	(1)	3.17×10^{-3}	6.85×10^{-3}	0.014	0.021	0.039	0.216	1.126
	(2)	2.81×10^{-3}	6.08×10^{-3}	0.012	0.019	0.034	0.192	1
$x[C]$		4.64×10^{-3}	9.97×10^{-3}	0.02	0.029	0.047	0.123	0.203
γ_C	(1)	0.68	0.69	0.7	0.72	0.83	1.76	5.55
	(2)	0.606	0.61	0.62	0.66	0.72	1.56	4.93
$\lg K'$		2.63	2.63	2.65	2.66	2.69	3.00	3.47
$a_{w(C)}$		0.102	0.221	0.455	0.695	1.25	6.98	26.43
f_C		1.02	1.03	1.07	1.09	1.18	2.39	7.01

γ_C^0 是碳浓度进入稀溶液范围的活度系数（$a_{C(R)} = \gamma_C^0 x[C]$），但在铁溶液中，石墨碳的饱和溶度($x[C]=0.203$)比较低，难于用于亨利定律直线外推到 $x[C]=0$ 来求 γ_C^0，此处采用 $\gamma_C - x[C]$图（见图 6-6）外推求得：$\gamma_C^0 = \lim_{x[C]\to 0} |\gamma_C| = 0.5$。

6.2.4 用 G-D 方程计算组分的活度法

当二元系溶液中一个组分的活度或其系数已经测定，则应用 G-D 方程可以计算出另一组分的活度或活度系数。

G-D 方程：$\Sigma n_B dG_B = 0$ 或 $\Sigma x_B dG_B = 0$

对于 A-B 二元系，由式 $x_A d\Delta G_A + x_B d\Delta G_B = 0$

由于 $\Delta G_A = RT\ln a_A$，$\Delta G_B = RT\ln a_B$，

故
$$x_A d\ln a_A + x_B d\ln a_B = 0$$

或
$$d\ln a_A = -\frac{x_B}{x_A} d\ln a_B \qquad (6\text{-}20)$$

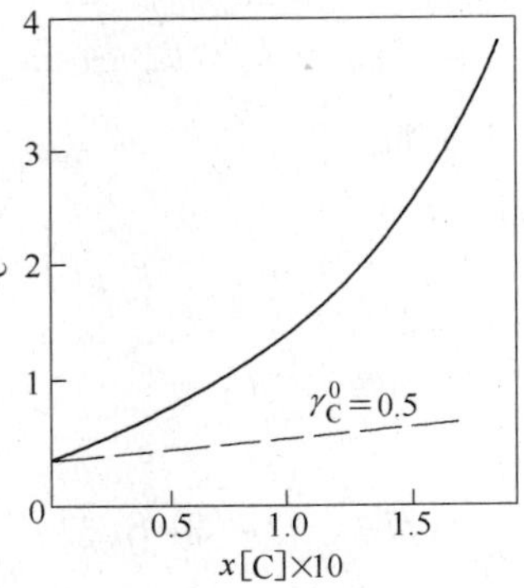

图 6-6 $\gamma_C - x[C]$的关系

如 $\ln a_B$ 随溶液组成变化的关系是已知的，则积分上

式，可得出浓度为 x_A 的 $\ln a_A$ 或 a_A 的值。

如将上式从稀溶液（$x_B \to 0$，$a_B \to 0$，而 $x_A \to 1$，$a_A \to 1$）到指定溶液[$x_B(a_B)$，$x_A(a_A)$]积分，则

$$\int_{x_A=1\text{的}\ln a_{A(1)}}^{x_A=x_A\text{的}\ln a_{A(2)}} \mathrm{d}\ln a_A = -\int_{x_B=0\text{的}\ln a_B}^{x_B=x_B\text{的}\ln a_B} \frac{x_B}{x_A}\mathrm{d}\ln a_B$$

$$\ln\frac{a_{A(2)}}{a_{A(1)}} = -\int_{x_B=0\text{的}\ln a_B}^{x_B=x_B\text{的}\ln a_B} \frac{x_B}{x_A}\mathrm{d}\ln a_B$$

式中，$a_{A(1)}$、$a_{A(2)}$ 分别为 $x_A=1$ 及 $x_A=x_A$ 的活度，而 $a_{A(1)}=1$，故 $a_A=a_{A(2)}$。

即
$$\ln a_A = -\int_{x_B=0\text{的}\ln a_B}^{x_B=x_B\text{的}\ln a_B} \frac{x_B}{x_A}\mathrm{d}\ln a_B \tag{6-21}$$

a_A 值可通过图解积分式（6-21）求得。即用 x_B/x_A 对 $-\ln a_B$ 作图，画出 x_B/x_A 与 $-\ln a_B$ 关系的曲线，如图 6-7 所示。测量出曲线下的面积（阴影线）就能确定 $x_A=1$ 到 $x_A=x_A$ 之间的 $\ln a_A$ 值，但是这个积分的有效性受到限制。

当 $x_A=1$，即 $x_B/x_A=0$ 时，$\ln a_B \to \infty$，曲线不能与横轴相交，难于测出曲线下的面积；

当 $x_B=1$，即 $x_B/x_A \to \infty$ 时，$-\ln a_B \to 0$，曲线不能与纵轴相交，也难于测出曲线下的面积。

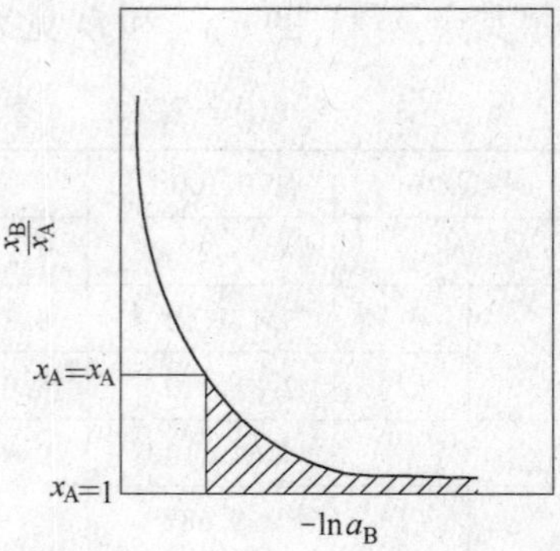

图 6-7　$\mathrm{d}\ln a_A = -\frac{x_B}{x_A}\mathrm{d}\ln a_B$ 的图解法

但是，如用活度系数代替式（6-21）中的活度，则可克服上述困难。

由
$$x_A\mathrm{d}\ln a_A + x_B\mathrm{d}\ln a_B = 0$$

$$(x_A\mathrm{d}\ln\gamma_A + x_B\mathrm{d}\ln\gamma_B) + (x_A\mathrm{d}\ln x_A + x_B\mathrm{d}\ln x_B) = 0$$

$$(x_A\mathrm{d}\ln\gamma_A + x_B\mathrm{d}\ln\gamma_B) + \left(x_A\frac{\mathrm{d}x_A}{x_A} + x_B\frac{\mathrm{d}x_B}{x_B}\right) = 0$$

$$(x_A\mathrm{d}\ln\gamma_A + x_B\mathrm{d}\ln\gamma_B) + (\mathrm{d}x_A + \mathrm{d}x_B) = 0$$

由于 $x_A + x_B = 1$，故 $\mathrm{d}x_A + \mathrm{d}x_B = 0$

从而
$$(x_A\mathrm{d}\ln\gamma_A + x_B\mathrm{d}\ln\gamma_B) = 0$$

同样可得：
$$\int_{x_A=1\ \text{的}\ln\gamma_{A(1)}}^{x_A=x_A\text{的}\ln\gamma_{A(2)}} \mathrm{d}\ln\gamma_A = -\int_{x_B=0\text{的}\ln\gamma_B}^{x_B=x_B\text{的}\ln\gamma_B} \frac{x_B}{x_A}\mathrm{d}\ln\gamma_B$$

$$\ln\frac{\gamma_{A(2)}}{\gamma_{A(1)}} = -\int_{x_B=0\text{的}\ln\gamma_B}^{x_B=x_B\text{的}\ln\gamma_B} \frac{x_B}{x_A}\mathrm{d}\ln\gamma_B \tag{6-22}$$

因为 $x_A=1$，$\gamma_{A(1)}=1$，故 $\gamma_A=\gamma_{A(2)}$，即

$$\gamma_{A(2)} = -\int_{x_B=0\text{的}\ln\gamma_B}^{x_B=x_B\text{的}\ln\gamma_B} \frac{x_B}{x_A}\mathrm{d}\ln\gamma_B \tag{6-23}$$

由上式的 x_B/x_A - $-\ln\gamma_B$ 画出的曲线图如图 6-8 所示。由图可见，当 $x_B=0$ 时，$x_B/x_A\to 0$，而 $-\ln\gamma_B\to -\ln\gamma_B^0$（确定值），故曲线可与横轴相交，积分式有确定值。这就可求出 $\ln\gamma_A$ 或 γ_A 值。

但当 $x_B\to 1$ 时，$x_B/x_A\to\infty$，而 $-\ln\gamma_B\to -\ln 1\to 0$，曲线仍不能与纵轴相交，即不能给出 $x_B\to 1$ 时的 γ_A 值。在这种情况下，需利用达肯（L. S. Darken）提出的 α 函数求解。

如 $\ln\gamma_B=f(x_A)$ 的数学式不能得出，则可用面积仪测出曲线下的面积，或利用定积分近似计算的辛浦生法（或称抛物线法）计算。

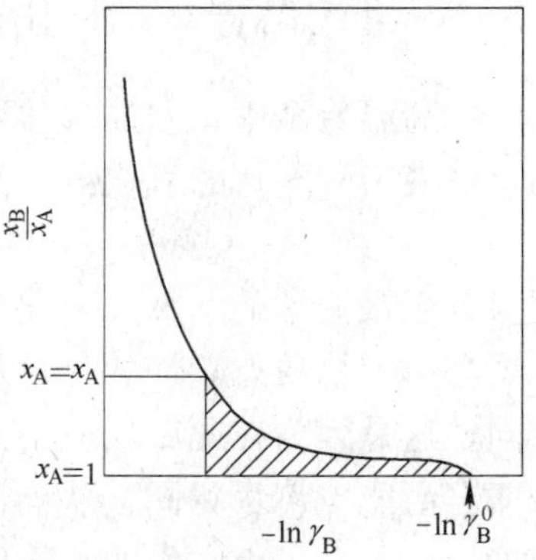

图 6-8 $d\ln\gamma_A=-\frac{x_B}{x_A}d\ln\gamma_B$ 的图解法

【例 6-8】 用 D-G 方程从 Fe-Cu 系的 γ_{Cu} 求 γ_{Fe}。Fe-Cu 系在 1823K：

$\lg\gamma_{Cu}=1.45(x[Fe])^2-1.86(x[Fe])^3+1.41(x[Fe])^4$ 并计算 $x[Fe]=0.6\sim 0.95$ 间隔为 0.05 的 Fe-Cu 系内铁的活度系数及活度。

解：

$$\ln\frac{\gamma_{Fe(2)}}{\gamma_{Fe(1)}}=-\int\frac{x[Cu]}{x[Fe]}d\ln\gamma_{Cu}$$

因为 Fe 以纯物质为标准态，$x[Fe]\to 1$，故 $\gamma_{Fe}=1$。而

$$\ln\gamma_{Fe}=-\int\frac{x[Cu]}{x[Fe]}d\ln\gamma_{Cu}$$

$$\begin{aligned}\lg\gamma_{Fe}&=-\int_0^{x[Cu]}\frac{x[Cu]}{1-x[Cu]}d[1.45(x[Fe])^2-1.86(x[Fe])^3+1.41(x[Fe])^4]\\&=-\int_0^{x[Cu]}\frac{x[Cu]}{1-x[Cu]}[2\times 1.45(1-x[Cu])-3\times 1.86(1-x[Cu])^2+\\&\quad 4\times 1.41(1-x[Cu])^3]dx[Cu]\\&=-\int_0^{x[Cu]}x[Cu][2.9-5.58(1-x[Cu])+5.64(1-x[Cu])^2]dx[Cu]\\&=-\int_0^{x[Cu]}[2.9x[Cu]-5.58x[Cu]+5.58(x[Cu])^2+5.64x[Cu]-\\&\quad 11.28(x[Cu])^2+5.64(x[Cu])^3]dx[Cu]\\&=-\int_0^{x[Cu]}[2.9x[Cu]-5.7(x[Cu])^2+5.64(x[Cu])^3]dx[Cu]\\&=-[1.48(x[Cu])^2-1.9(x[Cu])^3+1.41(x[Cu])^4]_0^{x[Cu]}\end{aligned}$$

所以 $$\lg\gamma_{Fe}=-1.48(x[Cu])^2+1.9(x[Cu])^3-1.41(x[Cu])^4$$

对 $x[Fe]$ 及其相应的 $x[Cu]$ 取表 6-9 中的值时，计算的 γ_{Fe} 及 a_{Fe}，见表 6-9 中第 3 及第 4 行。

表 6-9 由 γ_{Cu} 计算的 γ_{Fe} 及 a_{Fe} 值

$x[Fe]$	1	0.95	0.90	0.85	0.75	0.70	0.65	0.60
$x[Cu]$	0	0.05	0.10	0.15	0.25	0.30	0.35	0.40
γ_{Fe}	1	0.992	0.97	0.94	0.86	0.81	0.76	0.71
a_{Fe}	1	0.94	0.873	0.799	0.645	0.567	0.494	0.426

6.3　标准溶解吉布斯自由能及溶液中反应的 $\Delta_r G_m^\ominus$ 的计算

在高温冶金中，参加化学反应的物质有些是以溶解状态存在于金属液或熔渣中的。例如：铁液中［Si］的氧化可用下反应式表示：

$$[Si] + O_2 \xlongequal{} (SiO_2)$$

即溶解于铁液中的［Si］氧化形成的 SiO_2 溶解于炉渣中。这种反应的标准吉布斯自由能变量与由纯物质态参加的化学反应 $Si(l) + O_2 = SiO_2(s)$ 的标准吉布斯自由能变量不一定相同。这是因为在此二反应中 Si、SiO_2 和（SiO_2）存在的状态不同，它们所具有的标准吉布斯自由能也不尽相同，从而两反应的 $\Delta_r G_m^\ominus$ 也不尽相同。而前反应中的溶解态［Si］和 (SiO_2)，包含了由它们的纯物质标准态转变为溶解标准态的吉布斯自由能变量的所谓标准溶解吉布斯自由能。因此，利用组分的标准溶解吉布斯自由能，就可计算有溶液参加的高温多相化学反应的 $\Delta_r G_m^\ominus$。

6.3.1　标准溶解吉布斯自由能

物质在溶解前是纯态（固态、气态或液态的纯物质），其标准态自然是纯物质。溶解到溶液中后，溶解态的标准态通常有两种选择法：

（1）纯物质标准态的标准溶解吉布斯自由能。对于纯物质的溶解：

$$B \xlongequal{} [B]_{(R)}$$

$$\Delta G_B^\ominus = G_{[B]} - G_B^*$$

由于　$G_{[B]} = \mu_B^\ominus(T) + RT\ln p'_{[B]}$　　$G_B^* = \mu_B^\ominus(T) + RT\ln p_B^*$

故　$\Delta G_B^\ominus = \mu_B^\ominus(T) + RT\ln p'_{[B]} - \mu_B^\ominus(T) - RT\ln p_B^* = RT\ln(p'_{[B]}/p_B^*)$

式中　$p'_{[B]}$，p_B^*——分别为溶解组分 B 和纯组分 B 的蒸气压。

当溶解组分 B 以纯物质为标准态时，$p'_{[B]} = p_B^* a_B$，则上式变为

$$\Delta G_B^\ominus = RT\ln a_B \qquad (Ⅰ)$$

如组分 B 溶解形成纯物质标准态溶液，则 $a_B = 1$，从而，$\Delta G_B^\ominus = RT\ln 1 = 0$。

因此，物质溶解前后，如两者的标准态完全相同，则物质的标准溶解吉布斯自由能为零。

（2）质量 1% 溶液标准态的标准溶解吉布斯自由能。对于纯物质的溶解，$B = w[B]$，这时 $p'_{[B]} = K_{w(H)} a_{w(B)}$，仿式（Ⅰ），得

$$\Delta G_B^\ominus = RT\ln\left(\frac{K_{w(H)}}{p_B^*} \times a_{w(B)}\right) = RT\ln\left(\gamma_B^0 \times \frac{M_A}{100M_B} \times a_{w(B)}\right)$$

如组分 B 溶解形成质量 1% 标准溶液，则 $a_{w(B)} = 1$。从而

$$\Delta G_B^\ominus = RT\ln\left(\gamma_B^0 \times \frac{M_A}{100M_B}\right) \qquad (Ⅱ)$$

$$= RT\ln\gamma_B^0 + RT\ln\frac{M_A}{100M_B} \qquad (Ⅲ)$$

组分 B 的溶解吉布斯自由能实乃两种不同标准态活度之间转换引起的能量变化。

将式（Ⅲ）与公式 $\Delta G_B^\ominus = \Delta H_B^\ominus - T\Delta S_B^\ominus$ 比较，知

$$\Delta H_B^\ominus = RT\ln\gamma_B^0 \qquad \Delta S_B^\ominus = -R\ln\frac{M_A}{100M_B}$$

对于假想纯物质标准态，同样可得 $\Delta G_B^\ominus = RT\ln\gamma_B^0$。

6.3.2　铁液中元素的标准溶解吉布斯自由能的计算法

6.3.2.1　利用实验测定的 γ_B^0，由式（Ⅱ）计算 $\Delta G_B^\ominus$

γ_B^0 不仅是不同标准态活度之间的转换系数，而且也是计算标准溶解吉布斯自由能的主要数据。表 6-10 是铁液内某些元素在 1873K 的 γ_B^0 值及标准溶解吉布斯自由能的二项式。溶解元素的标准态为质量 1% 溶液。

表 6-10　元素在铁液中的 γ_B^0 及 $\Delta G_B^\ominus$（质量 1%溶液标准态）

元　素	γ_B^0(1873K)	$\Delta G_B^\ominus$/J · mol^{-1}	元　素	γ_B^0(1873K)	$\Delta G_B^\ominus$/J · mol^{-1}
Ag(l)═[Ag]	200	$82420 - 43.76T$	Nb(l)═[Nb]	1.0	$-42.7T$
Al(l)═[Al]	0.029	$-63180 - 27.91T$	Nb(s)═[Nb]	1.4	$23000 - 52.3T$
B(s)═[B]	0.022	$-65270 - 21.55T$	Ni(l)═[Ni]	0.66	$-23000 - 31.05T$
C(石)═[C]	0.57	$22590 - 42.26T$	$1/2O_2$ ═[O]	—	$-117150 - 2.89T$
Ca(g)═[Ca]	2240	$-39500 + 49.4T$	$1/2P_2$ ═[P]	—	$-122200 - 19.25T$
Ce(l)═[Ce]	0.032	$-54400 + 46.0T$	Pb(l)═[Pb]	1400	$212500 - 106.3T$
Co(l)═[Co]	1.07	$1000 - 38.74T$	$1/2S_2$ ═[S]	—	$-135060 + 23.43T$
Cr(l)═[Cr]	1.0	$-37.70T$	Si(l)═[Si]	0.0013	$-131500 - 17.61T$
Cr(s)═[Cr]	1.14	$19250 - 46.86T$	Ti(l)═[Ti]	0.074	$-40580 - 37.03T$
Cu(l)═[Cu]	8.6	$33470 - 39.37T$	Ti(s)═[Ti]	0.077	$-25100 - 44.98T$
$1/2H_2$ ═[H]	—	$36480 + 30.48T$	V(l)═[V]	0.08	$-42260 - 35.98T$
Mg(g)═[Mg]	91	$117400 - 31.4T$	V(s)═[V]	0.1	$-20710 - 45.6T$
Mn(l)═[Mn]	1.3,1	$4080 - 38.16T$	W(l)═[W]	1	$-48.12T$
Mo(l)═[Mo]	1	$-42.80T$	W(s)═[W]	1.2	$31380 - 63.6T$
Mo(s)═[Mo]	1.86	$27610 - 52.38T$	Zr(l)═[Zr]	0.014	$-80750 - 34.77T$
$1/2N_2$ ═[N]	—	$3600 + 23.89T$	Zr(s)═[Zr]	0.016	$-64430 - 42.38T$

表中的 γ_B^0 按照数值的特征，可分为下列几类：

（1）$\gamma_B^0 = 1$，元素在铁液中形成理想溶液或近似理想溶液，如 Mn、Co、Cr、Nb、W；

（2）$\gamma_B^0 \gg 1$，元素在铁液中溶解度很小，在高温下挥发能力很大的元素，如 Ca、Mg，因为其 $K_{H(x)} \gg p_B^*$（亨利定律对拉乌尔定律成很大的正偏差），故 $\gamma_B^0 = K_{H(x)}/p_B^* \gg 1$；

（3）$\gamma_B^0 \ll 1$，元素与铁原子形成稳定的化合物，如 Al、B、Si、Ti、V、Zr 等；

（4）气体溶解前不是液态，而是 100kPa 的气相，故无 γ_B^0 值；

（5）以固态溶解的元素的 γ_B^0 比以液态溶解的 γ_B^0 值要高些，因为前者的 $\Delta G_B^\ominus$ 中包含有元素的熔化吉布斯自由能。

【例 6-9】 液体铬在 1873K 溶于铁液中形成质量 1% 溶液时，测得 $\gamma_{Cr}^0 = 1$，铬的熔点为 2130K，熔化焓为 19246J · mol^{-1}。试求固体铬的标准溶解吉布斯自由能的温度式。

解： 固体铬的溶解过程可视为 Cr(s)→Cr(l)→[Cr]，而其标准溶解吉布斯自由能为此两阶段的标准吉布斯自由能的和：Cr(s)═Cr(l)。

$$\Delta_{fus}G_m^{\ominus}(Cr,s) = \Delta_{fus}H_m^{\ominus} - T\Delta_{fus}S_m^{\ominus} = 19246 - \frac{19246}{2130} \times T$$

$$= 19246 - 9.04T\ J \cdot mol^{-1}$$

$$Cr(l) \xlongequal{\quad} [Cr]$$

$$\Delta G^{\ominus}(Cr,l) = RT\ln\left(\gamma_{Cr}^0 \times \frac{M_{Fe}}{100M_{Cr}}\right)$$

$$= 19.147 \times 1873\lg\gamma_{Cr}^0 + 19.147T\lg\left(\frac{55.85}{100 \times 52}\right)$$

$$= -37.70T\ J \cdot mol^{-1}$$

上式中，因为 $\gamma_{Cr}^0 = 1$ 是 1873K 的值，故该项的温度取 1873K，而第二项是与温度有关的。因此，铬的标准溶解吉布斯自由能：

$$\Delta G^{\ominus}(Cr,s) = \Delta_{fus}G_m^{\ominus}(Cr,s) + \Delta G^{\ominus}(Cr,l) = 19246 - 9.04T - 37.70T$$

$$= 19246 - 46.74T\ J \cdot mol^{-1}$$

【例 6-10】　硅在铁液中的熔解焓由量热计测得为 $\Delta H^{\ominus}(Si) = -131766J \cdot mol^{-1}$，又 1873K 的 $\gamma_{Si}^0 = 0.0013$，试计算硅溶解的标准吉布斯自由能与温度的关系式。

解: 由

$$\Delta G^{\ominus}(Si) = RT\ln\frac{M_{Fe}}{100M_{Si}} \times \gamma_{Si}^0 = 19.147 \times 1873 \times \lg\left(\frac{55.85}{100 \times 28} \times 0.0013\right)$$

$$= -164472J \cdot mol^{-1}$$

故

$$\Delta S^{\ominus}(Si) = -\frac{\Delta G^{\ominus}(Si) - \Delta H^{\ominus}(Si)}{T} = -\frac{-164472 + 131766}{1873}$$

$$= 17.46J \cdot mol^{-1} \cdot K^{-1}$$

所以

$$\Delta G^{\ominus}(Si) = \Delta H^{\ominus}(Si) - T\Delta S^{\ominus}(Si) = -131766 - 17.46T\ J \cdot mol^{-1}$$

6.3.2.2　化学平衡法

对于溶于铁液中的某些元素如 C、S、O 等可通过气相和溶液间化学反应的平衡常数求得 $\Delta G_B^{\ominus}$。例如，对于铁液中硫的 $\Delta G^{\ominus}(S)$，可由下列反应及其 $\Delta G^{\ominus}$ 组合求出：

$$H_2 + \frac{1}{2}S_2 \xlongequal{\quad} H_2S \qquad \Delta_f G_m^{\ominus}(1) \qquad K_1^{\ominus} \qquad (\text{I})$$

$$H_2 + [S] \xlongequal{\quad} H_2S \qquad \Delta_f G_m^{\ominus}(2) \qquad K_2^{\ominus} \qquad (\text{II})$$

$$\frac{1}{2}S_2 \xlongequal{\quad} [S] \qquad \Delta G^{\ominus}(S)$$

故

$$\Delta G^{\ominus}(S) = \Delta_f G_m^{\ominus}(1) - \Delta_f G_m^{\ominus}(2) = -RT(\ln K_1^{\ominus} - \ln K_2^{\ominus}) \qquad (\text{III})$$

而反应式（Ⅱ）的 $\ln K_2^{\ominus}$ 可通过化学平衡法测定。

【例 6-11】　在下列三个温度下，测得 $H_2S - H_2$ 混合气体与铁液反应的 $(p_{H_2S}/p_{H_2})_{平}$ 比值如表 6-11 所示，试求硫的标准溶解吉布斯自由能的温度关系式。已知：

$$H_2 + \frac{1}{2}S_2 \xlongequal{\quad} H_2S(g),\ \Delta_f G_m^{\ominus}(H_2S,g) = -91630 + 50.58T\ J \cdot mol^{-1}$$

表 6-11 $H_2 + [S] = H_2S$ 反应的 $(p_{H_2S}/p_{H_2})_平$

1810K	$w[S]/\%$	0.50	0.74	1.11	1.45	1.98	2.66	3.54	4.77		
	$(p_{H_2S}/p_{H_2})\times 10^3$	1.18	1.74	2.54	3.32	4.44	5.58	7.22	8.69		
1873K	$w[S]/\%$	0.25	0.5	1.0	2.0	3.0	4.0				
	$(p_{H_2S}/p_{H_2})\times 10^3$	0.65	1.3	2.5	4.7	6.6	8.2				
2003K	$w[S]/\%$	0.38	0.57	0.78	0.85	0.95	1.17	1.50	1.99	2.64	3.52
	$(p_{H_2S}/p_{H_2})\times 10^3$	1.17	1.72	2.35	2.49	2.74	3.25	4.31	5.36	6.89	8.2

解：利用前述的式（Ⅲ），可得

$$\Delta G^\ominus(S) = -RT(\ln K_1^\ominus - \ln K_2^\ominus)$$

$$= -RT\left(\frac{\Delta_f G_m^\ominus(H_2S,g)}{RT} - \ln K_2^\ominus\right) = -19.147T\left(\frac{91630}{19.147T} - \frac{50.58}{19.147} - \lg K_2^\ominus\right)$$

$$= -91630 + 50.58T + 19.147\lg K_2^\ominus \ \mathrm{J\cdot mol^{-1}}$$

从表 6-11 可求出 $\lg K_2^\ominus$ 的温度关系式：$\lg K_2^\ominus = A/T + B$

（1）反应式（Ⅱ）在各温度下的 $K_2^\ominus$。先计算各温度的表观平衡常数 $K_2' = \dfrac{p_{H_2S}}{p_{H_2}} \times \dfrac{1}{w[S]}$，见表 6-12 以 $\lg K_2'$-$w[S]$关系作图，将直线外推到 $w[S]=0$，从纵轴上的截距，可得出各温度的 $\lg K_2^\ominus$ 及 $K_2^\ominus$，如图 6-9 所示，$\lg K_2^\ominus$ 如下：

1810K $\lg K_2^\ominus = -2.62$　　1873K $\lg K_2^\ominus = -2.58$　　2003K $\lg K_2^\ominus = -2.51$

表 6-12 $H_2 + [S] = H_2S$ 反应在各个温度的 K_2'

1810K	$w[S]/\%$	0.50	0.74	1.11	1.45	1.98	2.66	3.54	4.77		
	$(p_{H_2S}/p_{H_2})\times 10^3$	1.18	1.74	2.54	3.32	4.44	5.58	7.22	8.69		
	$K_1' = \dfrac{p_{H_2S}}{p_{H_2}}\times\dfrac{1}{w[S]}\times 10^3$	2.36	2.35	2.29	2.29	2.24	2.10	2.04	1.82		
	$\lg K_2'$	−2.62	−2.63	−2.64	−2.64	−2.65	−2.68	−2.69	−2.74		
1873K	$w[S]/\%$	0.25	0.5	1.0	2.0	3.0	4.0				
	$(p_{H_2S}/p_{H_2})\times 10^3$	0.65	1.3	2.5	4.7	6.6	8.2				
	$K_2' = \dfrac{p_{H_2S}}{p_{H_2}}\times\dfrac{1}{w[S]}\times 10^3$	2.6	2.6	2.5	2.35	2.2	2.05				
	$\lg K_2'$	−2.58	−2.59	−2.60	−2.63	−2.66	−2.69				
2003K	$w[S]/\%$	0.38	0.57	0.78	0.85	0.95	1.17	1.50	1.99	2.64	3.52
	$(p_{H_2S}/p_{H_2})\times 10^3$	1.17	1.72	2.35	2.49	2.74	3.25	4.31	5.36	6.89	8.2
	$K_3' = \dfrac{p_{H_2S}}{p_{H_2}}\times\dfrac{1}{w[S]}\times 10^3$	3.08	3.02	3.01	2.93	2.88	2.78	2.87	2.69	2.61	2.33
	$\lg K_2'$	−2.51	−2.52	−2.52	−2.53	−2.54	−2.56	−2.54	−2.57	−2.58	−2.63

（2）以 $\lg K_2^\ominus$-$1/T$ 作图求 $\lg K_2^\ominus = f(1/T)$。这种直线关系见图6-10。由于实验点子少而且分散，难于作出准确的直线，因此，进一步用回归分析计算机框图处理。

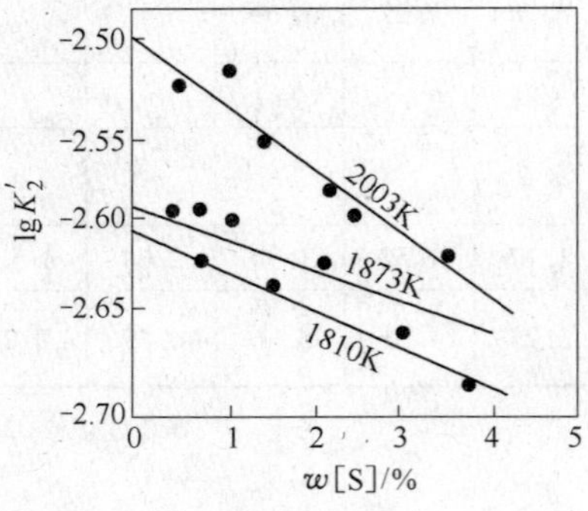

图6-9　$\lg K_2' - w[S]$关系

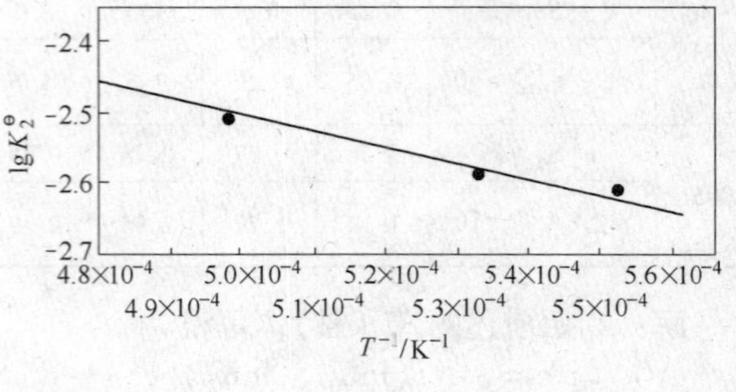

图6-10　$\lg K_2^\ominus - 1/T$关系

6.3.3　有溶液参加的反应 $\Delta_r G_m^\ominus$ 的计算

组分的标准溶解吉布斯自由能是计算有溶解组分参加反应的 $\Delta_r G_m^\ominus$ 及平衡常数 $K^\ominus$ 的基本数据。这种反应的 $\Delta_r G_m^\ominus$ 是纯物质参加反应的 $\Delta_r G_m^\ominus$ 与溶解组分的标准吉布斯自由能 $\Delta_r G_m^\ominus$ 的线性组合，例如，反应

$$\frac{2x}{y}[M] + O_2 = \frac{2}{y}M_xO_y(s)$$

由下列反应的 $\Delta_r G_B^\ominus$ 及组分M的 $\Delta G^\ominus$（M）的线性组合：

$$\frac{2x}{y}M(s) + O_2 = \frac{2}{y}M_xO_y(s) \qquad \Delta_r G_m^\ominus(1)$$

$$\frac{2x}{y}M(s) = \frac{2x}{y}[M] \qquad \frac{2x}{y}\Delta G^\ominus(M)$$

由此可得反应 $\frac{2x}{y}[M] + O_2 = \frac{2}{y}M_xO_y(s)$ 的 $\Delta_r G_m^\ominus$ 为

$$\Delta_r G_m^\ominus = \Delta_r G_m^\ominus(1) - \frac{2x}{y}\Delta G^\ominus(M)$$

$\Delta_r G_m^\ominus(1)$ 为纯物质参加反应的标准吉布斯自由能变量，其值由参加反应的化合物的 $\Delta_f G_m^\ominus$（B）计算。但反应的 $\Delta_r G_m^\ominus$ 因［M］的标准态不同，其 $\Delta G^\ominus(M)$，从而计算的反应的 $\Delta_r G_m^\ominus$ 值亦不同，而由此计算的反应的 $\Delta_r G_m^\ominus$ 则是相同的。这是因为在一定状态下，物质的化学势具有一定的值，而与标准态无关。由 $\mu_B = \mu_B^\ominus + RT\ln a_B$ 可知，标准态不同，则 $\mu_B^\ominus$ 和 a_B 值要相应变化，但 μ_B 值却保持不变。

【例6-12】　试计算熔渣中 SiO_2 被碳还原，形成溶解于铁液中硅的反应的 $\Delta_r G_m^\ominus$。

解： 反应为　$(SiO_2) + 2C(石) = [Si] + 2CO$

可以用下两种标准态进行计算：

（1）$SiO_2(s) + 2C(石) = Si(l) + 2CO \qquad \Delta_r G_{m(1)}^\ominus = 717550 - 369.18T\ J \cdot mol^{-1}$

$SiO_2(s) = (SiO_2) \qquad \Delta G_{(2)}^\ominus(SiO_2) = 0$

$$Si(l) = [Si] \qquad \Delta G_{(3)}^{\ominus}(Si) = -131500 - 17.61T\ J \cdot mol^{-1}$$

则
$$(SiO_2) + 2C(石) = [Si] + 2CO \qquad (Ⅰ)$$

$$\Delta_r G_m^{\ominus} = \Delta_r G_{m(1)}^{\ominus} - \Delta G_{(2)}^{\ominus}(SiO_2) + \Delta G_{(3)}^{\ominus}(Si) = 586050 - 386.79T\ J \cdot mol^{-1}$$

(2) $SiO_2(s) + 2C(石) = Si(l) + 2CO \qquad \Delta_r G_{m(1)}^{\ominus} = 717550 - 369.18T\ J \cdot mol^{-1}$

$$SiO_2(s) = SiO_2(l) \qquad \Delta_{fus} G_{m(2)}^{\ominus}(SiO_2) = 9600 - 4.81T\ J \cdot mol^{-1}$$

$$SiO_2(l) = (SiO_2) \qquad \Delta G_{(3)}^{\ominus}(SiO_2) = 0$$

$$Si(l) = [Si] \qquad \Delta G_{(4)}^{\ominus}(Si) = -131500 - 17.61T\ J \cdot mol^{-1}$$

则
$$(SiO_2) + 2C(石) = [Si] + 2CO \qquad (Ⅱ)$$

$$\Delta_r G_m^{\ominus} = \Delta_r G_{m(1)}^{\ominus} - \Delta_{fus} G_{m(2)}^{\ominus}(SiO_2) - \Delta G_{(3)}^{\ominus}(SiO_2) + \Delta G_{(4)}^{\ominus}(Si)$$
$$= 576450 - 381.98T\ J \cdot mol^{-1}$$

(SiO_2) 在反应式（Ⅰ）中的标准态是纯固体 SiO_2，而在反应式（Ⅱ）中是纯液体 SiO_2，SiO_2 的熔点为 2021K，往往在给定温度，如 1873K 以上，所以常以固态熔解。虽然给定温度在 SiO_2 的熔点附近，两种标准态计算的 $\Delta_r G_m^{\ominus}$ 相差不很大，但以前一种方法最简便。此两种标准态的转换式为：

$$\ln \frac{a_B(l)}{a_B(s)} = \frac{\Delta_{fus} H(B)}{R}\left(\frac{1}{T_{fus}} - \frac{1}{T}\right)$$

【例 6-13】 溶解于铁液中铝的 $x[Al]$ 为 0.2，而 $\gamma_{Al} = 0.034$，试计算 1873K 时溶解铝以（1）纯液铝；（2）$w[Al] = 1\%$ 溶液为标准态时，为氧（$p'_{O_2} = 100kPa$）氧化反应的 $\Delta_r G_m$。已知 $\gamma_{Al}^0 = 0.029$（1873K）。反应：

$$2Al(l) + \frac{3}{2}O_2 = Al_2O_3(s) \qquad \Delta_f G_m^{\ominus}(Al_2O_3, s) = -1682927 + 323.24T\ J \cdot mol^{-1}$$

解： $2[Al] + \frac{3}{2}O_2 = Al_2O_3(s) \qquad \Delta_r G_m = \Delta_f G_m^{\ominus}(Al_2O_3, s) + RT\ln \frac{1}{a_{Al}^2 p_{O_2}^{3/2}}$

溶解 Al 采用不同标准态时，$\Delta_r G_m^{\ominus}$ 和 a_{Al} 有不同的数值。为求 $\Delta_r G_m$，需要计算出 $\Delta_r G_m^{\ominus}$ 及各标准态的 a_{Al}。

反应的 $\Delta_r G_m^{\ominus}(Al_2O_3, s)$ 由下列组合反应求出：

$$2Al(l) + \frac{3}{2}O_2 = Al_2O_3(s) \qquad \Delta_f G_m^{\ominus}(Al_2O_3, s)$$

$$2Al(l) = 2[Al] \qquad 2\Delta G^{\ominus}(Al)$$

$$2[Al] + \frac{3}{2}O_2 = Al_2O_3(s) \qquad \Delta_r G_m^{\ominus}(Al_2O_3, s) = \Delta_f G_m^{\ominus}(Al_2O_3, s) - 2\Delta G^{\ominus}(Al)$$

（1）纯液铝标准态：

$$\Delta_f G_m^{\ominus}(Al_2O_3, s) = -1682927 + 323.24 \times 1873 = -1077500\ J \cdot mol^{-1}$$

$$2\Delta G^{\ominus}(Al) = 0$$

$$a_{Al(R)} = \gamma_{Al} x[Al] = 0.034 \times 0.2 = 6.8 \times 10^{-3}$$

$$\Delta_r G_m = \Delta_r G_m^{\ominus}(Al_2O_3, s) + RT\ln \frac{1}{a_{Al}^2 p_{O_2}^{3/2}}$$

$$= [\Delta_f G_m^\ominus(Al_2O_3, s) - 2\Delta G^\ominus (Al)] + RT\ln \frac{1}{a_{Al(R)}^2 p_{O_2}^{3/2}}$$

$$= (-1077500 - 0) + 19.147 \times 1873\lg \frac{1}{(6.8 \times 10^{-3})^2 \times 1} = -922037J \cdot mol^{-1}$$

（2）质量1%溶液标准态：

$$2\Delta G^\ominus (Al) = 2RT\ln\left(\frac{M_{Fe}}{100M_{Al}} \times \gamma_{Al}^0\right) = 2 \times 19.147 \times 1873 \times \lg\left(\frac{55.85}{100 \times 27} \times 0.029\right)$$

$$= -231093J \cdot mol^{-1}$$

$$a_{w(Al)} = \frac{a_{Al(R)}}{\frac{M_{Fe}}{100M_{Al}} \times \gamma_{Al}^0} = \frac{6.8 \times 10^{-3}}{\frac{55.85}{100 \times 27} \times 0.029} = 11.33$$

$$\Delta_r G_m = [\Delta_f G_m^\ominus(Al_2O_3, s) - 2\Delta G^\ominus(Al)] + RT\ln \frac{1}{a_{w(Al)}^2 p_{O_2}^{3/2}}$$

$$= [-1077500 - (-231093)] + 19.147 \times 1873 \times \lg \frac{1}{(11.33)^2 \times 1}$$

$$= -922021J \cdot mol^{-1}$$

由以上计算可见，铝的标准态不同，$\Delta_r G_m^\ominus$ 也不同，但计算出的 $\Delta_r G_m$ 却是相同的。

习　题

6-1　试计算 MgO 在 298 ~ 1388K 温度范围内的标准生成吉布斯自由能的温度式。MgO 的生成反应为 $Mg(s) + \frac{1}{2}O_2 = MgO(s)$。镁的熔点是 947K，熔化焓：

$\Delta_{fus}H_m^\ominus(Mg, s, 947K) = 8950J \cdot mol^{-1}$，$\Delta_f H_m^\ominus(MgO, s, 298K) = -601.2kJ \cdot mol^{-1}$；

$\Delta_f S_m^\ominus(MgO, s, 298K) = -107.3J \cdot mol^{-1} \cdot K^{-1}$；

$\Delta c_{p,m}(MgO, s) = 5.31 - 5.06 \times 10^{-3}T - 4.925 \times 10^5 T^{-2}$（温度范围 298 ~ 947K）；

$\Delta c_{p,m}(MgO, s) = 10.33 - 10.25 \times 10^{-3}T - 0.431 \times 10^5 T^{-2}$（熔化过程）；

即（$c_{p,m(l)} - c_{p,m(s)}$）$J \cdot mol^{-1} \cdot K^{-1}$。

6-2　利用化合物的标准生成吉布斯自由能 $\Delta_f G_m^\ominus(B)$ 计算下列反应的 $\Delta_r G_m^\ominus$ 及平衡常数。

$Mn(s) + FeO(l) = MnO(s) + Fe(l)$　$2Cr_2O_3(s) + 3Si(l) = 4Cr(s) + 3SiO_2(s)$

6-3　在不同温度测得反应 $FeO(s) + CO = Fe(s) + CO_2$ 的平衡常数，如表 6-13 所示，是用作图法及回归分析法计算上述反应的平衡常数及 $\Delta_r G_m^\ominus$ 的温度关系式。

表 6-13　反应平衡常数的测定值

温度/℃	600	700	800	900	1000	1100
$K^\ominus$	0.818	0.667	0.515	0.429	0.351	0.333

6-4　用线性组合法求下列反应的 $\Delta_r G_m^\ominus$：$Fe_2SiO_4(s) + 2C(石) = 2Fe(s) + SiO_2(s) + 2CO$

已知：　$FeO(s) + C(石) \longrightarrow Fe + CO$　　$\Delta_r G^{\ominus}_{m(1)} = 158970 - 160.25T\ J \cdot mol^{-1}$

$2FeO(s) + SiO_2(s) \longrightarrow Fe_2SiO_4(s)$　　$\Delta_r G^{\ominus}_{m(2)} = -36200 + 21.09T\ J \cdot mol^{-1}$

6-5　实验测得 1873K 时铬在铁及银液中的平衡分配浓度，如表 6-14 所示。试求铁液中铬的活度。

表 6-14　Fe-Ag 系内铬的平衡分配浓度

$x(Cr_{(Fe)}) \times 10^2$	1.87	3.93	7.76	9.82	14.79	15.97	19.56	24.18	30.25	49.30
$x(Cr_{(Ag)}) \times 10^2$	0.010	0.029	0.059	0.110	0.140	0.170	0.28	0.370	0.410	0.510

6-6　在 1873K 时与纯氧化铁渣平衡的铁液的氧的质量分数为 0.211%，与成分为 $w(CaO) = 39.18\%$、$w(MgO) = 2.56\%$、$w(SiO_2) = 39.76\%$、$w(FeO) = 18.57\%$ 的熔渣平衡的铁液的氧的质量分数为 0.048%。试计算熔渣中 FeO 的活度及活度系数。

6-7　反应 $H_2 + [S] = H_2S$ 在 1873K 的 $(p_{H_2S}/p_{H_2})_平$ 如表 6-15 所示。试计算铁液中硫的活度及活度系数。

表 6-15　反应 $H_2 + [S] = H_2S$ 的 $(p_{H_2S}/p_{H_2})_平$ 比值

$w[S]/\%$	0.455	0.681	0.995	1.357	1.797
$(p_{H_2S}/p_{H_2}) \times 10^3$	1.18	1.73	2.52	3.30	4.40

6-8　在 1873K，$CO-CO_2$ 混合气体与铁液中 [C] 反应达到平衡时，测得碳不同浓度时的气相浓度，如表 6-16 所示。试计算 [C] 以石墨为标准态的活度、活度系数及 γ^0_C 值。

$$CO_2 + C \longrightarrow 2CO \qquad \lg K^{\ominus} = \lg \frac{p^2_{CO}}{p_{CO_2}} = -8698/T + 8.93$$

表 6-16　$CO_2 + C = 2CO$ 反应的平衡气相成分

$w[C]/\%$	0.2	0.5	1.0	1.5	2.0
$\varphi(CO)/\%$	99.05	99.74	99.89	99.94	99.963
$\varphi(CO_2)/\%$	0.95	0.26	0.11	0.06	0.037

6-9　请用 G-D 方程证明，稀溶液内溶质服从亨利定律 $a_{B(R)} = \gamma^0_B x_B$ 时，溶剂服从拉乌尔定律（$a_{A(R)} = x_A$）

6-10　试计算锰及铜溶解于铁液中形成质量 1% 溶液的标准溶解吉布斯自由能，已知：$\gamma^0_{Mn} = 1$，$\gamma^0_{Cu} = 8.6$。

6-11　固体钒溶于铁液中的 $\Delta G^{\ominus}(V) = -20710 - 45.6T\ J \cdot mol^{-1}$，试求 1873K 的 $\gamma^0_{V(s)}$（$M_V = 51$）。

6-12　在不同温度下测的 $CO-CO_2$ 混合气体与铁液的 [C] 反应的 $(p^2_{CO}/p_{CO_2})_平$ 比值，如表 6-17 所示，试计算碳的标准溶解吉布斯自由能的温度关系式。

已知：$CO_2 + [C] \longrightarrow 2CO$　$\Delta_r G^{\ominus}_m = 166550 - 171T\ J \cdot mol^{-1}$

表 6-17　$CO-CO_2$ 混合气体与铁液中 [C] 平衡的 $(p^2_{CO}/p_{CO_2})_平$ 比值

温 度	$w[C]/\%$	0.2	0.4	0.6	0.8	1.0
1833K	p^2_{CO}/p_{CO_2}	1007.4	241.2	396.6	566.4	726
1933K	p^2_{CO}/p_{CO_2}	170.2	373.2	600	876.8	1202
2033K	p^2_{CO}/p_{CO_2}	267.6	565.2	929.4	—	—

6-13　试计算下列反应的 $\Delta_r G^{\ominus}_m$ 及 $\lg K^{\ominus}$ 的温度关系式。

$CO_2 + [C] \longrightarrow 2CO$　　$(FeO) \longrightarrow [Fe] + [O]$　　$[Ti] + [C] \longrightarrow TiC(s)$

6-14　在 1873K 时，铁液中硅为 O_2 氧化：$[Si] + O_2 = SiO_2(s)$，铁液中硅的浓度为 $x[Si] = 0.2$，$\gamma_{Si} = 0.03$，试计算氧化反应的 $\Delta_r G_m$。硅的标准态为：(1) 纯硅；(2) 质量 1% 溶液。$\gamma^0_{Si} = 0.0013$。

7 金属熔体

金属熔体，如铁水和钢液，不仅是冶金过程的最终产品，而且也是冶炼过程中多相反应的直接参加者。许多物理过程和化学反应大都在金属熔体和熔渣之间进行，因而这些熔体的物理化学性质对冶金反应有很重要的作用。熔体的性质和其结构有关。利用熔体的结构可以说明熔体性质的变化；相反，通过物性的研究，也可深入了解熔体结构。因此，某些性质，如黏度、表面张力、密度、导电性等可称为结构敏感性质，温度及浓度对这些性质的影响可显示熔体结构的特点。

液体金属的结构是指金属中组成质点的排列状态和运动方式，它取决于原子间交互作用能的特性及数值，也直接影响其物理化学性质。所有关于液体金属结构的理论及模型都在于说明原子的排列与原子间交互作用能之间的关系。有关金属液体结构的直接数据是来自结构分析的衍射法，广泛地应用于液体金属及合金的研究中。

本情境主要学习金属熔体的结构、热力学性质及物理性质。

7.1 熔铁及其合金的结构

7.1.1 金属晶体的结构

金属原子结合成晶体时，其外层的价电子为整个晶体所共有，因而金属键是金属离子和其间运动着的价电子的结合力。这种共有化了的价电子不再与任何离子结合，所以金属键没有方向性及饱和性。同时这些金属离子也不彼此排斥，形成单独的离子，因此，一般也可把金属的晶体视为由中性原子所构成。

晶体中原子在空间的排列称为晶格，它使晶体具有一定的形状。晶体中原子的排列具有远程序的特性，是由占有晶体整个体积的、在三维方向上以一定距离呈现周期而重复的、有序排列的原子所构成。如以设想的直线来连接晶格中最邻近原子中心所构成的体积，则称为晶格的单位晶胞。单位晶胞棱的长度称为晶格常数或晶格基矢，而位于某原子周围最邻近、等距离的原子数则称为配位数。

另一方面，晶格中的每个原子又在一定位置上不断地进行微小振动，而每个原子的这种平衡位置则称为晶格的结点，原子分布在结点上，并在这些平衡位置上作微小振动。

晶体在升温过程中，晶型会发生转变，如：

铁原子的半径为 1.2×10^{-10}m，在 912℃ 出现 αFe→γFe 的晶型转变；1394℃ 出现 γFe→δFe 的晶型转变。αFe 和 δFe 是体心立方晶格，配位数为 8，γFe 是面心立方晶格，配位数为 12，γFe 的密度比 δFe 的大。

当有其他固体原子溶入某种固体时，称为固溶体。它有两种类型：一种为置换型固溶体，是各组分的原子在晶格结点位相互置换，但置换的异种原子的半径差别应不很大；另一种是间隙型固溶体，是组分的原子占据了本体晶格的空隙位，两种原子的半径差别则很大。

两种或两种以上的金属元素以简单的比例形成有新性质的化合物，称为金属间化合物，其组成同组分原子在一般化合物中表示的原子价几乎无关，它们的原子价数之和对原子数之比（电子浓度）相同时，晶型结构则相同。如：CuZn 与 Cu_5Sn；$CuZn_3$ 与 Cu_3Sn 等。

7.1.2　金属熔体的结构

液体金属的结构——液体金属中原子或离子的排列状态，它决定于原子间的交互作用能（一般假定交互作用只存在一对原子间，包括斥力和引力的综合作用）。理想气体是完全无序的结构，理想固体（晶体）是完全有序的结构，而液体则是介于固体和气体之间的一种中间状态的结构。温度对物质结构的影响很大，低温下，接近于固体的结构，而在接近临界点的温度时，则接近于气体的结构。但在一般冶炼温度下的金属熔体则是准晶态的结构。

液体中原子的热运动引起原子在其平衡位置周围作不规则的振动。这种平衡位不是严格固定在晶体中一定的位置，而是随时间不断地改变其坐标。由于液体金属有很大的密度及原子间的交互作用能，暂时不稳定位置四周的原子群的振动频率接近于固体内原子的振动频率，但是原子群从一平衡位跃迁到另一平衡位的频率，则认为是远小于原来的或新平衡位附近的振动频率。

但是，一般过热度（高出熔点的温度）不高（一般冶炼中，熔铁的过热度约10%，即高出其熔点80～100℃）的金属熔体的结构和晶体的结构却比较相近。它们的原子间距差别较小，原子间的交互作用能和热力学性质也与固态的相近。可是液体金属内并不形成严格周期性的规则结构，即没有晶体中的那种远程有序性，原子易于移动，因此最邻近原子并不固定，而是彼此交换位置。

可从金属熔化后物性的改变不大，来间接证实它们结构的相近性。例如，铁等金属熔化时，体积增加不大于4%，相当于原子间距只增加了1%～2%；热容改变不大，仅减少了11.4%，表明原子仍在其暂时的平衡位附近振动；熔化热改变小（铁的熔化热为 $14.9kJ \cdot mol^{-1}$，而蒸发热为 $353kJ \cdot mol^{-1}$，即小于蒸发热10%以下）；熔化熵 $8.2J \cdot mol^{-1} \cdot K^{-1}$，即原子的无序度增加不多。所有这些事实都说明了，过热度不高的金属液体原子热运动的特性及原子间的交互作用能和晶体中的相近。

从液体金属物性的测定及X射线等衍射图的直接观察证明，过热度不高的液体金属具有和晶体相近似的结构，即液体金属中仅每个原子附近的原子团才是有序的排列，和晶体中的相似，但晶体重复存在的远程序则消失了，如图7-1所示。

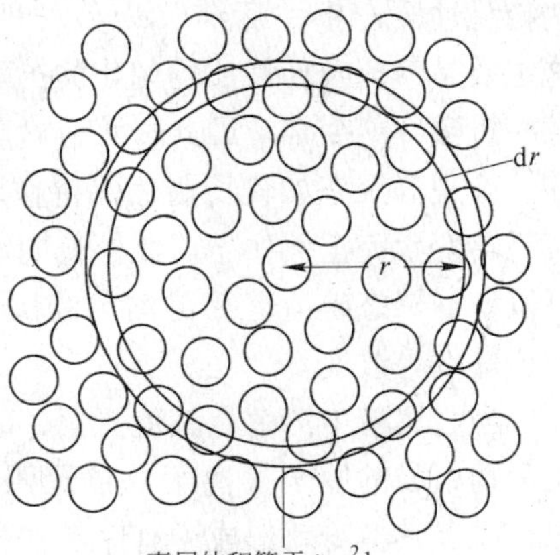

图7-1　液体中离指定中心原子距离 r 处球壳原子分布状态

7.1.3　金属熔体的结构模型

最初曾把液体看做类似气体的压缩体，后来由X

射线衍射测定，认为在熔点以上不高的温度范围内，原子的排列具有近程序，其结构更接近于固体；而后，在此基础上提出了各种模型理论，能比较形象地描述金属熔体的结构和原子的运动，即原子的分布规律和原子间作用能的特性。几种模型设想的结构如下：

（1）自由体积模型。金属熔体是由每个原子占据一个大小相同的自由体积所组成。它的总自由体积等于金属熔体在过热温度时的体积与熔点时固体金属体积之差。这个模型对说明熔体迁移现象有利。例如，液体的黏度（η）与自由体积（V）成反比：

$$\eta = a/[V_{(m)} - V_{(s)}]$$

式中　$V_{(m)}$，$V_{(s)}$——分别为一单位液体及熔点时固体的体积，其差值表示自由体积；
　　　a——常数。

这可说明温度升高，自由体积增加，液体的黏度减小。

（2）空位模型。加热及熔化时，原子的热振动加强，供给的热量提高了金属的内能和熵值，同时原子间距增大及密度减小。原子间距的增加使原子间的作用力减弱，于是原子或离子离开了结点，形成空位。因而原子排列的有序性就比晶体内的小。在熔化时，空位数可达到 $x = 7.0\% \sim 8.0\%$。这些空位在原子结点附近形成，而原子又可向空位上跃迁，形成空位的流动。原子仅能在每个结点附近才成为有序排列，保持了近程序。利用这个模型可说明金属熔体的黏度、扩散等传输性质。

（3）群聚团模型（clastic model）。这个模型又称为流动集团模型。这是近 20 年来比较流行的模型。金属熔化及其过热度不高时，在一定程度上仍保持着固相中原子间的键。但原子的有序分布不仅局限于直接邻近于该原子的周围，而是扩展到较大体积的原子团内，即在这种原子团内，保持着接近于晶体中的结构。这称为金属熔体的有序带或群聚态。有序带的周围则是原子混乱排列的所谓无序带，但它们之间没有明显的分界面，所以不能视为两个相。这种群聚态不断消失，又不断产生，而且一个群聚态的原子可向新形成的群聚态内转移。溶解于金属液中的元素在此两带内有不同的溶解度。能大量溶解于固体金属中的元素在有序带内的溶解度就比较高。

金属液中这种群聚态的存在，可认为它是处于微观不均匀的非平衡态。这也可能是某些物化性质产生“后滞”现象（即加热与冷却时某种性质表现的数值有差别）的原因。这主要是组成及使性质均匀化的扩散作用较缓慢。它也可能使金属液的浇铸及凝固性能或某些机械性能变坏。因此，获得微观结构均匀或平衡态的液体金属对提高产品性能是有利的。微观群聚态如较长期地保持在较高温度（例如液相线上 800 ~ 900℃）下，可出现分裂，转变为完全无序态。此外长期地搅拌金属液，不仅可使成分、温度达到均一，而且也可以使群聚态碎散，获得均匀的微观结构，同时也能使某些结构敏感的性质，如表面张力、黏度等改变。

当金属液中溶解有其他元素，而异类原子间有较强的键存在时，则可形成相当于某种化合物组成的原子（离子）群聚团。这种群聚团或者位于和此种金属特性有关的有序带内，或者其本身就形成了有序带。这种相当于某种化合物的群聚团在固体金属中大都已经存在。金属熔化后，其结构（化合物）是否仍存在或发生了变化，除可由衍射图的径向分配曲线的第一峰是否分裂为双峰来证明外，多利用金属的结构敏感的性质，随组成变化的特性来推测某些难以用衍射法测定的结构形态。因为当这些物性—组成的等温线上出现转折点时，就显示该组成处有某种原子（离子）团形成。

7.2　铁液中组分活度的相互作用系数

在铁基的二元系中，仅考虑了组分和溶剂的相互作用，但当溶解元素多至一种以上时，不仅要考虑组分与溶剂的相互作用，还要考虑各组分之间的相互作用，因此每个组分的活度系数会因其他组分的存在而改变。例如，由图 7-2 可见，在 Fe-C 系内，Si 能提高 C 的活度，而 Cr 则降低 C 的活度。当铁液中尚有其他元素，如 Mn、P、S 等存在时，C 的活度将有更复杂的变化。

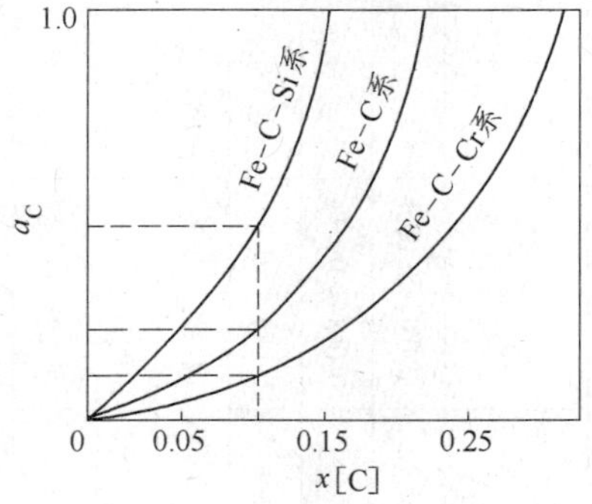

图 7-2　Fe-C 系内 Si、Cr 对 C 活度的影响

对于多组分溶液内组分的活度系数，瓦格纳（Wagner. C）于 1952 年提出了 $\ln\gamma_B$ 函数按泰勒级数展开成组分浓度的多项式，代入实验测定的相互作用系数，就可计算出多元系中组分的活度系数。这个方法称为瓦格纳法。

多元系铁液（溶剂 Fe 的 $w[Fe]>90\%$）中组分 B 采用质量 1% 溶液为标准态时，组分 B 的活度系数的计算公式为：

$$\lg f_B = e_B^{(B)} w[B] + e_B^{(3)} w[3] + e_B^{(4)} w[4] + \cdots + e_B^{(K)} w[K] \tag{7-1}$$

式中，$e_B^{(K)}$ 称为组分 K 对 B 的相互作用系数。

表 7-1 为 1873K 铁液中溶解元素的相互作用系数。它们虽是 1873K 测定的数值，但可近似地用于此温度的附近。

利用式（7-1）可由钢（铁）液的化学组成及表 7-1 的 e_B^K 值，计算它们的溶解元素的活度系数及活度。当元素的浓度高（溶剂 Fe 的 $w[Fe]<90\%$）时，可从图 $\lg f_B^K$-$w[K]$ 中曲线读取 $\lg f_B^K$ 值，再求其代数和。如图 7-3 和图 7-4 分别为铁液中组分 H 和 N 的活度系数的 $\lg f_B^K$-$w[K]$ 关系图。其计算式为：

$$\lg f_B = \lg f_B^{(B)} + \lg f_B^{(3)} + \cdots + \lg f_B^{(K)} \tag{7-2}$$

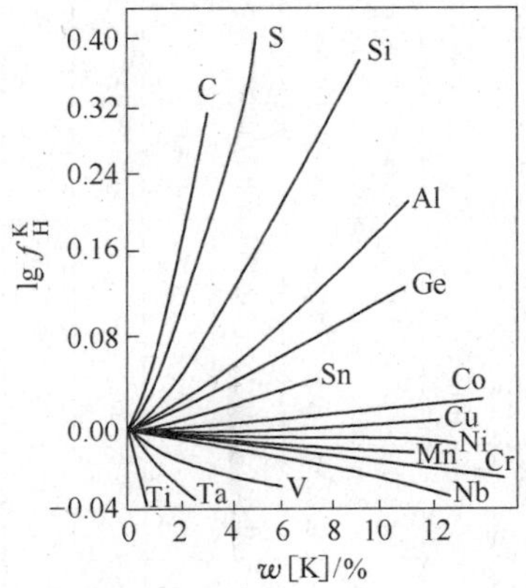

图 7-3　Fe-H-K 系的 $\lg f_H^K$-$w[K]$ 关系图

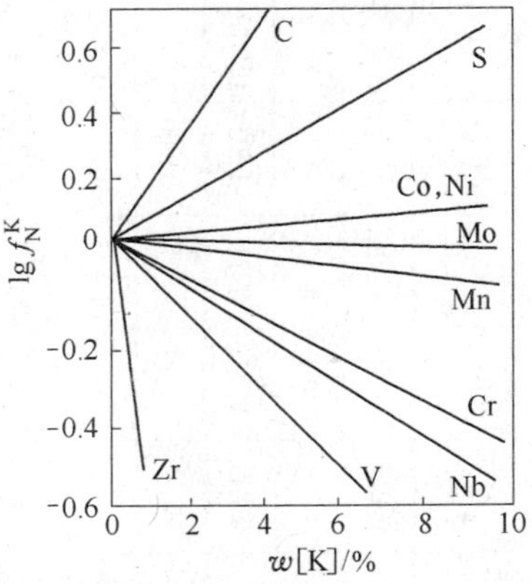

图 7-4　Fe-N-K 系的 $\lg f_N^K$-$w[K]$ 关系图

表 7-1　铁溶液中元素的相互作用系数 e_B^K（1873K）

B \ K	Al	B	C	Cr	Co	Cu	Mn	Mo	Ni	N	Nb	O	H	P	S	Si	Ti	V	W	Zr
Al	0.045		0.091			0.006				-0.053		-6.60	0.24		0.03	0.0056				
B		0.038	0.22				-0.0009			0.074		-1.80	0.49		0.048	0.078				
C	0.043	0.24	0.14	-0.024	0.0076	0.016	-0.012	-0.0083	0.012	0.11	-0.06	-0.34	0.67	0.051	0.046	0.08		-0.077	-0.0056	
Cr			-0.12	-0.0003		0.016		0.018	0.0002	-0.19		-0.14	-0.33	-0.053	-0.02	-0.0043	0.059			
Co			0.021	-0.022	0.0022		0.0041			0.032		0.018	-0.14	0.0037	0.0011					
Cu			0.066	0.018		-0.023				0.026		-0.065	-0.24	0.044	-0.021	0.027				
Mn		0.022	-0.07		-0.0036					-0.091	0.0035	-0.083	-0.31	-0.0035	-0.048					
Mo			-0.097	-0.0003			0.0046			-0.10		-0.0007	-0.20		-0.0005					
Ni			0.042	-0.0003			-0.008		0.0009	0.028		0.01	-0.25	-0.0035	-0.0037	0.0057				
N	-0.028	0.094	0.13	-0.047	0.011	0.009	-0.021	-0.011	0.01	0	-0.06	0.05		0.045	0.007	0.047	-0.53	-0.093	-0.0015	-0.63
Nb			-0.49	-0.011			0.0028			-0.42		-0.83	-0.61		-0.047					
O	-3.90	-2.6	-0.45	-0.04	-0.008	0.013	-0.021	0.0035	0.006	0.057	-0.14	-0.20	-3.1	0.07	-0.133	-0.131	-0.60	-0.30	-0.0085	0.44
H	0.013	0.058	0.06	-0.0022	0.0018	0.0005	-0.0014	0.0022	0		-0.0023	-0.19		0.011	0.008	0.027	-0.019	-0.0074	0.0048	
P	0.037		0.13	-0.03	0.004	0.024	0		0.0002	0.094		0.13	0.21	0.062	0.028	0.12	-0.14			
S	0.035	0.13	0.11	-0.011	0.0026	-0.0084	-0.026	0.0027	0	0.01	-0.013	-0.27	0.12	0.029	-0.028	0.063	-0.072	-0.016	0.011	-0.052
Si	0.058	0.20	0.18	-0.0003		0.014	0.002		0.005	0.090		-0.23	0.64	0.11	0.056	0.11		0.025		
Ti			-0.165	0.055			0.0043			-1.8		-1.8	-1.1	-0.0064	-0.11	0.05	0.013			
V			-0.34							-0.35		-0.97	-0.59	-0.041	-0.028	0.042		0.015		
W			-0.15							-0.072		-0.052	0.088		0.035					
Zr	0.001									-4.1		2.53			-0.16					0.022

【例 7-1】 试计算成分为 $w[C]=5.0\%$，$w[Mn]=2.0\%$，$w[Si]=1.0\%$，$w[S]=0.05\%$，$w[P]=0.06\%$ 的生铁中硫的活度（1873K）。

解： 利用表 7-1 的 e_B^K 值，由公式 $\lg f_B=e_B^{(B)}w[B]+e_B^{(3)}w[3]+e_B^{(4)}w[4]+\cdots+e_B^{(K)}w[K]$ 得：

$$\lg f_S=e_S^S w[S]+e_S^{Si}w[Si]+e_S^C w[C]+e_S^{Mn}w[Mn]+e_S^P w[P]$$

$$=(-0.028)\times0.05+0.063\times1.0+0.11\times5.0+(-0.026)\times2.0+0.029\times0.06=0.561$$

所以 $f_S=3.64$ $\quad a_S=f_S w[S]=3.64\times0.05=0.182$

此外，也可从图 7-5 中直接读取下列数值：

$w[S]=0.05\%$ $\quad w[Si]=1.0\%$ $\quad w[C]=5.0\%$ $\quad w[Mn]=2.0\%$ $\quad w[P]=0.06\%$

$\lg f_S^S=0.00$ $\quad \lg f_S^{Si}=0.07$ $\quad \lg f_S^C=0.80$ $\quad \lg f_S^{Mn}=-0.05$ $\quad \lg f_S^P=0.00$

故 $\lg f_S=\lg f_S^S+\lg f_S^{Si}+\lg f_S^C+\lg f_S^{Mn}+\lg f_S^P=0.00+0.07+0.80-0.05+0.00=0.82$

$f_S=6.61$ $\quad a_S=f_S w[S]=6.61\times0.05=0.330$

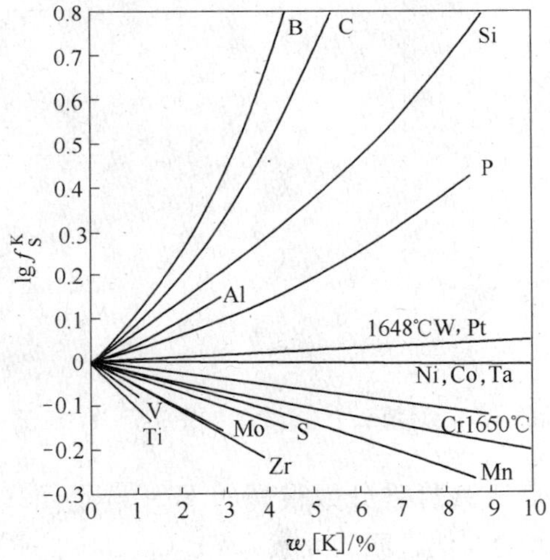

图 7-5 Fe-S-K 的 $\lg f_S^K$-$w[K]$

7.3 铁液中元素的溶解及存在形式

当元素溶解于铁中时，熔体的电子密度发生了变化，这反映在原子间键特性的改变。过渡族元素形成阳离子，具有金属键的特性，而电负性比铁原子高的元素（C、O、S、P、Si 等）则与铁原子形成准分子化合物的原子团，具有共价键的特性。

（1）过渡族元素（Mn、Ni、Co、Cr、Mo）。这些元素在铁液内可无限溶解，其溶解焓 $\Delta H(B)\approx0$，所以可近似将它们与 Fe 形成的溶液作为理想溶液看待。它们在高温的晶格与 δFe 的晶格大致相同，而且它们的原子半径和铁原子的半径相差很小，所以能与铁无限互溶，以阳离子的金属键结构，形成置换式溶液。这种溶液的物性可由纯金属的物性加和求得。

（2）碳。碳溶液于铁液能形成饱和液，并吸收23kJ · mol^{-1}的热，说明 Fe-C 原子间有一定的键能存在，它在 $x[C] > 0.08$（或 $w[C] \geqslant 2.0\%$）以上对理想溶液形成正偏差，$\lg\gamma_C = -0.21 + 4.3x[C]$，$\lg\gamma_C^0 = \frac{694}{T} - 0.587$。图 7-6 为 1823K 的 Fe-C 系的 a_C 与 $x[C]$的关系。

碳原子溶于铁液中以 C^{4+} 与铁形成间隙式溶体 Fe_xC。当 $w[C] < 3.65\%$ 时，铁液中可能形成 Fe_3C 或 Fe_3C 的群聚团，而在碳浓度很高时，可能形成 FeC 群聚团，其内还可能有微观石墨析出。即随着碳浓度的增加，此种结合碳的分数降低，而碳的活度提高。由于 Fe_xC 群聚团内碳原子的键未完全饱和，和邻近的铁原子等效结合，不断交换铁原子，所以可认为 Fe_xC 群聚团是不稳定的，也不能以分子状析出。

（3）硅。硅在铁液中的溶解焓很大 $\Delta H^\ominus(Si) = -84kJ \cdot mol^{-1}$，而与理想溶液形成较大的负偏差，$\lg\gamma_{Si} = -2.9 + 5.25x[Si]$，而 $\gamma_{Si}^0 = 0.0013(1873K)$。图 7-7 为 Fe-Si 系的两种标准态的硅的活度。

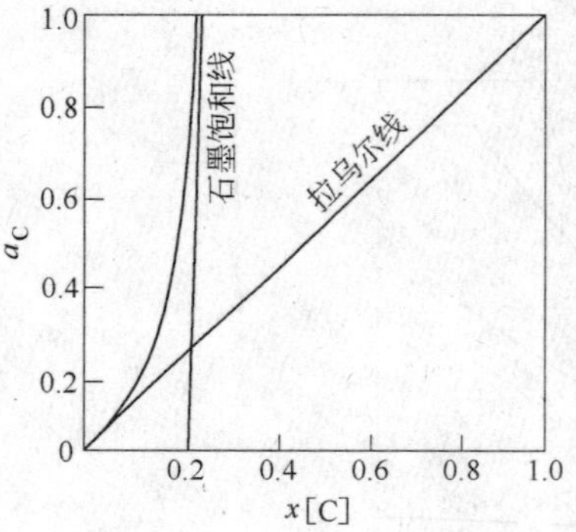

图 7-6　1823K，Fe-C 系的 a_C-$x[C]$值

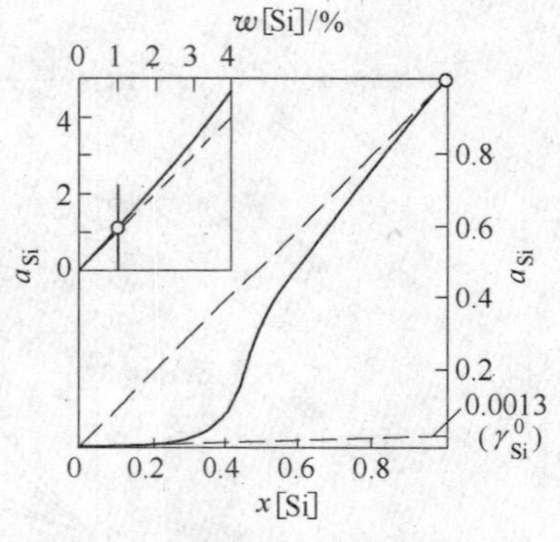

图 7-7　Fe-Si 系的 $a_{Si(R)}$ 及 $a_{Si(1\%)}$（1873K）

硅在铁液中与铁原子形成共价键分数很高的 FeSi 群聚团（Fe_3Si、FeSi、$FeSi_2$）。此外，硅还可能与铁液中溶解的其他过渡族元素（V、Cr、Mn、Ni）形成类似的群聚团，所以硅的活度都很小。

此外，硅能降低铁液中碳的溶解度，促进 Fe_xC 群聚团的分解，其关系为

$$w[C]_{(饱)} = 1.34 + 2.54 \times 10^{-3}t(℃) - 0.3w[Si] \tag{7-3}$$

（4）氢和氮。钢铁中溶解的气体是指氢和氮。它们在铁液中的溶解度很小，远在 $w_B = 0.1\%$ 以下，因此在冶金书刊中惯用 $10^{-4}\%$ 表示其质量分数的单位，而称为 1 个 ppm(10^{-6})。它是用百分数表示的百万的倒数$\left(\frac{1}{10^6} \times 100\%\right)$，还用 mL/100g 单位。在标准状态下：

$$1mL\ H_2 = 0.089 \times 10^{-6}kg;\ 1mL\ N_2 = 1.25 \times 10^{-6}kg$$

故

$$1mL\ H_2/100g = 0.089 \times 10^{-6} \times 10^{-3}/10^2 = 0.89 \times 10^{-4}\%$$

$$1mL\ N_2/100g = 1.25 \times 10^{-6} \times 10^{-3}/10^2 = 1.25 \times 10^{-3}\%$$

1）气体溶解的平方根定律。在一定温度下，气体在金属液中的溶解反应可表示为

$$\frac{1}{2}X_2(g) =\!=\!= [X]$$

即它们以单原子溶解。式中，$X_2(g)$表示 H_2、N_2 气体。

由于 $$K^{\ominus} = a_{[X]}/p_{X_2(g)}^{1/2}$$

又 $$a_{[X]} = f_X w[X]$$

故 $$w[X] = \frac{K^{\ominus}}{f_X} \times p_{X_2(g)}^{1/2}$$

当溶解的气体原子在铁中形成稀溶液时，$f_X = 1$，

而 $$w[X] = K^{\ominus}\sqrt{p_{X_2}}$$

即在一定温度下，双原子气体在金属中的溶解度与该气体分压（量纲一的量）的平方根成正比。这称为气体溶解的平方根定律，又称为西华特（Sieverts）定律。$K^{\ominus}$ 是 $p'_{X_2(g)}/p^{\ominus}p_{X_2} = 1$ 时气体的溶解度，即在这种条件下，$K^{\ominus} = w[X]$。

2）氢及氮在铁液中溶解的特性。氢溶于铁液中放出电子，形成金属键。因为氢原子只有一个电子，所以在铁液中成正电荷的离子——质子。它的半径很小，约 0.5×10^{-15}m，在铁原子间形成间隙溶液。

氮溶于铁液中，亦参与金属键的形成，以 N^{3+} 或 N^{5+} 离子形式存在。离子半径$r_{N^{5+}} = 0.25 \times 10^{-10}$m。氮离子亦位于铁原子之间形成间隙溶液。

氢及氮在铁中的溶解度不仅随温度变化，而且与铁的晶型及状态有关。下列实验关系式及图形表示出了它们的关系。

αFe：$\lg w[H] = -1418/T - 2.369$　　$\lg w[N] = -1520/T - 1.04$

γFe：$\lg w[H] = -1182/T - 2.369$　　$\lg w[N] = 450/T - 1.995$

δFe：$\lg w[H] = -1418/T - 2.369$　　$\lg w[N] = -1520/T - 1.04$

Fe(l)：$\lg w[H] = -1909/T - 1.591$　　$\lg w[N] = -518/T - 1.063$

可见，氢和氮在铁液中有较大的溶解度。1873K 时 $w[H] = 2.6 \times 10^{-3}\%$，$w[N] = 0.044\%$。氮的溶解度比氢的高一个数量级。但在铁的熔点及晶型转变温度处，溶解度有突变，如图 7-8 所示。温度下降时，氢在 3 种晶型中的溶解度均减小；氮在 δFe 及 αFe 中的溶解度也减小，但在 γFe 中增大，认为是 γFe 中有 Fe_2N、Fe_4N 形成。可是它的稳定性

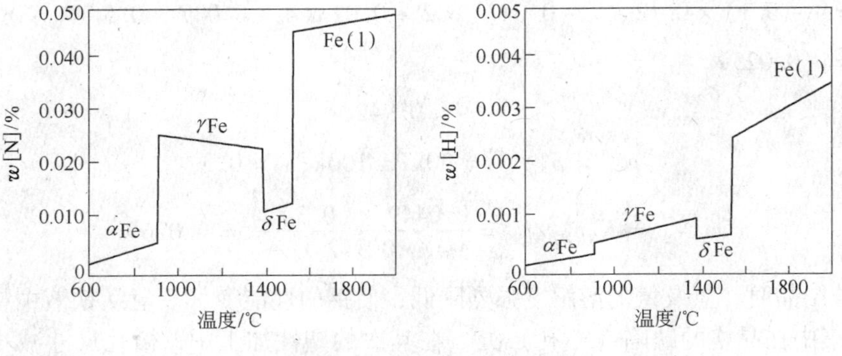

图 7-8　氢和氮在铁中的溶解度与温度的关系

差，温度升高，这种化合物发生分解，所以这种氮化物形成的溶解度降低。由于 αFe 及 δFe 是相同的体心立方晶型，所以对气体的溶解度随温度的变化有同一线性关系它们中气体的溶解度可近似连成直线。γFe 是面心立方晶型，较“疏松”，故能溶解较多的气体。

3）元素对铁液中氢及氮溶解度的影响。铁液中存在的元素对氢和氮的溶解度有不同程度的影响，如图 7-9 和图 7-10 所示。

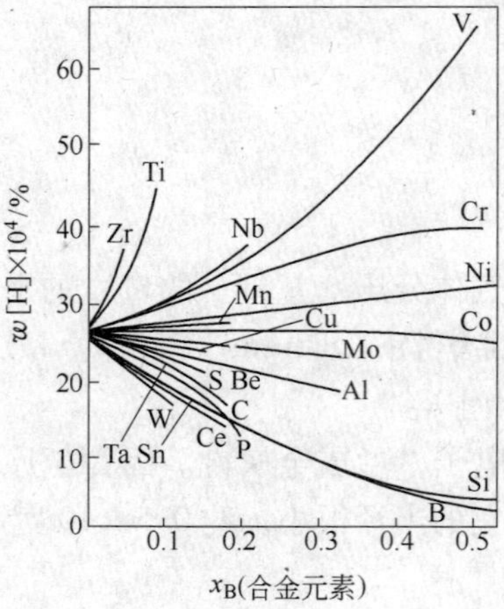

图 7-9　合金元素对氢溶解度的影响
（1873K，100kPa）

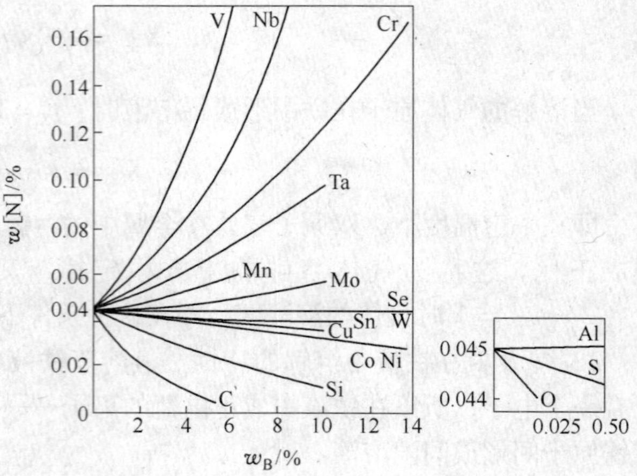

图 7-10　合金元素对氮溶解度的影响
（1873K，100kPa）

【例 7-2】　试计算成分为 $w[C]=0.12\%$、$w[Cr]=2\%$、$w[Ni]=4\%$、$w[Si]=0.5\%$、$w[Mo]=1.0\%$ 的钢液在 1820K 及氮分压为 30kPa 下的含氮量。

解：

$$\frac{1}{2}N_2(g) = [N] \qquad K_N^{\ominus} = a_N/p_{N_2}^{1/2}$$

故

$$w[N] = K_N^{\ominus} p_{N_2}^{1/2}/f_N$$

$K_N^{\ominus}$：

$$\lg K_N^{\ominus} = \lg w[N] = -\frac{518}{1820} - 1.063 = -1.348$$

$$K_N^{\ominus} = 0.0449$$

f_N：

$$\lg f_N = e_N^N w[N] + e_N^C w[C] + e_N^{Cr} w[Cr] + e_N^{Ni} w[Ni] + e_N^{Si} w[Si] + e_N^{Mo} w[Mo]$$

$$= 0 + 0.13\times0.12 + (-0.047)\times2 + 0.01\times4 + 0.047\times0.5 + (-0.011)\times1$$

$$= -0.0259$$

$$f_N = 0.942$$

$$p_{N_2} = p'_{N_2}/p^{\ominus} = 30\text{kPa}/100\text{kPa} = 0.3$$

故

$$w[N] = K_N^{\ominus} p_{N_2}^{1/2}/f_N = \frac{0.0449\times(0.3)^{1/2}}{0.942} = 0.026\%$$

由于铁结晶时，氢及氮的溶解度强烈降低，使钢的性能变坏。氢从铁液中析出，变为 H_2 分子，集中在晶格的缺陷（微孔）处，在其次的塑性加工中，微孔尺寸减小，其中的氢气产生很高的压力（100×10^5Pa），形成能引起金属塑性降低的应力，出现“白点”，引起“氢脆”和应力腐蚀。氮虽对少数钢种，特别是耐磨性强的钢是有益元素，但它能降低一般钢种的塑性，提高硬度及脆性，所以是钢的有害杂质。这是因为当钢中不含能生成氮化物的元素时，αFe 形成后，在温度下降时，析出了细分散状的氮化铁（Fe_2N、Fe_4N），位于晶界上，阻止位错移动，使钢的冲击值及相对减率降低，同时提高钢的硬度和强度。

（5）氧。氧溶于铁液的溶解焓很大，$\Delta H^{\ominus}(O) = -117.14\text{kJ} \cdot \text{mol}^{-1}$。说明 Fe-O 原子间的键很强。但它在铁液中的溶解度却很小，属于稀溶液的类型。氧的质量分数从 0.01% 到 0.23% 范围内，$f_O = 0.998 \sim 0.899$，一般取 $f_O \approx 1$。

当 $p'_{O_2} < 10^{-3}$Pa 时，氧在铁液中的溶解服从平方根定律，即

$$\frac{1}{2}O_2 = [O] \qquad \Delta G^{\ominus}(O_2) = -117150 - 2.89T \ \text{J} \cdot \text{mol}^{-1}$$

$$w[O] = K_O^{\ominus} p_{O_2}^{1/2}$$

氧在 1873K 的溶解度 $w[O] = 0.23\%$，但在铁凝固时急剧地减小。例如，在 δFe 的凝固点时，仅 0.034%，而在室温接近于零。铁凝固时，FeO 在铁的晶界呈液相析出（其熔点为 1669K），破坏了晶粒间的结合，形成了所谓“热脆”的危害性。

【例 7-3】 试求在 1873K 时与纯氧化铁渣平衡的铁液的氧量及气象氧分压。

解： 1）两相间反应为：

$$[Fe] + [O] = FeO(l) \quad \Delta_r G_m^{\ominus} = -121009 + 52.35T \ \text{J} \cdot \text{mol}^{-1}$$

$$K_O^{\ominus} = \frac{a_{FeO}}{a_{Fe} a_O} = \frac{1}{a_O}$$

故
$$a_O = 1/K_O^{\ominus}$$

而
$$a_O = f_O w[O]$$

故
$$w[O] = 1/(f_O K_O^{\ominus})$$

对上式取对数：
$$\lg w[O] = -\lg f_O - \lg K_O^{\ominus}$$

$\lg f_O$：
$$\lg f_O = e_O^O w[O] = -0.20w[O]$$

$\lg K_O^{\ominus}$：
$$\lg K_O^{\ominus} = -\frac{-121009 + 52.35 \times 1873}{19.147 \times 1573} = 0.64$$

故
$$\lg w[O] - 0.20w[O] + 0.64 = 0$$

解得数值解：
$$w[O] = 0.25\%$$

2）
$$\frac{1}{2}O_2 = [O] \qquad \Delta G^{\ominus}([O]) = -117150 - 2.89T \ \text{J} \cdot \text{mol}^{-1}$$

$$K_{O_2}^{\ominus} = a_O / p_{O_2}^{1/2}$$

故
$$p_{O_2} = (a_O / K_{O_2}^{\ominus})^2$$

$K_{O_2}^{\ominus}$：
$$\lg K_{O_2}^{\ominus} = \frac{\Delta G^{\ominus}([O])}{-19.147T} = \frac{117150}{19.147 \times 1873} + \frac{2.89}{19.147} = 3.42$$

$$K_{O_2}^{\ominus} = 2630$$

a_O：
$$a_O = f_O w[O]$$

而
$$\lg f_O = e_O^O w[O] = -0.20 \times 0.25 = -0.05 \qquad f_O = 0.891$$

故
$$a_O = f_O w[O] = 0.891 \times 0.25 = 0.891 \times 0.25 = 0.22$$

因此 $p_{O_2} = (a_O/K_{O_2}^{\ominus})^2 = (0.22/2630)^2 = 7.0 \times 10^{-9}$

或 $p'_{O_2} = p_{O_2} \times 10^5 = 7.0 \times 10^{-4}\text{Pa}$

可见，与铁液中溶解氧平衡的氧分压相当低。

(6) 硫和磷。硫在铁液中的溶解焓为 $-135\text{kJ} \cdot \text{mol}^{-1}$，它在铁液中可以无限互溶，形成相当于 FeS 的群聚团。硫在铁液中的活度较小，对亨利定律形成负偏差；高硫钢热加工时，出现了“热脆”现象。这是低熔点的 Fe-FeS 共晶体在热加工温度下以液态出现于晶界面上，使钢的热加工性能恶化。

磷在铁液中的溶解焓为 $-144\text{kJ} \cdot \text{mol}^{-1}$，实际上相当于 Fe_2P 的生成热。磷在铁液中的活度系数也非常小，接近于 0.01。磷在铁液中的溶解度也很大，但在固体铁中的溶解度很小，特别是温度很低时，易在晶界面上析出，出现“冷脆”现象。

7.4 熔铁及其合金的物理性质

7.4.1 熔点

化学纯铁的熔点为 1811K，工业纯铁的熔点为 1803K。当有其他元素溶解于其中时，其熔点就有所下降。由于钢及生铁的熔化或凝固是在一个温度段内进行，所以一般定义钢的熔点是其开始结晶的温度。熔点是物质对温度的抵抗能力，所以也是研究熔体质点键能的性质之一。钢的熔点则是选择冶炼和浇铸温度的重要数据。

利用物理化学中溶液冰点下降原理，可以估计各种元素对铁液凝固点或熔点的影响，并可导出其计算公式

$$\Delta T = \frac{984}{M_B} \times (1 - L_B) w_B \tag{7-4}$$

式中 ΔT——纯铁凝固点降低值；

M_B——元素 B 的摩尔质量；

L_B——元素 B 在铁液凝固或熔化过程中，在固相及液相内浓度的分配比，即 $L_B = w_B(s)/w_B(l)$；

w_B——铁液中元素 B 的浓度，%。

利用式（7-4）计算纯铁液凝固点降低值（ΔT），表 7-2 列出了试验得到的 ΔT，可资比较。

表 7-2 铁液中元素降低纯铁凝固点的 ΔT

元素	Al	B	C	Cr	Co	Cu	H	Mn	Mo	Ni	N	O	P	S	Ti	W	V	Si
方法一	5.1	100	90	1.8	1.7	2.6	—	1.7	1.5	2.9	—	65	28	40	17	<1	1.3	6.2
方法二	2.7	102	82	1.5	1.7	4.5	—	3.8	1.7	3.6	—	—	46.1	55.6	13.9	0.5	2.1	13.6

由表 7-2 可见，金属元素（Mn、Cr、Ni、Co、Mo 等）对 ΔT 的影响很小，仅降低 0 ~ 3℃，而非金属元素（C、B、S、P）则较大，降低了 30 ~ 100℃。其中 C 的影响最大。

钢液的凝固点可利用表 7-2 的 ΔT 数值由下公式近似计算：

$$t = 1538 - \Sigma \Delta T_B \times w_B \ ℃ \tag{7-5}$$

式中 1538——纯铁的熔点,℃;

w_B——钢中元素的质量分数,%。

【例7-4】 试计算下列成分的滚珠轴承钢GCr15SiMn的熔点。钢的化学成分:$w[C]=1.0\%$、$w[Si]=0.5\%$、$w[Mn]=1.0\%$、$w[Cr]=1.5\%$、$w[P]=0.02\%$、$w[S]=0.01\%$。

解: 因钢中气体的含量低,钢种成分中未列入,所以一般不用单独计算,而是假定它们的$\Sigma\Delta T\approx7$℃,于是钢的熔点:

$$T=1538-(90\times1.0+6.2\times0.5+1.7\times1.0+1.8\times1.5+28\times0.02+40\times0.01+7)=1433℃$$

由表7-2知,这里碳降低铁熔点的作用最显著。因此,在生产上作大略估计时,取工业纯铁的熔点为1530℃,则可用下式近似计算钢的熔点:

$$t=1530-90\times w[C]\quad ℃ \tag{7-6}$$

而题中上述钢种的熔点为$t=1530-90\times1.0=1440$℃。

碳素钢在精炼终了时,钢液中其他元素的含量已很低了,其凝固点也就主要决定于碳量。因此,也可根据测定的凝固温度反过来估计其碳量。生产中采用过的“结晶定碳仪”就是利用这个原理制得的($w[C]=\frac{1530-t}{90}$)。

7.4.2 密度

纯铁液在1873K的密度为6900~7000kg·m^{-3},密度和温度的关系为:

$$\rho_T=8580-0.853T\quad kg\cdot m^{-3} \tag{7-7}$$

铁液的密度除与温度有关外,还与溶解元素的种类及浓度有关。溶于铁液的元素中,W、Mo能提高铁液的密度,Al、Si、Mn、P、S则能降低铁液的密度,而Ni、Co、Cr过渡金属的作用则很小。

组分物化性质相近的元素形成的铁溶液,如Fe-Ni、Fe-Mn等,其密度具有组分密度的加和性:$\rho=\Sigma x_B\rho_B$;而性质相差较大的元素形成的铁液的密度ρ则不具备加和性,需要用实验的方法测定。

7.4.3 黏度

黏度和扩散、电导率等是液体的传输性质,不仅是研究熔体结构的基础,也是冶炼最重要的性质。在流动的液体中,各层的定向运动速度并不相等,因而相邻层间发生了相对质量的运动,各层间产生了摩擦力,力图阻止这种运动的延续,液体的流速因而减慢,这就是黏滞现象。表示这种黏滞现象通常用黏滞系数或称黏度表示。

黏度和温度的关系式为:

$$\eta=B_0e^{\frac{E_\eta}{RT}} \tag{7-8}$$

式中 η——黏度,Pa·s或N·s·m^{-2};

B_0——常数，$N \cdot s \cdot m^{-2}$；

E_η——黏流活化能，$J \cdot mol^{-1}$。

式（7-7）亦可表示为对数式

$$\ln\eta = E_\eta/(RT) + \ln B_0 \quad 或 \quad \lg\eta = A/T + B \tag{7-9}$$

式中，$A = E_\eta/(2.3R)$，$B = \lg B_0/2.3$。

对于绝大多数的液体金属，在不大的温度范围内，实验数据证实了式（7-9）的 $\lg\eta \sim 1/T$ 是直线关系，由此可求得黏流活化能 E_η

$$E_\eta = 2.3R \times (斜率) \quad 或 \quad E_\eta = 2.3R\frac{\lg\eta_1 - \lg\eta_2}{T_1^{-1} - T_2^{-1}}$$

温度提高，不仅使原子热运动的能量增加，供给质点移动所需的活化能，使具有 E_η 的质点数增加，而且也有可能使群聚团的黏滞流动单元的尺寸减小，从而熔体的黏度降低。

熔铁在 1873K 的黏度为 $1.70 \times 10^{-3} \sim 5.78 \times 10^{-3}$ Pa · s。从熔点到 1923K，黏度的温度关系式为

$$\lg\eta = 1951/T - 3.327 \tag{7-10}$$

【例 7-5】 衰减振动黏度计测得铁液在不同温度的黏度，见表 7-3，试求铁液的黏流活化能及黏度的温度关系式。

表 7-3　铁液在不同温度下的黏度

温度/℃	1502	1552	1630	1700
黏度/Pa · s	5.0×10^3	4.5×10^3	4.3×10^3	3.6×10^3

解：由式（7-9）得

$$\lg\eta = E_\eta/(2.3RT) + \lg B_0/2.3$$

现计算各温度的 $\lg\eta$ 及 $(1/T) \times 10^4$，如表 7-4 所示，以计算的 $\lg\eta$-$(1/T) \times 10^4$ 作图见图 7-11。

表 7-4　$\lg\eta$ 及 $(1/T) \times 10^4$ 的数据

温度					
温度	℃	1502	1552	1630	1700
	K	1775	1825	1903	1973
$(1/T) \times 10^4$		5.63	5.48	5.25	5.07
$\lg\eta$		-2.301	-2.347	-2.367	-2.444

$$E_\eta = 2.3R\frac{\lg\eta_1 - \lg\eta_2}{T_1^{-1} - T_2^{-1}} = 19.147 \times \frac{-2.367 - (-2.25)}{(5.25 - 5.75) \times 10^{-4}} = 44804 J \cdot mol^{-1}$$

$$\lg\eta = 44804/(19.147T) + B$$

代各温度的 $\lg\eta$ 值入上式，求 B，取平均值，$B = -3.62$。

故　　$$\lg\eta = 2340/T - 3.62$$

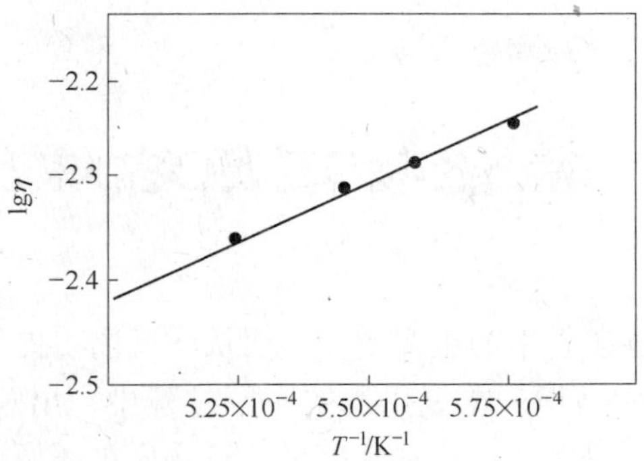

图 7-11 $\lg\eta$-$1/T$ 求 E_η

习 题

7-1 轴承钢的成分为 $w[C]=1.05\%$、$w[Si]=0.6\%$、$w[Mn]=1.0\%$、$w[P]=0.02\%$、$w[S]=0.02\%$、$w[Cr]=1.10\%$，试计算 1873K，钢液中碳、硫和磷的活度系数及活度。

7-2 试计算 Cr15Ni25Mo3W3 钢（成分为 $w[Cr]=15\%$、$w[Ni]=25\%$、$w[Mo]=3\%$、$w[W]=3\%$）在 1873K 及 $p'_{N_2}=100\text{kPa}$ 下的氮的质量分数。

7-3 试求成分为 $w[C]=1.15\%$、$w[Si]=0.65\%$、$w[Mn]=1.1\%$、$w[P]=0.02\%$、$w[S]=0.02\%$ 的轴承钢，在 1873K 及平衡时水汽含量为 $30\text{g}\cdot\text{m}^{-3}$ 气氛下的质量分数。

7-4 在不同温度测得与纯氧化铁渣平衡的铁液的 $w[O]$，如表 7-5 所示，试求铁液中氧溶解度 $w[O]$ 的温度关系式。

表 7-5 铁液中氧溶解度

温度/℃	1520	1540	1566	1580	1600	1620
$w[O]$/%	0.149	0.164	0.179	0.195	0.213	0.232

7-5 试用元素降低纯铁凝固点值（ΔT）计算 15Cr4Mo3SiMnVAl 钢（成分为：$w[C]=0.51\%$、$w[Si]=0.95\%$、$w[Mn]=1.02\%$、$w[S]=0.005\%$、$w[P]=0.017\%$、$w[Cr]=4.17\%$、$w[Ni]=0.13\%$、$w[Mo]=2.99\%$、$w[V]=1.02\%$、$w[Al]=0.51\%$）的熔点，并与实测值 1462℃进行比较。

7-6 用衰减振动黏度计测得不同温度下铁液的黏度，如表 7-6 所示，试用作图法和回归分析法求铁液的黏度与温度关系式。

表 7-6 铁液的黏度测定值

温度/K	1863	1883	1903	1923	1953
黏度/Pa·s	5.25×10^3	5.12×10^3	4.99×10^3	4.88×10^3	4.70×10^3

8 氧化物还原熔炼反应

金属氧化物是火法冶炼矿石中的主要成分，而从此氧化物提取金属的过程中，还原过程又是最重要的一火法冶炼过程。在氧化物的还原过程中，出现了电子得失（化合价改变）的化学反应，一种物质被氧化，又伴随着另一种物质被还原，因此，严格说，还原过程是氧化-还原过程。但在这里冶炼的目的是将氧化物还原得到粗金属或合金，所以将其称为还原过程。

按照工业上利用的还原剂种类的不同，可将还原过程分为三类：

（1）用可燃气体作还原剂的间接还原法；

（2）用固体碳作还原剂的直接还原法；

（3）用金属如 Si、Al 作还原剂的金属热还原法。

此外，还有利用电解水溶液及熔盐进行还原，这时要涉及电子对金属阳离子的电化学反应。

在还原熔炼中，除矿石中的主要金属极大量地还原外，脉石及燃料中灰分的某些氧化物如 SiO_2、MnO 等也要部分还原，并且为获得成分合格的粗金属，需要出去一定量的杂质如硫，同时，还原的金属还要进行渗碳。

8.1 氧化物还原的热力学条件

金属或准金属元素在大气中能形成氧化物，其稳定性决定于其存在条件下的氧化物的分解压，因此，绝大多数金属都是以氧化物的形式存在于矿石中（少数是硫化物）。为了从矿石中提取金属及从粗金属中除去某些元素，需要研究氧化物的形成-分解反应的物理化学原理。

8.1.1 氧势 $\pi_O = RT\ln p_{O_2}$

8.1.1.1 含氧气体的氧势

在温度 T，氧分压为 p'_{O_2}的气体中，氧的化学势为

$$\mu_{O_2} = \mu^{\ominus}_{O_2} + RT\ln\frac{p'_{O_2}}{p^{\ominus}} = \mu^{\ominus}_{O_2} + RT\ln p_{O_2}$$

式中 $\mu^{\ominus}_{O_2}$——$p'_{O_2} = p^{\ominus}$时（标准态）的化学势（标准化学势）。

μ_{O_2}与$\mu^{\ominus}_{O_2}$之差是氧的相对化学势，称为化学势，用 π_O 表示。即

$$\pi_{O(O_2)} = \mu_{O_2} - \mu^{\ominus}_{O_2} = RT\ln p_{O_2} \quad \text{J}\cdot\text{mol}^{-1} \tag{8-1}$$

其值相当于 1mol O_2 从标准态（$p'_{O_2} = p^{\ominus} = 100\text{kPa}$）等温转变到 p'_{O_2}时的吉布斯自由能变化。

若以 $RT\ln p_{O_2}$ 为纵坐标，温度 T 为横坐标作图，可绘出一系列 p_{O_2} 值（1，10^{-1}，10^{-2}，…）的 $RT\ln p_{O_2}$-T 的直线，称为气体的氧势图（或等氧分压线），如图 8-1 所示。

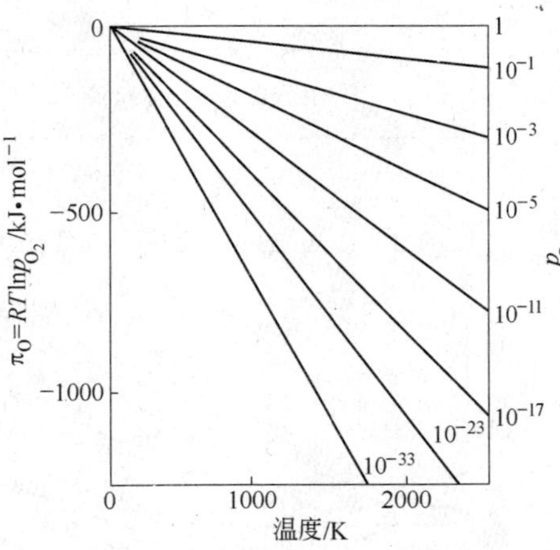

图 8-1 含氧（p_{O_2}）气体的氧势线

8.1.1.2 氧化物（M_xO_y）的氧势

金属氧化物的形成反应为（以 1mol O_2 反应）：

$$\frac{2x}{y}M(s) + O_2 \xlongequal{\quad} \frac{2}{y}M_xO_y(s)$$

$$K^{\ominus} = \frac{a_{M_xO_y}^{\frac{2}{y}}}{a_M^{\frac{2x}{y}} \cdot p_{O_2}}$$

由于

$$a_{M_xO_y} = a_M = 1$$

故 $K^{\ominus} = \dfrac{1}{p_{O_2}}$，从而 $\Delta_r G_m^{\ominus} = -RT\ln K^{\ominus} = RT\ln p_{O_2}\ \mathrm{J \cdot mol^{-1}}$。

由于 p_{O_2} 是氧化物形成反应的平衡氧分压，因此 $RT\ln p_{O_2}$ 称为氧化物的氧势：

$$\pi_{O(M_xO_y)} = RT\ln p_{O_2}$$

在一定温度下，p_{O_2} 越低，则 $\Delta_r G_m^{\ominus}$ 值越负，而氧化物的氧势越小，氧化物稳定性越大。

利用氧化物的 $\Delta_f G_m^{\ominus}$ 转换为其形成反应的 $\Delta_r G_m^{\ominus}$，可得

$$\pi_{O(M_xO_y)} = \Delta_r G_m^{\ominus} = RT\ln p_{O_2}$$

而

$$\Delta_r G_m^{\ominus} = \Delta_r H_m^{\ominus} - T\Delta_r S_m^{\ominus}$$

故

$$\pi_{O(M_xO_y)} = RT\ln p_{O_2} = \Delta_r H_m^{\ominus} - T\Delta_r S_m^{\ominus}$$

式中，$\Delta_r H_m^{\ominus}$、$\Delta_r S_m^{\ominus}$ 是 $\Delta_r G_m^{\ominus}$ 适用温度范围内的焓变与熵变的平均值。这里把 $\Delta_r H_m^{\ominus}$ 及 $\Delta_r S_m^{\ominus}$ 视为与温度 T 无关的常数，因为温度升高，带来的变化不是很大。例如，估计升高温度 100℃，$\Delta_r H_m^{\ominus}$ 大约变化 5%，$\Delta_r S_m^{\ominus}$ 大约变化 1%，但在很高温下，$\Delta_r G_m^{\ominus}$ 的误差要比低温度下的略大。并且 $\Delta_r H_m^{\ominus}$ 和 $\Delta_r S_m^{\ominus}$ 变化带来的结果是大致相互抵消的。在所要求的准确度内，当物质不发生相变的温度范围内，由上式给出的氧化物生成的氧势线是直线。

8.1.2 氧势图

将三类物质的氧势线绘成 $RT\ln p_{O_2}$-T 坐标图，称为氧化物形成的氧势图，如图 8-2 所示。

图中氧势线的走向或斜率表示温度对氧化物氧势的影响：

(1) $\Delta_r S_m^{\ominus} < 0 \rightarrow -\Delta_r S_m^{\ominus} > 0 \rightarrow$ 斜率为正，表示氧化物的氧势随温度的升高而升高，图中绝大多数凝聚态氧化物均有此特性。

(2) $\Delta_r S_m^{\ominus} > 0 \rightarrow -\Delta_r S_m^{\ominus} < 0 \rightarrow$ 斜率为负，表示氧化物的氧势随温度的升高而降低，生成气体氧化物时为此种情况。

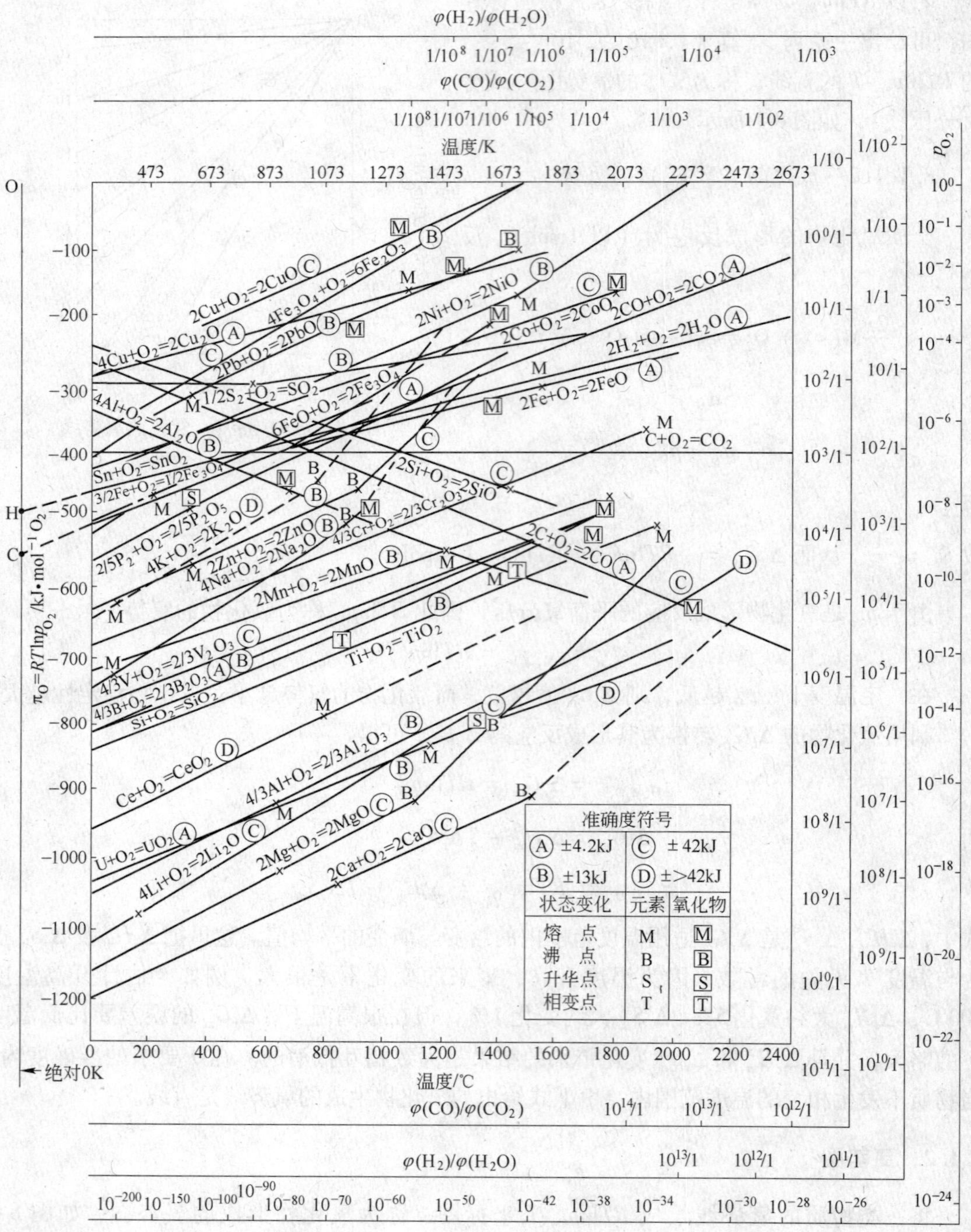

图 8-2　氧化物的氧势图

(3) $\Delta_r S_m^{\ominus} \approx 0$，氧势线为水平线（$C + O_2 = CO_2$）。

由图 8-2 中氧化物氧势线上的温度点，可得出用以衡量该氧化物稳定性的 $-\Delta_r G_m^{\ominus}(T)$ 或 $RT\ln p_{O_2}$。一定温度下该氧化物氧势线的位置越低，其氧势就越小，而氧化物就越稳定；又比较同温度下，气相氧的氧势与氧化物的氧势，可确定该氧化物在此气相中能否稳定存在或分解。

【例 8-1】 试确定 MnO(s) 在 1473K 的空气中能否稳定存在?

解: 当气相中的氧势不小于 MnO(s)的氧势时，MnO(s)能稳定存在，及 $\pi_{O(O_2)} \geqslant \pi_{O(MnO)}$空气中，$p_{O_2} = 0.21 \times 10^5 / p^\ominus = 0.21$，氧势图中的“O”与 p_{O_2}标尺的点的 0.21 的连线上，1473K 温度的 $RT\ln p_{O_2} = -19116\text{J} \cdot \text{mol}^{-1}$，即 $\pi_{O(O_2)} = RT\ln p_{O_2} \approx -19\text{kJ} \cdot \text{mol}^{-1}$。

在 MnO(s)氧势线上，1473K 温度得出：$\pi_{O(MnO)} = RT\ln p_{O_2} = -570\text{kJ} \cdot \text{mol}^{-1}$

即
$$\pi_{O(O_2)} \geqslant \pi_{O(MnO)}$$
故 MnO(s)在空气中能稳定存在。

8.1.3 氧化物还原的热力学条件

任一氧化物被还原剂（B）还原的一般反应可表示为

$$\frac{2a}{b}\text{B(s)} + \text{O}_2 = \frac{2}{b}\text{B}_a\text{O}_b\text{(s)} \qquad \Delta_r G_m^\ominus(1) = RT\ln p_{O_2}(\text{B}_a\text{O}_b)$$

$$\frac{2x}{y}\text{M(s)} + \text{O}_2 = \frac{2}{y}\text{M}_x\text{O}_y\text{(s)} \qquad \Delta_r G_m^\ominus(2) = RT\ln p_{O_2}(\text{M}_x\text{O}_y)$$

$$\frac{2}{y}\text{M}_x\text{O}_y\text{(s)} + \frac{2a}{b}\text{B(s)} = \frac{2x}{y}\text{M(s)} + \frac{2}{b}\text{B}_a\text{O}_b\text{(s)} \quad \Delta_r G_m^\ominus = \Delta_r G_m^\ominus(1) - \Delta_r G_m^\ominus(2)$$

上式简写为
$$\text{MO(s)} + \text{B(s)} = \text{M(s)} + \text{BO(s)}$$

$$\Delta_r H_m^\ominus = \Delta_f H_m^\ominus(\text{BO,s}) - \Delta_f H_m^\ominus(\text{MO,s}) \qquad \Delta_r G_m^\ominus = \pi_{O(BO)} - \pi_{O(MO)}$$

BO(s)和 MO(s)的形成-分解反应在体系中同时进行，由于 $\pi_{O(BO)} < \pi_{O(MO)}$，促使 MO(s)中的氧向 B(s)迁移，形成 BO(s)，直至 $\pi_{O(MO)} = \pi_{O(BO)}$，而反应达到平衡。因此 $\pi_{O(BO)} < \pi_{O(MO)}$或 $\Delta_r G_m^\ominus < 0$ 是 B(s)能还原氧化物 MO(s)的热力学条件。这反映在氧势图中，是下面的氧化物形成的元素，能作为还原剂去还原上面的氧化物。

当 $\Delta_r G_m^\ominus = 0$，即 $\pi_{O(MO)} = \pi_{O(BO)}$时，还原反应达到平衡，这时的温度称为还原剂 B(s)还原氧化物 MO(s)的开始还原温度（$T_{开}$），它就是氧势图中此两氧化物氧势线相交的温度，因为当 $T > T_{开}$ 时，开始出现 $\Delta_r G_m^\ominus \leqslant 0$。

一定状态下的还原开始温度（$T_{开}$），是该氧化物反应的具体热力学条件，能用以比较不同氧化物的还原性及不同还原剂的还原能力。因为氧化物越稳定，就越难还原，而其还原开始温度也就越高。

在冶金中，除根据上述热力学原理选择还原剂外，还原剂必须是来源普遍或价格便宜的物质。因此，常用的还原剂种类不多，仅有固体碳、CO、H_2 及价廉的 Si、Al 等，分别称为直接还原、间接还原及金属还原。后者多用以冶炼难还原的氧化物，获得不含碳的金属或合金。另外，由于开始是用了天然气及发展了无焦冶炼金，H_2 作为还原剂有更大的意义。

上面即是从标准状态下的还原反应得出的热力学条件。实际上，还原反应是在非标准态下进行的，被还原的氧化物和还原出来的单质并非纯态，而是位于溶液中或与其他物质形成复杂化合物。在这种情况下，必须用等温方程式来确定还原的温度条件。

在非标准状态下进行的还原反应

$$(MO) + [B] = [M] + (BO)$$

$$\Delta_r G_m = \Delta_r G_m^\ominus + RT\ln[a_{[M]}a_{(BO)}/a_{(MO)}a_{[B]}]$$

又
$$\Delta_r G_m^\ominus = \Delta_r G_m^\ominus(BO) - \Delta_r G_m^\ominus(MO)$$
$$= [\Delta_r H_m^\ominus(BO) - \Delta_r H_m^\ominus(MO)] - T[\Delta_r S_m^\ominus(BO) - \Delta_r S_m^\ominus(MO)]$$

平衡时，$\Delta_r G_m = 0$，可得出实际状态下氧化物 MO 还原的开始温度（$T_开$）：

$$T_开 = \frac{\Delta_r H_m^\ominus(BO) - \Delta_r H_m^\ominus(MO)}{[\Delta_r S_m^\ominus(BO) - \Delta_r S_m^\ominus(MO)] + 19.147[\lg(a_{(MO)}a_{[B]}) - \lg(a_{[M]}a_{(BO)})]} \quad (8\text{-}2)$$

由式（8-2）可见，提高熔体中反应物 MO、B 的活度及降低产物 M、BO 的活度，可使还原反应的开始温度降低。相反，则会使还原的开始温度提高。如果还原的产物 M 是气态或还原剂形成的氧化物也是气态，而且反应前、后气体物质的化学计量数是增加的（$\Delta\nu_{B(g)} > 0$），则降低体系的压力（如抽真空），有利于还原开始温度的降低。

【例 8-2】 在 100kPa 下用固体碳还原纯 $SiO_2(s)$，获得的铁液中硅的活度为 0.1（质量 1% 溶液为标准态），试计算 $SiO_2(s)$ 的还原开始温度。

解：还原反应 $SiO_2(s) + 2C(石) = [Si] + 2CO$ 由以下两反应组成：

$$2C_{(石)} + O_2 = 2CO \qquad \Delta_r G_m^\ominus(CO) = -228800 - 171.54T\ J\cdot mol^{-1}$$

$$[Si] + O_2 = SiO_2(s) \qquad \Delta_r G_m^\ominus(SiO_2,s) = -814850 + 215.25T\ J\cdot mol^{-1}$$

则 $SiO_2(s)$ 的还原开始温度：

$$T_开 = \frac{\Delta_r H_m^\ominus(CO) - \Delta_r H_m^\ominus(SiO_2,s)}{[\Delta_r S_m^\ominus(CO) - \Delta_r S_m^\ominus(SiO_2,s)] + 19.147[\lg(a_{(SiO_2)}a_C^2) - \lg(a_{[Si]}p_{(CO)}^2)]}$$

$$= \frac{-228800 + 814850}{171.54 - (-215.25) + 19.147[\lg(1\times 1) - \lg(0.1\times 1)]}$$

$$= 1444K$$

【例 8-3】 在 Mg 的沸点（1363K）温度以上，碳还原 $MgO(s)$ 的反应，$MgO(s) + C_{(石)} = Mg(g) + CO$。试求 $p'_{Mg} = p'_{CO} = 13.3Pa$ 时反应的还原开始温度。

解：还原反应由以下两反应组成

$$2C_{(石)} + O_2 = 2CO \qquad \Delta_r G_m^\ominus(CO) = -228800 - 171.54T\ J\cdot mol^{-1}$$

$$2Mg(g) + O_2 = 2MgO(s) \qquad \Delta_r G_m^\ominus(MgO) = -1465400 + 411.98T\ J\cdot mol^{-1}$$

$MgO(s)$ 的还原开始温度

$$T_开 = \frac{\Delta_r H_m^\ominus(CO) - \Delta_r H_m^\ominus(MgO,s)}{[\Delta_r S_m^\ominus(CO) - \Delta_r S_m^\ominus(MgO,s)] + 19.147[\lg(a_{MgO}a_C) - \lg(a_{Mg}^2 p_{CO}^2)]}$$

$$= \frac{-228800 + 1465400}{171.54 - (-411.98) + 19.147\left[\lg(1\times 1) - \lg\left(\frac{13.3}{10^5}\times\frac{13.3}{10^5}\right)^2\right]}$$

$$= 1405K$$

$MgO(s)$ 开始还原温度由标准状态（$p'_{Mg} = p'_{CO} = 100kPa$）的 2119K 下降到了 1405K。

8.2 氧化物的间接还原反应

8.2.1 CO 及 H_2 还原氧化物的热力学

CO、H_2或它们的混合气体是冶金中氧化物的主要还原剂。反应的热力学式可由 CO（或 H_2）的燃烧反应与氧化物的形成反应组合得出：

$$2CO + O_2 = 2CO_2 \quad \Delta_r H_m^\ominus(CO_2) \quad \Delta_r G_m^\ominus(CO_2) \tag{I}$$

$$2M(s) + O_2 = 2MO(s) \quad \Delta_r H_m^\ominus(MO,s) \quad \Delta_r G_m^\ominus(MO,s) \tag{II}$$

$$2MO(s) + 2CO = 2M(s) + 2CO_2 \tag{III}$$

或

$$MO(s) + CO = M(s) + CO_2 \quad \Delta_r H_m^\ominus \quad \Delta_r G_m^\ominus \tag{III'}$$

$$\Delta_r H_m^\ominus = \Delta_r H_m^\ominus(CO_2) - \Delta_r H_m^\ominus(MO,s) = -565390 - \Delta_r H_m^\ominus(MO,s)$$

$$\Delta_r G_m^\ominus = \Delta_r G_m^\ominus(CO_2) - \Delta_r G_m^\ominus(MO,s)$$

分析：$-565390J \cdot mol^{-1}$是反应式（Ⅰ）的 $\Delta_r H_m^\ominus(CO_2)$，而反应式（Ⅱ）的 $\Delta_r H_m^\ominus(MO,s)<0$，故反应式（Ⅲ）是吸热还是放热，取决于 $|\Delta_r H_m^\ominus(MO,s)|$ 是大于或小于 565390。

反应式（Ⅲ′）的平衡常数为：

$$K^\ominus = \frac{a_M p_{CO_2}}{a_{MO} p_{CO}} = \frac{p_{CO_2}}{p_{CO}} = \frac{\varphi(CO_2)}{\varphi(CO)}$$

式中，$a_M = a_{MO} = 1$，而 $p_{CO_2} = \frac{\varphi(CO_2)}{100}p$；$p_{CO} = \frac{\varphi(CO)}{100}p$。

因此：

$$\varphi(CO) = \frac{100}{1+K^\ominus}\%; \quad \varphi(CO_2) = \frac{K^\ominus \times 100}{1+K^\ominus}\% \tag{8-3}$$

利用式（8-3）可绘出还原反应的热力学参数平衡图，$\varphi(CO) = f(T)$，如图 8-3 所示。

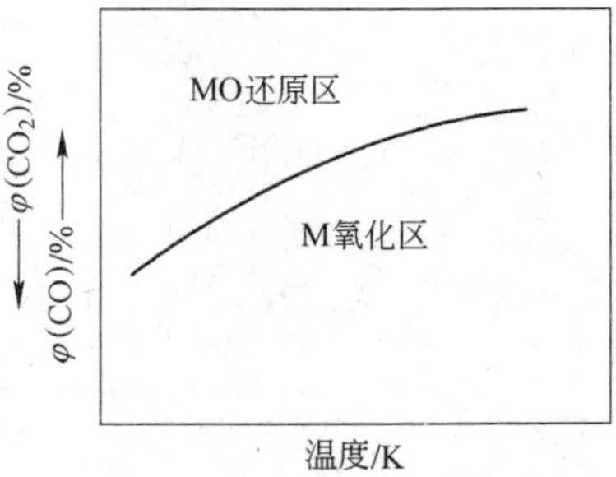

图 8-3 CO 还原 MO 的平衡图

图 8-3 中曲线为还原反应的平衡曲线，即平衡气相成分与温度的关系线。对 M、MO 来说，线上的气相组成是平衡的，因 $\Delta_r G_m = 0$。

（1）曲线以上的区域是 MO 的还原区，因 $\Delta_r G_m < 0$，反应向正向进行，MO 被还原

$$\Delta_r G_m = RT\left\{\ln\left[\frac{\varphi(CO_2)}{\varphi(CO)}\right] - \ln\left[\frac{\varphi(CO_2)}{\varphi(CO)}\right]_{平}\right\}$$

而

$$\left[\frac{\varphi(CO_2)}{\varphi(CO)}\right] < \left[\frac{\varphi(CO_2)}{\varphi(CO)}\right]_{平}$$

（2）曲线以下的区域则是 M(s)的氧化区，因 $\Delta_r G_m > 0$，反应向逆向进行，被还原的单质 M 受到氧化。因为 $\left[\frac{\varphi(CO_2)}{\varphi(CO)}\right] > \left[\frac{\varphi(CO_2)}{\varphi(CO)}\right]_{平}$

平衡曲线的走向则与反应式（Ⅲ）的 $\Delta_r H_m^\ominus$ 的符号有关。由于 $d\ln K^\ominus / dT = \Delta_r H_m^\ominus/(RT^2)$

及 $\varphi(CO)_{平} = 100/(1 + K^{\ominus})$ 知，随温度的升高，吸热反应的 $K^{\ominus}$ 增大，从而 $\varphi(CO)_{平}$ 降低，所以平衡曲线向右下降。相反，放热反应的 $K^{\ominus}$ 减小，从而 $\varphi(CO)_{平}$ 增高，平衡曲线向右上升（图 8-3 为放热反应）。

平衡曲线在图中的位置则与 $K^{\ominus}$ 值的大小有关，可大致分为三类：

(1) $K^{\ominus} \ll 1$, $\varphi(CO)_{平} \approx 100\%$，曲线接近图的上横轴，这是难于还原的氧化物，如 MnO、SiO_2、TiO_2 等；

(2) $K^{\ominus} \gg 1$, $\varphi(CO)_{平} \ll 1\%$，曲线接近下横轴，这是易还原的氧化物，如 NiO、CuO、Fe_2O_3 等；

(3) $K^{\ominus} \approx 1$, $\varphi(CO)_{平} \approx 50\%$，曲线位于图中中部，还原性介于前两者间的氧化物，如 FeO、Fe_3O_4 等。

总之，氧化物的 $-\Delta_r G_m^{\ominus}$ 大，其稳定性也愈大，还原反应的 $K^{\ominus}$ 值就愈小，而其 $\varphi(CO)_{平}$ 很高，即还原剂的最低消耗量就愈高。

8.2.2 CO 还原氧化铁的平衡图

如前所述，氧化铁的分解遵循逐级转变原则，在 570℃ 以上及其下有不同的转变顺序，因此，氧化铁的还原也是逐级性的。

$t > 570℃$：

$$3Fe_2O_3(s) + CO \xlongequal{} 2Fe_3O_4(s) + CO_2 \quad \Delta_r G_m^{\ominus} = -52131 - 41.0T\ \text{J}\cdot\text{mol}^{-1} \qquad (\text{I})$$

$$Fe_3O_4(s) + CO \xlongequal{} 3FeO(s) + CO_2 \quad \Delta_r G_m^{\ominus} = 35380 - 41.16T\ \text{J}\cdot\text{mol}^{-1} \qquad (\text{II})$$

$$FeO(s) + CO \xlongequal{} Fe(s) + CO_2 \quad \Delta_r G_m^{\ominus} = -22800 + 24.26T\ \text{J}\cdot\text{mol}^{-1} \qquad (\text{III})$$

$t < 570℃$：

$$3Fe_2O_3(s) + CO \xlongequal{} 2Fe_3O_4(s) + CO_2 \quad \Delta_r G_m^{\ominus} = -52131 - 41.0T\ \text{J}\cdot\text{mol}^{-1} \qquad (\text{I})$$

$$\frac{1}{4}Fe_3O_4(s) + CO \xlongequal{} \frac{3}{4}Fe(s) + CO_2 \quad \Delta_r G_m^{\ominus} = -9832 + 8.58T\ \text{J}\cdot\text{mol}^{-1} \qquad (\text{IV})$$

平衡常数

$$K^{\ominus} = \left[\frac{\varphi(CO_2)}{\varphi(CO)}\right]_{平} \qquad \varphi(CO) = \frac{100}{1 + K^{\ominus}}\% \qquad (8\text{-}4)$$

利用各反应的式（8-4）可绘出 CO 还原氧化铁的平衡图，如图 8-4 所示。

图 8-4 中反应（Ⅰ）的 $K^{\ominus} \gg 1$，而 $\varphi(CO)_{平} \approx 0$，曲线接近底横轴，微量 CO 即可使 Fe_2O_3 还原，所以反应（Ⅰ）是实际不可逆的。

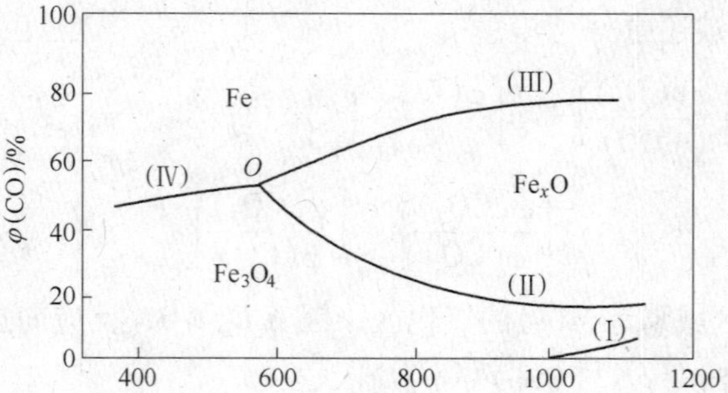

图 8-4 CO 还原氧化铁的平衡图

反应（Ⅱ）、（Ⅲ）、（Ⅳ）的曲线在570℃相交于 O 点（气相成分：$\varphi(CO)_平 = 52.2\%$），形成“叉形”。除反应（Ⅱ）外，其余反应的 $\Delta_r H_m^\ominus < 0$，故曲线的走向向上，而 $\varphi(CO)_平$ 随温度的升高而增加。

3条平衡曲线把图面划分为 Fe_3O_4、FeO 及 Fe 稳定存在区。当气相的组成［$\varphi(CO)$］高于一定温度某曲线的 $\varphi(CO)_平$ 时，该曲线所代表的还原反应能够正向进行。而一定组成的气相在同一温度下对某氧化物显还原性，则对曲线下的氧化物则显氧化性，换言之，曲线以上区为该还原反应的产物稳定区，而其下则为其反应物的稳定区。因此，利用平衡图可直观地确定一定温度及气相成分下，任一氧化铁转变的方向及最终的相态，并能得出一定气相组成的氧化铁的还原开始温度。

【例8-4】 试用氧势图求出标准态下及气相成分为 $\varphi(CO) = 63\%$，$\varphi(CO_2) = 37\%$ 混合气体还原 FeO 的平衡常数及还原反应的反应温度。

解：（1）在标准态下：

$$FeO(s) + CO = Fe(s) + CO_2 \qquad \Delta_r G_m^\ominus = -22800 + 24.26T\ J \cdot mol^{-1}$$

还原开始温度：

$$T_开 = 22800/24.26 = 940K$$

氧势图中 FeO 与 CO_2 氧势线相交点温度为940K，$K^\ominus = \dfrac{\varphi(CO_2)}{\varphi(CO)} = 1$，故 $\varphi(CO)_平 = \dfrac{100}{1+K^\ominus} = 50\%$。$T > 940K$，FeO 氧势线位于 CO_2 氧势线之下，CO 不能还原 FeO。

（2）气相成分为 $\varphi(CO) = 63\%$，$\varphi(CO_2) = 37\%$。

$$K_1^\ominus = \frac{\varphi(CO_2)}{\varphi(CO)} = \frac{37}{63} = 0.58 \qquad \frac{\varphi(CO)}{\varphi(CO_2)} = \frac{63}{37} = 1.7 = 10^{0.23}$$

$\varphi(CO)/\varphi(CO_2) = 10^{0.23}$ 的 CO_2 的氧势线［即“C”点与 $\varphi(CO)/\varphi(CO_2)$ 标尺上 $10^{0.23}$ 点的连线］与 FeO 的氧势线的交点约为880℃，即此状态下的 FeO 还原的反向温度。可利用等温方程计算，其值为882℃。

$$\Delta_r G_m = -22800 + (24.26 + R\ln 0.58)T, \quad \Delta_r G_m = 0, \quad T = 1155K(882℃)$$

8.2.3 H_2 还原氧化铁的平衡图

在818℃，H_2 和 CO 有相同的还原能力，但在818℃以下，CO 和氧的亲和力大于 H_2 和氧的亲和力，所以 CO 的还原能力比 H_2 的还原能力大，而 $\varphi(CO)_平 < \varphi(H_2)_平$，即前者的消耗量较少。在818℃以上则相反，$H_2$ 的还原能力比 CO 的还原能力大，而 $\varphi(H_2)_平 < \varphi(CO)_平$，如图8-5所示。

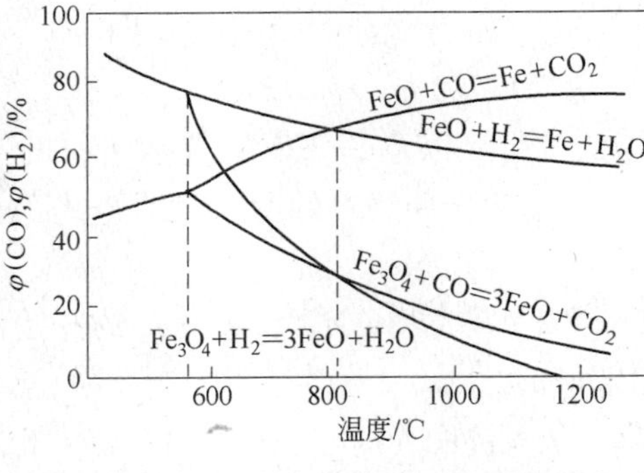

图8-5 H_2（及CO）还原氧化铁的平衡图

8.3 氧化物的直接还原反应

固体碳是冶金中的主要还原剂，许多较难于被气体还原剂（CO、H_2）还原的氧化物，如 SiO_2、MnO 等，都能被 C 所还原，只是氧化物愈稳定，其还原的开始温度就愈高（氧势图总共氧化物与 CO 的二氧势线的交点温度），所以固体碳称为冶金中的“万能还原剂”。

8.3.1　固体碳还原氧化物的热力学原理

氧化物被固体碳的还原反应，一般为：

$$MO(s) + C(石) \Longrightarrow M(s) + CO \quad \Delta_r H_m^{\ominus} > 0 \qquad (Ⅰ)$$

$$2MO(s) + C(石) \Longrightarrow 2M(s) + CO_2 \quad \Delta_r H_m^{\ominus} > 0 \qquad (Ⅱ)$$

在有 C 存在的条件下，在较高温度（900～1000℃）下，CO_2 实际上是极少的，所以后一反应仅能出现在较低温度下。

直接还原反应的热力学条件可有以下两种方式。

（1）碳的不完全燃烧反应与氧化物的生成反应的组合：

$$2C(石) + O_2 \Longrightarrow 2CO \qquad \Delta_r H_m^{\ominus}(CO) \quad \Delta_r G_m^{\ominus}(CO) \qquad (1)$$

$$2M(s) + O_2 \Longrightarrow 2MO(s) \qquad \Delta_r H_m^{\ominus}(MO) \quad \Delta_r G_m^{\ominus}(MO) \qquad (2)$$

$$2MO(s) + 2C_{(石)} \Longrightarrow 2M(s) + 2CO \qquad MO(s) + C(石) \Longrightarrow M(s) + CO \qquad (3)$$

$$\Delta_r H_m^{\ominus} = \frac{1}{2}[\Delta_r H_m^{\ominus}(CO) - \Delta_r H_m^{\ominus}(MO)]$$

$$\Delta_r G_m^{\ominus} = \frac{1}{2}[\Delta_r G_m^{\ominus}(CO) - \Delta_r G_m^{\ominus}(MO)]$$

因为 $\Delta_r H_m^{\ominus}(CO) = -228.8\text{kJ} \cdot \text{mol}^{-1}$，而 $|\Delta_r H_m^{\ominus}(MO)| > 228.8\text{kJ} \cdot \text{mol}^{-1}$ 所以直接还原均为强吸热反应。

由 $\Delta_r G_m^{\ominus} = 0$ 或氧势图中 CO 和 MO 氧势线的交点，可得出标准状态下还原的开始温度。

另外，对于　　$MO(s) + C(石) \Longrightarrow M(s) + CO$

$$K^{\ominus} = p_{CO} = \frac{\varphi(CO)_{平} \cdot p}{100} \qquad \varphi(CO)_{平} = 100K^{\ominus}/p$$

由此可作出总压强（p）一定的直接还原反应的平衡图，如图 8-6 所示。图中平衡曲线划分图面为有固体碳存在时，M 及 MO 稳定存在区，仅当气相的 p_{CO} 小于该温度的 $p_{CO(平)}$ 时，MO 才能被 C 所还原（$\Delta_r G_m = -RT(\ln p_{CO(平)} - \ln p_{CO}) = RT(\ln p_{CO} \ln p_{CO(平)}) < 0$）。

因此，曲线以下是 MO 能直接还原的（p_{CO}，T）条件，而 p_{CO} 对应于曲线上的温度点即为此状态下的还原开始温度 $T_{开}$。

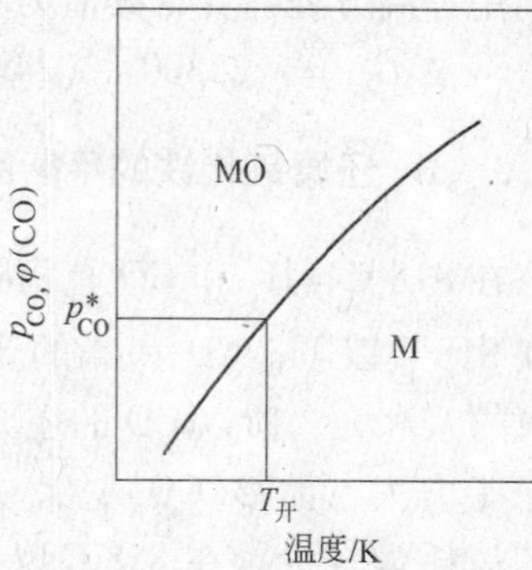

图 8-6　直接还原反应的平衡图

【例 8-5】　试求 C 还原 MnO(s) 的开始还原温度，压力为 100kPa。

解： 从氧势图 MnO 与 CO 氧势线的交点，得出 C 还原 MnO 的开始还原温度 $T_{开} = 1675\text{K}$。

由于 $T_{Mn(熔)} = 1517\text{K}$　即在 C 还原 MnO 的温度下，Mn 已经是液态了，故 MnO 的还原反应的 $\Delta_r G_m^{\ominus}$ 可如下求出：

$$2C(石) + O_2 \Longrightarrow 2CO \qquad \Delta_r G_m^{\ominus} = -228800 - 171.54T \ \text{J} \cdot \text{mol}^{-1}$$

$$2Mn(l) + O_2 \Longrightarrow 2MnO(s) \qquad \Delta_r G_m^{\ominus} = -814708 + 176.74T\ \text{J} \cdot \text{mol}^{-1}$$

$$2MnO(s) + 2C(\text{石}) \Longrightarrow 2Mn(l) + 2CO \qquad \Delta_r G_m^{\ominus} = 585908 - 348.28T\ \text{J} \cdot \text{mol}^{-1}$$

或 $$MnO(s) + C(\text{石}) \Longrightarrow Mn(l) + CO \qquad \Delta_r G_m^{\ominus} = 292954 - 174.14T\ \text{J} \cdot \text{mol}^{-1}$$

当 $\Delta_r G_m^{\ominus} = 0$ 时，$T_{\text{开}} = 1682\text{K}$。

（2）氧化物的间接还原反应与碳气化反应的组合。在 C 还原 MO(s)的体系中，除 C 还原 MO(s)的反应（MO(s) + C(石)═M(s) + CO）外，按体系中反应同时平衡原理，还有下列反应出现：

$$C(\text{石}) + CO_2 \Longrightarrow 2CO \qquad (\text{Ⅲ})$$

$$MO(s) + CO \Longrightarrow M(s) + CO_2 \qquad (\text{Ⅱ})$$

由它们的组合，可得出直接反应：

$$MO(s) + C(\text{石}) \Longrightarrow M(s) + CO \qquad (\text{Ⅰ})$$

用 CO 去还原 MO，生成的 CO_2 与 C 作用，如此形成的 CO 又去还原 MO，周而复始，消耗的不是 CO 而是 C。CO 在这种条件下，仅起了把 MO 的氧迁移给 C 的作用。但是在有 C 存在下，CO 的还原能力比在间接还原中提高了许多倍。抵消了 CO_2 出现带给还原反应的可逆性。因为在高温下，由于反应式（Ⅲ）的发展，体系内 CO_2 的浓度很低，因而反应式（Ⅱ）的 $\Delta_r G_{m(\text{Ⅱ})}(= \Delta_r G_{m(\text{Ⅱ})}^{\ominus} + RT\ln(p_{CO_2}/p_{CO}))$ 的负值很大，使反应式（Ⅰ）更易向右进行。

于是，$K_{\text{Ⅰ}}^{\ominus} = K_{\text{Ⅱ}}^{\ominus} \cdot K_{\text{Ⅲ}}^{\ominus}$，可以通过反应式（Ⅲ）和式（Ⅱ）得平衡曲线，来讨论反应式（Ⅰ）的平衡条件。为此，可将反应式（Ⅲ）及式（Ⅱ）平衡曲线绘于同一坐标图中，如图 8-7 所示。

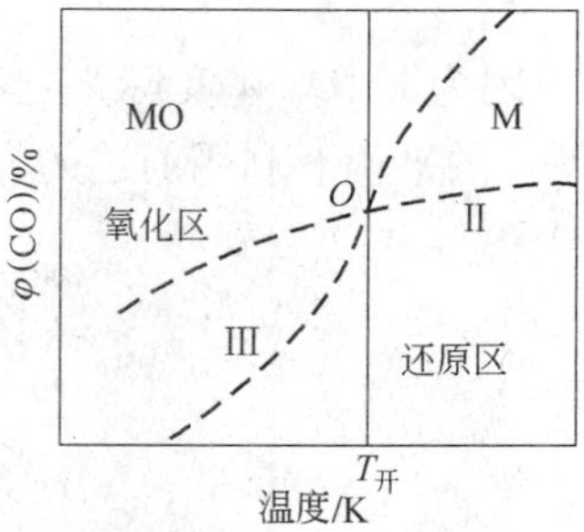

图 8-7 直接还原的平衡图

两曲线在 O 点相交，它是体系的平衡点。在有固体 C 存在时，体系的 CO 浓度由曲线（Ⅲ）确定。

- 当温度高于 O 点时，体系的 CO 浓度大于反应式（Ⅱ）的 $CO_{\text{平}}$ 浓度，故 MO(s)被 CO 还原。
- 相反，当温度低于 O 点，体系的 CO 浓度小于反应式（Ⅱ）的 $CO_{\text{平}}$ 浓度，反应逆向进行，即还原的 M 被氧化成 MO（这是通过在此温度下，CO 发生分解，形成的 CO_2 发生的氧化作用；实际上，在此时，反应式（Ⅱ）位于图中 CO 的分解区内）。

因此，通过 O 点作一垂线将图面划分为两个区，右面是 MO 的还原区，左面是 M 的氧化区，而 O 点的温度称为 C 直接还原氧化物的开始温度。这个开始温度和体系的压力及 MO(s)的稳定性有关。提高压力，曲线（Ⅲ）的位置右移，MO(s)的稳定区扩大，因而两者交点的温度（$T_{\text{开}}$）增高。因此，可利用真空还原法，降低还原开始温度。

上面仅是考虑了纯凝聚相和气相之间的直接还原反应的热力学条件，但在实际条件下，还原过程是在非标准态下进行的，可表示为

$$(MO) + [C] \Longrightarrow [M] + CO$$

而还原的开始温度可用式（8-5）表示：

$$T_{开} = \frac{\Delta_r H_m^{\ominus}(CO) - \Delta_r H_m^{\ominus}(MO)}{[\Delta_r S_m^{\ominus}(CO) - \Delta_r S_m^{\ominus}(MO)] + 19.147[\lg(a_{(MO)}a_C) - \lg(p_{CO}a_{[M]})]} \tag{8-5}$$

参加反应的物质可出现下列状态：

（1）被还原的氧化物可溶解于炉渣中，或以复杂化合物的形式存在。

（2）作为还原剂的 C 可溶解于金属液中，如铁液中溶解的碳。

（3）还原的金属可以是气态（当 $T_{开}$ 超过了其沸点）或与 C 形成碳化物或为 C 饱和的金属。这样形成的碳化物也可充当 C 作还原剂。

因此，上述物质存在状态的改变均能改变还原反应的 $\Delta_r G_m$ 及平衡温度，获得该种状态下的还原开始温度。

8.3.2　固体碳还原氧化铁

利用各级氧化铁的间接还原反应与碳气化反应的组合，可得出它们的直接还原反应及 $\Delta_r G_m^{\ominus}$。

$$3Fe_2O_3(s) + C_{(石)} = 2Fe_3O_4(s) + CO \quad \Delta_r G_m^{\ominus} = 120000 - 218.46T\ J \cdot mol^{-1} \tag{Ⅰ}$$

$$Fe_3O_4(s) + C_{(石)} = 3FeO(s) + CO \quad \Delta_r G_m^{\ominus} = 207510 - 217.62T\ J \cdot mol^{-1} \tag{Ⅱ}$$

$$FeO(s) + C_{(石)} = Fe(s) + CO \quad \Delta_r G_m^{\ominus} = 158970 - 160.25T\ J \cdot mol^{-1} \tag{Ⅲ}$$

$$\frac{1}{4}Fe_3O_4(s) + C_{(石)} = \frac{3}{4}Fe(s) + CO \quad \Delta_r G_m^{\ominus} = 171100 - 174.5T\ J \cdot mol^{-1} \tag{Ⅳ}$$

因为 Fe_2O_3 在实际上已很易被 C 还原，故仅限于研究反应式（Ⅱ）、式（Ⅲ）、式（Ⅳ）的平衡。利用前述的方法可绘出它们的平衡图，如图 8-8 所示。

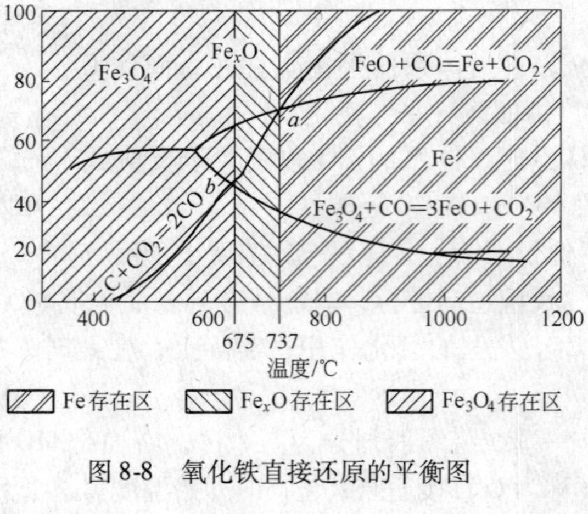

图 8-8　氧化铁直接还原的平衡图

图中碳气化反应曲线的总压为 100kPa，此曲线分别与两个间接还原反应的曲线交于 a、b 两点。a 点的坐标为 $\varphi(CO) = 62\%$，$T \approx 992 \sim 1010K$，是反应（Ⅲ）的还原开始温度；b 点的坐标是 $\varphi(CO) = 42\%$，$T \approx 950K$，是反应（Ⅱ）的还原开始温度。但在 a 点的温度（≈1010K）以上，由于 C 的存在，体系的 CO 浓度永远高于各级氧化铁间接还原的 CO 的平衡浓度，将发生 $Fe_2O_3 \rightarrow Fe_3O_4 \rightarrow Fe_xO \rightarrow Fe$ 的转变。在 ab 温度之间，由于体系的 CO 浓度仅高于 Fe_3O_4 间接还原反应（Ⅱ）的 CO 平衡浓度，而低于 Fe_xO 间接还原反应

（Ⅲ）的CO平衡浓度，故将发生$Fe_2O_3 \rightarrow Fe_3O_4 \rightarrow Fe_xO$及$Fe \rightarrow Fe_xO$的转变。在$b$点温度以下，体系的CO浓度低于两间接还原（Ⅲ）及（Ⅱ）的CO平衡浓度，将发生$Fe_2O_3 \rightarrow Fe_3O_4$及$Fe \rightarrow Fe_xO \rightarrow Fe_3O_4$的转变。所以当体系达到平衡时，$a$点温度以上最终稳定的是Fe，在$ab$点间的温度内是$Fe_xO$，而在$b$点温度以下是$Fe_3O_4$。因此，从此两温度点作垂线，可将图面划分为分别是$Fe_3O_4$、$Fe_xO$及Fe的稳定存在区。

压力对氧化铁直接还原的影响表现在对和其有关的碳气化反应上。压力降低，碳气化反应曲线向左移动，因而各级氧化铁还原的开始温度下降，如图8-9所示。另外还可得出氧化铁直接还原的p-T平衡图，如图8-10所示。由图8-9和图8-10均可直接得出不同压力下直接还原的开始温度（$T_{开}$）。

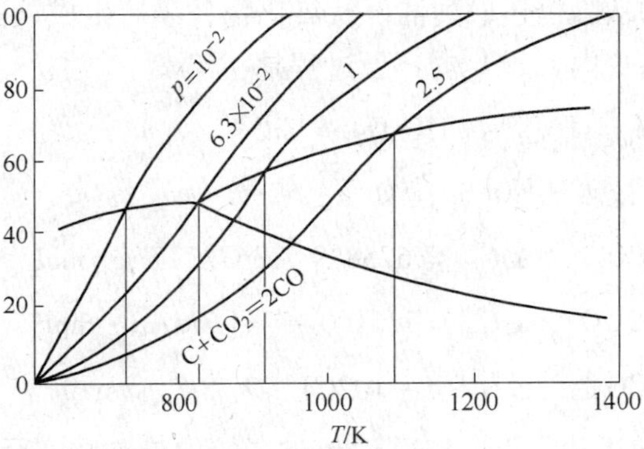

图8-9　不同压力下氧化铁还原平衡图

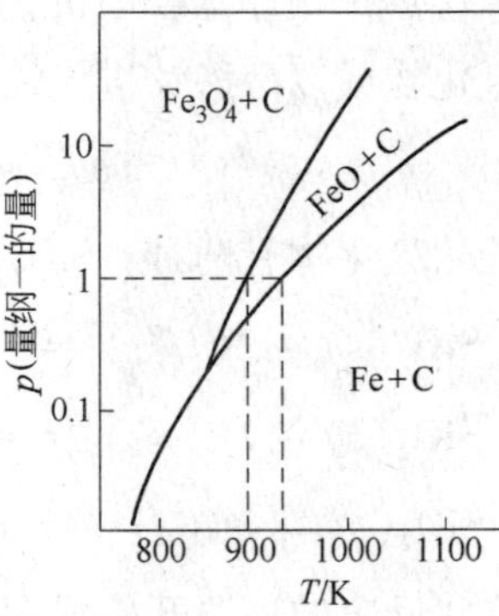

图8-10　氧化铁直接还原的p-T图

8.3.3　铁以外的其他金属氧化物的还原

固体碳除在高炉内作为氧化铁、SiO_2、MnO的还原剂外，也是冶炼许多铁合金的主要还原剂，特别是不受含碳量限制或能进行去碳处理的铁合金或合金。由于还原的许多元素能与C形成碳化物，故还原反应可表示为

$$\frac{2}{y}M_xO_y + \left(2 + \frac{2x}{z}\right)C = \left(\frac{2x}{yz}\right)M_zC_y + 2CO$$

形成的碳化物组成复杂，有时还形成$M_xC_yO_z$中间化合物。当C过剩时，这种化合物可进一步失去氧，变为碳化物或金属单质。

碳化物的形成有利于降低氧化物的还原开始温度，从图8-11可见，生成碳化物反应的$\Delta_r G_m^\ominus$减小值要比生成纯金属反应的$\Delta_r G_m^\ominus$减小得更多。而且两者的$\Delta_r G_m^\ominus$差别愈大，则愈难获得低C的产物。

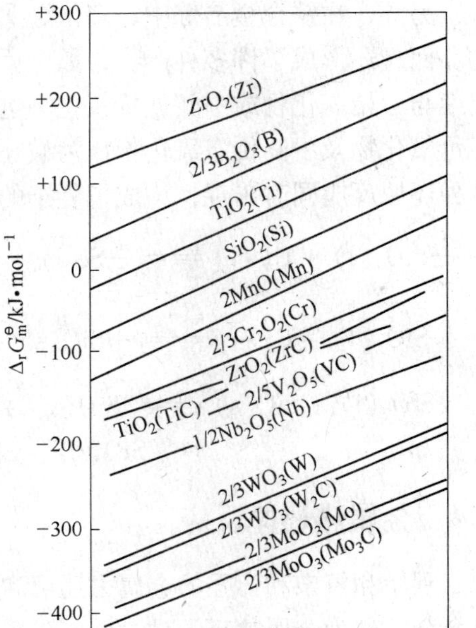

图8-11　碳还原氧化物的$\Delta_r G_m^\ominus$-T图
（括号内为还原产物）

因为这些反应都是强吸热的，所以常用电炉

加热进行，在高炉内，则需用较高的焦比。由于气相产物容易排出，推动反应连续进行，所以生产率很高。

铁合金的生产多在加入废铁或有氧化铁存在下进行，使被还原的元素溶解于铁液中或与之结合，降低元素的活度，除使反应更易进行外，还能使产品的熔点降低，冶炼在较低温度下进行或便于产品出炉，如冶炼钨铁、钼铁等。在冶炼硅铁时，Fe 能破坏对冶炼不利的 SiC 的生成（SiC 熔点高、难分解、易造成炉底上涨，恶化炉况），因为会发生下列反应：

$$m\mathrm{Fe} + n\mathrm{SiC} = \mathrm{Fe}_m\mathrm{Si}_n + n\mathrm{C}$$

并能促进还原反应向 Si 生成方向进行。

含钛氧化物在高炉中可部分还原，即从高价还原到低价钛氧化物，最后生成钛的碳化物及氮化物或以溶解钛进入铁液中。在高炉内，TiO_2 的还原过程是：

$$\mathrm{TiO_2} \rightarrow \mathrm{Ti_3O_5} \rightarrow \mathrm{Ti_{0.67}O_{0.33}C} \rightarrow \mathrm{TiC}_x\mathrm{O}_y \rightarrow \mathrm{TiC}$$

硅的氧化物有两种：SiO_2、SiO(g)，被碳还原的反应如下：

$$\mathrm{SiO_2(s)} + 2\mathrm{C(石)} = \mathrm{Si(s)} + 2\mathrm{CO} \qquad \Delta_r G_m^\ominus = 675889 - 363.71T\ \mathrm{J \cdot mol^{-1}}$$

$$\mathrm{SiO_2(s)} + 2\mathrm{C(石)} = \mathrm{SiO(g)} + 2\mathrm{CO} \qquad \Delta_r G_m^\ominus = 686160 - 341.66T\ \mathrm{J \cdot mol^{-1}}$$

$$\mathrm{SiO_2(g)} + 2\mathrm{C(石)} = \mathrm{Si(s)} + 2\mathrm{CO} \qquad \Delta_r G_m^\ominus = -10200 - 3.26T\ \mathrm{J \cdot mol^{-1}}$$

这些反应的还原开始温度都较高，在 1650℃以上，已远超过高炉内渣铁的实际温度，并且 SiO_2 还存在于炉渣中，其活度又小于 1。但是，由于还原的 Si 可与 Fe 形成稳定的化合物，如 FeSi、Fe_2Si 等，因而降低了还原反应的 $\Delta_r G_m^\ominus$ 及相应的还原开始温度。

另外，在铁合金冶炼中，多价金属氧化物为 C 还原时，不仅形成低价氧化物的中间产物，而且还形成了许多种产物，如金属、碳化物。这些产物也能作为还原剂和 C 一样，去继续与原始氧化物或中间低价氧化物进行还原反应，得到金属或中间产物。因此，出现了高价氧化物及中间价态氧化物作为被还原的氧化物，而以 C、金属、碳化物作为还原剂的多种还原反应同时出现，构成了复杂的体系。例如 SiO_2 + C 的体系内可出现下列反应：

$$\frac{1}{2}\mathrm{SiO_2(l)} + \mathrm{C(石)} = \frac{1}{2}\mathrm{Si(l)} + \mathrm{CO} \qquad \mathrm{SiO_2(l)} + \mathrm{C(石)} = \mathrm{SiO(g)} + \mathrm{CO}$$

$$\frac{1}{3}\mathrm{SiO_2(l)} + \mathrm{C(石)} = \frac{1}{3}\mathrm{SiC(s)} + \frac{2}{3}\mathrm{CO} \qquad \mathrm{SiO_2(l)} + \mathrm{Si(l)} = 2\mathrm{SiO(g)}$$

$$2\mathrm{SiO_2(l)} + \mathrm{SiC(s)} = 3\mathrm{SiO(g)} + \mathrm{CO} \qquad \mathrm{SiO(g)} + 2\mathrm{C(石)} = \mathrm{SiC(s)} + \mathrm{CO}$$

$$\mathrm{SiO(g)} + \mathrm{SiC(s)} = 2\mathrm{Si(l)} + \mathrm{CO}$$

8.4　金属热还原反应

利用和氧亲和力强的金属去还原和氧亲和力弱的金属的氧化物，制取不含 C 的纯金属或合金，称为金属热还原法（metallothermic process）。目前用硅作还原剂的所谓硅热法，用以生产中、低碳 FeMn、低碳 FeCr 等。用铝作还原剂的所谓铝热法用于生产 FeV、FeNb、FeTi、Cr、FeMo、FeB 等。

硅及铝还原氧化物的反应为

$$\frac{2}{y}M_xO_y(s) + Si(s) = \frac{2x}{y}M(s) + SiO_2(s)$$

$$\frac{1}{y}M_xO_y(s) + \frac{2}{3}Al(s) = \frac{x}{y}M(s) + \frac{1}{3}Al_2O_3(s)$$

图 8-12 及图 8-13 分别为硅及铝还原氧化物的 $\Delta_r G_m^\ominus$-T 图。由图可见，在标准状态下，硅能还原 Cr_2O_3、Nb_2O_5、MoO_3、WO_3、V_2O_5 等，但不能还原 ZrO_2、MnO、TiO_2 等。铝的还原能力比硅大，绝大多数氧化物均能被铝所还原。

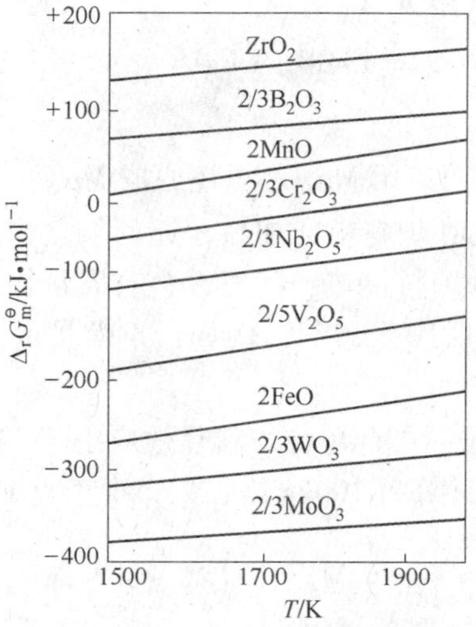

图 8-12 硅还原氧化物的 $\Delta_r G_m^\ominus$-T 图

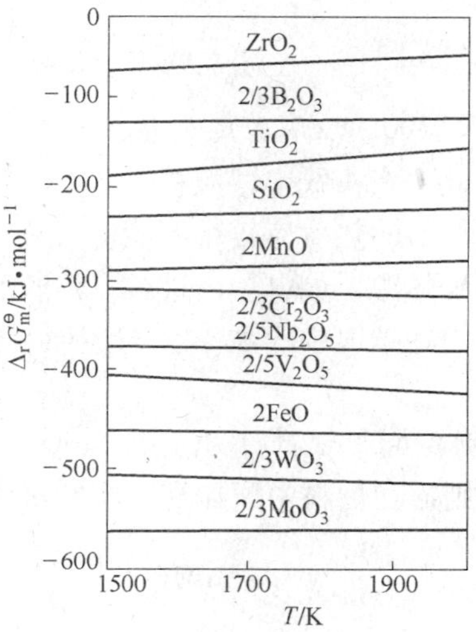

图 8-13 铝还原氧化物的 $\Delta_r G_m^\ominus$-T 图

上列反应的 $\Delta_r G_m^\ominus$ 受温度的影响较小，因而金属热还原反应的 $\Delta_r G_m^\ominus$ 线差不多彼此是平行的，所以这些还原反应的 $\Delta_r G_m^\ominus$ 很小，或 $\Delta_r S_m^\ominus \approx 0$（还原产物是气态的例外），因此，反应的 $\Delta_r H_m^\ominus$ 有很大的作用。

由于还原反应生成的 SiO_2 和 Al_2O_3 的生成热很大，反应是强放热的，这种热能可使反应的温度及速率有很大的提高。但为使还原的金属与氧化物易分离，应使放出的热能供给产物达到熔化及分离所需的温度。因此要根据热还原反应的 $\Delta_r H_m^\ominus$ 作热平衡计算，以确定其 $\Delta_r H_m^\ominus$ 是否能达到这一要求。

可利用热还原反应中单位摩尔质量反应物（炉料）放出的热量作为热还原放出热量的特征，这称为单位炉料热效应。

即
$$Q = -\Delta_r H_m^\ominus(298K)/\Sigma M \quad kJ \cdot kg^{-1} \tag{8-6}$$

式中 $\Delta_r H_m^\ominus(298K)$——金属热还原反应的标准焓变量，$kJ \cdot mol^{-1}$；

ΣM——按化学反应计量关系计算的原始炉料的摩尔质量之和，$kg \cdot mol^{-1}$。

由经验得知，为使金属热还原在无外界供热下顺利进行，单位炉料热效应应超过 $2300kJ \cdot kg^{-1}$。但对于难还原的氧化物，Q 应更高于此。

例如，用铝热法生产金属锰，使用不同价态的氧化锰作原始炉料，其单位炉料的热效应为

$$3MnO_2(s) + 4Al(s) \longrightarrow 3Mn(s) + 2Al_2O_3(s)$$

$$\Delta_r H_m^{\ominus}(298K) = -1788kJ \cdot mol^{-1} \qquad Q = 4846kJ \cdot kg^{-1}$$

$Q > 2300$，反应猛烈进行，成爆炸式发展：

$$3Mn_3O_4(s) + 8Al(s) \longrightarrow 9Mn(s) + 4Al_2O_3(s)$$

$$\Delta_r H_m^{\ominus}(298K) = -2542kJ \cdot mol^{-1} \qquad Q = 2851kJ \cdot kg^{-1}$$

$Q \approx 2300$，反应正常进行：

$$3MnO(s) + 2Al(s) \longrightarrow 3Mn(s) + Al_2O_3(s)$$

$$\Delta_r H_m^{\ominus}(298K) = -520kJ \cdot mol^{-1} \qquad Q = 1948kJ \cdot kg^{-1}$$

$Q < 2300$，反应放热不够，难于实现。

因此，在实践中，应将 MnO(s)焙烧成 Mn_3O_4，而后用 Mn_3O_4 再还原成 Mn。

当炉料的热效应较小不能使反应正常进行时，需在炉料中配加易还原的氧化物或使反应在外来热源，如电炉内进行。但若反应放热过多，炉料过热、挥发，会有大量物质喷溅出，这需在炉料中配加不会与还原剂反应的惰性物质作冷却剂，例如，重熔炉渣或盐类熔剂。

【例 8-6】 试计算 Al 还原 MnO 的单位炉料热效应，如此单位炉料热效应小于 $2300kJ \cdot kg^{-1}$，则需在炉料中配加易还原的氧化铁 Fe_3O_4，试计算每 100kg 需加入多少千克 Fe_3O_4。

解：

$$2MnO(s) + \frac{4}{3}Al(s) \longrightarrow 2Mn(s) + \frac{2}{3}Al_2O_3(s) \qquad (\text{I})$$

$$\Delta_r H_m^{\ominus}(298K) = \frac{2}{3}(-1675270) - 2(-384930)$$

$$= -346990J \cdot mol^{-1} = -346.99kJ \cdot mol^{-1}$$

$$\Sigma M_1 = 2(55 + 16) + \frac{4}{3} \times 27 = 178 \times 10^{-3}kg \cdot mol^{-1}$$

故

$$Q_1 = -\frac{\Delta_r H_m^{\ominus}(298K)}{\Sigma M_1} = -\frac{-346.99}{178 \times 10^{-3}} = 1949kJ \cdot kg^{-1}$$

由于 $Q_1 < 2300$，不能保证反应进行所需热量，因此，需在炉料中配入易还原的 Fe_3O_4。现计算每 100kg 需加入的 Fe_3O_4 量。

$$Fe_3O_4(s) + \frac{8}{3}Al(s) \longrightarrow 3Fe(s) + \frac{4}{3}Al_2O_3(s) \qquad (\text{II})$$

$$Q_2 = \Delta_r H_m^{\ominus}(298K)/\Sigma M = -\left[\frac{4}{3}(-1675270) - (-1118380)\right] \Big/ \left(232 + \frac{8}{3} \times 27\right) \times 10^{-3}$$

$$= 3669kJ \cdot kg^{-1}$$

根据热平衡原理，反应式（Ⅰ）和式（Ⅱ）放出的热量应等于体系 $[2MnO(s) + Fe_3O_4(s) + 4Al(s)]$ 所需的热量，即

$$Q_1 m_1 + Q_2 m_2 = 2300(m_1 + m_2)$$

式中　m_1 ——还原 100kg MnO 的炉料量 $\left[2MnO(s) + \frac{4}{3}Al(s)\right]$，即

$$m_1 = 100\left(1 + \frac{4/3M_{\mathrm{Al}}}{\Sigma M_1}\right) = 100\left(1 + \frac{4/3 \times 27}{142}\right) = 125.4\mathrm{kg}$$

m_2——应加入的 Fe_3O_4 还原反应的炉料量 $\left[Fe_3O_4(s) + \frac{8}{3}Al(s)\right]$；

2300——还原反应顺利进行的单位炉料热效应。

故

$$1949 \times 120 + 3669m_2 = 2300(120 + m_2)$$

$$m_2 = \frac{(2300 - 1949) \times 125.4}{3669 - 2300} = 32.15\mathrm{kg}$$

炉料中

$$Fe_3O_4(\text{量}) = m_2 \times \frac{M_{Fe_3O_4}}{\Sigma M_2} = 32.15 \times \frac{232}{304} = 24.54\mathrm{kg}$$

在还原过程中发生的物态变化，如熔化、挥发、溶解等能改变还原剂和被还原金属的活度，它们对热还原反应的关系同样可用式（8-5）表示。例如，还原的金属成气态，如 Ca 及 Mg，则可采用真空降低其分压，而使还原的开始温度下降。又加入熔剂，如 CaO，在高温下能与 SiO_2 或 Al_2O_3 结成稳定的复合化合物，不仅能供给部分热量，还能降低 SiO_2 或 Al_2O_3 在熔渣中的活度，从而提高还原剂的还原能力。在硅热法中，使用 CaO 熔剂，可使硅能顺利地还原许多难以还原的氧化物。

此外，还原剂在被制取的金属中溶解度要小，可降低还原剂的损失及提高产品的纯度，形成的熔渣应有较低的熔点，对制取的金属润湿性要小，才便于分离。一般要求渣量不宜过大，因为即使金属在其内的溶解度不高，也会增加金属的损失。产品虽不可避免地常含有小量的还原剂，常需进一步作精炼处理，但应尽可能使金属完全还原。由硅热还原反应的。

$$K^{\ominus} = (a_{SiO_2}a_{\mathrm{M}})/(a_{MO_2}a_{\mathrm{Si}})$$

可得

$$\frac{x[\mathrm{Si}]}{x[\mathrm{M}]} = \left(\frac{a_{SiO_2}}{a_{MO_2}}\right)\exp\left(\frac{-\Delta_r G_m^{\ominus}}{RT}\right)$$

产品中 Si 对金属的比值愈小，还原就愈完全。这就要求还原反应的 $-\Delta_r G_m^{\ominus}$ 温度最大，即还原剂对氧的亲和力远大于被还原金属对氧的亲和力。

8.5 铁的渗碳及含碳量

由 CO 及 CO_2 组成的气相不论有无固体碳存在，不仅具有还原氧化物的能力，而且还能与这些被还原的金属形成含碳的凝聚相。这是因为能溶解 C 或形成碳化物的金属能在析出碳原子的气体中吸收碳，这称为渗碳（carbonization）。不仅还原过程中的金属如 Fe 能渗碳，得到含碳饱和的铁液或铁合金，而含碳低的钢件在热处理炉内，900 ~ 950℃温度下，也可进行渗碳。这时钢件的表层吸收了碳原子，形成具有硬度很高的表面而其内部却保持一定的韧性。

8.5.1 碳化物及碳势

碳可溶解于许多金属，如 Fe、Mn、Cr、W 等中，并与它们形成碳化物。其反应为

$$\frac{x}{y}\mathrm{M(s)} + \mathrm{C}_{(石)} = \frac{1}{y}\mathrm{M}_x\mathrm{C}_y\mathrm{(s)} \qquad \Delta_r G_m^{\ominus} = -RT\ln K^{\ominus} = RT\ln a_C \ \mathrm{J \cdot mol^{-1}}$$

式中，a_C 为碳化物形成反应的平衡碳活度，标准态是纯石墨，而 $RT\ln a_C$ 称为碳化物的碳势（carbon potential），用 $\pi_C = RT\ln a_C$ 表示，图 8-14 称为碳势图。图中绘有各种碳化物的碳势线。并绘有求碳化物的 a_C 的标尺，它是从 0K 轴上的“O”点发出的碳化物的碳势线的终点坐标点。例如，为求某碳化物在某温度的碳活度，可用直线连接“O”点与该碳化物碳势线上的温度点，其延长线在 a_C 标尺的交点值，即为所求碳化物的 a_C。

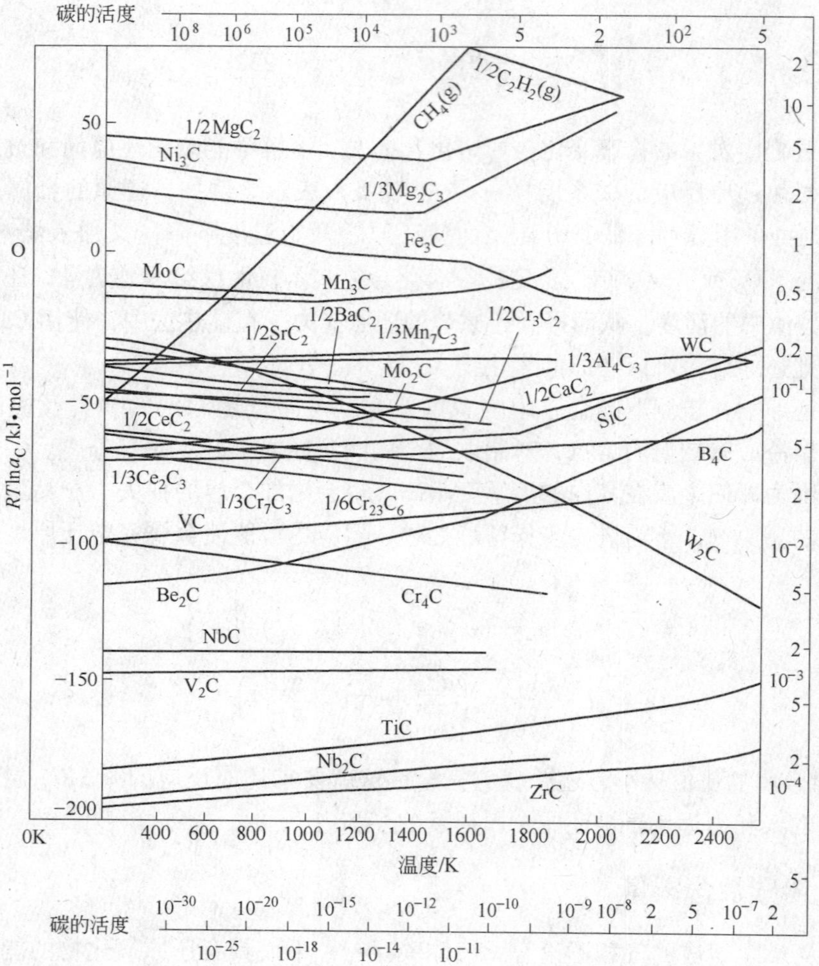

图 8-14　碳化物的碳势图

能分解出 C 的混合气体，如 $CO + CO_2$、$CH_4 + H_2$ 碳势为

$$2CO = C_{(石)} + CO_2 \qquad K^{\ominus}_{CO/CO_2} = \frac{p_{CO_2}}{p^2_{CO}} \times a_C \qquad a_C = \frac{p^2_{CO}}{p_{CO_2}} \times K^{\ominus}_{CO/CO_2}$$

则

$$\pi_{C(CO)} = RT\ln\frac{p^2_{CO}}{p_{CO_2}} + RT\ln K^{\ominus}_{CO/CO_2} \ \mathrm{J \cdot mol^{-1}}$$

$$CH_4 = C(石) + 2H_2 \qquad K^{\ominus}_{CH_4/H_2} = \frac{p^2_{H_2}}{p_{CH_4}} \times a_C \qquad a_C = \frac{p_{CH_4}}{p^2_{H_2}} \times K^{\ominus}_{CH_4/H_2}$$

故
$$\pi_{C(CH_4)} = RT\ln\frac{p_{CH_4}}{p^2_{H_2}} + RT\ln K^{\ominus}_{CH_4/H_2} \ J \cdot mol^{-1}$$

它们的碳势跟温度及平衡气相成分有关。如果这种混合气体与金属接触时，其碳势高于金属它们的碳势跟温度及平衡气相成分有关。如果这种混合气体与金属接触时，其碳势高于金属的碳势 $\pi_{C(气体)} > \pi_{C(M)}$，则可发生渗碳，相反，金属内的碳气化，发生脱碳。

从碳势图上可见，Mn、Ni、Al、Si、Zr、Ti、V、Nb 等元素能形成稳定的碳化物（在 2400K 以下，$\Delta_r G^{\ominus}_m < 0$）。因此这些元素的氧化物被 C 还原时，形成的产物经常是碳化物。碳可与 Fe 形成一系列碳化物 Fe_4C、Fe_3C、Fe_4C_3、Fe_2C、FeC 等，在铁的还原温度下，仅 Fe_3C 才有实际意义。Fe_3C 称渗碳体，具有正斜方晶型。它能作为结构单元存在于铁的合金中。在用 CO 处理 Fe_2O_3（还原）或 Fe（渗碳）时，225℃以下的温度范围内，可获得 Fe_2C，它在 300 ~ 400℃可转变成 Fe_3C。从碳势图可见，在 $T < 1000K$，Fe_3C 在热力学上是不稳定的（$\Delta_r G^{\ominus}_m > 0$），要分解，析出石墨（$Fe_3C \rightarrow 3Fe + C(石)$）。但是，这种低温下的分解速率一般很慢，所以能以准稳态 Fe_3C 存在。

8.5.2 碳在固体 Fe-C 系中存在状态

利用 Fe-C 状态图（见图 8-15）可以了解碳作为组分的 Fe-C 二元系在不同温度下呈现的相间的平衡关系。平衡图由包晶、共晶、共析三个基本反应组成。C 在固体铁中的溶解度因铁的晶型不同差别较大，在 αFe、δFe 中的溶解度很小，而在 γFe 中的溶解度较大，1153℃时 $w[C]$ 为 2.11%。这种固溶体称为奥氏体。奥氏体中溶解的 C 达到饱和时，将以石墨或 Fe_3C 形式的 C 析出。因此，图中奥氏体碳的溶解度曲线有两条。实线表示石墨碳在奥氏体中的溶解度，虚线表示 Fe_3C 在奥氏体中 C 的溶解度，它乃是与 Fe_3C 相平衡的奥氏体中 C 的浓度。后者的 C 浓度高于前者的 C 浓度，因为 Fe_3C 是准稳定相。另一方面，奥氏体中的碳以 Fe_3C 相比石墨相更易析出，因为 Fe-石墨的界面能比 Fe-Fe_3C 的界面能高，石墨的形核要比 Fe_3C 的形核困难得多，所以与奥氏体中溶解 C 平衡的多是 Fe_3C 相。铸铁中有大量石墨存在（$w[Si] = 1.25\% \sim 4\%$），那是由于其中的硅促进了 $w[C]$分解，石墨化的结果。所以 Fe-C 状态图中 Fe-Fe_3C 线有重要意义。

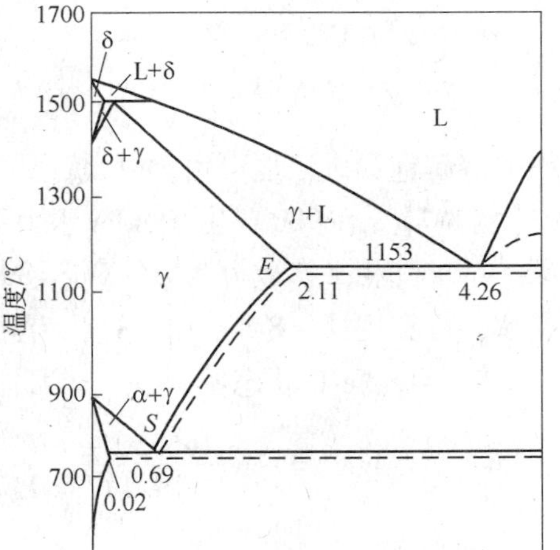

图 8-15 Fe-C 的状态图

8.5.3 CO-CO_2 气体对铁的渗碳反应

CO 的渗碳反应为

$$2CO = [C] + CO_2 \qquad \Delta_r G_m^{\ominus} = -166550 + 171T\ \text{J}\cdot\text{mol}^{-1}$$

式中 [C]——溶解于 Fe 中的碳，标准态为纯石墨。

由
$$K^{\ominus} = \frac{p_{CO_2}}{p_{CO}^2} \times a_C = \frac{100[100 - \varphi(CO)]}{[\varphi(CO)]^2 \times p} \times a_C$$

得
$$x[C] = \frac{[\varphi(CO)]^2}{(100 - \varphi(CO))} \times \frac{K^{\ominus}p}{100} \times \frac{1}{\gamma_C} \qquad (\text{I})$$

为利用上式计算铁中渗碳浓度，需要知道 γ_C。γ_C 可利用由碳在奥氏体中呈间隙式溶解模型时，C 原子的组态熵导出的公式得出：

$$\gamma_C = \frac{1 - 5x[C]_{饱}}{x[C]_{饱}(1 - 5x[C])} \qquad (\text{II})$$

这是 C 以石墨为标准态的活度系数计算式。将式（Ⅱ）代入式（Ⅰ）中，可得出计算铁中渗碳量的方程：

$$x[C] = \frac{[\varphi(CO)]^2}{(100 - \varphi(CO))} \times \frac{x[C]_{饱}(1 - 5x[C])}{1 - 5x[C]_{饱}} \times \frac{K^{\ominus}p}{100} \qquad (8\text{-}7)$$

又当铁中渗碳浓度较低（小于 1%）时，可利用下列浓度单位转换关系：

$$x[C] = \frac{55.85}{100 \times 12} \times w[C] = 0.0465w[C]$$

则式（8-7）为

$$w[C] = \frac{w[C]_{饱}}{(1 - 0.23w[C]_{饱}) \times \dfrac{100 - \varphi(CO)}{[\varphi(CO)]^2} \times \dfrac{100}{K^{\ominus}p} + 0.23w[C]_{饱}}\% \qquad (8\text{-}8)$$

式中的溶解饱和碳浓度可由 Fe-C 状态图中得出。

【例 8-7】 在 900℃及 100kPa 压力下，用 CO-CO_2 混合气体对低碳钢（$w[C] = 0.1\%$）渗碳。试求气相平衡成分为 $\varphi(CO) = 80\%$ 及 $\varphi(CO_2) = 20\%$ 时能达到的渗碳浓度。

解： 可利用式（8-8）作计算，为此需先得出 900℃的 $w[C]_{饱}$ 及 $K^{\ominus}$。

由图 8-15 Fe-C 状态图查得，$w[C]_{饱} = 1.2$

$$\lg K^{\ominus} = -\frac{-166550 + 171 \times 1173}{19.147 \times 1173} = -1.52 \qquad K^{\ominus} = 3.0 \times 10^{-2}$$

$$w[C] = \frac{1.2}{(1 - 0.23 \times 1.2) \times \dfrac{20}{80^2} \times \dfrac{100}{3.0 \times 10^{-2} \times 1} + 0.23 \times 1.2} = 0.154\%$$

可由上面导出的式（8-8）绘制出铁渗碳的平衡图，如图 8-16 所示。铁的渗碳发生在 αFe、γFe、δFe 及 Fe(l) 区内，而 γFe 区是主要的渗碳区，其下界线为 CO 还原 FeO 的平衡线，因为气相的 CO 浓度低于此线时，Fe 不能存在。上界线则是 CO 分解反应的平衡线。因为在式（8-7）中，当 $x[C] = x[C]_{饱}$时，式（8-7）变为

$$\frac{[\varphi(CO)]^2 p}{100[100 - \varphi(CO)]} = \frac{1}{K^{\ominus}} \quad 或 \quad K^{\ominus} = \frac{100 - \varphi(CO)}{[\varphi(CO)]^2} \times \frac{100}{p}$$

此反应 $2CO = C(石) + CO_2$ 的平衡常数。因此，CO 分解反应曲线(1)是 CO 对 Fe 渗碳达

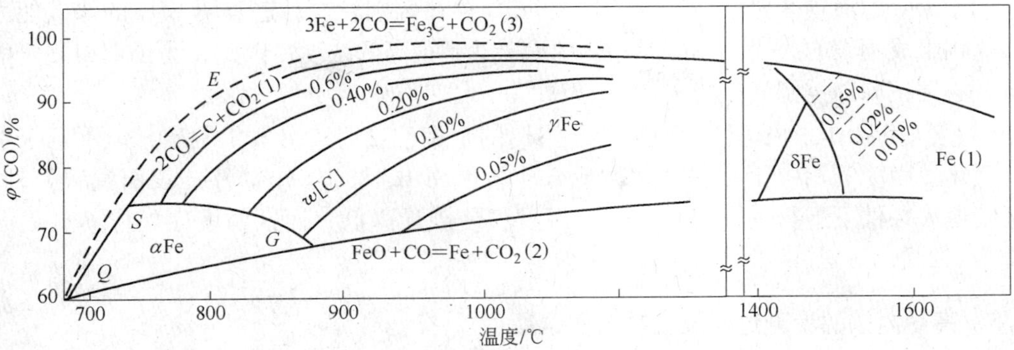

图 8-16 CO-CO_2 对铁渗碳的平衡图

到饱和浓度的平衡线。此区内绘有由式（8-8）计算的渗碳浓度的等值线。随着气相中 CO 浓度的增加及温度的降低，γFe 中渗碳的浓度增大。αFe 区渗碳量最小，仅在 738℃有最大渗碳量：$w[C]=0.032\%$。δFe 及 Fe(l) 区的渗碳量较小，虽然气相中 $\varphi(CO)$浓度高时，溶解碳的 $w[C]$达到 6.67%，即 Fe_3C 的成分，但这已相当于 $\varphi(CO)$为 100% 的渗碳量了。

从上面的渗碳的平衡图，可得出铁渗碳量的影响因素：

（1）提高气相中 CO 的浓度能使 γFe 区内碳浓度增加。

（2）降低温度具有提高 CO 浓度的作用，因为 CO 渗碳反应是放热的。

（3）提高压力能提高 CO-CO_2 混合气体的碳势，从而增加渗碳量，它能使压力为 10^5Pa 的渗碳平衡曲线，向比较低浓度的 CO 方向移动，使 γFe 渗碳区缩小；当压力很大时，可使 FeO 直接还原成 Fe_3C。

（4）气相 CO 浓度低于一定渗碳曲线的 $\varphi(CO)$，可发生脱碳，使铁中碳量降低。

8.5.4 CH_4 对铁的渗碳反应

CH_4 是有效的渗碳剂，它在加热时分解为 C 及 H_2：

$$CH_4 = C(石) + 2H_2 \qquad \Delta_r G_m^{\ominus} = 91044 - 110.67T\ \text{J} \cdot \text{mol}^{-1}$$

温度升高及压力降低，气相的碳势增加，因此，这些因素的影响正和 CO 分解反应发生的相反。

CH_4 的渗碳反应为：

$$CH_4 = [C] + 2H_2 \qquad \Delta_r H_m^{\ominus} > 0$$

$$CH_4 + 3Fe(s) = Fe_3C(s) + 2H_2 \qquad \Delta_r H_m^{\ominus} > 0$$

仿前，同样可导出渗碳反应的热力学式：

$$x[C] = \frac{[100 - \varphi(H_2)]}{[\varphi(H_2)]^2} \times \frac{K^{\ominus} \times 100}{p\gamma_C} \tag{8-9}$$

图 8-17 为 CH_4-H_2 气体对 Fe 渗碳的平衡图，由图可见：

（1）提高气相 CH_4 的浓度和温度，以及降低压，可使渗碳量增加。

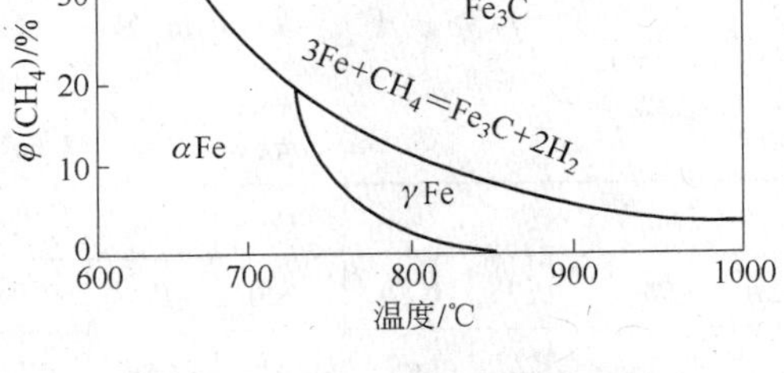

图 8-17 CH_4 对铁渗碳的平衡图

（2）γFe 的渗碳区比较小，但 αFe 及 Fe_3C 存在区则较宽，这表明 CH_4 的渗碳能力很强，气相组成不大的改变，就能使 γFe 的渗碳达到很高的浓度。因此，为了获得规定的渗碳量，必须正确地控制气相的成分。

（3）气相中 H_2 的浓度高于渗碳反应 H_2 的平衡浓度时，可发生脱碳，但不至于引起铁的氧化，因为气相中不存在氧化性成分。所以用 H_2+CH_4 作钢件的表面脱碳处理时，是在暗退火条件下进行的，气相成分及温度仅使碳量降低，而铁的表面保持不氧化（光亮）。

8.5.5　高炉内铁的渗碳过程及生铁的含碳量

在高炉内金属铁的形成，就会被炉气的 CO 进行渗碳，因为还原的铁活性很高，是 CO 分解的有效催化剂，能促进吸附的 CO 发生分解，析出的 C 被铁所吸收：在煤气流和料柱的相对逆流运动中，氧化铁的还原和渗碳是同时进行的，可用以下反应式表示：

$$3FeO(s) + 5CO = Fe_3C(s) + 4CO_2$$

形成的 CO_2 又与焦炭反应，故渗碳反应又可表示为

$$3Fe(s) + 2CO = Fe_3C(s) + CO_2$$

$$C(石) + CO_2 = 2CO$$

$$3Fe(s) + C(石) = Fe_3C(s)$$

这种反应随着还原的铁不断下行，进入高温及高浓度的 CO 区而加强，铁中碳量也就不断增加。

渗碳后的铁熔点降低，逐渐熔化，流经焦炭表面，进一步吸收碳，使其中碳量增加。

γFe-石墨的共晶点（1153℃）时，碳的溶解度 $w[C]=4.26\%$，温度上升到 1600℃ 时，$w[C]$ 可达 5.5%，在其他温度下，铁中碳的溶解度可用下式计算：

$$\lg(x[C]) = -\frac{560}{T} - 0.376 \qquad (8\text{-}10)$$

$$w[C] = 1.34 + 2.54\times10^{-3}t(℃)\% \qquad (8\text{-}11)$$

碳的溶解度不仅与温度有关，还与铁中溶解的其他元素有关。图 8-18 及表 8-1 表示了每 $w_B=1\%$ 对碳溶解度的改变值。利用表值可得出一般生铁含碳量的计算公式：

$$w[C] = 1.34 + 2.54\times10^{-3}t(℃) + 0.04w[Mn] - 0.30w[Si] - 0.35w[P] - 0.40w[S] \qquad (8\text{-}12)$$

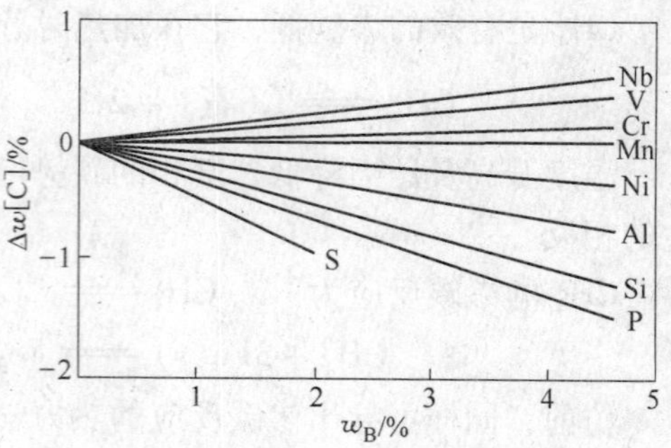

图 8-18　元素对铁中碳的溶解度的影响

表 8-1　$w_B=1\%$ 对铁中碳溶解度的改变值

元　素	Al	Cr	Co	Cu	Mn	Ni	Nb	P	Si	S	V	Ti
Δw[C]/%	-0.25	0.09	-0.03	-0.20	0.04	-0.07	0.12	-0.35	-0.30	-0.40	0.13	0.17
使用浓度/%	<2	<9	1	<3.8	<2.5	<8	—	<3	<5.5	<0.4	<3.4	—

凡能形成比 Fe_3C 稳定的碳化物的元素，如 Nb、V、Cr、Mn 等能使铁液的含碳量增加。

例如，$w[Mn]=5\%\sim20\%$ 的镜铁，其 $w[C]$ 可达到 $5\%\sim5.5\%$，$w[Mn]=80\%$ 的 FeMn，其 $w[C]$ 可达 7%。而一般生铁的 $w[C]$ 仅为 4% 左右。凡能与 Fe 形成稳定性比 Fe 与 C 形成稳定性更大的化合物的元素，如 Si、P、S 等非金属元素，则能降低碳的溶解度。例如，铸造生铁的 $w[C]$ 未超过 $3.5\%\sim4.0\%$，FeSi 的 $w[C]$ 可低到 2%，而高磷生铁的 $w[C]$ 未超过 3.2%。

铁液中溶解的某些碳化物达到饱和后，多余的碳化物进入熔渣。例如炼高硅生铁的 SiC，炼钒钛生铁的 TiC 等，它们的熔点均很高，以固相分散状混杂于熔渣中，使熔渣的流动性变坏，冶炼出现困难。

8.6 熔渣中氧化物的还原反应

在高炉的还原熔炼中，矿石中的主要金属氧化物通过气-固相间的还原成铁后，进入高温区内，吸收其他易还原的元素及碳之后，形成金属熔体。矿石中比较难还原的氧化物（来自脉石及燃料灰分）及未被气-固相反应所还原的小部分主要金属的氧化物（Fe_xC）则在熔剂的作用下形成熔渣。在金属熔体与熔渣接触的过程中，随着温度的升高和熔渣组成的改变，熔渣中的比较难于还原的氧化物，将继续被固体碳或铁液的饱和碳所还原，而进入金属熔体中。

8.6.1 还原反应的分配常数及其影响因素

例如，对于（MO）的还原，$(MO)+[C]=[M]+CO$，这种反应的 $\Delta_r G_m^\ominus$ 可由氧化物的直接还原反应的 $\Delta_r G_m^\ominus$ 与反应中各物质的标准溶解吉布斯自由能 $\Delta G_B^\ominus$ 组合得出。反应的平衡常数为

$$K_M^\ominus=\frac{a_M p_{CO}}{a_C a_{MO}}=\frac{f_M w[M]p_{CO}}{\gamma_{MO}x(MO)a_C}$$

由于铁水多为碳饱和，或是固体碳参加反应，所以 $a_C=1$。于是，可得出还原元素在金属熔体与熔渣间的分配常数 L_M：

$$L_M=\frac{w[M]}{x(MO)}=K_M^\ominus\times\frac{\gamma_{MO}}{f_M}\times\frac{1}{p_{CO}}$$

这种由平衡常数导出的熔渣-金属液间的分配常数是还原反应的重要热力学式。但它不同于无化学反应出现的两相的分配常数，不仅元素在两相中存在的结构形式不相同，而且还与这些物质在两相中的活度系数有关。分配常数愈大，则由熔渣氧化物还原而进入金属熔体中的元素的浓度就愈大。因此，可通过由反应的平衡常数导出的分配常数来控制熔渣内氧化物的还原。

影响还原反应分配常数的因素是：

（1）温度，反应是强吸热的，提高温度有利于反应正向进行，被还原的金属浓度增加。

（2）γ_{MO} 则与熔渣组成有关，对于酸性氧化物的还原，降低碱度，γ_{MO} 增大；对于碱性氧化物的还原，提高碱度，γ_{MO} 亦增大，均有利于 L_M 的提高。由于还原的金属常溶解于金

属熔体中或其他同时还原元素的存在，f_M 有所降低，亦有利于 L_M 的提高。

（3）p_{CO}的降低能提高 L_M，p_{CO}代表渣-金属液界面的氧势（$\pi_{O(CO)} = \Delta_r G_m^{\ominus} + 2RT\ln p_{CO}$）。高炉内金属液滴-熔渣界面上形成的 CO 气泡的 p'_{CO}约为鼓风压力［$(3 \sim 4) \times 10^5$Pa］的 40%，即 1.5×10^5Pa。此值在炉缸中基本恒定，可作为还原反应平衡计算的数据。

在高炉内除 C 是主要的还原剂外，那不可避免还原的 Si 也能成为熔渣中其他氧化物的还原剂，因此，熔渣中氧化物的还原可分为两类：

（1）有 C、CO 恒定组分参加的所谓基本还原反应：

$$(SiO_2) + 2[C] = [Si] + 2CO$$

$$(MnO) + [C] = [Mn] + CO$$

这些反应的平衡分配常数需要较长时间才能达到，例如，实验确定，在 1500℃，前者需要 25h 以上。后者反应也需要 18 ~20h。

（2）没有 C、CO 恒定组分参加的两相间电子交换的耦合反应：

$$2(MnO) + [Si] = (SiO_2) + 2[Mn]$$

或

$$2(Mn^{2+}) + [Si] + 4(O^{2-}) = (SiO_4^{4-}) + 2[Mn]$$

这实际上是金属-熔渣间离子、电子交换的电极反应组合的离子反应式，其速度很高，易于达到平衡。

8.6.2　SiO_2 的还原

（SiO_2）的还原，高炉渣的温度在 1350 ~1400℃，其内的 SiO_2 能按下式还原：

$$(SiO_2) + 2[C] = [Si] + 2CO \qquad \Delta_r G_m^{\ominus} = 586050 - 386.79T\ \text{J} \cdot \text{mol}^{-1}$$

而

$$L_{Si} = \frac{w[Si]}{x(SiO_2)} = K_{Si}^{\ominus} \times \frac{\gamma_{SiO_2}}{f_{Si}} \times \frac{1}{p_{CO}^2} \tag{8-13}$$

由上式可得 L_{Si}的影响因素：

（1）温度。还原反应是强吸热的，$K_{Si}^{\ominus}$随温度的升高增加很大，所以温度对 L_{Si}有很大影响，一般来说，熔渣组成一定时，生铁的含 Si 量就决定于温度。

（2）熔体组成。生铁的 C、P、Ni 均能提高 f_{Si}，但 C 的作用最大，可是 C 常在生铁中呈饱和浓度，故 f_{Si} 变化不大，但熔渣的碱度对 γ_{SiO_2}，从而对 L_{Si} 的影响却较大，碱度增加，γ_{SiO_2}降低，因而 L_{Si} 亦降低，如图 8-19 所示。Al_2O_3 浓度增加，在低碱度渣内使 L_{Si} 降低，而在高碱度渣内使 L_{Si}的增加，因为 Al_2O_3 具有两性性质。

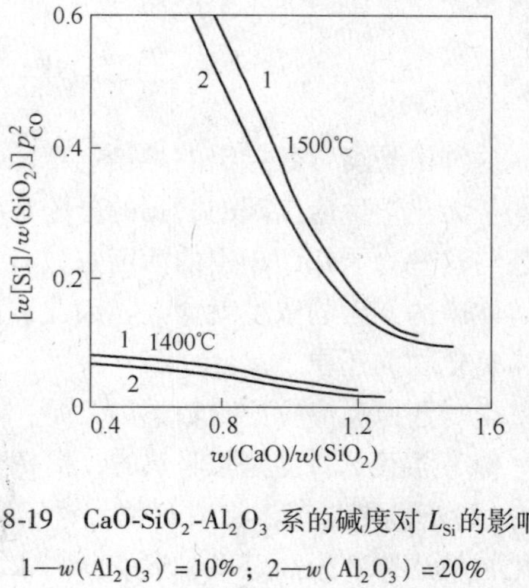

图 8-19　CaO-SiO_2-Al_2O_3 系的碱度对 L_{Si}的影响

1—$w(Al_2O_3)$ = 10%；2—$w(Al_2O_3)$ = 20%

因此，在高炉内，控制生铁的含 Si 量主要是温度和熔渣的碱度。所以在冶炼铸造生铁（$w[Si]$ = 1.25% ~4.0%）或硅铁时，就要采用高温，低碱度的操作；而在冶炼炼钢生铁（$w[Si]<0.6\%$）时，就应采用较高碱度的操作。

【例 8-8】 试计算与组成为 $w[SiO_2]=32\%$、$w[CaO]=42\%$、$w[Al_2O_3]=26\%$ 的熔渣平衡的含碳饱和铁液中硅的浓度，体系的 $p'_{CO}=1.3\times10^5$Pa，温度 1600℃。（$\gamma_{SiO_2}=0.029$）

解： $(SiO_2)+2[C] = [Si]+2CO \qquad \Delta_r G_m^\ominus = 586050-386.79T\ J\cdot mol^{-1}$

$$K_{Si}^\ominus = \frac{a_{Si}p_{CO}^2}{a_{SiO_2}} \qquad a_{Si} = \frac{K_{Si}^\ominus a_{SiO_2}}{p_{CO}^2}$$

$K_{Si}^\ominus$：

$$\lg K_{Si}^\ominus = -\frac{586050-386.79\times1873}{19.147\times1873} = 3.859 \qquad K_{Si}^\ominus = 7235$$

a_{SiO_2}：熔渣组分的物质的量及摩尔分数如下

组分	SiO_2	CaO	Al_2O_3
n_B	0.533	0.75	0.255
x_B	0.347	0.488	0.166

$$a_{SiO_2} = \gamma_{SiO_2}x(SiO_2) = 0.029\times0.347 = 0.01$$

故

$$a_{Si} = \frac{K_{Si}^\ominus a_{SiO_2}}{p_{CO}^2} = \frac{7235\times0.01}{1.3^2} = 42.81$$

而 $a_{Si}=f_{Si}w[Si]$，为求 $w[Si]$，需利用 e_{Si}^K 求出 f_{Si}

$$\lg f_{Si} = e_{Si}^{Si}w[Si] + e_{Si}^{C}w[C]$$

而

$$w[C] = 1.34+0.00254\times1600-0.30w[Si] = 5.40-0.30w[Si]$$

$$\lg f_{Si} = e_{Si}^{Si}w[Si]+e_{Si}^{C}w[C] = 0.11w[Si]+0.18(5.40-0.30w[Si])$$
$$=0.056w[Si]+0.972$$

又

$$\lg a_{Si} = \lg f_{Si}+\lg w[Si] = 0.056w[Si]+0.972+\lg w[Si]$$

代入 $a_{Si}=42.81$，得 $\lg w[Si]+0.056w[Si]-0.66=0$

解以上方程，得 $\qquad w[Si]=3.1\%$

8.6.3 MnO 的还原

锰的各种氧化物易被气体还原剂还原到 MnO，含 MnO 的高炉渣熔点都比较低，约 1150～1250℃，故锰多是从熔渣中还原：

$$(MnO)+[C] = [Mn]+CO \qquad \Delta_r G_m^\ominus = 249717-191.27T\ J\cdot mol^{-1}$$

而

$$L_{Mn} = \frac{w[Mn]}{x(MnO)} = K_{Mn}^\ominus \times \frac{\gamma_{MnO}}{f_{Mn}p_{CO}} \tag{8-14}$$

由上式可得出影响 L_{Mn} 的因素：

（1）温度。$K_{Mn}^\ominus$ 亦随温度的升高而增大，但 MnO 的还原温度高于 FeO，而低于 SiO_2。可是温度很高时，Mn 能挥发，在高炉上部氧化成 Mn_3O_4，为炉气带走，降低 Mn 的回收率。

（2）熔体组成。f_{Mn}受铁液中碳的影响很大，它能降低f_{Mn}。对于为碳饱和的生铁，f_{Mn} = 0.65～0.80。由于MnO是弱碱性，所以提高碱度能增大γ_{MnO}，从而提高L_{Mn}，如图8-20所示。Al_2O_3对γ_{MnO}的影响与碱度有关，碱度低时，Al_2O_3能结合SiO_2，使γ_{MnO}提高，但当碱度高（大于1）时，随着Al_2O_3含量的增加，γ_{MnO}首先是增加，而后有降低，因为这时Al_2O_3呈现酸性，能与部分CaO结合。

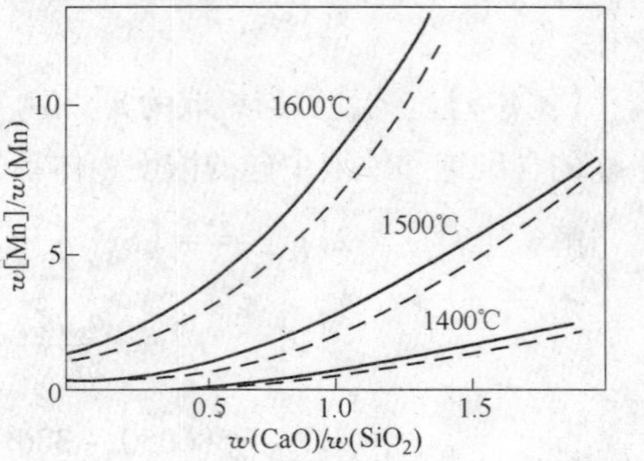

图8-20　$CaO-SiO_2-Al_2O_3$渣系碱度对L_{Mn}的影响
实线—$w[Al_2O_3]=20\%$；虚线—$w[Al_2O_3]=10\%$

由于硅和氧的亲和力比锰和氧的亲和力大，在MnO还原时，SiO_2也优先还原，所以熔渣-铁液间出现了下列耦合反应。

$$2(MnO)+[Si]═══2[Mn]+(SiO_2)$$

$$K^{\ominus}_{Mn\text{-}Si}=\frac{a_{SiO_2}}{f_{Si}w[Si]}\cdot\left(\frac{f_{Mn}w[Mn]}{a_{MnO}}\right)^2=\frac{[K^{\ominus}_{Mn}]^2}{K^{\ominus}_{Si}}$$

式中，$(SiO_2)+2[C]═══[Si]+2CO \qquad \lg K^{\ominus}_{Si}=-\frac{31108}{T}+20.2T$

$$(MnO)+[C]═══[Mn]+CO \qquad \lg K^{\ominus}_{Mn}=-\frac{13042}{T}+9.99T$$

在熔渣组分的浓度变化不大的范围内，其活度系数则不随熔体组成显著变化时，可将这些活度系数视为常数，而合并到$K^{\ominus}_{Mn\text{-}Si}$中去，则上式变为

$$K'_{Mn\text{-}Si}=\left[\frac{w[Mn]}{w(MnO)}\right]^2\times\frac{w(SiO_2)}{w[Si]}$$

实验测得

$$\lg K'_{Mn\text{-}Si}=2.8R-1.16 \tag{8-15}$$

式中，$R=\frac{w(CaO)+w(MgO)}{w(SiO_2)}$。

上式表明，$K'_{Mn\text{-}Si}$随碱度的提高而增大。由实验得知，上述耦合反应达到平衡的时间比（MnO）和（SiO_2）被碳还原反应达到平衡的时间短得多，因为它是两相间的电化学反应。可利用$K'_{Mn\text{-}Si}$由1个分配常数求另一个分配常数，并能预测多种元素共存时熔渣的平衡成分。

因此，冶炼含锰高的铁，如FeMn时，需采用较高的碱度和炉温，故生产高锰铁的焦比和成本比较高。

【例8-9】　试计算与成分为$w(SiO_2)=35\%$、$w(CaO)=44.5\%$、$w[Al_2O_3]=20\%$、$w(MnO)=0.5\%$的熔渣平衡的碳饱和铁液的含Mn量，炉内$p'_{CO}=1.5\times10^5$Pa，温度1500℃（$\gamma_{MnO}=0.4$）。

解：

$$(MnO)+[C]═══[Mn]+CO$$

$$K^{\ominus}_{Mn}=\frac{f_{Mn}w[Mn]}{a_{MnO}a_C}\times p_{CO} \qquad w[Mn]=K^{\ominus}_{Mn}\times\frac{\gamma_{MnO}x(MnO)}{f_{Mn}p_{CO}}\times a_C$$

$K^{\ominus}_{Mn}$：　$\lg K^{\ominus}_{Mn} = -\dfrac{249717 - 191.27 \times 1773}{19.147 \times 1773} = 2.63$　　$K^{\ominus}_{Mn} = 427$

$a_{MnO} = \gamma_{MnO} x(MnO)$熔渣组分的物质的量级摩尔分数：

组分	SiO_2	CaO	Al_2O_3	MnO
n_B	0.583	0.795	0.196	0.007
x_B	0.369	0.503	0.124	0.004

f_{Mn}：　$w[C] = 1.34 + 2.54 \times 10^{-3} \times 1500 + 0.04w[Mn] = 5.15 + 0.04w[Mn]$

$$\lg f_{Mn} = e^{Mn}_{Mn} w[Mn] + e^{C}_{Mn} w[C] = 0 \times w[Mn] + (-0.07) \times (5.15 + 0.04w[Mn]) \approx -0.361$$

$$f_{Mn} = 0.436$$

上式中$w[Mn]$项的值很小，则舍去。

故
$$w[Mn] = 427 \times \frac{0.4 \times 0.004}{0.436 \times 1.5} = 1.04\%$$

8.6.4 TiO_2 的还原

TiO_2 和 SiO_2 的稳定性相近，因此 TiO_2 在高炉内的还原行为也与 SiO_2 相似。TiO_2 的还原主要在炉内高温区内，熔渣与焦炭和铁液接触的界面进行，其反应为

$$(TiO_2) + 2[C] = [Ti] + 2CO \qquad \Delta_r G^{\ominus}_m = 732280 - 478.6T\ \text{J}\cdot\text{mol}^{-1}$$

但由于 SiO_2 能同时还原：

$$(SiO_2) + 2[C] = [Si] + 2CO \qquad \Delta_r G^{\ominus}_m = 586050 - 386.79T\ \text{J}\cdot\text{mol}^{-1}$$

于是，利用耦合反应原理，可得

$$(TiO_2) + [Si] = [Ti] + (SiO_2) \qquad \Delta_r G^{\ominus}_m = 146230 - 91.81T\ \text{J}\cdot\text{mol}^{-1}$$

$$K^{\ominus}_{Ti\text{-}Si} = \frac{a_{Ti} a_{SiO_2}}{a_{Si} a_{TiO_2}}$$

仿前同样处理，可得

$$L_{Ti} = \frac{w[Ti]}{w(SiO_2)} = K'_{Ti\text{-}Si} \times \frac{w(Si)}{a_{SiO_2}}$$

或
$$L_{Ti} = K'_{Ti\text{-}Si} \times L_{Si} \qquad (8\text{-}16)$$

可见，L_{Ti}与L_{Si}成正比。从生产实践证明，它们还原的影响因素表现相同的行为，即受温度和碱度的作用，当其他条件相同时，还原的 Si 和 Ti 量随温度的升高而急剧地增加，图 8-21 表明了这种关系。两曲线有交点，交点温度以下，$w[Si] > w[Ti]$。而在交点温度以上，$w[Ti] > w[Si]$，即高温下钛的还原量略高于硅的还原量。生产中常以 $w[Si]$ 或 $w[Ti] + w[Si]$ 量作为炉况“冷热”的判据之一。

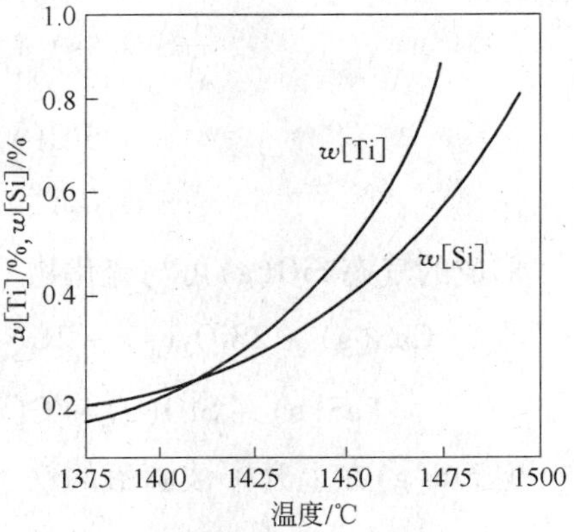

图 8-21　含钛炉渣下生铁内还原的 $w[Si]$、$w[Ti]$与温度的关系

$w(TiO_2) = 25.53\%$；$w(SiO_2) = 24.89\%$

8.6.5　结论

在高炉下部渣-铁间进行了在上部来不及还原的FeO和不能单独被$CO(H_2)$还原的较难还原的氧化物，它们通过炉渣成分的控制，决定了铁水的成分和元素的回收率。

由于这些直接还原反应中，参加的碳是铁液中的饱和碳，而炉缸中p_{CO}基本不变，所以这些炉渣-金属液间反应进行的程度，或其分配常数（L_M）主要决定于铁水中元素和熔渣中有关氧化物的活度和炉缸的温度。炉缸温度愈高，各元素还原进入铁水的量就愈多；炉渣的碱度提高，则碱性氧化物（MnO、VO、CrO）还原的量愈多，而酸性氧化物（SiO_2、P_2O_5）还原的量就愈少。此外，P、Cu、Ni的氧化物则全部还原，不能控制其分配常数，只能限制其入炉的量w_S。

8.7　高炉冶炼的脱硫反应

高炉的脱硫是整个钢铁生产中最重要的脱硫环节，也是冶炼优质生铁的首要问题。高炉炉料中的硫负荷为每吨生铁4～8kg。硫来自矿石、焦炭、熔剂，但以焦炭带入的最多，占总w_S的60%～80%，而矿料带入的未超过1/3。硫在高炉中出现循环。装入的固体炉料在下行过程中，可从上行炉气中吸收硫，还原的铁熔化后，进入高温区，可出现部分气化脱硫；熔铁通过熔渣进入炉缸后，出现熔渣脱硫，是脱硫的主要过程。此外，铁水出炉后，如硫含量高，还需作炉外脱硫处理。一般来说，熔渣容纳总入炉w_S的85%，随炉气逸出炉外的w_S小于10%，而生铁中的$w[S]$小于总入炉w_S的5%。

8.7.1　气-固相的脱硫反应

焦炭中的硫有三种存在形式：硫化物、硫酸盐、有机硫。有机硫在炉内高温区可挥发，达到风口前已有5%～20%的硫被挥发掉。但这种挥发了的硫可被下降的炉料所吸收。无机硫，如FeS、$CaSO_4$等，能进入还原的熔铁中，w_S可达到0.1%左右。但这种熔铁中的硫却较难于转变为气态硫化物，如H_2S、CS_2、COS等。

此外，焦炭中的SiO_2与C、CO作用，可出现下列反应：

$$\frac{1}{3}SiO_2(s) + C(石) = \frac{1}{3}SiC(s) + \frac{2}{3}CO$$

$$SiC(s) + CO = SiO(g) + 2C(石)$$

$$SiO_2(s) + C(石) = SiO(g) + CO$$

形成的气态SiO(g)可与硫化物CaS、FeS作用，生成挥发性大的SiS(g)：

$$CaS(s) + 2SiO_2(s) + 2C(石) = CaO(s) + SiO(g) + SiS(g) + 2CO$$

$$FeS(s) + SiO(g) + C(石) = SiS(g) + CO + Fe(s)$$

但SiS(g)在上升中被滴落的铁水所吸收。因此，总的来说，高炉内气化脱硫的作用不大。

8.7.2　熔渣-铁液间的脱硫反应

熔铁进入炉缸后，$w[S]$在0.1%以下，利用与熔渣间的脱硫反应，通过熔渣组成的控制可使硫达到规定的限度。

8.7.2.1 分子脱硫反应

从分子结构理论，脱硫反应可视为下列反应的组合：

$$[FeS] \xlongequal{} (FeS)$$

$$(FeS) + (CaO) \xlongequal{} (CaS) + (FeO)$$

$$(FeO) \xlongequal{} [FeO]$$

$$[FeS] + (CaO) \xlongequal{} (CaS) + [FeO]$$

$$K_S^{\ominus} = \frac{w(S)\gamma_S a_{[FeO]}}{a_{CaO} a_S}$$

$$L_S = \frac{w(S)}{w[S]} = K_S^{\ominus} \times \frac{f_S}{\gamma_S} \times \frac{a_{CaO}}{a_{[FeO]}} \tag{8-17}$$

这里取熔渣中和铁液中硫的平衡浓度之比，L_S 其值愈大，熔渣的脱硫能力就愈强，这和炉渣的硫容量有相同的概念。

由式（8-17）可见，提高熔渣的碱度（a_{CaO}）及降低铁液或熔渣的氧势（$a_{[FeO]}$、$a_{(FeO)}$）可使 L_S 增大。因此，脱硫必须在能消除渣中的（FeO）或降低铁液氧势的条件下进行。高炉炉缸中存在的碳（C 或［C］）及 SiO_2、MnO 还原生成的 Si 及 Mn 则有降低铁液中氧势的作用。因此，高炉炉缸中的脱硫实际上是按下述反应进行的：

$$[FeS] + (CaO) + C(石) \xlongequal{} (CaS) + CO + [Fe] \tag{Ⅰ}$$

$$[FeS] + (CaO) + \frac{1}{2}[Si] \xlongequal{} (CaS) + \frac{1}{2}(SiO_2) + [Fe] \tag{Ⅱ}$$

$$[FeS] + (CaO) + [Mn] \xlongequal{} (CaS) + (MnO) + [Fe] \tag{Ⅲ}$$

对于反应式（Ⅰ）：

$$K_{S(Ⅰ)}^{\ominus} = \frac{a_{CaS} p_{CO}}{f_S w[S] a_{CaO}}$$

得

$$\frac{w(S)}{w[S]} p_{CO} = L_S p_{CO} = K'_{S(Ⅰ)} f_S \frac{\gamma_{CaO}}{\gamma_{CaS}} w(CaO)$$

或

$$L_S = K'_{S(Ⅰ)} f_S \frac{\gamma_{CaS}}{\gamma_{CaO}} \frac{w(CaO)}{p_{CO}} \tag{8-18}$$

对于反应式（Ⅱ）：

$$\lg \frac{w(S)}{w[S]} \cdot \left(\frac{w(SiO_2)}{w[Si]}\right)^{1/2} = \frac{9080}{T} - 5.832 + \lg w(CaO) + 1.396R \tag{8-19}$$

对于反应式（Ⅲ）：

$$\lg \frac{w(S)}{w[S]} \cdot \frac{w(MnO)}{w[Mn]} = \frac{9080}{T} - 5.203 + \lg w(CaO) \tag{8-20}$$

式中，$R = [w(CaO) + w(MgO)]/w(SiO_2)$。

由式（8-20）可见，当渣中 $w(CaO)$ 变化不大时，L_S 分别与 $\sqrt{L_{Si}}$ 及 L_{Mn} 成线性关系，随着 L_{Si} 及 L_{Mn} 的增加，L_S 也增大。因为 Si、Mn 及 C 的出现，能降低脱硫反应的氧势。因此，炉缸有较好的还原条件是高炉具有很高脱硫能力的主要原因。

由于熔渣中 CaS 的活度难于测定，因此，人们倾向于从实际生产数据求得硫分配的经验式。例如：

$$L_S = \frac{w(S)}{w[S]} = 10.9w[Si]R + 21.7R + 1.8w[Si] - 16.2 \tag{8-21}$$

上式中 $R = w(CaO)/w(SiO_2)$，它适用于炼钢生铁（$w[Si] = 0.5\% \sim 1.1\%$，$w[Mn] = 1.2\% \sim 1.8\%$）的脱硫。

$$L_S = \frac{w(S)}{w[S]} = 36.9w[Si]R - 23.7w[Si] + 6.7 \tag{8-22}$$

上式适用于铸造生铁（$w[Mn] = 0.5\% \sim 0.8\%$）的脱硫。

8.7.2.2　离子脱硫反应

熔渣-金属液间的离子脱硫反应式的构成，它由两相相间离子交换电子的耦合电极反应。

$$[S] + (O^{2-}) = (S^{2-}) + [O] \qquad K_S^\ominus = \frac{a_{S^{2-}} a_O}{a_{O^{2-}} a_S}$$

而

$$L_S = \frac{w(S)}{w[S]} = K_S^\ominus \times \frac{a_{O^{2-}}}{\gamma_{S^{2-}}} \times \frac{f_S}{w[O]} \tag{8-23}$$

引入硫容量 $C'_S = w(S) \times \frac{a_{[O]}}{a_{[S]}}$，则上式变为

$$L_S = \frac{w(S)}{w[S]} = C'_S \times \frac{f_S}{w[O]} \tag{8-24}$$

因而

$$\lg L_S = \lg C'_S + \lg f_S - \lg w[O] \tag{8-25}$$

$\lg w[O]$ 可由文献（Barin Rist）。推荐的下列式子得出：

$$C_{(石)} + [O] = CO \qquad \lg w[O] = \frac{87}{T} - 4.43 + \lg p_{CO}$$

$$[Si] + 2[O] = (SiO_2) \qquad \lg w[O] = -\frac{15520}{T} + 6 + \frac{1}{2}\lg\frac{a_{SiO_2}}{a_{Si}}$$

$$[Mn] + [O] = (MnO) \qquad \lg w[O] = -\frac{15050}{T} + 6.7 + \lg\frac{a_{MnO}}{a_{Mn}}$$

$$Fe(l) + [O] = (FeO) \qquad \lg w[O] = \frac{6320}{T} + 2.7 + \lg a_{FeO}$$

由此可得出熔渣脱硫的主要因素：

（1）温度。脱硫反应是吸热，$\Delta_r H_m^\ominus \approx 124 kJ \cdot mol^{-1}$，温度提高对脱硫有利，特别是能获得碱度高的均匀性熔渣。

（2）炉渣的碱度。碱度能提高炉渣的硫容量，从而提高 L_S，因为它能使 $a_{O^{2-}}$ 增大及 $\gamma_{O^{2-}}$ 减少，后者是由于引入的 Ca^{2+} 与 S^{2-} 形成了离子团。因此，碱度对脱硫有决定性的作用，高炉渣的碱度首先是根据脱硫的要求选定的，一般在 0.9～1.2。但过高的碱度会使炉

渣的熔化性温度升高，黏度变大，这时为了发挥高碱度渣的脱硫作用，就会带来渣量大和焦比高，在经济和技术上均有不利的影响。

（3）金属熔体的组成。因为铁液内能存在着提高硫活度系数的元素，就能促使硫向炉渣中转移因而 L_S 增大。C、Si、P 能提高 f_S，Mn 则能降低 f_S。生铁中前一类元素的含量较高，所以 f_S 可达到 4～6，这也是高炉内有利的脱硫的条件之一。

（4）炉缸的氧势。由于铁液中 C、Si、Mn 的存在，熔渣中 SiO_2、MnO、FeO 的氧势很低，因而熔渣中（FeO）的含量或铁液中［O］量很低，推动脱硫反应正向进行，而使 L_S 增高。

在高炉内充分利用上述有利因素，可使 L_S 达到 200 以上（理论值），进入炉内 90% 以上的硫可进入熔渣。而且即使熔渣的 $w(S)$ 高达 0.7%～1.5%，也可以得到含硫量合格的生铁。

但是，实际生产中测定的 L_S 仅 30～80，这由于受反应动力学条件的限制，难以达到平衡的 L_S 值。

8.7.3　铁液的炉外脱硫及预处理

当高炉用的焦炭含硫量较高，炼出的生铁含硫量不符合炼钢的要求或高炉采用了较酸性的渣操作，以降低焦比及增加产量或排放碱金属炉渣时，则不能充分脱硫。出炉铁水的含硫量高，就需采用炉外脱硫法，以进一步降低铁水的含硫量。近年来，随着炼钢技术的发展以及生产低硫钢的需要，要求进一步降低转炉入炉铁水的含硫量，以便减小石灰造渣料的用量及渣量，并使铁的收得率提高。因此，铁水的预处理（脱 S、P 及 Si）也就成为钢铁冶炼不可缺少的一个辅助环节。

用于铁水脱硫的脱硫剂有苏打（Na_2CO_3）、石灰粉、碳化钙（CaC_2）、金属镁、氰化钙等及以石灰为主要成分的复合脱硫剂。另外，在炼钢阶段，有时也用钙合金、稀土元素合金作钢液的炉外脱硫处理。

炉外脱硫的方法有机械搅拌法、铺散法、摇包法、喷粉法等。但一般多在炉外鱼雷罐车、铁水罐及出铁槽中进行，以减少处理费用。

铁水脱硫反应进行的有利条件是铁水内 Si、C、P 等元素的含量高，使铁水具有很高的 f_S 及还原性，有很高的 L_S；处理温度较低，设备寿命长，而且铁水成分的变化对最终产品的影响较小。

下面将讨论几种常用脱硫剂的脱硫反应。

（1）苏打。多用于铁水的脱硫。苏打的分解温度很高，它的分解沸腾温度（即 $p'_{CO_2(NaCO_3)}=100\text{kPa}$）约 2000℃，但加到铁水中时，由于其内［C］的作用，能在较低温度下分解：

$$Na_2CO_3(s)+[C]=\!=\!=Na_2O(s)+2CO$$

而 Na_2O 参加的脱硫反应为

$$Na_2O(s)+[S]=\!=\!=Na_2S(s)+[O]$$

形成的［O］能与铁水中［C］及［Si］反应，故脱硫反应可表示为

$$Na_2CO_3(s)+[S]+2[C]=\!=\!=(Na_2S)+3CO$$

$$Na_2CO_3(s) + [S] + [Si] \xlongequal{\quad} (Na_2S) + (SiO_2) + CO$$

生成的 Na_2S 部分被空气氧化，形成了 Na_2O，而 Na_2O 可被还原成气体钠，与放出的 CO 在空气中燃烧，产生大量烟雾，污染环境，是其主要缺点。苏打可使生铁中的 $w[S]$从 0.1% 下降到 0.008%，有很好的脱硫效果。

此外，苏打还有使铁水同时脱硫和磷的作用，因能使后者形成磷酸钠，保留于渣中。但应控制好同时满足两者反应进行的氧势，才能达到此目的。利用苏打处理铁水，还能从铁水中提取 V、Nb 等有价金属，因为这些元素氧化形成的氧化物能与苏打分解的 Na_2O，形成可溶于水的钠盐。

（2）石灰。它的脱硫反应为

$$CaO(s) + [S] + [C] \xlongequal{\quad} CaS(s) + CO$$

$$2CaO(s) + [S] + \frac{1}{2}[Si] \xlongequal{\quad} CaS(s) + \frac{1}{2}Ca_2SiO_4(s)$$

前一反应发生在含硅量很低的铁液中。实际上，铁液中的 $w[Si]$在 0.05% 以上，就有硅参加脱硫反应。由于反应产物中含有硅酸钙，就难于确定反应的硫浓度，故一般是利用前一反应确定脱硫时铁液的平衡硫浓度。

现有用碳酸钙部分取代石灰粉脱硫的，喷入的碳酸钙粉在铁水中受热分解，形成的 CaO 粉粒有很高的活性，脱硫能力很强，并且放出的 CO_2 与铁水中［C］作用，形成的 CO 可在铁液表面燃烧，补偿热损失。碳酸钙或石灰来源广、价格便宜，而且其脱硫能力不低，在 1350℃，铁液的 $w[S]$可达到 $10^{-3}\%$，能满足一般铁液含硫量的要求，所以是很有前途的脱硫剂。

（3）碳化钙。它的脱硫反应为

$$CaC_2(s) + [S] \xlongequal{\quad} CaS(s) + 2[C] \qquad \Delta_r G_m^{\ominus} = -352794 + 106.7T \ \mathrm{J \cdot mol^{-1}}$$

上式中［S］及［C］的标准态分别是质量分数 1% 溶液及纯石墨。在 CaC_2 表面形成的 CaS 可溶于 CaC_2 中，形成互溶体 S^{2-} 可在其内扩散。CaC_2 具有很强的脱硫能力，1350℃时，铁液的平衡 $w[S]$可达到 $10^{-7}\% \sim 10^{-8}\%$，而实际的 $w[S]$可达到 0.001%。但是 CaC_2 的价格昂贵，又易吸收水汽，生成 C_2H_2，能发生爆炸是其缺点。

（4）金属镁。金属镁的脱硫反应为

$$Mg(g) + [S] \xlongequal{\quad} MgS(s) \qquad \Delta_r G_m^{\ominus} = -404680 + 169.62T \ \mathrm{J \cdot mol^{-1}}$$

镁在铁液中呈蒸气状，使反应区附近的铁液有良好的搅拌作用，它的脱硫能力很高。例如，铁液内吹入 $1.8 \sim 3.6\mathrm{kg \cdot t^{-1}}$镁粉时，铁液的 $w[S]$可达到 $0.015\% \sim 0.005\%$（平衡 $w[S] \approx 10^{-5}\%$）。

【例 8-10】 铁液成分为 $w[C]=4.0\%$、$w[Si]=0.6\%$、$w[Mn]=0.5\%$、$w[P]=0.2\%$ 及 $w[S]=0.04\%$，温度为 1350℃，分别用 CaC_2 及镁作脱硫剂，试求铁水的平衡硫浓度。

解：（1）用 CaC_2 脱硫剂：

$$CaC_2(s) + [S] \xlongequal{\quad} CaS(s) + 2[C] \qquad K_S^{\ominus} = \frac{1}{f_S w[S]}$$

故
$$w[S] = \frac{1}{K_S^{\ominus} f_S}$$

式中，$a_C = 1$，碳是饱和浓度。

$K_S^{\ominus}$：
$$\lg K_S^{\ominus} = \frac{-352794 + 106.7T}{-19.147T} = \frac{352794}{19.147 \times 1623} - \frac{106.7}{19.147} = 5.78$$

$$K_S^{\ominus} = 6.03 \times 10^5$$

f_S：$\lg f_S = e_S^S w[S] + e_S^C w[C] + e_S^{Si} w[Si] + e_S^{Mn} w[Mn] + e_S^P w[P]$

$= -0.028w[S] + 0.110 \times 4.0 + 0.063 \times 0.6 + (-0.026) \times 0.5 + 0.029 \times 0.20$

$= 0.471$

$$f_S = 2.96$$

式中，右边第1项的值很小，舍去，这里各 e_S^K 仍取1600℃的值，于是

$$w[S] = 1/(6.03 \times 10^5 \times 2.96) = 5.6 \times 10^{-7}\%$$

（2）镁脱硫剂：

$$Mg(g) + [S] = MgS(s) \qquad K_S^{\ominus} = \frac{1}{f_S w[S]} \qquad w[S] = \frac{1}{K_S^{\ominus} f_S}$$

式中，$p_{Mg(g)} = 1$。

$K_S^{\ominus}$：
$$\lg K_S^{\ominus} = \frac{-404680 + 169.62T}{-19.147T} = \frac{404680}{19.147 \times 1623} - \frac{169.62}{19.147} = 4.164$$

$$K_S^{\ominus} = 1.46 \times 10^4$$

$$w[S] = 1/(1.46 \times 10^4 \times 2.96) = 2.3 \times 10^{-5}\%$$

上述脱硫剂中，镁被认为是目前有较高效率而适应性强的脱硫剂，不仅因为它的脱硫能力强，而且在脱硫过程中，铁水的温度降低小、渣量少及铁损少，并对环境的污染也小，所以适用于处理大量的铁水，故得到广泛采用。但是镁在铁水中的汽化能力强（$\lg p_{Mg} = -\frac{6802}{T} + 4.993$，100kPa，镁的沸点为1107℃，远低于铁水温度），在铁水温度范围内，$p_{Mg} = 4.05 \sim 9.33$，100kPa。如此高的蒸气压虽可使反应区的流体搅拌良好，但镁的利用率却降低了。因此，在用镁脱硫时，必须采用相应的有效措施，抑制镁的气化速度。

如使用复合脱硫剂：CaO + Mg（如 $w[Mg] = 50\% + w[CaO] = 50\%$），包盐镁粒（$w[Mg] = 88\% \sim 92\% + w[NaCl] = 8\% \sim 12\%$）等。加入的钝化剂能降低镁的消耗量，保证铁水处理后能达到较低的硫浓度。

习　题

8-1　H_2 还原 WO_3 的还原反应为 $WO_3(s) + 3H_2 = W(s) + 3H_2O(g)$，试计算1500K时反应的平衡常数及 H_2 的平衡浓度。

8-2　用CO还原 Fe_2O_3 制取金属铁，能否求得800K及1770K的平衡常数？

8-3　试求气相成分 $\varphi(CO)=60\%$ 及 $\varphi(CO_2)=40\%$，总压力为100kPa，FeO的还原开始温度。

8-4　试计算总压力为100kPa和250kPa下，固体碳还原 Fe_3O_4 到Fe的开始温度。

8-5　试求真空度为100Pa，固体碳还原MgO的开始温度。

8-6　试求用碳还原MnO(s)生成 Mn_7C_3 的还原开始温度，它比还原生成金属锰的还原开始温度降低了多少度？

8-7　试求硅酸锰（$2MnO \cdot SiO_2$）被碳还原出Mn的开始温度，它比MnO(s)的还原温度高多少度？

8-8　试计算体系的真空度为100Pa时，硅还原CaO，并形成 $2CaO \cdot SiO_2$ 的还原开始温度。

8-9　试计算Al在2000K还原 V_2O_5 的标准吉布斯自由能变化。并计算反应 $\frac{2}{5}V_2O_5(l)+\frac{4}{3}Al(s)=\!=\frac{4}{5}V(s)+\frac{2}{3}Al_2O_3(s)$ 的单位炉料的热效应。$\Delta_f H_m^{\ominus}(V_2O_5, 298K)=-1557.70kJ \cdot mol^{-1}$，$\Delta_f H_m^{\ominus}(Al_2O_3, 298K)=-1675.27kJ \cdot mol^{-1}$。

8-10　在铝热法中，将铝粉和 Fe_2O_3 粉按化学反应计量数混合［$2Al(l)+Fe_2O_3(s)=\!=Al_2O_3(s)+2Fe(l)$］，为使反应产物的温度达到2000K，需加入多少铁屑以调剂温度？已知铁的 $H(2000K)-H(298K)=82.68kJ \cdot mol^{-1}$，$Al_2O_3$ 的 $H(2000K)-H(298K)=206.69kJ \cdot mol^{-1}$，$\Delta_f H_m^{\ominus}(Al_2O_3, 298K)=-1675.27kJ \cdot mol^{-1}$，$\Delta_f H_m^{\ominus}(Fe_2O_3, 298K)=-825.50kJ \cdot mol^{-1}$。

8-11　在800℃及100kPa压力下，用 CH_4-H_2 混合气体对低碳钢件（$w[C]=0.12\%$）进行渗碳，试求气相平衡成分为 $\varphi(CH_4)=8\%$ 及 $\varphi(H_2)=92\%$ 时钢件的渗碳浓度。

8-12　SiO_2 被碳还原，生成的Si溶解于铁液中，其 $w[Si]$ 为2%、$f_{Si}=0.333$，试求 SiO_2 还原的开始温度（$a_{SiO_2}=0.01$）。

8-13　试计算压力为 0.12×10^5Pa，渣中（CrO）被碳还原的开始温度。渣中CrO的活度为0.15，还原铬的活度为 $a_{[Cr]}=0.16$。

8-14　在高炉内冶炼钒钛磁铁矿时，生铁的成分为 $w[Si]=0.165\%$、$w[Ti]=0.189\%$、$w[V]=0.42\%$、$w[Mn]=0.30\%$、$w[P]=0.155\%$、$w[S]=0.0569\%$、$w[C]=4.24\%$。熔渣成分为 $w(TiO_2)=25.53\%$、$w(SiO_2)=24.89\%$、$w(CaO)=25.98\%$、$w(MgO)=7.60\%$、$w(Al_2O_3)=15.00\%$、$w(V_2O_5)=0.27\%$。计算熔渣中 TiO_2 被铁液中饱和碳还原的开始温度。已知 $\gamma_{TiO_2}=0.6$，炉缸的压力为 2.4×10^5Pa。

8-15　将石灰粉喷入温度为1500℃，组成为 $w[C]=5.1\%$（饱和），$w[S]=0.08\%$，$w[Si]=0.5\%$，$w[Mn]=0.5\%$，$w[P]=0.1\%$ 的铁水中进行炉外脱硫处理。试计算最后的硫浓度。脱硫反应为：$(CaO)+[S]+[C]=\!=(CaS)+CO$。

9 氧化熔炼反应

利用还原剂从矿石中除去氧获得的粗金属，需要进一步在氧化剂的作用下，使粗金属中过多的即超过产品金属允许含量的元素及杂质量通过氧化作用分离除去，这称为氧化熔炼。以生铁（包括直接还原的海绵铁、废钢）为主要原料的氧化熔炼中，需要除去的元素和杂质，可分为三类：

（1）在高炉中过多还原的元素，如 Si、Mn 及特别是溶解的 C。

（2）有害于产品性能的杂质，如 P、S 及气体（H、N）。

（3）在氧化过程中，由氧化作用引入的氧及其伴生的夹杂物。因此，炼钢过程的主要反应是元素（Si、Mn、C、P）的氧化、脱硫、去气体（H、N），脱氧及调整钢液的成分（合金化），最后把化学成分合格的钢液浇铸成钢锭或连铸坯，便于轧制成材。

这些被除去的元素，按其排除形态的不同，又可分为两类：能形成凝聚态的化合物，则进入熔渣中，而这种元素以不同的结构形态共存于熔渣-金属液间，可由反应的平衡常数导出的分配常数，来讨论反应的热力学条件及计算出反应终了时，金属液中元素的残存浓度；成气态的氧化产物，如 CO，容易排除，特别是在较低的气压（真空）下，能推动反应的进行。碳的氧化不仅能除去多余的碳量，而且在炼钢中有很大的积极作用，能促进熔池的传热和传质，加速钢-渣的界面反应，并能排除溶解的气体。

现在盛行的炼钢方法主要有两种：以高炉铁水或铁浴熔融还原铁水为主要原料的氧气转炉炼钢法和以废钢为主要原料的电弧炉炼钢法。在氧气转炉炼钢法中，按照氧气吹入转炉内方式的不同，分别有顶吹氧气转炉炼钢、底吹转炉炼钢及顶底复合吹炼炼钢。在电弧炉炼钢中，氧化精炼时，也大多采用了吹氧法。在这些炼钢方法的工艺中，虽然炼钢的方法和操作在不同程度上有所区别，但是钢-渣间平衡的基本原理却是相同的。而且使用纯氧精炼，也不会改变炼钢过程的基本反应和其平衡状态，仅是反应的动力学上有变化。由于熔池内出现了强烈的搅拌，促使气-金属：熔渣体系趋近于平衡状态，这就使热力学的平衡计算，在炼钢中有重大的意义。

氧化熔炼的反应主要在熔渣-金属液间的界面上进行，可利用液-液相间反应的双膜理论模型，来研究这些反应的动力学。但由于这些反应是高温（1550 ~ 1650℃）下的电化学反应，其反应速率远大于组分在两相内的传质速率，所以两相内的传质之一往往成为整个反应过程速率的限制环节。因此，应着重讨论传质对反应速率的影响。

9.1 氧化熔炼反应的物理化学原理

9.1.1 熔池中氧化剂的种类及传递反应的方式

用于氧化熔炼的氧化剂是氧、空气、含氧的气体及铁矿石。例如，平炉内是燃烧燃料的过剩空气（$\varphi = 5\% \sim 15\%$）及燃烧产物（CO_2、$H_2O(g)$），装入的铁矿石；氧气转炉内是从氧枪或喷嘴吹入的氧气；而电炉是吸入炉内的少量空气，废钢带入的铁锈和装入的铁矿石以及吹入的氧气。

当气体氧与金属液面接触时，将发生下列反应：

$$\frac{2x}{y}[\mathrm{M}] + \mathrm{O_2} = \frac{2}{y}(\mathrm{M}_x\mathrm{O}_y)$$

或简单表示为

$$2[\mathrm{M}] + \mathrm{O_2} = 2(\mathrm{MO}) \tag{Ⅰ}$$

及

$$2\mathrm{Fe(l)} + \mathrm{O_2} = 2(\mathrm{FeO}) \tag{Ⅱ}$$

这称为直接氧化反应。即使溶解元素［M］与氧有较大的亲和力，但 Fe(l)的氧化仍占绝大的优势。因为熔池表面铁原子数远比被氧化元素的原子数多，所以在与气体氧接触的铁液面上，瞬时即有氧化铁膜形成，再将易氧化的元素氧化形成的氧化物和熔剂结合成熔渣层。在氧化性气体的作用下，这种渣层内的 FeO 又被氧化，形成 Fe_2O_3，向渣-金属液界面扩散，在此，Fe_2O_3 还原成 FeO。这样形成的 FeO，一方面，作为氧化剂，去氧化从金属熔池中扩散到渣-金属液界面上的元素：

$$[\mathrm{M}] + (\mathrm{FeO}) = (\mathrm{MO}) + [\mathrm{Fe}] \tag{Ⅲ}$$

另一方面，又按分配定律，以溶解氧原子的形式［O］进入钢液中，去氧化其内的元素：

$$(\mathrm{FeO}) = [\mathrm{O}] + [\mathrm{Fe}] \tag{Ⅳ}$$

$$x[\mathrm{M}] + y[\mathrm{O}] = (\mathrm{M}_x\mathrm{O}_y) \quad 或 \quad [\mathrm{M}] + [\mathrm{O}] = (\mathrm{MO}) \tag{Ⅴ}$$

而反应式（Ⅲ）和式（Ⅴ）称为间接氧化反应。

因此，熔池中作为氧化剂的氧有三种形式：气体氧 O_2，熔渣中的 FeO 及溶解于金属液中的氧［O］，分别有三种氧化反应类型式（Ⅰ）、式（Ⅲ）、式（Ⅴ）。而反应式（Ⅲ）是反应式（Ⅳ）和式（Ⅴ）的组合。反应式（Ⅰ）是分析氧质量平衡及能量平衡的物量基础，而反应式（Ⅲ）及式（Ⅴ）则是熔池中元素反应热力学的条件及平衡计算的基础，因为金属液中残存元素［M］不是与 O_2，而是与（FeO）或［O］保持平衡的。

与熔渣接触的金属液中，溶解的最大氧量，决定于熔渣的氧化能力。按分配定律，可由渣中 FeO 的活度确定：$w[\mathrm{O}] = L_\mathrm{O} a_\mathrm{FeO}$。因此，为强化元素的氧化，渣中应保持有足够量的氧化铁，并使其有较高的活度。这可向渣中直接加入铁矿石（电弧炉炼钢法），更有效的是直接向熔池吹入氧气。

在氧气转炉中，熔池受到了氧气流的冲击和熔池的强烈沸腾作用，在熔池上空形成了气-渣-金属液的乳化状体系，熔池的铁水以铁珠状弥散分布于其中，极大地增加了渣-金属液间的界面（$0.5 \sim 1.5\mathrm{m^2 \cdot kg^{-1}}$），但其内元素的氧化仍按前述方式进行，只不过传质过程更加剧烈了。

9.1.2　溶解元素氧化反应的 $\Delta_r G_m^\ominus$ 及氧势图

利用下列反应及其标准吉布斯自由能：

$$\frac{2x}{y}\mathrm{M(s)} + \mathrm{O_2} = \frac{2}{y}\mathrm{M}_x\mathrm{O}_y\mathrm{(s)} \qquad \Delta_r G_m^\ominus(\mathrm{M}_x\mathrm{O}_y,\mathrm{s}) \tag{Ⅰ}$$

$$\frac{2x}{y}\mathrm{M(s)} + 2(\mathrm{FeO}) = \frac{2}{y}\mathrm{M}_x\mathrm{O}_y\mathrm{(s)} + 2[\mathrm{Fe}] \qquad \Delta_r G_m^\ominus(\mathrm{M}_x\mathrm{O}_y,\mathrm{s}) - \Delta_r G_m^\ominus(\mathrm{FeO}) \tag{Ⅱ}$$

$$\frac{2x}{y}M(s) = \frac{2x}{y}[M] \qquad \Delta_r G_m^{\ominus}(M) \qquad (Ⅲ)$$

$$O_2 = 2[O] \qquad \Delta_r G_m^{\ominus}(O) \qquad (Ⅳ)$$

$$FeO(s) = (FeO) \qquad \Delta_r G_m^{\ominus}(FeO) \qquad (Ⅴ)$$

的相应组合，可得出下列氧化反应的 $\Delta_r G_m^{\ominus}$，而 $\pi_{O(M_xO_y)} = \Delta_r G_m^{\ominus}$

$$\frac{2x}{y}[M] + 2[O] = \frac{2}{y}M_xO_y(s)$$

$$\Delta_r G_m^{\ominus}(1) = \Delta_r G_m^{\ominus}(M_xO_y,s) - [\Delta_r G_m^{\ominus}(M) + \Delta_r G_m^{\ominus}(O)] \qquad (9\text{-}1)$$

$$\frac{2x}{y}[M] + O_2 = \frac{2}{y}M_xO_y(s) \qquad \Delta_r G_m^{\ominus}(2) = \Delta_r G_m^{\ominus}(M_xO_y,s) - \Delta_r G_m^{\ominus}(M) \qquad (9\text{-}2)$$

$$\frac{2x}{y}[M] + 2(FeO) = \frac{2}{y}M_xO_y(s) + 2[Fe]$$

$$\Delta_r G_m^{\ominus}(3) = \Delta_r G_m^{\ominus}(M_xO_y,s) - \Delta_r G_m^{\ominus}(FeO) - \Delta_r G_m^{\ominus}(M) \qquad (9\text{-}3)$$

上列诸反应中，［M］及［O］的标准态是质量1%溶液，而（M_xO_y）及（FeO）是纯物质。各物质的 $\Delta G_B^{\ominus}$ 为包含有物质的化学计量数在内的值。利用上列关系式可作出铁液中，三种氧化反应的氧势图。图9-1为铁液中元素间接氧化式（9-1）的氧势图或 $\Delta_r G_m^{\ominus}$-T 图。

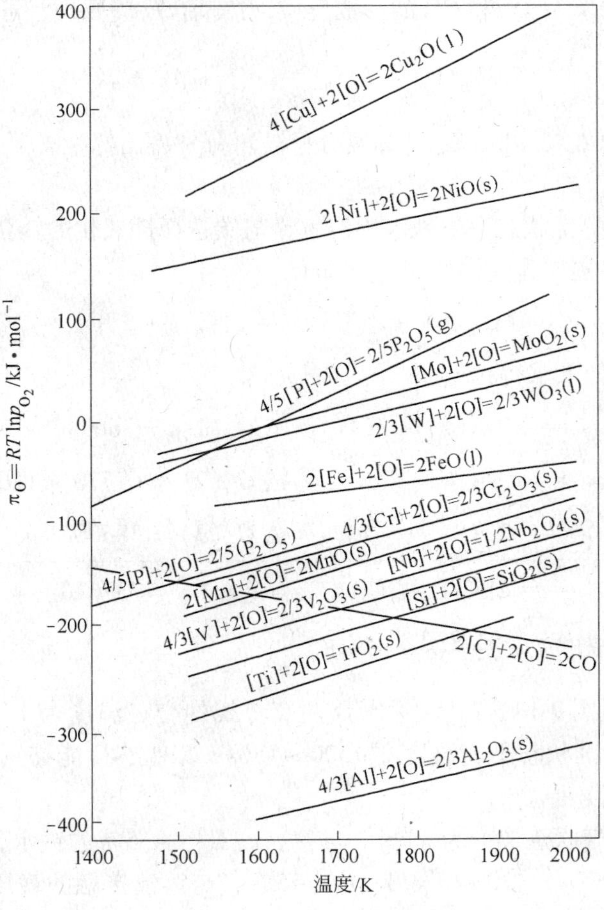

图9-1 铁液元素氧化的氧势图

图中每条直线表示铁液中元素与氧在标准状态下，氧化反应的氧势和温度的关系。利用此图可以确定标准状态下，熔池中元素氧化形成氧化物的稳定性或氧化的顺序。即位置越低者越稳定，而该元素愈易氧化。又因为 FeO 是炼钢熔池内的主要氧化剂，所以比较（FeO）和（M_xO_y）氧势线的相对位置，就可确定元素在不同温度下，氧化的热力学特性：

（1）在 FeO 氧势线以上的元素基本不能氧化，因为 $\pi_{O(FeO)} < \pi_{O(MO)}$，如 Cu、Ni、Pb、Sn、Mo 等。因此，如它们不是冶炼钢种的合金元素，则应在选配原料中加以剔除。相反，如果它们是炼钢种的合金元素，则可允许在炉料中存在。

（2）在 FeO 氧势线以下的元素均可氧化，因为 $\pi_{O(FeO)} > \pi_{O(MO)}$，但氧化难易的程度有所不同，并随着冶炼条件的不同而有变化。C、P 可大量氧化，Cr、Mn、V 等氧化的程度随冶炼条件而定，Si、Ti、Al 等基本上能完全氧化。因此，后列元素能作为钢液的脱氧剂。

（3）溶解碳氧化的氧势线和所有其他元素氧化的氧势线有相反的走向，因此两者必有交点。在交点的温度以下，$\pi_{O(CO)} > \pi_{O(MO)}$，C 难于氧化，而是其他元素，如 Si、Mn、Cr 等氧化；在交点的温度以上，$\pi_{O(CO)} < \pi_{O(MO)}$，C 才大量氧化，而其他元素的氧化受到抑制。这个交点温度是标准状态下，元素选择性氧化的转化温度，它乃是某元素与 C 的氧化顺序交换的温度，或熔池中 C 开始氧化的温度。

体系中同时出现了 M_xO_y 和 CO 的形成反应，按耦合反应原理，可得下列反应：

$$\frac{2}{y}(M_xO_y) + 2[C] = \frac{2x}{y}[M] + 2CO$$

利用以上反应的 $\Delta_r G_m^\ominus$ 和 $\Delta_r G_m$（等温方程）可分别得出标准态下它们的转化温度和非标准态下的转化温度。

【例 9-1】　试求标准状态下，铁液中溶解铬与碳选择性氧化的转化温度。

解：铁液中溶解铬和碳氧化的耦合反应为

$$(Cr_2O_3) + 3[C] = 2[Cr] + 3CO$$

反应的 $\Delta_r G_m^\ominus$ 可如下求得：

$$Cr_2O_3(s) + 3C_{(石)} = 2Cr(s) + 3CO \qquad \Delta_r G_m^\ominus(1) = 766940 - 504.63T\ J \cdot mol^{-1}$$

$$3C_{(石)} = 3[C] \qquad \Delta_r G_m^\ominus(2) = 67770 - 126.78T\ J \cdot mol^{-1}$$

$$2Cr(s) = 2[Cr] \qquad \Delta_r G_m^\ominus(3) = 38500 - 93.72T\ J \cdot mol^{-1}$$

$$(Cr_2O_3) + 3[C] = 2[Cr] + 3CO \qquad \Delta_r G_m^\ominus = 737670 - 471.57T\ J \cdot mol^{-1}$$

$\Delta_r G_m^\ominus = 0$，转化温度 $T = \dfrac{737670}{471.57} = 1564K$

又从氧势图（见图 9-1），Cr_2O_3 和 CO 两氧势线的交点温度为 1520K，计算值与查图值吻合。因此，在标准状态下，温度在 1520 ~ 1564K 以上，C 能抑制 Cr 的氧化，或可认为氧化的铬可被 C 所还原。

【例 9-2】　用氧气吹炼成分为 $w[Si] = 1\%$、$w[C] = 4.5\%$ 的铁水，生成的熔渣成分为 $w(CaO) = 55\%$、$w(SiO_2) = 30\%$、$w(FeO) = 15\%$，与熔池接触的气压为 100kPa。试求碳开始大量氧化的温度（已知 $\gamma_{SiO_2} = 7.5 \times 10^{-2}$）。

解：这是在求非标准状态下，即题中所给铁水及熔渣条件下，硅和碳氧化的选择性转化温度。可由硅和碳氧化耦合反应的等温方程计算。

$$(SiO_2) + 2[C] = [Si] + 2CO$$

上反应的 $\Delta_r G_m^\ominus$ 可由组合法求得：

$$\Delta_r G_m^\ominus = 540870 - 302.27T\ J \cdot mol^{-1}$$

故

$$\Delta_r G_m = 540870 - 302.27T + 19.147T\lg\frac{a_{Si}p_{CO}^2}{a_{SiO_2}a_C^2}$$

现分别求上式中的 a_{Si}、a_{SiO_2} 及 a_C^2

a_{Si}：

$$a_{Si} = f_{Si}w[Si]$$

$$\lg f_{Si} = e_{Si}^{Si}w[Si] + e_{Si}^{C}w[C] = 0.11 \times 1 + 0.18 \times 4.5 = 0.92$$

$$f_{Si} = 8.32 \qquad a_{Si} = 8.32 \times 1 = 8.32$$

a_C：

$$a_C = f_C w[C]$$

$$\lg f_C = e_C^C w[C] + e_C^{Si}w[Si] = 0.14 \times 4.5 + 0.08 \times 1 = 0.71$$

$$f_C = 5.13 \qquad a_C = 5.13 \times 4.5 = 23.08$$

a_{SiO_2}：

$$a_{SiO_2} = \gamma_{SiO_2} \cdot x(SiO_2)$$

熔渣的成分换算成 $x(SiO_2) = 0.31$

故 $a_{SiO_2} = \gamma_{SiO_2} \cdot x(SiO_2) = 7.5 \times 10^{-2} \times 0.31 = 2.3 \times 10^{-2}$

则 $\Delta_r G_m = 540870 - 302.27T + 19.147T\lg\dfrac{8.32 \times 1}{23.08^2 \times 2.3 \times 10^{-2}} = 540870 - 305.49T\ J \cdot mol^{-1}$

当 $\Delta_r G_m = 0$ 时，转化温度 $T = 540870/305.49 = 1770K$。即温度升高到 1770K（1550℃）碳开始大量氧化。

（4）三种氧化剂中，以直接氧化更易进行，因为它的 $\Delta_r G_m^\ominus$ 或氧势最低。所以吹氧时元素氧化强度最大。图 9-2 为［Si］在三种氧化剂作用下的氧势图。

（5）当熔池中多种元素共存时，一般是形成氧化物（M_xO_y）氧势（或 $\Delta_r G_m^\ominus$）最小的元素首先氧化。而其氧化强度随温度的升高而减弱。元素氧化的顺序还将受活度变化的影响。

因为 $p_{O_2}(M_xO_y) = K^\ominus(a_{M_xO_y}^{2/y}/a_M^{2x/y})$

而

$$\pi_{O(M_xO_y)} = RT\ln p_{O_2} = \Delta_r G_m^\ominus + \frac{2}{y}RT\ln a_{M_xO_y} - \frac{2x}{y}RT\ln a_M$$

故元素的浓度（活度）相同时，氧势较小的先氧化或强烈氧化，而元素浓度（活度）不相同时，浓度（活度）高的，其氧势较小，最先氧化。另外，形成的氧化物成凝聚相，在熔渣中溶解，其活度降低，使其氧势减小，也能利于元素的氧化。如果形成的氧化物是

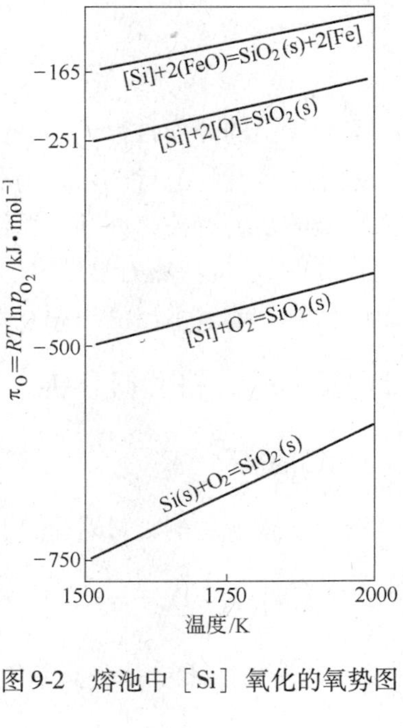

图 9-2 熔池中［Si］氧化的氧势图

纯固相，在熔池中也不溶解，而覆盖在熔池表面，则会阻碍元素的氧化。

氧化反应达到平衡时，所有元素氧化物的氧势相等，故有下列关系存在：

$$p_{O_2}^{1/2} = \frac{a_{M_1O}}{\sqrt{K_1^{\ominus}}a_{M_1}} = \frac{a_{M_2O}}{\sqrt{K_2^{\ominus}}a_{M_2}} = \cdots = \frac{a_{FeO}}{\sqrt{K_{Fe}^{\ominus}}a_{Fe}}$$

因此，$K^{\ominus}$值大的元素，其分配常数（a_{MO}/a_M）亦大，而元素氧化达平衡时，在渣中富集的浓度大。相反，则在铁液中富集的浓度大。

9.1.3　元素氧化的分配常数

铁液中元素氧化形成凝聚相的氧化物的反应，是发生在熔渣-铁液界面上的，因此，以前述的第三类氧化反应表示：

$$x[M] + y(FeO) = (M_xO_y) + y[Fe]$$

而

$$K^{\ominus} = \frac{a_{M_xO_y}a_{Fe}^y}{a_{FeO}^y a_M^x}$$

式中，$a_{Fe}=1$，而上式可进一步写成

$$K^{\ominus} = \frac{\gamma_{M_xO_y}x(M_xO_y)}{a_{FeO}^y f_M^x(w[M])^x}\frac{x(M_xO_y)}{w[M]}$$

元素 M 在熔渣-金属液间平衡分配常数为

$$L_M = \frac{x(M_xO_y)}{(w[M])^x} = K^{\ominus} a_{FeO}^y \times \frac{f_M^x}{\gamma_{M_xO_y}} \quad (9\text{-}4)$$

式中，M_xO_y 的 $x=1$、2、3 等。在绝大多数情况下，可取 $x=1$。

而 M_xO_y 在下式中则为 MO_y：

$$L_M = \frac{x(M_xO_y)}{w[M]} = K^{\ominus} a_{FeO}^y \times \frac{f_M}{\gamma_{MO_y}} \quad (9\text{-}5)$$

上面导出的分配常数 L_M 是元素氧化时，从金属相转入渣相内，电子状态（或存在形式）发生了变化。它除与温度有关外（$K^{\ominus}$随温度升高而减小，因 $\Delta_r H_m^{\ominus}<0$），还与参加反应的物质的活度有关，亦即与熔渣及金属液的组成有关。

式（9-5）是从热力学导出的分配常数，其中氧化物的活度能从熔渣的等活度曲线图得出，但它不能表示出渣中相互作用的质点的结构形式。

9.2　锰、硅、铬、钒、铌、钨的氧化反应

9.2.1　锰的氧化

溶解于铁液中的［Mn］可出现下列氧化反应：

$$[Mn] + \frac{1}{2}O_2 = (MnO) \qquad \Delta_r G_m^{\ominus} = -361495 + 111.63T\ J\cdot mol^{-1} \quad (Ⅰ)$$

$$[Mn] + [O] = (MnO) \qquad \Delta_r G_m^{\ominus} = -244316 + 106.84T\ J\cdot mol^{-1} \quad (Ⅱ)$$

$$[Mn] + (FeO) = (MnO) + [Fe] \quad \Delta_r G_m^\ominus = -123307 + 56.48T \ J \cdot mol^{-1} \quad (\text{Ⅲ})$$

反应式（Ⅰ）形成的MnO是高熔点凝聚相，在铁液表面上存在，能阻止氧化的继续进行。反应式（Ⅱ）及式（Ⅲ）发生在熔渣与铁液的界面上。因Fe与Mn对氧的亲和力相近，由于Fe的氧化，Mn氧化形成的MnO能与FeO形成共溶体，促进氧化反应的进行。根据反应式（Ⅱ）和式（Ⅲ）的平衡常数，可以写出锰在渣-钢液间的平衡分配常数式，得出锰氧化的热力学条件。

(1)
$$[Mn] + (FeO) = (MnO) + [Fe]$$

$$K_{\text{Ⅲ}}^\ominus = \frac{a_{MnO}a_{Fe}}{a_{FeO}a_{Mn}} = \frac{x(MnO)\gamma_{MnO}}{x(FeO)\gamma_{FeO} f_{Mn} w[Mn]} = \frac{w(MnO)\gamma_{MnO}}{w(FeO)\gamma_{FeO} f_{Mn} w[Mn]}$$

式中 $\frac{w(MnO)}{w(FeO)} = \frac{x(MnO)}{x(FeO)}$，因为Mn和Fe及MnO和FeO的摩尔质量相近，故可用质量分数代替摩尔分数，又 $a_{Fe}=1$。

在FeO-MnO渣系内 $\gamma_{MnO}/\gamma_{FeO}=1$。在酸性渣内，由于 $MnO\text{-}SiO_2$ 的作用比 $FeO\text{-}SiO_2$ 的作用强，故 $\gamma_{MnO}/\gamma_{FeO}=4$。在实际的碱性渣 $[w(CaO)/w(SiO_2)\geqslant 2]$ 中，$\gamma_{MnO}/\gamma_{FeO}\approx 1$（或 <1）。

由以上可得出
$$L_{Mn(1)} = \frac{x(MnO)}{w[Mn]} = K_{\text{Ⅲ}}^\ominus \frac{x(FeO)\gamma_{FeO} f_{Mn}}{\gamma_{MnO}} \quad (9\text{-}6)$$

(2)
$$[Mn] + (Fe^{2+}) = (Mn^{2+}) + [Fe] \quad (\text{Ⅳ})$$

这是以离子反应式表示锰的氧化。

$$K_{\text{Ⅳ}}^\ominus = \frac{a_{Mn^{2+}}a_{Fe}}{a_{Fe^{2+}}a_{Mn}} = \frac{x(Mn^{2+})}{w[Mn]x(Fe^{2+})} \cdot \frac{\gamma_{Mn^{2+}}}{\gamma_{Fe^{2+}} f_{Mn}}$$

而
$$L_{Mn(2)} = \frac{x(Mn^{2+})}{w[Mn]} = K_{\text{Ⅳ}}^\ominus \frac{x(Fe^{2+})\gamma_{Fe^{2+}} f_{Mn}}{\gamma_{Mn^{2+}}} \quad (9\text{-}7)$$

式中，$\lg K_{\text{Ⅳ}}^\ominus = \frac{6700}{T} - 3.12$。

由上诸式 L_{Mn} 可见，降低温度（增大 $K^\ominus$），提高熔渣的氧化能力及降低 γ_{MnO}（降低碱度），可促使钢液中锰氧化。

在炼钢过程中，锰仅次于硅，在熔炼之初就大量氧化，但在熔炼后期，温度很高时，K将减小，锰的氧化趋于平衡。同时由于碳的强烈氧化，熔渣中的（FeO）量降低，因而可发生MnO的还原，使钢液有一定的“残锰”存在。还原的锰量与温度、渣内MnO、FeO的浓度有关，可由 L_{Mn} 进行计算。

【例9-3】 试计算下列成分炉渣的MnO的分配常数及钢液中Mn的平衡浓度。熔渣成 $w(CaO)=36.11\%$、$w(SiO_2)=33.04\%$、$w(FeO)=6.41\%$、$w(Fe_2O_3)=1.26\%$、$w(MgO)=14.97\%$、$w(P_2O_5)=1.37\%$、温度1873K。（已知：$\gamma_{FeO}=5.08$，$\gamma_{MnO}=1.8$）

解： 为说明两种分配常数式的应用，现以式（9-6）、式（9-7）进行计算：

(1)
$$[Mn] + (FeO) = (MnO) + [Fe] \quad (\text{Ⅰ})$$

$$L_{Mn(1)} = \frac{x(MnO)}{w[Mn]} = K_1^\ominus \frac{a_{FeO}}{\gamma_{MnO}}$$

上式中的 f_{Mn} 在此处为 1，因为当［Mn］氧化达到平衡时，其浓度已很低了。

a_{FeO}：渣中有两种氧化铁组分，应将 Fe_2O_3 换算成 FeO，利用全铁法渣中 $\Sigma w(FeO) = w(FeO) + 0.9w(Fe_2O_3) = 6.41 + 0.9 \times 1.26 = 7.54$。渣中组分的物质的量及摩尔分数为

组分	CaO	SiO_2	FeO	MgO	P_2O_5	MnO
n_B：	0.645	0.551	0.105	0.375	0.0096	0.089
x_B：	0.363	0.310	0.059	0.211	0.0054	0.050

$\Sigma x(FeO) = 0.0590$　　得 $a_{FeO} = \Sigma x(FeO)\gamma_{FeO} = 0.0590 \times 5.08 = 0.3$

$K_1^{\ominus}$：

$$[Mn] + (FeO) = (MnO) + [Fe]$$

$$\lg K_1^{\ominus} = \frac{\Delta_r G_m^{\ominus}}{-19.147T} = \frac{-123307 + 56.48T}{-19.147T} = \frac{123307}{19.147 \times 1873} - \frac{56.48}{19.147} = 0.4885$$

$$K_1^{\ominus} = 3.07$$

故　$L_{Mn(1)} = 3.07 \times \dfrac{0.3}{1.8}$　　$w[Mn] = \dfrac{x(MnO)}{L_{Mn(1)}} = \dfrac{0.050}{0.512} \approx 0.1\%$。

（2）

$$[Mn] + (Fe^{2+}) = (Mn^{2+}) + [Fe] \qquad (\text{II})$$

$$L_{Mn(2)} = \frac{x(Mn^{2+})}{w[Mn]} = K_2^{\ominus}\frac{x(Fe^{2+})\gamma_{Fe^{2+}}f_{Mn}}{\gamma_{Mn^{2+}}}$$

$K_2^{\ominus}$：　$\lg K_2^{\ominus} = \dfrac{6700}{T} - 3.12 = \dfrac{6700}{1873} - 3.12 = 0.457$　　$K_2^{\ominus} = 2.865$

$x(Fe^{2+})$：渣中阳离子的物质的量及摩尔分数［$x_{B^+} = \nu_B n_{B^+}/(\Sigma \nu_B n_{B^+})$］：

组分	CaO	SiO_2	FeO	MgO	P_2O_5	MnO
n_{B^+}：	0.645	0.551	0.105	0.375	2×0.0096	0.089
x_{B^+}：	0.363	0.310	0.059	0.211	0.011	0.050

$$\Sigma \nu_B n_{B^+} = 0.645 + 0.551 + 0.105 + 0.375 + 2 \times 0.0096 + 0.089 = 1.875$$

$\gamma_{Fe^{2+}}$：

$$\lg\gamma_{Fe^{2+}} = \frac{1000}{T}\{2.18x(Mn^{2+}) \cdot x(Si^{4+}) + 5.90[x(Ca^{2+}) + x(Mg^{2+})] \cdot x(Si^{4+}) + 10.50x(Ca^{2+}) \cdot x(P^{5+})\}$$

$$= \frac{1000}{1873}[2.18 \times 0.050 \times 0.309 + 5.90 \times (0.361 + 0.210) \times 0.309 + 10.50 \times 0.361 \times 0.011] = 0.596$$

$$\gamma_{Fe^{2+}} = 3.94$$

$\gamma_{Mn^{2+}}$：

$$\lg\gamma_{Mn^{2+}} = \lg\gamma_{Fe^{2+}} - \frac{2180}{T}x(Si^{4+})$$

$$= 0.596 - \frac{2180}{1873} \times 0.309 = 0.236 \qquad \gamma_{Mn^{2+}} = 1.72$$

$$f_{Mn} = 1$$

故 $$L_{Mn(2)}=\frac{x(Mn^{2+})}{w[Mn]}=K_2^{\ominus}\frac{x(Fe^{2+})\gamma_{Fe^{2+}}f_{Mn}}{\gamma_{Mn^{2+}}}=2.865\times\frac{0.059\times3.94}{1.72}=0.387$$

$$w[Mn]=\frac{x(Mn^{2+})}{L_{Mn(2)}}=\frac{0.050}{0.387}=0.129\%$$

两种反应式得出的 L_{Mn} 计算的 $w[Mn]$ 基本相同。

9.2.2 硅的氧化

铁液中的硅可发生下列氧化反应：

$$[Si]+O_2 = SiO_2 \qquad \Delta_rG_m^{\ominus}=-824470+219.42T\ J\cdot mol^{-1} \qquad (Ⅰ)$$

$$[Si]+[O] = SiO(g) \qquad \Delta_rG_m^{\ominus}=-97267+27.95T\ J\cdot mol^{-1} \qquad (Ⅱ)$$

$$[Si]+2[O] = (SiO_2) \qquad \Delta_rG_m^{\ominus}=-594285+229.76T\ J\cdot mol^{-1} \qquad (Ⅲ)$$

$$[Si]+2(FeO) = (SiO_2)+2[Fe] \qquad \Delta_rG_m^{\ominus}=-386769+202.3T\ J\cdot mol^{-1} \qquad (Ⅳ)$$

反应式（Ⅰ）能形成覆盖在铁液表面的高熔点 SiO_2 固体膜，阻碍［Si］氧化的继续进行；反应式（Ⅱ）仅能发生在1700℃高温的铁水液面上；只有反应式（Ⅲ）及式（Ⅳ）才能在铁液与熔渣界面上正常进行。它们的分配常数可由相应的反应得出：

$$[Si]+2(FeO) = (SiO_2)+2[Fe] \qquad K_{Ⅳ}^{\ominus}=\frac{a_{SiO_2}a_{Fe}^2}{a_{FeO}^2a_{Si}}=\frac{\gamma_{SiO_2}x(SiO_2)}{w[Si]f_{Si}a_{FeO}^2}$$

$$L_{Si}=\frac{x(SiO_2)}{w[Si]}=K_{Ⅳ}^{\ominus}f_{Si}\frac{a_{FeO}^2}{\gamma_{SiO_2}} \qquad (9\text{-}8)$$

$$[Si]+2(Fe^{2+})+4(O^{2-}) = (SiO_4^{4-})+2[Fe] \qquad (Ⅴ)$$

$$K_{Ⅴ}^{\ominus}=\frac{a_{SiO_4^{4-}}a_{Fe}^2}{a_{Fe^{2+}}^2a_{O^{2-}}^4a_{Si}}=\frac{\gamma_{SiO_4^{4-}}x(SiO_4^{4-})}{[x(Fe^{2+})]^2\gamma_{Fe^{2+}}^2[x(O^{2-})]^4\gamma_{O^{2-}}^4w[Si]}$$

$$L_{Si}=\frac{x(SiO_4^{4-})}{w[Si]}=K_{Ⅴ}^{\ominus}\frac{[x(Fe^{2+})]^2[x(O^{2-})]^4\gamma_{Fe^{2+}}^2\gamma_{O^{2-}}^4}{\gamma_{SiO_4^{4-}}}$$

式中，$f_{Si}=1$。

上列 L_{Si} 的计算法同前，硅离子（Si^{4+}）的活度可由下式计算。

$$\lg\gamma_{Si^{4+}}=\lg\gamma_{Fe^{2+}}-\frac{5900}{T}[x(Ca^{2+})+x(Mg^{2+})]$$

由上面的 L_{Si} 式可见，降低温度（增大 $K^{\ominus}$），提高渣中 FeO（Fe^{2+}、O^{2-}）的活度及降低 γ_{SiO_2}（提高碱度），可加强［Si］的氧化。

由于硅的氧化是强放热反应（$\Delta_rH_{m(Ⅲ)}^{\ominus}\approx-600kJ\cdot mol^{-1}$、$\Delta_rH_{m(Ⅳ)}^{\ominus}\approx-350kJ\cdot mol^{-1}$），所以在冶炼之初就大量氧化，使熔池温度上升很快。在碱性渣下，$a_{SiO_2}\approx10^{-3}$，$w[Si]_{平}$很小，是痕迹量。熔炼后期，温度升高时，$K_{Ⅲ}^{\ominus}$虽有所减小（1500℃、$K_{Ⅲ}^{\ominus}=0.48$，1600℃、$K_{Ⅲ}^{\ominus}=0.132$），但 γ_{SiO_2} 始终很小（SiO_2 与 CaO 形成稳定的化合物），所以渣中 SiO_2 也难以还原。在酸性渣下，$\gamma_{SiO_2}\approx1[w(SiO_2)=47\%\sim50\%$ 饱和态］，熔炼后期，$K_{Ⅲ}^{\ominus}$减小许多，a_{FeO} 又不很高（FeO 与 SiO_2 形成硅酸铁），故渣中（SiO_2）可发生还原。钢液中的

$w[Si]$可达到0.15% ~0.30%，与酸性渣的操作有关。

9.2.3　铬

铬和锰相似，在炼钢过程中，铬能够氧化及还原，与熔体的组成及温度有关。

9.2.3.1　铬的氧化

铬氧化形成的氧化铬的组成主要与含铬量有关：

$w[Cr]=0\sim3\%$：氧化产物为$FeCr_2O_4$

$$[Fe]+4[O]+2[Cr] = FeCr_2O_4 \qquad \Delta_r G_m^{\ominus} = -981475+419.13T\ J\cdot mol^{-1}$$

$$2[Cr]+3[O]+(FeO) = FeCr_2O_4 \qquad \Delta_r G_m^{\ominus} = -1039682+448.81T\ J\cdot mol^{-1}$$

$w[Cr]=3\%\sim9\%$：氧化产物为$Fe_{0.67}Cr_{2.33}O_4$

$$0.67[Fe]+2.33[Cr]+4[O] = Fe_{0.67}Cr_{2.33}O_4 \quad \Delta_r G_m^{\ominus} = -984156+415T\ J\cdot mol^{-1}$$

$w[Cr]\geqslant9\%$：氧化产物为Cr_3O_4，Cr_2O_3

$$3[Cr]+4[O] = Cr_3O_4 \qquad \Delta_r G_m^{\ominus} = -1037767+464.51T\ J\cdot mol^{-1}$$

$$2[Cr]+3[O] = Cr_2O_3 \qquad \Delta_r G_m^{\ominus} = -887081+329.70T\ J\cdot mol^{-1}$$

在炼钢过程中，铁液铬的氧化还与熔池的氧化性及熔渣的碱度有关。在酸性渣下，[Cr] 氧化成 CrO，而在碱性渣下 [Cr] 氧化成 Cr_2O_3。

$$[Cr]+(FeO) = (CrO)+[Fe] \qquad (\text{Ⅰ})$$

$$2[Cr]+3(FeO) = (Cr_2O_3)+3[Fe] \qquad (\text{Ⅱ})$$

1600℃由实验测得熔渣中，以氧化铁及氧化铬浓度表示的两种渣下的$K'_{Cr(Ⅰ)}$及$K'_{Cr(Ⅱ)}$与碱度的关系，如图9-3所示。[Cr] 在酸性渣下氧化得比较完全，在碱度大于2的碱性渣下$K'_{Cr(Ⅱ)}$很低，这相当于Cr_2O_3大量从渣中还原进入钢液中。Cr氧化的热效应大，$\Delta_r H_m^{\ominus} \approx -165kJ\cdot mol^{-1}$。故提高温度不利于铬的氧化。

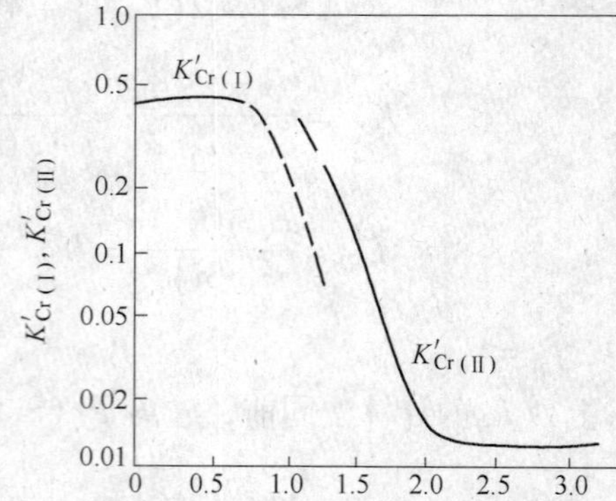

图9-3　碱度对铬氧化表观平衡常数的影响，1600℃

进入熔渣内的氧化铬，当其质量分数高达5% ~6%时，熔渣能被Cr_2O_3饱和，析出固相Cr_2O_3和尖晶石$CrO\cdot Cr_2O_3$，使熔渣变稠，不利于冶炼的进行。因此，冶炼一般钢种的$w[Cr]$，最好不超过1%。

9.2.3.2　铬的还原

炉料的铬在低温度下，能大量氧化进入渣中，但在高温下又能为钢液中的 [C] 所还原，进入钢液中。实际上铬和碳是同时氧化的，只是它们的氧化程度随温度的升高有相反的变化。因此，[Cr] 与 [C] 就出现了选择性氧化的特点。如图9-1的氧势图所示，它们在各自氧势线交点温度以下，[Cr] 可先于 [C] 氧化；而在交点温度以上，[C] 可先于 [Cr] 氧化，即抑制了 [Cr] 的氧化。

因此，在利用［Cr］及［C］氧化的这种选择性，可在用含铬废钢作炉料冶炼时，获得铬回收率高，而碳的质量分数很低（小于0.02%）的不锈钢或耐热钢。这就需要探讨“去碳保铬”操作的热力学条件。

根据实验资料，碳还原氧化铬的反应为

$w[Cr]<9\%$ 时

$$4[C]+(FeCr_2O_4)=\!=\!=2[Cr]+4CO+[Fe] \qquad \Delta_r G_m^{\ominus}=829448-540.72T\ J\cdot mol^{-1} \tag{Ⅲ}$$

$$K^{\ominus}=\frac{a_{Cr}^2 p_{CO}^4}{a_C^4} \qquad a_C=a_{Cr}^{1/2}p_{CO}/(K^{\ominus})^{1/4} \tag{9-9}$$

$w[Cr]>9\%$ 时

$$4[C]+(Cr_3O_4)=\!=\!=3[Cr]+4CO \qquad \Delta_r G_m^{\ominus}=934706-617.22T\ J\cdot mol^{-1} \tag{Ⅳ}$$

$$K^{\ominus}=\frac{a_{Cr}^3 p_{CO}^4}{a_C^4} \qquad a_C=a_{Cr}^{3/4}p_{CO}/(K^{\ominus})^{1/4} \tag{9-10}$$

式中，$a_{Cr_2O_3}=1$，$a_{Cr_3O_4}=1$，因渣中（Cr_2O_3）、（Cr_3O_4）趋于饱和。

利用式（9-9）或式（9-10），并代入［Cr］和［C］的活度相互系数，可绘出不同温度及 p'_{CO} 时，钢液中 $w[C]$-$w[Cr]$ 的平衡图。如图9-4所示，图中曲线为温度及 p'_{CO} 一定时，钢液中 $w[C]$-$w[Cr]$ 平衡值的关系，随着 $w[Cr]$ 的增高，$w[C]$ 也相应提高。于是，可得出“去碳保铬”的热力学条件：

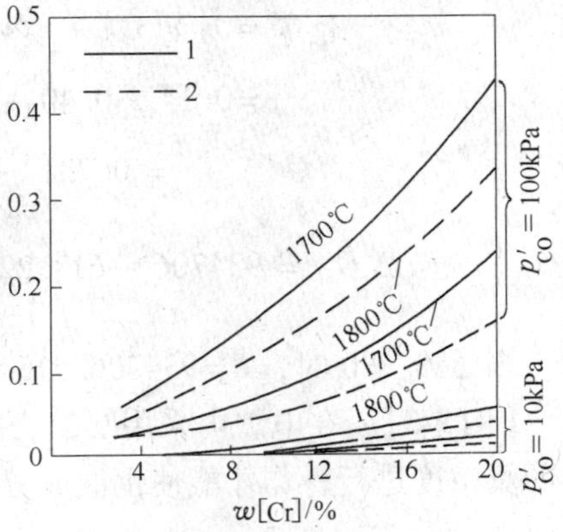

图9-4 $w[C]$-$w[Cr]$ 平衡图及 t、p'_{CO}、$w[Ni]$ 的影响

1—无Ni；2—$w[Ni]=10\%$

（1）“去碳保铬”的最低温度是钢液中［Cr］与［C］氧化的转化温度，可由反应式（Ⅲ）或式（Ⅳ）的等温方程得出。提高熔池温度，$K^{\ominus}$ 值增大（$\Delta_r H_m^{\ominus}>0$），从而 $w[C]$ 降低。向熔池吹氧，能迅速提高炉温。但用矿石氧化，则不能达到提温的目的。因为矿石脱碳是吸热反应，它每氧化 $w[Cr]=0.1\%$，只能提高钢水温度8℃，不能抵消它氧化 $w[C]=0.1\%$ 所降低的值（20℃），因而熔池温度难以提高到［C］氧化所需的温度。

（2）降低 p'_{CO}，可在 $w[Cr]$ 不变时，降低 $w[C]$。采用真空冶炼或吹入氩氧混合气体的减压操作，不仅降低 p'_{CO}，而且可使CO气泡易形成，以加强脱碳。

（3）提高［C］的活度系数，亦能降低 $w[C]$。［Ni］的存在能提高碳的活度系数（$e_C^{Ni}=0.012$），同样 $w[Cr]$ 的量，可获得较低的 $w[C]$。

（4）由于钢液的含铬量愈高，对应的平衡 $w[C]$ 也愈高。因此，为使含铬量高的钢液有较低的 $w[C]$，需要采用更高的真空度和适当高的温度，因为仅依靠过高的温度会对炉衬损害大。

由于“去碳保铬”的操作中采用了吹氧，熔池得到强烈的搅拌，加强了钢液内［C］及［Cr］的扩散，使反应更接近于平衡态。

【例 9-4】 计算成分为 $w[\mathrm{Cr}]=13\%$、$w[\mathrm{Ni}]=10\%$ 及 $w[\mathrm{C}]=0.40\%$ 的金属炉料，在电炉内冶炼不锈钢时，“去碳保铬”的最低温度。

解：“去碳保铬”的最低温度：

由于 $w[\mathrm{Cr}]=13\%>9\%$，因此可由反应式（Ⅳ）进行计算：

$$4[\mathrm{C}]+(\mathrm{Cr_3O_4})=\!=\!=3[\mathrm{Cr}]+4\mathrm{CO}\qquad \Delta_r G_m^{\ominus}=934706-617.22T\ \mathrm{J\cdot mol^{-1}}$$

故
$$\Delta_r G_m=934706-617.22T+19.147T\lg\frac{a_{\mathrm{Cr}}^3 p_{\mathrm{CO}}^4}{a_{\mathrm{C}}^4}$$

a_{Cr}：
$$a_{\mathrm{Cr}}=f_{\mathrm{Cr}}w[\mathrm{Cr}]$$

$$\lg f_{\mathrm{Cr}}=e_{\mathrm{Cr}}^{\mathrm{Cr}}w[\mathrm{Cr}]+e_{\mathrm{Cr}}^{\mathrm{C}}w[\mathrm{C}]+e_{\mathrm{Cr}}^{\mathrm{Ni}}w[\mathrm{Ni}]$$

$$=-0.0003\times13+(-0.12)\times0.40+0.0002\times10=-0.0499$$

$$f_{\mathrm{Cr}}=0.891\qquad a_{\mathrm{Cr}}=0.891\times13=11.58$$

a_{C}：
$$a_{\mathrm{C}}=f_{\mathrm{C}}w[\mathrm{C}]$$

$$\lg f_{\mathrm{C}}=e_{\mathrm{C}}^{\mathrm{C}}w[\mathrm{C}]+e_{\mathrm{C}}^{\mathrm{Cr}}w[\mathrm{Cr}]+e_{\mathrm{C}}^{\mathrm{Ni}}w[\mathrm{Ni}]$$

$$=0.14\times0.40+(-0.024)\times13+0.012\times10=-0.136$$

$$f_{\mathrm{C}}=0.731\qquad a_{\mathrm{C}}=0.731\times0.40=0.292$$

故
$$\Delta_r G_m=934706-617.22T+19.147\lg\frac{11.58^3}{0.292^4}=934706-515.17T$$

当 $\Delta_r G_m=0$ 时，$T=934706/515.17=1814\mathrm{K}$（1540℃）。

【例 9-5】 在电炉内采用吹氧法冶炼不锈钢时，若冶炼温度不高于 1650℃，应采用怎样的真空度进行操作才能使钢液成分达到 $w[\mathrm{Cr}]=11\%$，$w[\mathrm{Ni}]=10\%$ 及 $w[\mathrm{C}]=0.05\%$ 的要求。

解：由于 $w[\mathrm{Cr}]=11\%>9\%$，因此可由反应式（Ⅳ）进行计算：

$$4[\mathrm{C}]+(\mathrm{Cr_3O_4})=\!=\!=3[\mathrm{Cr}]+4\mathrm{CO}\qquad \Delta_r G_m^{\ominus}=934706-617.22T\ \mathrm{J\cdot mol^{-1}}$$

脱碳的真空度：假定真空度 $p=p_{\mathrm{CO}}$，而 $T=1923\mathrm{K}$，由

$$\lg K^{\ominus}=\lg\frac{a_{\mathrm{Cr}}^3 p_{\mathrm{CO}}^4}{a_{\mathrm{C}}^4}=-\frac{\Delta_r G_m^{\ominus}}{19.147T}=-\frac{48817}{T}+32.24$$

$$=-\frac{48817}{1923}+32.24=6.85$$

$$K^{\ominus}=7.08\times10^6$$

即
$$\frac{a_{\mathrm{Cr}}^3 p_{\mathrm{CO}}^4}{a_{\mathrm{C}}^4}=7.08\times10^6\qquad p_{\mathrm{CO}}=\sqrt[4]{\frac{7.08\times10^6\times a_{\mathrm{C}}^4}{a_{\mathrm{Cr}}^3}}$$

a_{Cr}：
$$a_{\mathrm{Cr}}=f_{\mathrm{Cr}}w[\mathrm{Cr}]$$

$$\lg f_{Cr} = e_{Cr}^{Cr} w[Cr] + e_{Cr}^{C} w[C] + e_{Cr}^{Ni} w[Ni]$$

$$= -0.0003 \times 11 + (-0.12) \times 0.05 + 0.0002 \times 10 = -0.0073$$

$$f_{Cr} = 0.983 \qquad a_{Cr} = 0.983 \times 11 = 10.81$$

a_C：

$$a_C = f_C w[C]$$

$$\lg f_C = e_C^C w[C] + e_C^{Cr} w[Cr] + e_C^{Ni} w[Ni]$$

$$= 0.14 \times 0.05 + (-0.024) \times 11 + 0.012 \times 10 = -0.137$$

$$f_C = 0.729 \qquad a_C = 0.729 \times 0.05 = 0.0365$$

故

$$p_{CO} = \sqrt[4]{\frac{7.08 \times 10^6 \times a_C^4}{a_{Cr}^3}} = \sqrt[4]{\frac{7.08 \times 10^6 \times (0.0365)^4}{(10.81)^3}} = 0.316$$

真空度

$$p' = 0.316 \times 10^5 = 3.16 \times 10^4 \text{Pa}$$

9.2.4 钒

含钒矿石在高炉内冶炼时，钒可还原75% ~80%，得到 $w[V] = 0.04\% \sim 0.6\%$ 的含钒生铁。在炼钢过程中，钒易在初期氧化形成 V_2O_3，转入渣中（$w[V_2O_3] = 10\% \sim 30\%$，氧化后的钒以 V_2O_3 存于渣中形成钒尖晶石）。将含钒的炉渣用苏打焙烧，变为钒酸钠，再用水浸出，加酸分解，可得到 V_2O_5 的沉淀物。最后，再加石灰作熔剂，以硅铁作还原剂，可炼得钒铁。

钒有五种氧化物：V_2O，VO，V_2O_3，V_2O_4，V_2O_5。从它们的 $\Delta_r G_m^\ominus$-T 图及炉渣的岩相分析证实，用氧吹炼含钒生铁，进入炉渣的氧化物是 V_2O_3，因此，[V] 的氧化反应为

$$2[V] + 3(FeO) \Longrightarrow (V_2O_3) + 3[Fe] \qquad \Delta_r G_m^\ominus = -905420 - 275.1T \ \text{J} \cdot \text{mol}^{-1}$$

而

$$L_V = \frac{a_{V_2O_3}}{(w[V])^2} = K^\ominus a_{FeO}^3$$

熔池温度低及供氧强度大，可加强钒的氧化。

在用含钒铁水提钒时，为了获得含钒量高的钒渣及 $w[C] = 2\% \sim 3\%$ 的所谓半钢液，应探讨“去钒保碳”的热力学条件。由于钒与碳也存在着选择性氧化的问题，它们可组成如下耦合反应：

$$\frac{2}{3}[V] + CO \Longrightarrow \frac{1}{3}(V_2O_3) + [C] \qquad \Delta_r G_m^\ominus = -218013 + 135.22T \ \text{J} \cdot \text{mol}^{-1}$$

所以为使 [V] 大量氧化，就存在着一个保证钒优先于碳氧化的“去钒保碳”的温度上限。可由下列等温方程求出。

$$\Delta_r G_m = -218013 + \left[135.22 + 19.147\lg \frac{a_{V_2O_3}^{1/3} a_C}{a_V^{2/3} p_{CO}}\right] T$$

由于 V_2O_3 在渣中与 FeO 结合成钒尖晶石（$FeO \cdot V_2O_3$），所以 $\gamma_{V_2O_3}$ 很低，从生产实际数据反算，估计为 $10^{-5} \sim 10^{-7}$。

为提高钒的回收率，现多采用出炉铁水的单独提钒法，有雾化法、转炉法、槽式炉法等。除获得含钒量高的钒渣外，余下的碳的质量分数为2% ~3%的半钢，可在氧气转炉内

吹炼成钢。

9.2.5　铌

我国某地矿石（铌铁矿、烧绿石等）含有稀土元素及铌。高炉冶炼这种矿石时，稀土元素的化合物进入炉渣中，而铌则还原进入生铁中，可获得铌的质量分数为 0.05% ~ 0.12% 的生铁，铌的回收率为 80%。在炼钢过程中，铌将被氧化，进入初期渣中。可将这种初期渣扒出，再经一系列富集过程，将含铌量较高的炉渣在电炉内用碳还原，制成铌铁。

铌有三种氧化物：NbO、Nb_2O_4 及 Nb_2O_5。根据铁液中元素氧化的氧势图可知，Nb_2O_4 的氧势线位置最低，所以在炼钢温度下，铌的氧化产物是 Nb_2O_4。

$$[Nb] + O_2 \longequal \frac{1}{2}Nb_2O_4(s) \qquad \Delta_r G_m^{\ominus} = -80240 + 220.83T\ J \cdot mol^{-1}$$

铌和钒一样，和［C］的氧化之间存在着选择性的氧化问题。可根据反应

$$[Nb] + 2CO \longequal \frac{1}{2}(Nb_2O_4) + 2[C] \qquad \Delta_r G_m^{\ominus} = -525092 + 305T\ J \cdot mol^{-1}$$

由等温方程得出“去铌保碳”的温度上限。它一般不超过 1400℃。$\gamma_{Nb_2O_4} \approx 10^{-9} \sim 10^{-10}$，因为 Nb_2O_4 与 FeO、MnO 等结合成稳定的复杂化合物。

为提高铌的回收率，现采用连续提铌法，即雾化法。富氧量高的空气从喷雾器射出，将铁水粉碎成细滴，以增大铁水和氧的接触面积，创造出反应良好的动力学条件。铌的氧化率可达到 80% ~90%。

9.2.6　钨

钨氧化成 WO_2 或 WO_3，其反应为

$$[W] + 3(FeO) \longequal (WO_3) + [Fe]$$

而

$$L_W = \frac{x(WO_3)}{w[W]} = K^{\ominus} a_{FeO}^3 \times \frac{f_W}{\gamma_{WO_3}}$$

WO_3 是不稳定的化合物，易为铁所还原。炼含钨的钢时，在酸性渣下，渣中 WO_3 的浓度很低时，氧化反应易于达到平衡。但在碱性渣下，WO_3 与 CaO 形成钨酸钙，而 γ_{WO_3} 很小，因而 L_W 增大。因此，钨的氧化与炉渣的碱度和 FeO 的活度有关。

9.3　脱碳反应

在现代的氧气转炉炼钢中主要的冶炼反应是去除铁水中的碳（及磷），作为基本炉料的生铁中，需要除去的碳量很多。因此，冶炼时间和炉子的生产率主要与碳氧化的速率有关。另外，碳的氧化在炼钢过程中，还起了积极的有利作用，因为它能促进熔池内其他物理化学过程的发展。这主要是由于碳氧化形成了大量的 CO 气泡，它的体积远超过了金属熔体体积的许多倍。例如，氧化 $w[C]=0.1\%$ 的碳，放出的 CO 体积比金属熔体的体积大 100 多倍（1550℃）。这样大量的 CO 气泡的放出，经过熔池时，能使熔池受到强烈的搅拌，加强了整熔池内的对流传质及传热，从而提高了反应的速率及熔池的温度。熔池中上

浮的 CO 气泡能从钢液中富集溶解的［H］、［N］，并从熔池中带走。此外，由上浮气泡引起的强烈搅拌，也促进了钢液温度及成分的均匀，并促使其中非金属夹杂物排出。

［C］的氧化反应能与其他元素的氧化反应同时进行，［也能在一定条件（温度）下单独进行］能抑制其他氧化反应的进行。它们之间存在着选择性氧化的特点，如前节所述。

9.3.1 碳氧化反应

9.3.1.1 碳氧化反应的种类

溶解于铁液中的［C］在氧的作用下可发生下列反应：

$$[C] + \frac{1}{2}O_2 = CO \qquad \Delta_r G_m^{\ominus} = -136900 - 43.51T\ J \cdot mol^{-1} \qquad (I)$$

$$[C] + O_2 = CO_2 \qquad \Delta_r G_m^{\ominus} = -418936 + 43.85T\ J \cdot mol^{-1} \qquad (II)$$

$$CO + [O] = CO_2 \qquad \Delta_r G_m^{\ominus} = -162366 + 87.88T\ J \cdot mol^{-1} \qquad (III)$$

$$C + CO_2 = 2CO \qquad \Delta_r G_m^{\ominus} = 140156 - 126.18T\ J \cdot mol^{-1} \qquad (IV)$$

$$[C] + [O] = CO \qquad \Delta_r G_m^{\ominus} = -22364 - 39.63T\ J \cdot mol^{-1} \qquad (V)$$

$$[C] + 2[O] = CO_2 \qquad \Delta_r G_m^{\ominus} = -184118 + 48.06T\ J \cdot mol^{-1} \qquad (VI)$$

$$[C] + (FeO) = CO + [Fe] \qquad \Delta_r G_m^{\ominus} = 98799 - 90.76T\ J \cdot mol^{-1} \qquad (VII)$$

反应式（Ⅰ）、式（Ⅱ）发生在气体氧的脱碳过程中；反应式（Ⅴ）、式（Ⅵ）发生在铁液与炉底耐火材料的接触面上，及铁液中生成气泡的表面上；反应式（Ⅶ）发生在熔渣-铁液的界面间。但由于反应式（Ⅳ）的强烈进行，反应产生的 CO_2 浓度很低，一般 $p_{CO_2}/p_{CO} = 0.05 \sim 0.20$。仅当 $w[C] < 0.1\%$ 时，由于反应式（Ⅳ）的发展很弱，气相中才有较高量的 p_{CO_2}，即有反应式（Ⅱ）及式（Ⅲ）存在。因此，在炼钢的脱碳反应中，仅需研究反应式（Ⅰ）、式（Ⅴ）、式（Ⅶ），而又以反应式（Ⅴ）研究得最多，因它能确定熔炼末期钢液的平衡氧浓度。

9.3.1.2 碳氧积

在钢液中进行下列反应时

$$[C] + [O] = CO \qquad \Delta_r G_m^{\ominus} = -22364 - 39.63T\ J \cdot mol^{-1}$$

$$K^{\ominus} = \frac{p_{CO}}{a_C a_O} = \frac{p_{CO}}{w[C]w[O]} \times \frac{1}{f_C f_O} \qquad (9\text{-}11)$$

反应的产物 CO 以气泡状自钢液中放出，平衡时气泡所受的外压等于气泡内 CO 的 p_{CO}（或 $p_{CO} + p_{CO_2}$，当 $w[C] < 0.1\%$ 时）。仅当反应形成的 p_{CO} 大于外压时，脱碳反应才能进行。

又上式可改写成

$$\lg \frac{w[C] \cdot w[O]}{p_{CO}} = -\lg K^{\ominus} - \lg f_C f_O \qquad (I)$$

由于

$$\lg f_C = e_C^C w[C] + e_C^O w[O] \approx e_C^C w[C]$$

$$\lg f_O = e_O^O w[O] + e_O^C w[C] \approx e_O^C w[C]$$

因式中 $w[\mathrm{O}]$ 远比 $w[\mathrm{C}]$ 小，所以可不考虑［O］对［C］及［O］相互作用系数的影响。又随着 $w[\mathrm{C}]$ 的增加，f_{C} 增大，因为［C］对亨利定律成正偏差，而 f_{O} 却减小，因为［O］对［C］的作用，即两者成相反方向的变化，因而 $f_{\mathrm{C}}f_{\mathrm{O}}$ 乘积的变化很小，而接近于1，如图9-5所示。

于是，式（Ⅰ）可写成

$$m = \frac{1}{K^{\ominus}} = \frac{w[\mathrm{C}] \cdot w[\mathrm{O}]}{p_{\mathrm{CO}}} \tag{9-12}$$

各研究者测定的1600℃的 $K^{\ominus} = 318.4 \sim 497$。由此得出的 $p'_{\mathrm{CO}} = 100\mathrm{kPa}$ 的 $m = w[\mathrm{C}] \cdot w[\mathrm{O}]$ 位于 $0.002 \sim 0.003$，一般多取 $m = 0.0025$，此称为碳氧积。在 $w[\mathrm{C}] < 1\%$，m 与 $w[\mathrm{C}]$ 的关系很小，而波动在0.002附近。图9-6为实测的结果。

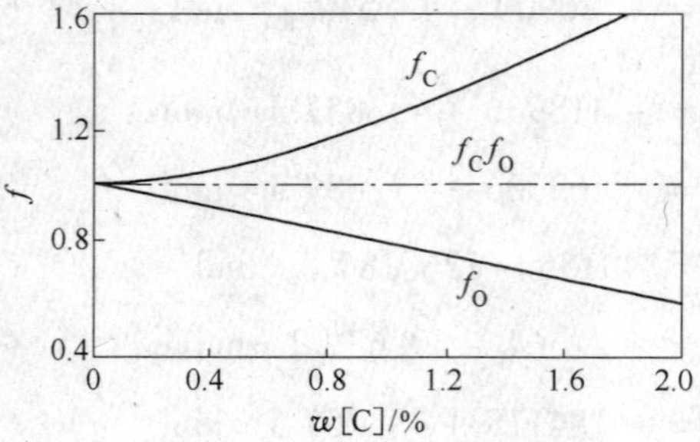

图9-5　f_{C}、f_{O} 及 $f_{\mathrm{C}}f_{\mathrm{O}}$ 乘积与 $w[\mathrm{C}]$ 的关系

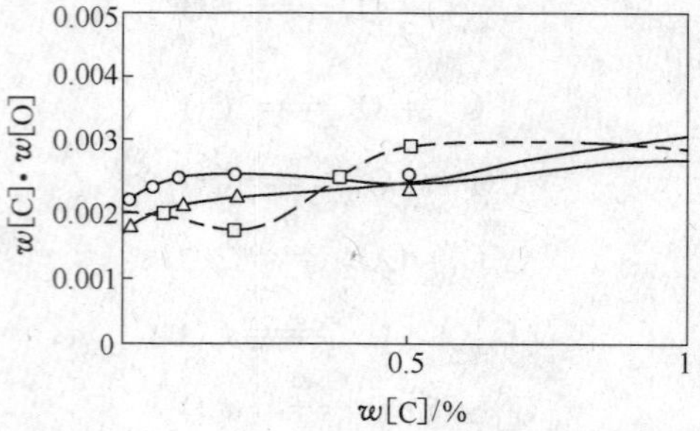

图9-6　1600℃，$w[\mathrm{C}] \cdot w[\mathrm{O}]$ 与 $w[\mathrm{C}]$ 的关系

由于 $K^{\ominus}$ 值随温度的变化不大（反应的 $\Delta_r H_m^{\ominus} = -22\mathrm{kJ \cdot mol^{-1}}$），所以 $m = 0.0025$ 值适用于炼钢温度（1550～1620℃）范围内。但 m 的值却受CO分压的影响。由式（9-12），$w[\mathrm{C}] \cdot w[\mathrm{O}] = mp_{\mathrm{CO}}$，碳氧积随 p_{CO} 的降低而减小，所以在真空下，钢液的碳及氧浓度可进一步降低。

9.3.1.3　脱碳过程中钢液的碳氧积

上面得出了钢液脱氧产物的 $p'_{\mathrm{CO}} = 100\mathrm{kPa}$ 的碳氧积。但在炼钢过程中，发生在熔池不同地方的脱碳反应有不同的碳氧积，这是因为它们的 p'_{CO} 不相同。

（1）在熔池内部。脱碳反应进行时，仅当形成的CO气泡的 p'_{CO} 大于或等于其所受的外压时，气泡才能形成。在不计入脱碳过程中进入气泡内的 H_2 和 N_2 的分压时，气泡内的 p'_{CO} 为

$$p'_{\mathrm{CO}} \geqslant p'_{(\mathrm{g})} + (\delta_{\mathrm{m}}\rho_{\mathrm{m}} + \delta_{\mathrm{s}}\rho_{\mathrm{s}})g + 2\sigma/r \tag{9-13}$$

式中　p'_{CO}——气泡内的分压，或与之平衡的外压，Pa；

$p'_{(\mathrm{g})}$——炉气的压力，100kPa；

ρ_{m}，ρ_{s}——分别为钢液及熔渣的密度，$\mathrm{kg \cdot m^{-3}}$；

δ_{m}，δ_{s}——分别为钢液层及熔渣层的厚度，m；

σ——钢液的表面张力，$\mathrm{N \cdot m^{-1}}$；

r——气泡的半径，m；

g——自由落体加速度，$9.81\mathrm{m \cdot s^{-2}}$。

当气泡的半径 $r \geqslant 10^{-3}\mathrm{m}$，而 $2\sigma/r = 2600\mathrm{Pa}$ 时，$\delta_{\mathrm{s}} < 0.15\mathrm{m}$，$\delta_{\mathrm{s}}\rho_{\mathrm{s}}g < 4500\mathrm{Pa}$，此两项远

小于 $p'_{(g)}$，故式（9-13）可简化为 $p_{CO}=1+\delta_m\rho_m g\times10^{-5}$

因而 $$w[C]\cdot w[O]=mp_{CO}=0.0025(1+\delta_m\rho_m g\times10^{-5})$$

或 $$w[O]_{平}=\frac{mp_{CO}}{w[C]}=\frac{0.0025(1+\delta_m\rho_m g\times10^{-5})}{w[C]} \tag{9-14}$$

因此，碳氧积或 $w[O]_{平}$ 与 $w[C]$ 及气泡所受的外压有关，外压愈大，则 $w[O]_{平}$ 平也愈大。炉底处的 δ_m（深度）最大，所以此处钢液的平衡氧浓度也最大。熔池内部发生的脱碳反应的碳氧积或 $w[O]_{平}$，则随着熔池深度的减小而降低。在与熔渣接触的钢液表面上，$w[O]_{平}$ 最低，接近由 $m=0.0025$ 所计算的值。图 9-7 为钢液脱碳过程中 $w[C]$-$w[O]$ 的关系。

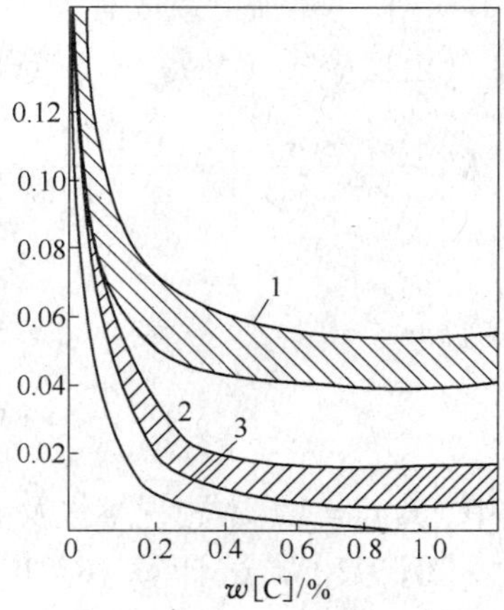

图 9-7 脱碳过程中 $w[C]$-$w[O]$ 的关系

1—与熔渣接触的钢液的氧浓度；

2—熔池实际的氧浓度；

3—$p'_{CO}=100$kPa 时的氧浓度

（$m=w[C]\cdot w[O]=0.0025$）

（2）钢液表面。CO 在钢液表面形成的气泡表面是平的，其半径 $r\to\infty$，从而 $2\sigma/r\to0$，$\delta_m=0$，而 $\delta_s\rho_s g$ 值又较小，故有 $p'_{CO}\geqslant p'_{(g)}$。在这种情况下，外压降低愈大，则 $w[O]_{平}$ 就愈低，这种表面脱碳的比例也愈大。故保持钢液有较小的深度，有利于降低 $w[O]_{平}$。

（3）悬浮的金属液滴。当金属从熔池中以液滴或铁珠的形式进入熔渣及炉气中时，由于铁珠位于 CO 气泡内，其曲率半径为负值，故 $2\sigma/r$ 也为负值，则 $p'_{CO}\geqslant p'_{(g)}-2\sigma/r$。这时，液滴表面 CO 气泡形成时所受的外压减小，脱碳反应易于达到平衡，而且还可超过平衡。但在液滴内部产生的 CO 气泡的 $p'_{CO}\geqslant p'_{(g)}+2\sigma/r$，CO 气泡在液滴内膨胀，而气相的压力及液滴的表面张力则使之收缩。随着脱碳的进行，内压（p'_{CO}）大于外压时，液滴爆炸，分裂成许多小液滴，而使脱碳加快，有利于降低 $w[O]_{平}$。

因此，提高温度，采用真空（降低 p'_{CO}），增大钢-气接触界面（形成铁珠），减小钢液层深度及钢液面无渣或渣少，均可加强脱碳反应的进行。

【例 9-6】 试计算（FeO）的 $x=20\%$ 的熔渣下钢液的平衡碳浓度。温度 1600℃，100kPa。

解： 可由两种反应式进行计算：

（1） $[C]+(FeO)=\!=\!=CO+[Fe]$ $\quad\Delta_rG_m^{\ominus}=98799-90.76T\ \mathrm{J\cdot mol^{-1}}$

$$K^{\ominus}=\frac{p_{CO}}{w[C]f_C a_{FeO}} \qquad w[C]=\frac{p_{CO}}{K^{\ominus}f_C a_{FeO}}$$

$$\lg K^{\ominus}=-\frac{98799}{19.147T}+\frac{90.76}{19.147}=-\frac{98799}{19.147\times1873}+4.74=1.985 \qquad K^{\ominus}=96.61$$

故 $$w[C]=\frac{1}{96.61\times0.20}=0.052\%$$

式中，$f_C=1$，$a_{FeO}=x(FeO)=0.2$，$p_{CO}=1$。

（2） $[C]+[O]=\!=\!=CO$ $\quad\Delta_rG_m^{\ominus}=-22364-39.63T\ \mathrm{J\cdot mol^{-1}}$

$$K^{\ominus} = \frac{p_{CO}}{w[C]w[O]} \times \frac{1}{f_C f_O} \qquad w[C] = \frac{p_{CO}}{K^{\ominus} f_C f_O w[O]}$$

$$\lg K^{\ominus} = \frac{22364}{19.147T} + \frac{39.63}{19.147} = \frac{22364}{19.147 \times 1873} + 2.07 = 2.694 \qquad K^{\ominus} = 493.9$$

$w[O]$与熔渣的组成有关，由$[O]+[Fe]$══(FeO)得出：

（由反应式（Ⅴ）和式（Ⅶ）得 $\Delta_r G_m^{\ominus} = -121163 + 51.13T\ \mathrm{J \cdot mol^{-1}}$）

$$\lg K'_O = \lg \frac{a_{FeO}}{w[O]} = \frac{121163}{19.147T} - \frac{51.13}{19.147} = \frac{121163}{19.147 \times 1873} - 2.670 = 0.708 \qquad K^{\ominus} = 5.11$$

$$w[O] = \frac{a_{FeO}}{K'_O} = \frac{0.2}{5.11} = 0.039\%$$

故
$$w[C] = \frac{1}{493.9 \times 0.039} = 0.052\%$$

式中，$f_C f_O = 1$，本题视熔渣及 Fe-C 熔体为理想溶液。

【例 9-7】 试计算 1873K，100kPa 下，12Cr2Ni4A 钢种的氧浓度。钢液的成分为 $w[C]=0.20\%$、$w[Cr]=2\%$、$w[Ni]=4\%$。$[C]+[O]$══CO

解： 这是在计算钢液中与［C］平衡的 $w[O]$，而反应$[C]+[O]$══CO 是钢液中 $w[O]$的决定者。

$$[C] + [O] = CO \qquad \Delta_r G_m^{\ominus} = -22364 - 39.63T\ \mathrm{J \cdot mol^{-1}}$$

$$K^{\ominus} = \frac{p_{CO}}{w[C]w[O]} \times \frac{1}{f_C f_O} \qquad w[O] = \frac{p_{CO}}{K^{\ominus} f_C f_O w[C]}$$

$$\lg K^{\ominus} = \frac{22364}{19.147T} + \frac{39.63}{19.147} = \frac{22364}{19.147 \times 1873} + 2.07 = 2.694 \qquad K^{\ominus} = 493.9$$

$$\lg f_C = e_C^C w[C] + e_C^{Cr} w[Cr] + e_C^{Ni} w[Ni] + e_C^O w[O]$$
$$= 0.14 \times 0.20 + (-0.024) \times 2 + 0.012 \times 4 = 0.028 \qquad f_C = 1.067$$

$$\lg f_O = e_O^O w[O] + e_O^C w[C] + e_O^{Cr} w[Cr] + e_O^{Ni} w[Ni]$$
$$= (-0.45) \times 0.20 + (-0.04) \times 2 + 0.006 \times 4 = -0.146 \qquad f_O = 0.714$$

式中，由于 $w[O]$很低，故含有 $w[O]$的项略去。

故
$$w[O] = \frac{1}{493.9 \times 0.20 \times 1.067 \times 0.714} = 0.013\%$$

9.3.2 钢液的实际氧浓度

由于脱碳反应 CO 气泡的生成要经过异相形核阶段，所以碳的氧化是在钢液～炉底耐火材料界面上发源的。由熔渣向钢液供给的氧要经过钢液层，向炉底方面扩散，与熔渣平衡的钢液层的氧浓度最高，炉底上碳氧反应区氧的浓度接近于平衡值。因此，整个金属熔池内有高过平衡氧浓度的过剩氧量：$\Delta w[O]$。而金属熔池的氧浓度为

$$w[O] = w[O]_{平} + \Delta w[O] = \frac{0.0025(1 + \delta_m \rho_m g \times 10^{-5})}{w[C]} + \Delta w[O] \qquad (9\text{-}15)$$

式中 $w[O]_{平}$——金属熔池中与［C］平衡的氧浓度。

虽然 $w[O]_{平}$ 随着 δ_m 的减小而降低，但 $w[O]$ 始终高于 $w[O]_{平}$，因为熔池中有促使氧扩散的浓度差存在，故 $\Delta w[O] = w[O] - w[O]_{平} > 0$。$\Delta w[O]$ 称为钢液的过氧化度或过剩氧，其值与脱碳反应的动力学有关。脱碳反应速率愈大，反应就愈接近平衡，而 $\Delta w[O]$ 就愈小。$\Delta w[O]$ 也与 $w[C]$ 有关，$w[C]$ 愈低，则 $\Delta w[O]$ 也愈大。此外，$\Delta w[O]$ 随 p_{CO} 而变化，当 $p_{CO} < 1$ 时，$\Delta w[O]$ 成为负值，如底吹转炉及底吹惰性气体搅拌熔池炼钢。加快脱碳速率，降低 $\Delta w[O]$，可改善钢液的脱氧条件。这就能减少脱氧时形成的夹杂物量，从而提高钢的质量。

9.4 脱磷反应

磷是一般钢种中有害元素之一。钢中最大允许的 $w[P] = 0.02\% \sim 0.05\%$，而对某些钢种则要求在 0.008% ~0.015% 范围内。

高炉冶炼是不能脱磷的，铁矿石的磷几乎全部进入生铁中，致使生铁的 $w[P]$ 有时高达 0.1% ~1.0%。生铁中的磷主要是在炼钢时氧化作用下除去的。但在还原条件下，也可采用还原剂，如 CaC_2 进行还原脱磷法。氧化脱磷法是主要的，它能处理任何含磷量的炉料，得到磷浓度很低的钢。

氧化法是利用氧化剂使铁液中［P］氧化成 P_2O_5，再与加入的、能降低其活度系数的脱磷剂，结合成稳定的复合化合物，而存于熔渣中。在电弧炉炼钢中，磷氧化的同时，金属熔体中的易氧化的有价元素也会受到氧化而损失，因此，在处理这类金属熔体时，存在着去磷及保护合金元素不氧化的问题。

9.4.1 脱磷反应的热力学

9.4.1.1 钢液中［P］的氧化及脱磷原理

铁液中的［P］可按下列反应进行氧化：

$$4[P] + 5O_2 \xlongequal{} P_4O_{10}(g) \qquad \Delta_r G_m^{\ominus} = -2651859 + 890.34T\ \mathrm{J\cdot mol^{-1}} \quad (\mathrm{I})$$

$$2[P] + 5[O] \xlongequal{} P_2O_5(g) \qquad \Delta_r G_m^{\ominus} = -742032 + 532.71T\ \mathrm{J\cdot mol^{-1}} \quad (\mathrm{II})$$

$$2[P] + 8(FeO) \xlongequal{} (3FeO\cdot P_2O_5) + 5[Fe] \qquad \Delta_r G_m^{\ominus} = -413575 + 245.46T\ \mathrm{J\cdot mol^{-1}} \quad (\mathrm{III})$$

$$2[P] + 8[O] + 3[Fe] \xlongequal{} (3FeO\cdot P_2O_5) \qquad \Delta_r G_m^{\ominus} = -1612117 + 595.47T\ \mathrm{J\cdot mol^{-1}} \quad (\mathrm{IV})$$

反应式（Ⅰ）和式（Ⅱ）形成的 P_4O_{10} 及 P_2O_5 是气态，在炼钢温度下，气相磷化物的平衡分压极低（$10^{-12} \sim 10^{-25}$Pa），从氧势图（见图 9-1）亦可见，其氧势接近于零，因此它们在炼钢温度下不能形成。由于［P］与［Fe］同时氧化，故脱磷多按反应式（Ⅲ）或式（Ⅳ）进行，形成 $3FeO\cdot P_2O_5$ 产物。但是 $3FeO\cdot P_2O_5$ 的稳定性（$\Delta_r H_m^{\ominus} = -231\mathrm{kJ\cdot mol^{-1}}$）较差，随着炼钢熔池温度的上升，在 1500℃以上，难于稳定存在。必须将它转变成与其他强碱性氧化物，如 CaO 等，形成在高温下稳定存在的复合化合物，降低其在熔渣中的 $\gamma_{P_2O_5}$（$10^{-14} \sim 10^{-18}$）。表 9-1 为几种磷酸盐的 $\Delta_r H_m^{\ominus}(2[P] + 5[O] + 3(MO) = (3MO\cdot P_2O_5))$，可用以大致估计它们的稳定性。

表 9-1　磷酸盐的 $\Delta_r H_m^{\ominus}$（298K）　　(kJ · mol^{-1})

磷酸盐	$-\Delta_r H_m^{\ominus}$(298K)	磷酸盐	$\Delta_r H_m^{\ominus}$(298K)	磷酸盐	$-\Delta_r H_m^{\ominus}$(298K)
$3FeO \cdot P_2O_5$	315 ~ 460	$3MgO \cdot P_2O_5$	481	$3SrO \cdot P_2O_5$	828
$3MnO \cdot P_2O_5$	324	$3CaO \cdot P_2O_5$	678	$3BaO \cdot P_2O_5$	975

所以脱磷需要氧化剂和脱磷剂，把［P］氧化成 P_2O_5，再与渣中的脱磷剂结合成稳定的化合物，而溶解于渣中。常用的脱磷剂是 CaO，最有效的是 BaO。

9.4.1.2　*炼钢中脱磷反应的热力学分析*

按照炉渣结构理论，脱磷生成的磷酸盐有不同的表达形式，而将脱磷反应用 3 种形式表出：

（1）分子理论的脱磷反应。脱磷反应是界面反应，由下列反应环节组成：

$$5(FeO) = 5[O] + 5[Fe]$$

$$2[P] + 5[O] = (P_2O_5)$$

$$(P_2O_5) + 4(CaO) = (4CaO \cdot P_2O_5)$$

$$2[P] + 5(FeO) + 4(CaO) = (4CaO \cdot P_2O_5) + 5[Fe]$$

$$\Delta_r G_m^{\ominus} = -767163 + 288.35T \text{ J} \cdot \text{mol}^{-1}$$

生成的产物是 $4CaO \cdot P_2O_5$（同分熔化化合物，$t_{fus} = 1810℃$），也可是 $3CaO \cdot P_2O_5$（异分熔化化合物，在 1710℃分解）。液态渣中多是 $3CaO \cdot P_2O_5$，固态渣中有 $4CaO \cdot P_2O_5$ 存在，它们的稳定性（$\Delta_r H_m^{\ominus}$）相近。

$$\lg K^{\ominus} = \lg \frac{a_{4CaO \cdot P_2O_5}}{(w[P])^2 f_P^2 a_{FeO}^5 a_{CaO}^4} = \frac{40067}{T} - 15.06$$

由于渣中 $4CaO \cdot P_2O_5$ 的浓度很低，故可以代之以 $x(P_2O_5)$（$4CaO \cdot P_2O_5$ 与 P_2O_5 的摩尔分数相同）。在假定熔渣中有 $4CaO \cdot SiO_2$、$2CaO \cdot 2SiO_2$、$CaO_{(自)}$、$4CaO \cdot P_2O_5$、FeO、$CaO \cdot Fe_2O_3$ 等分子存在的条件下，计算出 a_{CaO}、a_{FeO}；也可利用渣系的等活度曲线图求出。$\lg K^{\ominus}$的温度关系是实验测定值。而磷的分配常数可按下式计算：

$$L_P = \frac{x(P_2O_5)}{(w[P])^2} = K^{\ominus} f_P^2 a_{FeO}^5 a_{CaO}^4 \tag{9-16}$$

（2）离子理论的脱磷。磷在熔渣中以磷氧络离子 PO_4^{3-} 存在，而 PO_4^{3-} 是通过［P］被氧化成 P^{5+}，在熔渣界面极化 O^{2-} 形成的：

$$2[P] + 8(O^{2-}) = 2(PO_4^{3-}) + 10e$$

$$5(Fe^{2+}) + 10e = 5[Fe]$$

$$2[P] + 5(Fe^{2+}) + 8(O^{2-}) = 2(PO_4^{3-}) + 5[Fe]$$

$$\Delta_r G_m^{\ominus} = -280695 + 142.45T \text{ J} \cdot \text{mol}^{-1}$$

$$K^{\ominus} = \frac{a_{PO_4^{3-}}^2}{a_P^2 a_{Fe^{2+}}^5 a_{O^{2-}}^8} = \frac{[x(PO_4^{3-})]^2}{f_P^2 (w[P])^2 [x(Fe^{2+})]^5 [x(O^{2-})]^8} \times \frac{\gamma_{PO_4^{3-}}^2}{\gamma_{Fe^{2+}}^5 \gamma_{O^{2-}}^8}$$

$$L_P = \frac{x(P_2O_5)}{w[P]} = (K^{\ominus})^{1/2} \times \frac{[x(Fe^{2+})]^{2.5}[x(O^{2-})]^4\gamma_{Fe^{2+}}^{2.5}\gamma_{O^{2-}}^4 f_P}{\gamma_{PO_4^{3-}}} \tag{9-17}$$

L_P可用下列简单反应求出：

1) $$2[P]+5(FeO) = (P_2O_5)+5[Fe]$$

$a_{P_2O_5} = \gamma_{P^{5+}}^2 \cdot [x(P^{5+})]^2$，而 $a_{FeO} = \gamma_{Fe^{2+}} \cdot x(Fe^{2+})$，故

$$K^{\ominus} = \frac{\gamma_{P^{5+}}^2 \cdot [x(P^{5+})]^2}{(w[P])^2 \cdot f_P^2 \cdot \gamma_{Fe^{2+}}^5 \cdot [x(Fe^{2+})]^5}$$

$$L_P = \frac{x(P_2O_5)}{w[P]} = (K^{\ominus})^{1/2} \times \frac{f_P \cdot \gamma_{Fe^{2+}}^{2.5} \cdot [x(Fe^{2+})]^{2.5}}{\gamma_{P^{5+}}} \tag{9-18}$$

式中，$K^{\ominus} = 2.34 \times 10^{-2}$，由实验得出，与温度的关系不大。

2）用实验式（9-19）或式（9-20）计算：

$$\lg L_P = \lg\frac{w(P)}{w[P]} = \frac{22350}{T} - 16 + 0.08w(CaO) + 2.5\lg\Sigma w(Fe) \tag{9-19}$$

$$\lg\frac{w(P_2O_5)}{(w[P])^2[w(FeO)]^5} = \frac{21460}{T} - 27.02 + 8.22\lg[w(CaO) + w(CaF_2) + 0.3w(MgO) - 0.05w(FeO)] \tag{9-20}$$

9.4.1.3 脱磷反应的影响因素

根据前面导出的 L_P式，可得出提高脱磷反应强度的因素：

（1）高氧化铁、高碱度即磷容量大的熔渣及时形成，是加强脱磷的必要条件。它能使［P］强烈氧化，形成稳定的磷酸盐。随着渣中 $FeO(Fe^{2+} \cdot O^{2-})$活度的增加及 $\gamma_{PO_4^{3-}}$ 的降低，L_P增大。由于 Fe^{2+}的极化力（$Z/r = 2.67$）比 Ca^{2+}的极化力（1.89）强，它趋向于 PO_4^{3-} 周围，则能使之极化、变形、破坏，所以纯氧化铁渣内，PO_4^{3-} 难于稳定存在，特别是高温下。加入 CaO 及提高碱度时，引入的 Ca^{2+}能与 PO_4^{3-} 形成弱离子对，提高 PO_4^{3-} 的稳定性，降低其活度系数，而 O^{2-}则与 Fe^{2+}形成 $Fe^{2+} \cdot O^{2-}$对，提高 $FeO(Fe^{2+} \cdot O^{2-})$的活度及供给 O^{2-}促进 PO_4^{3-} 的形成。

可是 Fe^{2+}对脱磷有双重作用：一方面伴随 O^{2-}参加脱磷的电化学反应（吸收 PO_4^{3-} 形成时放出的电子）形成 PO_4^{3-}；另一方面，又趋向于 PO_4^{3-} 周围，降低 PO_4^{3-} 的稳定性。即提高 $\gamma_{PO_4^{3-}}$。但当用 Ca^{2+}去代替部分 Fe^{2+}时，则可消除这种作用。因此，渣中 $w(CaO)/w(FeO)$的比应有适宜值，才能有较高的 L_P。一般炼钢炉渣的 $w(FeO)$为 14% ~18%，碱度为2.5 ~3.0。当 $w(CaO)/w(FeO)$比值很大时，a_{FeO}会降低，不仅［P］的氧化困难，而且石灰也难于溶解，不能及时形成脱磷渣；反之，a_{CaO}又会降低，不利于稳定磷酸盐的形成。

（2）由于脱磷反应是强放热的（$\Delta_r H_m^{\ominus} = -384\text{kJ} \cdot \text{mol}^{-1}$），升高温度，$K^{\ominus}$值减小，因此，低温有利于脱磷。但在低温下，难于及时形成脱磷渣，所以应在有利于及时形成脱磷渣的温度下，利用其他有利于脱磷的因素来补偿高温对脱磷反应不利的影响。

（3）金属熔池某些能提高磷活度系数的元素（C、O）的存在。

【例 9-8】 试计算下列成分的熔渣-钢液间磷的分配常数及钢液的含磷量。炉渣成分为：$w(CaO) = 41.7\%$、$w(SiO_2) = 20\%$、$w(MgO) = 12.3\%$、$w(MnO) = 5.6\%$、$w(FeO) = 15.2\%$、$w(Fe_2O_3) = 3.0\%$、$w(P_2O_5) = 2.2\%$，温度 1600℃。

解： 用实验式（4-19）计算：

$$\lg L_P = \lg\frac{w(P)}{w[P]} = \frac{22350}{T} - 16 + 0.08w(CaO) + 2.5\lg\Sigma w(Fe)$$

$$\Sigma w(Fe) = \frac{56}{72}w(FeO) + \frac{112}{160}w(Fe_2O_3) = \frac{56}{72}\times 15.2 + \frac{112}{160}\times 3 = 13.92$$

$$\lg L_P = \lg\frac{w(P)}{w[P]} = \frac{22350}{T} - 16 + 0.08\times 41.7 + 2.5\lg 13.92 = 2.13 \qquad L_P = 134.9$$

而

$$w(P) = \frac{62}{142}\times w(P_2O_5) = \frac{62}{142}\times 2.2 = 0.961$$

故

$$w[P] = \frac{0.961}{134.9} = 0.007\%$$

9.4.2 磷和碳、铬的选择性氧化

9.4.2.1 磷和碳的选择性氧化

由氧势图（见图 9-1）可见，磷与碳在不同的温度条件下，出现选择性氧化，其反应为

$$2[P] + 5CO = 5[C] + (P_2O_5) \qquad \Delta_r G_m^{\ominus} = -642832 + 735.89T\ \mathrm{J\cdot mol^{-1}}$$

而

$$\frac{(w[P])^2}{(w[C])^5} = K^{\ominus}\times\frac{a_{P_2O_5}}{p_{CO}^5}$$

在标准状态下，转化温度约为 1500K，在此温度以下即低温下，［P］先于［C］氧化，而高于此温度，则［P］的氧化受到抑制，而［C］大量氧化。在温度及 p_{CO} 一定下，使［P］先于［C］氧化的条件，如上式可见，则是降低 $a_{P_2O_5}$。因此，在炼钢过程中及时造好能使 $a_{P_2O_5}$ 值低的高碱度、高氧化铁的熔渣是［P］先于［C］，或同时氧化的条件。

在不同的炼钢方法中，成渣的早迟有所不同，就出现了［P］在冶炼前期、中期或后期进行氧化，即可在［C］开始大量氧化之前，脱［C］完成之后，或与［C］同时氧化。例如，在碱性平炉、电弧炉氧化期，温度较低下，炉底加入的造渣料，在吹氧助熔条件下能形成去磷渣，［P］与［C］一起氧化。在氧气顶吹转炉中，［P］可与［C］同时氧化，因为喷枪氧气流股冲击铁水面，铁氧化形成的 FeO 化渣很快。在底吹及复吹转炉内，脱磷则是在碳焰下降后的较高温度下进行的，因为炉底喷嘴吹入的氧生成的 FeO 为脱碳所消耗，致使成渣缓慢。如果采用从炉底喷嘴用氧喷吹石灰粉，则化渣快，［P］和［C］也可以同时氧化。此外，在炉外铁水脱磷时，由于温度低，铁水含碳量高（能提高 a_P）主要是磷氧化。

因此，［P］虽在较低温度下易于氧化，但要有适合于去磷的高碱度、高氧化渣及时形成。当这种渣及时形成时，磷可与碳同时氧化，或比碳先氧化，否则碳先于磷氧化。

9.4.2.2 磷和铬（包括碳）的选择性氧化

从氧势图（见图9-1）可见，磷和铬氧化物的氧势线相距很近，它们可以同时氧化。在用含铬废钢冶炼不锈钢时，要求做到“去磷保铬”以提高铬的回收率。为了磷的氧化，需要有足够的氧势，而从保铬来说，氧势则不能过高，但当［P］、［Cr］与［C］同时氧化形成耦合反应时，则是达到“去磷保铬”的先决条件。

由于磷和铬与碳都能出现选择性氧化，所以含铬炉料的氧化脱磷，实际上是三元素之间的选择性氧化问题。因此脱磷过程出现下列3个反应：

$$[P] + \frac{5}{4}O_2 = \frac{1}{2}(P_2O_5) \qquad \Delta_r G_m^{\ominus} = -663891 + 259.13T\ J \cdot mol^{-1} \qquad (Ⅰ)$$

$$[Cr] + \frac{3}{4}O_2 = \frac{1}{2}(Cr_2O_3) \qquad \Delta_r G_m^{\ominus} = -574320 + 170.52T\ J \cdot mol^{-1} \qquad (Ⅱ)$$

$$[C] + \frac{1}{2}O_2 = CO \qquad \Delta_r G_m^{\ominus} = -136990 + 43.51T\ J \cdot mol^{-1} \qquad (Ⅲ)$$

上述反应可形成下列两个耦合反应：

$$3[C] + (Cr_2O_3) = 2[Cr] + 3CO \qquad \Delta_r G_m^{\ominus} = 737670 - 471.57T\ J \cdot mol^{-1} \qquad (Ⅳ)$$

$$2[P] + 5CO = (P_2O_5) + 5[C] \qquad \Delta_r G_m^{\ominus} = -642832 + 735.89T\ J \cdot mol^{-1} \qquad (Ⅴ)$$

由此可见，［P］及［Cr］的氧化都和［C］的氧化有关，而在不同的碳量下出现了不同的选择性氧化。为了达到“去磷保铬”应使反应式（Ⅳ）和式（Ⅴ）同时向右进行。

由反应式（Ⅳ）和式（Ⅴ）分别可写出

$$w[Cr] = \sqrt{K_{Ⅳ}^{\ominus} \cdot \frac{a_C^3 a_{Cr_2O_3}}{p_{CO}^3 f_{Cr}^2}} \qquad w[P] = \sqrt{K_{Ⅴ}^{\ominus} \cdot \frac{a_C^5 a_{P_2O_5}}{p_{CO}^5 f_P^2}} \qquad (9\text{-}21)$$

由此可见，提高 $a_{Cr_2O_3}$ 及 f_P，降低 $a_{P_2O_5}$ 及 f_{Cr} 能达到“去磷保铬”的目的。为此，应在钢液中碳量较高的条件下（能提高 f_P 及降低 f_{Cr}），造 $a_{Cr_2O_3}$ 高及 $a_{P_2O_5}$ 低的熔渣下进行。而在大量的磷除去后，再在高温或真空下脱碳。提高温度有利于“保铬”，但不利于“去磷”，所以一般选择的温度为1450～1500℃。

9.4.3 熔渣中磷酸盐的还原

在熔炼、脱氧、合金化及浇铸过程中，能形成酸性氧化物的元素，大量进入钢液中及炉渣碱度降低，均能使渣中的磷酸盐破坏，（P_2O_5）发生还原，钢液中磷量增加：这称为回磷，其反应为

$$2(3CaO \cdot P_2O_5) + 3(SiO_2) = 3(2CaO \cdot SiO_2) + 2(P_2O_5)$$

$$2(3CaO \cdot P_2O_5) + 5[Si] = 4[P] + 5(SiO_2) + 6(CaO)$$

此外，熔渣（FeO）含量的降低，亦能发生回磷。脱氧时，钢液中 $w[O]$ 的降低，相应地能使与钢液接触的熔渣内 $w(FeO)$ 降低，也会发生回磷。

根据盛钢桶内回磷熔渣的成分，可计算出钢液中因回磷增加的磷量。

为了防止回磷，应尽可能不要在炉内大量加硅铁脱氧，同时也不要使大量炉渣进入盛钢桶内，而且还应使进入盛钢桶内用以保温的少量熔渣变稠，减弱它对桶衬的侵蚀，使 SiO_2 不要进入熔渣内。

9.5　脱硫反应

钢液的脱硫是生产优质钢和高级优质钢的主要条件之一。一般钢种允许的 $w[S]$ 为 0.015% ~0.045%，优质钢的 $w[S]$ 小于 0.02% 或更低（易削钢种除外）。但炼钢选用的生铁硫的质量分数为 0.05% ~0.08%，已远高于钢种允许的含量，并且在用燃料的炉内，金属还可自炉气中吸收硫，因此，炼钢时还有脱硫的任务。

在高炉炉缸内渣-铁液界面的脱硫反应 $[S]+(O^{2-})=(S^{2-})+[O]$，同样发生在氧化熔炼过程中，但是前者是中碱度（0.9 ~1.3）的还原渣（$w(FeO)<1\%$），而后者是高碱度（大于2）的氧化渣（$w(FeO)=6\% \sim 20\%$）。因而两种渣的脱硫能力在程度上就有一定的差别。由同一形式表示出的硫的分配常数不仅数值有较大差别（相差一个数量级），而且处理方法也不尽相同，这主要是受渣中氧化铁含量的影响。

9.5.1　炼钢脱硫反应的热力学

9.5.1.1　离子理论的脱硫反应

$$[S]+[Fe] = (S^{2-})+(Fe^{2+}) \tag{Ⅰ}$$

$$[S]+(O^{2-}) = (S^{2-})+[O] \tag{Ⅱ}$$

$$L_{S(Ⅰ)}=\frac{x(S^{2-})}{w[S]}=K^{\ominus}_{(Ⅰ)}\frac{f_S}{\gamma_{Fe^{2+}}\gamma_{S^{2-}}x(Fe^{2+})} \tag{9-22}$$

$$L_{S(Ⅱ)}=\frac{x(S^{2-})}{w[S]}=K^{\ominus}_{(Ⅱ)}\frac{x(O^{2-})\gamma_{O^{2-}}f_S}{w[O]f_O\gamma_{S^{2-}}} \tag{9-23}$$

利用以下两种方法来处理上两式。

(1) 完全离子溶液模型法。高碱度熔渣中，S^{2-} 和 O^{2-} 与阳离子的作用键能没有很大差别，可认为它们是完全离子溶液，而用完全离子溶液模型来计算离子的活度。

$$[S]+[Fe] = (S^{2-})+(Fe^{2+}) \qquad K^{\ominus}_{Ⅰ} \tag{Ⅰ}$$

$$(Fe^{2+})+(O^{2-}) = [Fe]+[O] \qquad K^{\ominus}_{Ⅱ} \tag{Ⅱ}$$

$$[S]+(O^{2-}) = (S^{2-})+[O] \qquad K^{\ominus}_{Ⅲ} \tag{Ⅲ}$$

由式(Ⅲ)

$$L_S=\frac{x(S^{2-})}{w[S]}=K^{\ominus}_{Ⅰ}K^{\ominus}_{Ⅱ}\times\frac{x(O^{2-})}{w[O]}\times\frac{\gamma_{O^{2-}}f_S}{\gamma_{S^{2-}}} \tag{Ⅳ}$$

式中，$f_O=1$。

又由式(Ⅱ)

$$K^{\ominus}_{Ⅱ}=\frac{w[O]}{x(Fe^{2+})\cdot x(O^{2-})}\times\frac{1}{\gamma_{Fe^{2+}}\gamma_{O^{2-}}} \tag{Ⅴ}$$

将式(Ⅴ)代入式(Ⅳ)，得

$$L_S=\frac{x(S^{2-})}{w[S]}=K^{\ominus}_{Ⅰ}\cdot\frac{f_S}{\gamma_{Fe^{2+}}x(Fe^{2+})\gamma_{S^{2-}}} \tag{Ⅵ}$$

又按完全离子溶液模型：

$$x(S^{2-})=\frac{n(S^{2-})}{\sum n(B^-)}=\frac{w(S)}{32}\bigg/\sum n(B^-)\qquad x(Fe^{2+})=\frac{n(Fe^{2+})}{\sum n(B^+)}=\frac{n(FeO)}{\sum n(B^+)}\tag{Ⅶ}$$

式中 $\sum n(B^+)$，$\sum n(B^-)$——分别为正离子及负离子的物质的量的总和。

$x(S^{2-})$及$x(Fe^{2+})$代入式（Ⅵ），整理得

$$L_S=\frac{w(S)}{w[S]}=\frac{32K_I^{\ominus}[\sum n(B^+)][\sum n(B^-)]f_S}{n(FeO)\gamma_{Fe^{2+}}\gamma_{S^{2-}}}\tag{9-24}$$

式中 $\lg K_I^{\ominus}=-\frac{3160}{T}+0.46$；

$\lg(\gamma_{Fe^{2+}}\gamma_{S^{2-}})=1.53\sum x(SiO_4^{4-})-0.17$。

一般$\sum x(SiO_4^{4-})=0.11\sim1.0$。当$\sum x(SiO_4^{4-})=0.11$时，$\gamma_{Fe^{2+}}\gamma_{S^{2-}}=1$，熔渣是完全离子溶液。$\sum x(SiO_4^{4-})>1$时，炉渣变为酸性渣，上式则不能适用。

（2）用硫容量计算法。将式（Ⅶ）代入式（4-22）中：

$$L_S=\frac{w(S)}{w[S]}=K_{(\mathrm{II})}^{\ominus}\frac{a_{O^{2-}}}{\gamma_{S^{2-}}}\times\frac{f_S}{w[O]}\times32\sum n(B^-)$$

式中，$f_O=1$。

引入硫容量
$$C'_S=K_{(\mathrm{II})}^{\ominus}\times\frac{a_{O^{2-}}}{\gamma_{S^{2-}}}$$

则上式变为
$$L_S=\frac{w(S)}{w[S]}=C'_S\times\frac{f_S}{w[O]}\times32\sum n(B^-)\tag{9-25}$$

通常C'_S由炉渣的光学碱度计算，此处不再赘述。

【例9-9】 利用所给炼钢炉渣的成分计算渣-钢液间硫的分配常数及钢液的硫的质量分数。炉渣成分：$w(CaO)=50.80\%$、$w(SiO_2)=16.70\%$、$w(\sum FeO)=18.32\%$、$w(MgO)=8.70\%$、$w(MnO)=0.61\%$、$w(P_2O_5)=0.729\%$、$w(Al_2O_3)=0.83\%$、$w(S)=0.204\%$。钢液成分：$w[C]=0.22\%$、$w[Si]=0.01\%$、$w[Mn]=0.07\%$、$w[P]=0.009\%$，温度1873K。

解： 用完全离子溶液模型计算：由式（9-24）计算L_S时，假定炉渣中有下列离子：Ca^{2+}、Mg^{2+}、Mn^{2+}、Fe^{2+}、SiO_4^{4-}、AlO_2^{1-}、PO_4^{3-}、O^{2-}、S^{2-}。先分别计算式（9-23）各参数。

渣中各组分的物质的量：

组分	CaO	MnO	SiO_2	MgO	FeO	P_2O_5	Al_2O_3	S
n_B	0.907	0.009	0.278	0.218	0.254	0.005	0.0081	0.006

$$\sum n(B^+)=n(CaO)+n(MgO)+n(MnO)+n(FeO)=1.388$$

$$\begin{aligned}\sum n(B^-)&=n(O^{2-})+n(SiO_4^{4-})+n(PO_4^{3-})+n(AlO_2^-)+n(S^{2-})\\&=[\sum n(B^+)-2n(SiO_2)-3n(P_2O_5)-n(Al_2O_3)]+\\&\quad n(SiO_2)+2n(P_2O_5)+2n(Al_2O_3)+n(S)\end{aligned}$$

$$=1.388-n(SiO_2)-n(P_2O_5)+n(Al_2O_3)+n(S)=1.119$$

$\gamma_{Fe^{2+}}\gamma_{S^{2-}}$：
$$\Sigma x(SiO_4^{4-})=\frac{n(SiO_2)+2n(P_2O_5)+2n(Al_2O_3)}{\Sigma n(B^-)}=\frac{0.304}{1.119}=0.272$$

故
$$\lg(\gamma_{Fe^{2+}}\gamma_{S^{2-}})=1.53\Sigma x(SiO_4^{4-})-0.17=1.53\times0.272-0.17=0.246$$
$$\gamma_{Fe^{2+}}\gamma_{S^{2-}}=1.762$$

$K_{\mathrm{I}}^{\ominus}$：
$$\lg K_{\mathrm{I}}^{\ominus}=-\frac{3160}{T}+0.46=-1.227\qquad K_{\mathrm{I}}^{\ominus}=0.06$$

f_S：
$$\lg f_S=e_S^S w[S]+e_S^C w[C]+e_S^{Mn}w[Mn]+e_S^{Si}w[Si]+e_S^P w[P]$$
$$=(-0.028)w[S]+0.11\times0.22+(-0.026)\times0.07+$$
$$0.063\times0.01+0.029\times0.009=0.023$$
$$f_S=1.06$$

式中右边第1项很小舍去：

$$L_S=\frac{w(S)}{w[S]}=\frac{32K_{\mathrm{I}}^{\ominus}[\Sigma n(B^+)][\Sigma n(B^-)]f_S}{n(FeO)\gamma_{Fe^{2+}}\gamma_{S^{2-}}}=\frac{32\times0.06\times1.388\times1.119\times1.06}{0.254\times1.762}=7.06$$
$$w[S]=w(S)/L_S=0.204/7.06=0.029\%$$

9.5.1.2　脱硫反应的影响因素

根据前可导出的 L_S 关系式，可得出以下影响脱硫反应的因素。

（1）炉渣的组成。低氧化铁、碱性渣有利于脱硫。碱度提高，可使 $a_{O^{2-}}$ 增大及 $\gamma_{S^{2-}}$ 降低，从而提高 L_S，虽然所有的碱性氧化物都能提供脱硫反应所需的 O^{2-}，但 Ca^{2+} 带入的 O^{2-} 的作用最大。又因 S^{2-} 的半径比 O^{2-} 的半径大，所以 Ca^{2+} 主要集中在 S^{2-} 的周围，形成弱离子对，降低 $\gamma_{S^{2-}}$。另外，碱度提高，$[\Sigma n(B^+)]$，$[\Sigma n(B^-)]$ 增大，而 $\Sigma x(SiO_4^{4-})$ 变小，使 $\gamma_{Fe^{2+}}\gamma_{S^{2-}}$ 值降低，也使 L_S 提高。

FeO 带入 Fe^{2+} 及 O^{2-}，但它们对脱硫反应有相反的作用。O^{2-} 浓度增加，使 L_S 增大，但 Fe^{2+} 浓度增加，则使 L_S 降低，因为渣中 Fe^{2+} 的增多使钢液的 $w[O]$ 增加 $(Fe^{2+})+(O^{2-})=[Fe]+[O]$，因此（FeO）的浓度低时，$L_S$ 才有较高的值。

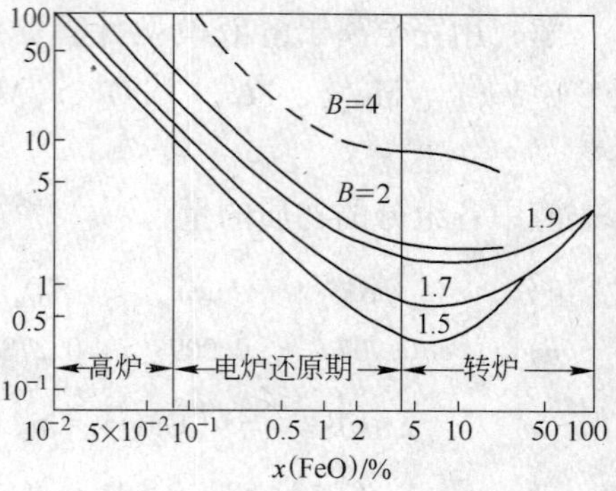

图 9-8　硫的分配常数与(FeO)及碱度的关系
$B=\Sigma nB(CaO)-2n(SiO_2)-4n(P_2O_5)$
$-3n(Al_2O_3)-n(Fe_2O_3)$

图 9-8 为各种冶炼方法的 L_S 与（FeO）浓度及碱度（用过剩碱表示）的关系。由图可见，碱度高时，各种冶炼方法均有较高的 L_S 值。但随着（FeO）浓度的增加，L_S 降低显著。由式（9-22）及式（9-23）可得

$$L_S=\frac{x(S^{2-})}{w[S]}=K_{(\mathrm{I})}^{\ominus}\frac{f_S}{\gamma_{Fe^{2+}}\gamma_{S^{2-}}x(Fe^{2+})}$$
$$=K_{(\mathrm{II})}^{\ominus}\frac{x(O^{2-})\gamma_{O^{2-}}f_S}{w[O]f_O\gamma_{S^{2-}}}$$

可见，Fe^{2+}浓度降低，从而 $w[O]$降低，L_S 提高。当 $x(FeO)$很低时（$10^{-2}\% \sim 1\%$），O^{2-}浓度改变不大（因为渣内 O^{2-} 的浓度在高碱度时，本来就很高），但 Fe^{2+}却有很低的浓度（高炉渣），从而 L_S 有很高的值。但当 $x(FeO)$较高时（大于 1%），O^{2-} 及 Fe^{2+} 和 [O] 的浓度均较高，Fe^{2+}则使 L_S 下降，而 O^{2-}却使 L_S 上升，两者对 L_S 互为消长，故 L_S 变化不大。当 $x(FeO)$继续再增加时（$2\% \sim 10\%$），由于 O^{2-}的浓度比 [O] 浓度对 L_S 的影响大些，所以 L_S 又提高，但终究不能达到如高炉及电炉还原期的 L_S 值。电弧炉炼钢也有较高的 L_S，是因为在氧化末期扒去氧化渣后，加入石灰及萤石造“白渣”，渣中加入了碳及硅铁，$w(FeO)$的量很低（小于 1%）。

另外，在氧化熔炼中，(FeO) 在形成高碱度渣方面也是不可缺少的条件，它能促进碱度的提高，补偿（FeO）在脱硫作用上带来的部分副作用。

(2) 金属液的组成。金属液中的 Si、C 等元素能提高 f_S，使 [S] 易向渣-金属液面转移。但在钢液的脱硫过程中，这些元素的浓度远低于高炉炉缸内铁水的值，生铁液的 $f_S(4 \sim 6)$比钢液的 $f_S(1 \sim 1.5)$大，所以生铁液的硫比钢液的硫易于除去。

(3) 温度。脱硫是吸热反应，提高温度对脱硫有利。而且高温能加快石灰的溶解和提高熔渣的流动性，获得高碱度的熔渣，并对脱硫的动力学条件有利。

9.5.2 炼钢的气化脱硫

溶解于铁液的硫，在强烈的氧化性气体的作用下，可被氧化成 SO_2

$$[S] + 2[O] = SO_2 \qquad \Delta_r G_m^\ominus = 7700 + 55.03T \ J \cdot mol^{-1}$$

$$[S] + O_2 = SO_2 \qquad \Delta_r G_m^\ominus = -226600 + 49.5T \ J \cdot mol^{-1}$$

显然，铁水中的硫只有直接氧化才可能变为 SO_2。

炉渣形成后，可能发生下列气化脱硫：

$$(S^{2-}) + \frac{3}{2}O_2 = SO_2 + (O^{2-})$$

$$(S^{2-}) + 6(Fe^{3+}) + 2(O^{2-}) = 6(Fe^{2+}) + SO_2$$

后一反应中是 Fe^{3+}充作氧传递的媒介。

上列反应的进行取决于熔渣内 a_S^{2-} 和气相的氧势。γ_S^{2-} 主要与碱度有关，提高碱度，则 γ_S^{2-} 降低，对气化脱硫不利，但是对熔渣-钢液间的脱硫却十分有利。所以两者有一定的矛盾。当氧气顶吹转炉的氧枪喷出的氧流股冲击钢液区时，由于温度很高，钢液中 [S] 也可能以 S、S_2、CS_2、COS 等形态挥发。

但是，炼钢过程中，炉气的氧势不高，以氧气顶吹转炉而言，炉气的成分范围为 $\varphi(CO_2) = 8\% \sim 18\%$、$\varphi(CO) = 81\% \sim 91\%$、$\varphi(H_2O) = 1.5\% \sim 5\%$。这种混合气体的氧势比较低，实际上不能使钢液的硫氧化。因此，在氧气顶吹转炉内，仅在吹炼初期氧枪的最初反应区内，才出现气化脱硫，而除去的硫未超过 $10\% \sim 20\%$。

9.6 脱氧反应

当钢液中大量元素，特别是碳被氧化到较低浓度时，钢液内就存在着较高量的氧（$w[O] = 0.02\% \sim 0.08\%$）。这种饱含氧的钢液在冷却凝固时，不仅在晶界上析出 FeO 及

FeO-FeS，使钢的塑性降低及发生热脆，而且其中的［C］及［O］将继续反应，甚至强烈反应。因为其内的氧在冷却的钢液中溶解度减小，出现偏析时，毗连于凝固层的母体钢液的含氧量增高，超过了 $w[C] \cdot w[O]$ 平衡值，于是 CO 气泡形成，使钢锭饱含气泡，组织疏松，质量下降。因此，只有在控制沸腾（沸腾钢）或不出现沸腾（镇静钢）时，才可能获得成分及组织合格的优质钢锭或钢坯。为此，对于沸腾钢，$w[O]$ 需降低到 0.025% ~ 0.030%，对于镇静钢，$w[O]$ 应小于 0.005%。

向钢液中加入与氧亲和力比铁大的元素，使溶解于钢液中的氧转变为不溶解的氧化物，自钢液中排出，这称为脱氧（deoxidizaton）。按氧除去方式的不同，有三种脱氧方法。第一种称为沉淀脱氧法，也是应用最广的方法。它是向钢液中加入能与氧形成稳定氧化物的元素（称脱氧剂），而形成的氧化物（脱氧产物）能借自身的浮力或钢液的对流运动而排出。第二种方法称为扩散脱氧法，是利用氧化铁含量很低的熔渣处理钢液，使钢液中氧经扩散进入熔渣中，而不断降低。第三种方法称为真空脱氧法，利用真空的作用降低与钢液平衡的 p'_{CO}，从而降低了钢液的 $w[O]$ 及 $w[C]$ 量。三种脱氧方法的特点如图 9-9 所示。

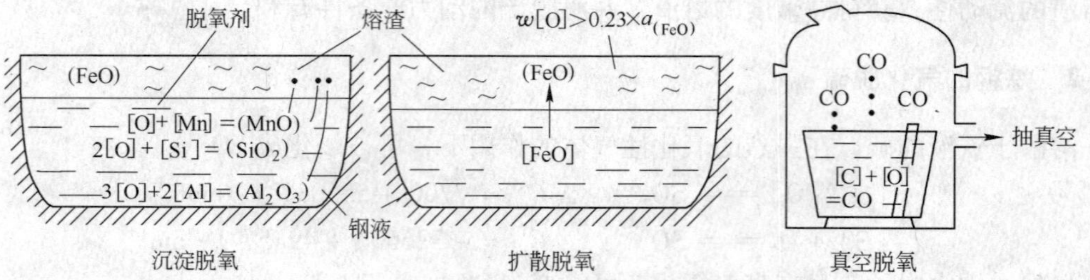

图 9-9　三种脱氧方法的特点

9.6.1　脱氧反应的热力学原理

元素的脱氧反应可表示为
$$\frac{x}{y}[M] + [O] = \frac{1}{y}(M_xO_y)$$

$$K^{\ominus} = \frac{a_{M_xO_y}^{1/y}}{(w[O])(w[M])^{x/y}} \times \frac{1}{f_O f_M^{x/y}} = \frac{a_{M_xO_y}^{1/y}}{a_{[O]} \cdot a_{[M]}^{x/y}} \qquad (\text{I})$$

在形成纯氧化物时，$a_{M_xO_y}^{1/y} = 1$，$K' = 1/K^{\ominus} = a_{[O]} a_{[M]}^{x/y} \approx (w[O])(w[M])^{x/y}$，$K'$ 称为脱氧常数，它是脱氧反应平衡常数的倒数，等于脱氧反应达平衡时，脱氧元素浓度的指数方与氧浓度的乘积。其值愈小，则与一定量的该脱氧元素平衡的氧浓度就愈小，而该元素的脱氧能力就愈强。另一方面，由 $\Delta_r G_m^{\ominus} = -RT\ln K^{\ominus} = RT\ln K'$ 知，元素与氧的亲和力愈强，$\Delta_r G_m^{\ominus}$ 也愈小，脱氧反应就进行得愈完全。故 K' 能用以衡量元素的脱氧能力。

元素的脱氧常数可由下两种方法得出：

（1）直接取样测定脱氧反应达到平衡时，钢液中脱氧元素与氧的浓度；

（2）用由 H_2-$H_2O(g)$ 混合气体与钢液中脱氧元素的平衡实验测定，即可由下列反应的 $\Delta_r G_m^{\ominus}$ 组合求得：

$$\frac{x}{y}[\mathrm{M}] + \mathrm{H_2O(g)} = \frac{1}{y}(\mathrm{M}_x\mathrm{O}_y) + \mathrm{H_2} \quad \Delta_r G_m^{\ominus} = -RT\ln K_1^{\ominus}\ \mathrm{J \cdot mol^{-1}}$$

$$\mathrm{H_2} + [\mathrm{O}] = \mathrm{H_2O(g)} \quad \Delta_r G_m^{\ominus} = -130282 + 59.24T\ \mathrm{J \cdot mol^{-1}}$$

$$\frac{x}{y}[\mathrm{M}] + [\mathrm{O}] = \frac{1}{y}(\mathrm{M}_x\mathrm{O}_y) \quad \Delta_r G_m^{\ominus} = -130282 + 59.24T - RT\ln K_1^{\ominus}\ \mathrm{J \cdot mol^{-1}}$$

为了比较各元素的脱氧能力，可由上述脱氧反应的平衡常数作出脱氧反应的平衡图。

式（Ⅰ）中的 $f_O = f_O^O f_O^M \approx f_O^M$，$f_M = f_M^M f_M^O \approx f_M^M$，因为 $w[\mathrm{O}]$ 很低，故 f_O^O、$f_M^O \approx 1$。而式（Ⅰ）可写成 $K' = 1/K^{\ominus} = (w[\mathrm{O}])(w[\mathrm{M}])^{x/y} f_O^M [f_M^M]^{x/y}$

而
$$w[\mathrm{O}] = \frac{K'}{(w[\mathrm{M}])^{x/y} f_O^M [f_M^M]^{x/y}} \tag{9-26}$$

或
$$\lg w[\mathrm{O}] = \lg K' - e_O^M w[\mathrm{M}] - \frac{x}{y} e_M^M w[\mathrm{M}] - \frac{x}{y}\lg w[\mathrm{M}] \tag{9-27}$$

由上式可绘出一定温度下，脱氧元素的脱氧平衡曲线，如图 9-10 所示。由图可见，各脱氧元素的平衡 $w[\mathrm{O}]$ 随着其平衡 $w[\mathrm{M}]$ 之增加而减少，并在某一 $w[\mathrm{M}]$ 浓度时，$w[\mathrm{O}]$ 出现了极小值。

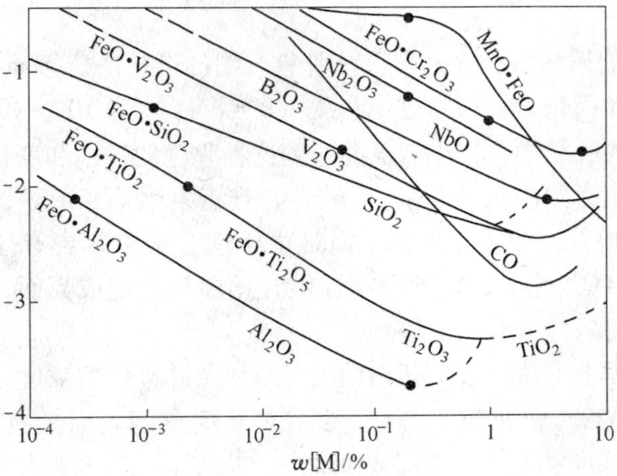

图 9-10 铁液中元素的脱氧平衡曲线（1600℃）

因此，从图 9-10 可得出脱氧反应的热力学条件：

（1）图中曲线位置愈低的元素，脱氧产物愈稳定，而该元素的脱氧能力愈强，与相同量的各元素平衡的氧浓度就愈低，或为了达到同样的氧浓度，强脱氧元素的平衡浓度就愈低。各元素脱氧能力的大小顺序为是 Al > Ti > Si > Cr > Mn。但生产中则多采用比较便宜的 Mn、Si、Al 作脱氧剂。前两者是以其铁合金的形式使用的。

（2）脱氧产物的组成与温度及脱氧元素的平衡浓度有关。$w[\mathrm{M}]$ 低及 $w[\mathrm{O}]$ 高时，则形成 $\mathrm{FeM}_x\mathrm{O}_y$ 复杂化合物；$w[\mathrm{M}]$ 高及 $w[\mathrm{O}]$ 低时，则生成纯氧化物 $\mathrm{M}_x\mathrm{O}_y$，如其熔点高过钢液的温度，则成固相存在。仅位于曲线以上区域内的钢液才能发生脱氧反应，曲线上的黑点为脱氧产物的转变点。

（3）脱氧反应是强放热的，随着温度的降低，脱氧元素的脱氧能力增强，所以在钢液冷却及凝固过程中，就不断有脱氧反应继续进行。此外，脱氧元素形成的偏析及富集，也促使脱氧反应再度发生。这样形成的脱氧产物是难以排出的，在钢中成为夹杂物。因此，应在需要完全脱氧时，加入足够量的强脱氧剂，降低钢液中的残氧量，以减少脱氧反应再次发生。例如，镇静钢的生产。

9.6.2　脱氧反应的动力学

脱氧剂加入到钢液中后，直到脱氧反应达到平衡时，$w[O]$迅速下降，而由脱氧产物形成的夹杂物的量则迅速上升，达到最大值，总氧量这时仍保持恒定，但随着脱氧产物的不断排出，从而总氧量也迅速下降，最后达到稳定值。

脱氧过程由脱氧剂的溶解，脱氧产物的形核、长大、聚合及脱氧产物的排除并为熔渣所吸收等环节组成：

（1）脱氧剂的溶解及均匀分布。脱氧剂在钢中溶解主要与加入物，如铁合金的熔化温度，钢液的温度及溶解过程的热效应有关。低熔点的脱氧剂，如 Al、Si、Mn 等是由熔化入钢液中，而高熔点的合金物，如钨、钼、硼的铁合金则以溶解方式转入钢液中，而溶解过程比熔化过程慢得多。它们的溶解时间范围较宽，在不利条件下是 20 ~ 40min，强烈地搅拌熔池，如吹 Ar，可大为缩短溶解时间，约 2 ~ 3min。脱氧元素一旦溶解，即与钢液中氧瞬时发生反应。

（2）脱氧产物的形核、长大及聚合。脱氧产物的形核决定于 $w[M]$及 $w[O]$的过饱和度及晶核与钢液的界面张力。仅当过饱和度（$\alpha = c/c_{平}$）为 $10^2 \sim 10^8$，方能均相形核。强脱氧剂（Al、Ti）的脱氧常数较小，虽能达到这种程度的过饱和度（10^6），但其形成的氧化物与钢液的界面张力则较大（$1.5N \cdot m^{-1}$），难于发生均相形核，而较弱的脱氧剂，如 Mn、Si 等，则更不可能发生均相形核。但是由于铁合金中常含有还原过程的夹杂物，而铝表面有难熔的 Al_2O_3，它们在钢液中能提供异相形核的现成界面，所以钢液中脱氧产物能在过饱和度不高的条件下异相形核。

核在形成的过程中不断长大，其周围的［O］及［M］的浓度很快贫化，而核表面呈现平衡浓度，这种浓度差就促进了［O］及［M］向核的表面扩散，而使核进一步长大。据测定，核生长过程的时间是 1 ~ 10s 数量级。

成长的核在相互碰撞中，合并而发生聚集：使粒子变大。聚合的驱动力是体系界面能的降低。由于钢液-产物质点间的界面张力远大于产物粒子间的界面张力，即钢液对产物质点的润湿性较差，因而产物质点易于聚合。液体质点比固体质点更易聚合，能达到很大的尺寸（30 ~ 100μm）。因为液体质点多呈球形，碰撞上浮时，阻力较小，而且聚合后体系的界面能降低较多。固体质点，特别是像 Al_2O_3，尺寸小（3 ~ 8μm），形状又极不规则，不易聚合，只能凝结（烧结），而且凝结速率较慢，还可被熔体的运动出现再分裂。但是，当这种固相微粒和钢液的界面张力很大时，不易为钢液所润湿，则可借钢液的强大对流运动而排出。

（3）脱氧产物的排出及被熔渣所吸收。聚合后的脱氧产物质点，达到一定尺寸后（100 ~ 200μm），能借自身的浮力，从钢液中迅速排出。

此外，脱氧产物如能与炉衬耐火材料发生反应，形成低熔点的化合物，则也能为炉衬所吸收。但是某些脱氧能力很强的脱氧剂，也能使炉衬中的氧化物脱氧，形成新的脱氧产物，而使钢液中夹杂物增多，这是不希望的。

因此，应根据钢种对脱氧程度的要求（沸腾钢及半镇静钢仅需部分脱氧，而镇静钢则需全脱氧），选择脱氧强度适宜的脱氧剂。其次要求良好地组织脱氧，尽可能使脱氧产物从钢液中排除，降低钢液中残存的夹杂物量，为此，要求能形成熔点低而易聚合的液相脱氧产物，脱氧产物与钢液有较大的界面张力或不易为钢液所润湿，并提高钢液的搅拌强度。

9.6.3 锰、硅、铝等的脱氧反应

9.6.3.1 锰的脱氧反应

由图 9-10 可见锰是脱氧能力比较弱的脱氧剂。而它的脱氧产物是由 MnO + FeO 组成的液溶体或固溶体，与温度及［Mn］的平衡浓度有关。$w[\mathrm{Mn}]$增加，脱氧产物中的 $w(\mathrm{MnO})/w(\mathrm{FeO})$比增加，其熔点提高，倾向于形成固溶体。

锰的脱氧反应为　$[\mathrm{Mn}] + [\mathrm{O}] = (\mathrm{MnO})$

$$\lg K_{\mathrm{Mn}}^{\ominus} = \lg \frac{a_{\mathrm{MnO}}}{w[\mathrm{Mn}] \cdot w[\mathrm{O}]} = \frac{12760}{T} - 5.58 \tag{9-28}$$

它的脱氧产物是由 MnO + FeO 所组成，近似理想溶液，$\gamma_{\mathrm{MnO}} = \gamma_{\mathrm{FeO}} = 1$。$a_{\mathrm{FeO}} = w(\mathrm{FeO})$，而 $a_{\mathrm{MnO}} = w(\mathrm{MnO}) = 100 - w(\mathrm{FeO})$。又 Fe-Mn 系也是理想溶液，$f_{\mathrm{Mn}} = 1$，$f_{\mathrm{O}} = 1$。又钢液中的［O］在钢液和脱氧产物中出现再分配：$w[\mathrm{O}]/w(\mathrm{FeO}) = L_{\mathrm{O}}$。

代上列关系式入锰脱氧反应的平衡常数中，可得出锰脱氧的氧平衡浓度计算式

$$w[\mathrm{O}] = \frac{100L_{\mathrm{O}}}{1 + K_{\mathrm{Mn}}^{\ominus} L_{\mathrm{O}} w[\mathrm{Mn}]} \tag{9-29}$$

式中，$\lg L_{\mathrm{O}} = -\frac{6320}{T} + 0.734$。

由于锰的脱氧能力在温度下降时增强，所以当钢液冷却到结晶温度附近时，锰能有较强的脱氧能力，这在生产沸腾钢锭时，它就能控制钢锭模内钢液的沸腾强度。因为在低温下，它对［O］的亲和力大于［C］对［O］的亲和力，减弱［C］在后期的氧化，而使钢液的沸腾减弱或停止。此外，在生产镇静钢（全脱氧钢）时，锰和其他强脱氧剂同时加入进行脱氧，可形成含有 MnO 的液体产物，并能提高其他强脱氧剂的脱氧能力。

9.6.3.2 硅的脱氧反应

硅是比锰强的脱氧剂，常用于生产镇静钢。仅当 $w[\mathrm{Si}]$在 0.002% ~0.007% 及 $w[\mathrm{O}]$在 0.018% ~0.13% 的范围内，脱氧产物才是液相硅酸铁（$2\mathrm{FeO} \cdot \mathrm{SiO_2}$），而在一般钢种的含硅量（$w[\mathrm{Si}] = 0.17\% \sim 0.32\%$）范围内，脱氧产物是 $\mathrm{SiO_2}$。硅的脱氧反应为：

$$[\mathrm{Si}] + 2[\mathrm{O}] = (\mathrm{SiO_2})$$

$$\lg K_{\mathrm{Si}}^{\ominus} = \lg \frac{1}{w[\mathrm{Si}] \cdot (w[\mathrm{O}])^2} = \frac{31038}{T} - 12.0 \tag{9-30}$$

式中，$a_{\mathrm{SiO_2}} = 1$，而$f_{\mathrm{Si}} f_{\mathrm{O}}^2 = 1$，故有 $w[\mathrm{Si}] \cdot (w[\mathrm{O}])^2 = \frac{1}{K_{\mathrm{Si}}^{\ominus}} = K'_{\mathrm{Si}}$

这是因为随着 $w[Si]$ 的增加，f_{Si} 也增加，但 f_O 却减小，互为补偿，使 $f_{Si}f_O^2 \approx 1$。因此，可用上式来估计与一定的 $w[Si]$ 平衡的 $w[O]$。

一般钢种的含硅量可较大地降低钢液中的 $w[O]$，但由图 9-10 可见，当钢液中 $w[C]$ 由于选分结晶，发生偏析时，其浓度增高，和硅的脱氧能力相近或高于彼时，则［C］和［O］将再度强烈反应，析出 CO 气泡。因此，仅用硅脱氧是不能抑制低温下发生的碳脱氧的反应，不能使钢液完全镇静，获得优质的镇静钢锭或钢坯。为此，需加入比硅脱氧能力更强的脱氧剂，如 Al。图 9-11 为硅脱氧的平衡图。

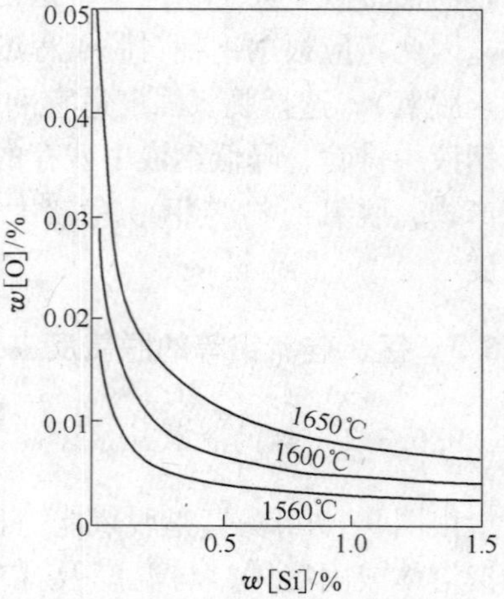

图 9-11　硅脱氧的平衡图

9.6.3.3　铝的脱氧反应

铝是很强的脱氧剂，主要用于生产镇静钢，它的脱氧能力比锰大两个数量级，比硅及碳大一个数量级。加入的铝量不大时，也能使钢液中碳的氧化停止，并能减少凝固钢中再次脱氧生成的夹杂物。

仅当铝浓度很低（$w[Al] < 0.001\%$）时，才能形成熔点高达 1800 ~ 1810℃ 的铁铝尖晶石（$FeO \cdot Al_2O_3$），一般是形成纯 Al_2O_3，其脱氧反应为

$$2[Al] + 3[O] = Al_2O_3(s)$$

$$\lg K_{Al}^{\ominus} = \lg \frac{1}{(w[Al])^2 \cdot (w[O])^3} = \frac{63655}{T} - 20.58 \tag{9-31}$$

式中，$a_{Al_2O_3} = 1$，而 $f_{Al}^2 f_O^3 \approx 1$，故有 $(w[Al])^2 \cdot (w[O])^3 = \frac{1}{K_{Al}^{\ominus}} = K'_{Al}$。

由上式可计算得，1600℃，$K'_{Al} = 4.0 \times 10^{-14}$，因此，当 $w[Al] = 0.01\%$ 时，$w[O] = 0.0007\%$，在这样低的 $w[O]$ 下，钢液中的［C］不可能再发生脱氧反应了，所以用铝脱氧，才能使钢液完全达到镇静。

铝脱氧生成的 Al_2O_3 是熔点很高的细小不规则形状质点，难于聚合成大质点，但它能在钢液强大的对流作用下排出一些，因为钢液对 Al_2O_3 的黏附力小，不易为钢液所润湿。

上述三种常用脱氧剂外，在特殊情况下，还应用了一些特殊脱氧剂，它们不仅有较强的脱氧作用，还有合金化或脱硫的作用。它们的脱氧反应及其脱氧常数的温度关系式，如表 9-2 所示。

表 9-2　特殊脱氧元素的脱氧反应及脱氧常数

脱氧反应	$\lg K^{\ominus} = f(1/T)$	1600℃的 K'
$2[Ce] + 3[O] = Ce_2O_3(s)$	$-81090/T + 20.19$	8.0×10^{-24}
$[Zr] + 2[O] = ZrO_2(s)$	$-44160/T + 13.9$	2.0×10^{-10}
$[Ti] + 2[O] = TiO_2(s)$	$-36600/T + 13.32$	6.0×10^{-7}

续表 9-2

脱氧反应	$\lg K^{\ominus}=f(1/T)$	1600℃的 K'
$2[B]+3[O]=B_2O_3(s)$	$-46510/T+16.38$	3.5×10^{-9}
$2[V]+3[O]=V_2O_3(s)$	$-42810/T+17.1$	1.8×10^{-6}
$2[Cr]+3[O]=Cr_2O_3(s)$	$-78930/T+39.21$	1.2×10^{-3}

9.6.4 复合脱氧反应

9.6.4.1 脱氧的原理及特点

利用两种或两种以上的脱氧元素组成的脱氧剂使钢液脱氧，称为复合脱氧（complex deoxidization）。例如，用SiMn合金脱氧时，将同时发生下列脱氧反应

$$[Mn]+[O]=(MnO)\qquad w[O]=\frac{x(MnO)\gamma_{MnO}}{f_{Mn}w[Mn]K_{Mn}^{\ominus}}\tag{Ⅰ}$$

$$[Si]+2[O]=(SiO_2)\qquad w[O]=\left[\frac{x(SiO_2)\gamma_{SiO_2}}{f_{Si}w[Si]K_{Si}^{\ominus}}\right]^{1/2}\tag{Ⅱ}$$

同时钢液中还出现下列耦合反应 $2MnO\cdot SiO_2$

$$[Si]+2(MnO)=(SiO_2)+2[Mn]\tag{Ⅲ}$$

及

$$2(MnO)+(SiO_2)=(2MnO\cdot SiO_2)\tag{Ⅳ}$$

即两种脱氧元素同时参加脱氧，耦合形成的产物则结合成复杂的化合物，$2MnO\cdot SiO_2$ 或 $MnO\cdot SiO_2$，与脱氧元素的平衡浓度有关。因而能使它们分别脱氧形成的产物的活度降低从而平衡的 $w[O]$ 降低。其次，它们的脱氧产物形成了低熔点的复杂化合物，又使脱氧产物易于聚合及排出。由于Si的脱氧能力比Mn的脱氧能力强，故强脱氧元素又能从弱脱氧元素形成的脱氧产物中夺取氧，而使之分解，出现了反应式（Ⅲ）。与钢液中 $w[O]$ 平衡的弱脱氧元素 $w[Mn]$ 要比与此 $w[O]$ 平衡的强脱氧元素的 $w[Si]$ 高得多。故 $w[Mn]$ 仅能控制反应式（Ⅰ）的 $w[O]$，而 $w[Si]$ 则控制了整个钢液的氧浓度，它比硅单独脱氧时的低（由于 a_{SiO_2} 降低了），所以弱脱氧剂能提高强脱氧剂的脱氧能力。

脱氧时，钢液的平衡 $w[O]$ 可由反应式（Ⅰ）得出。因为脱氧达到平衡时，反应式（Ⅰ）、式（Ⅱ）、式（Ⅲ）同时达到平衡，而各反应的平衡 $w[O]$ 是相同的。这可由反应式（Ⅰ）来计算复合脱氧时，钢液的平衡 $w[O]$。即

$$w[O]=\frac{w(MnO)\gamma_{MnO}}{f_{Mn}w[Mn]K_{Mn}^{\ominus}}\tag{Ⅰ}$$

式中的 γ_{MnO} 和脱氧产物渣系的组成或性质有关。

（1）当形成的脱氧产物是为 SiO_2 饱和的酸性渣系（$FeO\text{-}MnO\text{-}SiO_{2(饱)}$）时，由实验得出

$$\lg\gamma_{MnO}=\frac{810}{T}-1.06\tag{9-32}$$

脱氧产物的状态（固态或液态）与脱氧后钢液中 $w[Mn]/w[Si]$ 比有关。保持 $w[Mn]/$

$w[Si] \geqslant 4$ 时，可获得液态的产物。

（2）当硅-锰脱氧生成的产物不是 SiO_2 饱和（碱性渣），则可利用下列方法求 a_{MnO}。

$$[Si] + 2(MnO) = (SiO_2) + 2[Mn] \qquad \Delta_r G_m^{\ominus} = -28912 - 24.32T\ J \cdot mol^{-1}$$

$$\lg K_{Si\text{-}Mn}^{\ominus} = \lg \frac{f_{Mn}^2 (w[Mn])^2 a_{SiO_2}}{f_{Si} w[Si] a_{MnO}^2} = \frac{1510}{T} + 1.27 \tag{9-33}$$

而

$$\frac{a_{SiO_2}}{a_{MnO}^2} = K_{Si\text{-}Mn}^{\ominus} \times \frac{f_{Si} w[Si]}{f_{Mn}^2 (w[Mn])^2} \tag{9-34}$$

由于 a_{SiO_2}/a_{MnO}^2 与 a_{MnO} 有线性关系，可利用图 9-12 的数据，作出图 9-13，即 a_{MnO} 对 a_{SiO_2}/a_{MnO}^2 的关系图，由此则可求出 a_{MnO}。

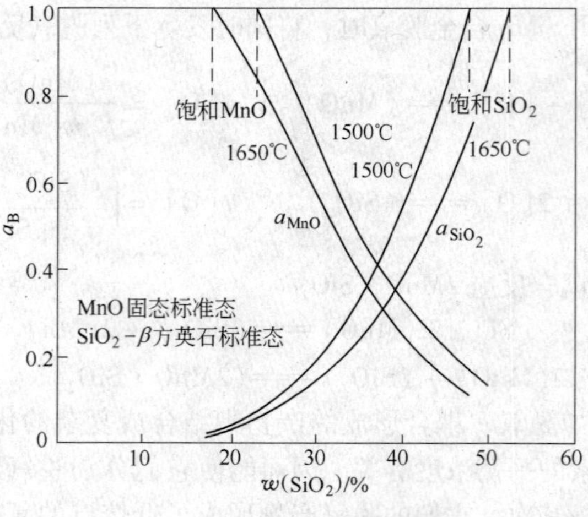

图 9-12　MnO-SiO_2 系组分的活度

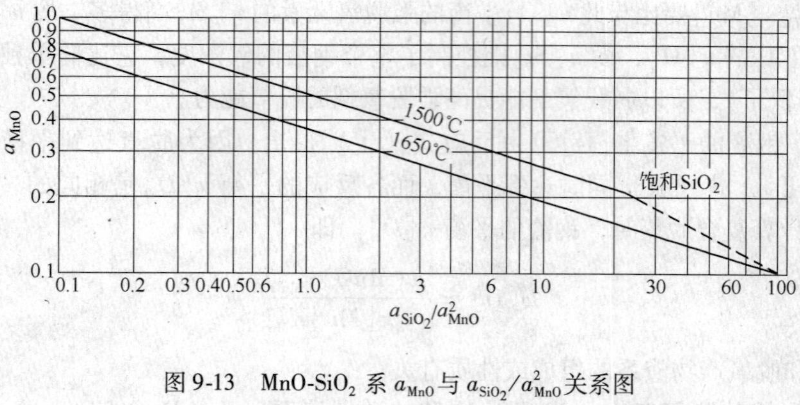

图 9-13　MnO-SiO_2 系 a_{MnO} 与 a_{SiO_2}/a_{MnO}^2 关系图

【例 9-10】　用硅锰复合脱氧剂使钢液脱氧时，钢液的平衡 $w[Mn] = 0.9\%$，$w[Si] = 0.3\%$。假定脱氧产物是 MnO 与 SiO_2 形成理想溶液性质的熔体，钢液亦作为理想溶液性质看待。试求 1620℃时钢液脱氧的平衡氧量，并与硅单独脱氧的平衡氧浓度进行比较。

解： 复合脱氧反应为

$$[Mn] + [O] = (MnO) \qquad K_{Mn}^{\ominus} = \frac{x(MnO)}{w[Mn] \cdot w[O]} \qquad (\mathrm{I})$$

$$[Si] + 2[O] = (SiO_2) \qquad K_{Si}^{\ominus} = \frac{x(SiO_2)}{w[Si] \cdot (w[O])^2} \qquad (\mathrm{II})$$

脱氧产物的组成 $x(MnO) + x(SiO_2) = 1$ （Ⅲ）

因为钢液和脱氧产物熔体视为理想溶液，故用其浓度代替活度。由于反应式（Ⅰ）及式（Ⅱ）同时达到平衡，他们的平衡 $w[O]$ 是相同的。故可将以上3个方程联立求解，消去未知的 $x(MnO)$ 及 $x(SiO_2)$，得

$$K_{Mn}^{\ominus} w[Mn] \cdot w[O] + K_{Si}^{\ominus} w[Si] \cdot (w[O])^2 = 1$$

或

$$(w[O])^2 + \frac{K_{Mn}^{\ominus} w[Mn]}{K_{Si}^{\ominus} w[Si]} \cdot w[O] - \frac{1}{K_{Si}^{\ominus} w[Si]} = 0$$

由式(9-28)知 $\lg K_{Mn}^{\ominus} = \frac{12760}{T} - 5.58 = \frac{12760}{1923} - 5.58 = 1.06 \qquad K_{Mn}^{\ominus} = 11.48$

由式(9-30)知 $\lg K_{Si}^{\ominus} = \frac{31038}{T} - 12.0 = \frac{31038}{1923} - 12.0 = 4.14 \qquad K_{Si}^{\ominus} = 13804$

将 $K_{Mn}^{\ominus}$、$K_{Si}^{\ominus}$、$w[Mn]$、$w[Si]$ 诸数值代入上式中，得 $\times 10^{-4}$

$$(w[O])^2 + 2.495 \times 10^{-3} w[O] - 2.415 \times 10^{-4} = 0$$

解以上方程，得 $w[O] = 0.0142\%$

单独用硅脱氧的 $w[O] = \sqrt{\frac{1}{K_{Si}^{\ominus} w[Si]}} = \frac{1}{\sqrt{13804 \times 0.3}} = 0.0155\%$

【例9-11】 用 SiMn 复合脱氧剂脱氧时，1600℃钢液的平衡 $w[Mn] = 0.76\%$，$w[Si] = 0.19\%$，$w[C] = 0.3\%$，试计算钢液的平衡氧浓度。

解： 由于脱氧后钢液中 $w[Mn]/w[Si] = 4$，故脱氧产物是不为 SiO_2 饱和相的硅酸盐熔体。

$$[Mn] + [O] = (MnO) \qquad \lg K_{Mn}^{\ominus} = \frac{12760}{T} - 5.58$$

$$K_{Mn}^{\ominus} = \frac{a_{MnO}}{f_{Mn} w[M] \cdot w[O]} \qquad w[O] = \frac{a_{MnO}}{f_{Mn} w[M] K_{Mn}^{\ominus}}$$

$K_{Mn}^{\ominus}$： $\lg K_{Mn}^{\ominus} = \frac{12760}{1873} - 5.58 = 1.233 \qquad K_{Mn}^{\ominus} = 17.10$

a_{MnO}：由 $[Si] + 2(MnO) = (SiO_2) + 2[Mn]$ 及式（9-34），图9-13，可求出 a_{MnO}

$$K_{Si\text{-}Mn}^{\ominus} = \frac{f_{Mn}^2 (w[Mn])^2 a_{SiO_2}}{f_{Si} w[Si] a_{MnO}^2} \qquad \frac{a_{SiO_2}}{a_{MnO}^2} = \frac{K_{Si\text{-}Mn}^{\ominus} f_{Si} w[Si]}{f_{Mn}^2 (w[Mn])^2}$$

又

$$\lg f_{Mn} = e_{Mn}^{Mn} w[Mn] + e_{Mn}^{C} w[C] + e_{Mn}^{Si} w[Si]$$
$$= 0 \times 0.80 + (-0.07) \times 0.33 + 0 \times 0.20 = -0.0231 \qquad f_{Mn} = 0.948$$

$$\lg f_{Si} = e_{Si}^{Si} w[Si] + e_{Si}^{C} w[C] + e_{Si}^{Mn} w[Mn]$$
$$= 0.11 \times 0.20 + 0.18 \times 0.33 + 0.002 \times 0.80 = 0.083 \qquad f_{Si} = 1.211$$

$$\lg K^{\ominus}_{Si-Mn} = \frac{1510}{1873} + 1.27 = 2.08 \qquad K^{\ominus}_{Si-Mn} = 120.23$$

故
$$\frac{a_{SiO_2}}{a^2_{MnO}} = \frac{120.23 \times 1.211 \times 0.20}{0.948^2 \times 0.8^2} = 50.63$$

从图 9-13 查得
$$a_{MnO} = 0.12$$

故
$$w[O] = \frac{a_{MnO}}{f_{Mn} w[M] K^{\ominus}_{Mn}} = \frac{0.12}{0.948 \times 0.80 \times 17.10} = 0.00925\%$$

9.6.4.2　复合脱氧剂的种类

除上述的 SiMn 复合脱氧剂外，尚有下列的种类。

（1）ASM 合金。它是 Si-Mn-Al 的复合脱氧剂，成分为 $w[Al] \approx 5\%$、$w[Si] = 5\%$、$w[Mn] \approx 10\%$，其余为 Fe，它的脱氧产物为液体硅铝酸盐，如 $3MnO \cdot Al_2O_3 \cdot 3SiO_2$。

（2）Si-Ca 合金。其成分为 $w[Si] = 55\% \sim 65\%$、$w[Ca] = 24\% \sim 31\%$、$w[C] = 0.8\%$，它是 $CaSi_2$、FeSi 及自由 Si 的共熔物。熔点 970～1000℃，密度 2500～2800kg · m^{-3}，它的脱氧产物是硅酸钙（$2CaO \cdot SiO_2$），但常在 Al 脱氧后加入，能生成液态的铝酸钙 $C_{12}A_7$，提高 Al 的脱氧能力及改变 Al_2O_3 夹杂物的形态。

脱氧反应可表示为 $[Si] + 2[Ca] + 4[O] \xlongequal{} (2CaO \cdot SiO_2)$

$$\lg K^{\ominus} = \lg \frac{1}{w[Si] f_{Si} p^2_{Ca} (w[O])^4} = \frac{34680}{T} - 10.035$$

（3）Si-Al 合金。它的脱氧产物是 $FeO \cdot SiO_2 \cdot Al_2O_3$ 系，当 $w(Al_2O_3) < 55\%$ 时，产物是玻璃态，而高于此，则主要是 Al_2O_3（刚玉），这是由于加入了较多 Si-Al 的合金造成的，会使钢液的流动性变坏，也易使连铸水口堵塞。

（4）Ca-Al 合金（或 Al + CaO）。它是 $CaAl_2$、CaAl、$CaAl_3$ 组成的熔体，脱氧时能形成液态球形 $C_{12}A_7(12CaO \cdot 7Al_2O_3)$ 产物，改变残存脱氧产物的形态，并降低其含量。

（5）其他。以 Si、Al 元素为基加入碱土类元素（Ba、Mg、Sr）及 Al、B、Mn、W、RE 等元素的三、四硅系复合合金，以及以 Ba 为主要元素的含钡复合合金，是近年来开发的新脱氧剂，例如，硅铝钡铁合金（$w[Si] = 18\% \sim 22\%$、$w[Al] = 38\% \sim 42\%$、$w[Ba] = 7\% \sim 8\%$、余量为 Fe）能用以代替硅铝合金，节约铝的用量，改善夹杂物的形态及降低其含量。

习　题

9-1　试计算反应 $2[P] + 5[O] + 3(CaO) = 3CaO \cdot P_2O_5(s)$ 的 $\lg K^{\ominus} = (1/T)$ 关系式。已知：

$$P_2(g) + \frac{5}{2}O_2 + 3CaO(s) \xlongequal{} 3CaO \cdot P_2O_5(s) \qquad \Delta_r G^{\ominus}_m = -2315200 + 602.50T \text{ J} \cdot \text{mol}^{-1}$$

$$CaO(s) \xlongequal{} CaO(l) \qquad \Delta_{fus} G^{\ominus}_m(CaO) = 79500 - 24.69T \text{ J} \cdot \text{mol}^{-1}$$

9-2　溶解于钢液中的［Cr］的选择性氧化反应为 $2[Cr] + 3CO = (Cr_2O_3) + 3[C]$。试求钢液成分为 $w[Cr] = 18\%$、$w[Ni] = 9\%$、$w[C] = 0.1\%$ 及 $p'_{CO} = 100$kPa 时，［Cr］和［C］氧化的转化温度。（渣中（Cr_2O_3）是饱和的）。

9-3　用压力为 200kPa 的氧气吹炼成分为 $w[C] = 4.5\%$、$w[Si] = 0.8\%$、$w[Mn] = 0.2\%$ 的铁水时，生成的熔渣成分为

$w(CaO)=55\%$、$w(SiO_2)=32\%$、$w(FeO)=13\%$。试求硅与碳氧化的转化温度。已知 $\gamma_{SiO_2}=0.01$。

9-4 试计算与成分为 $w(CaO)=42.68\%$、$w(SiO_2)=19.34\%$、$w(FeO)=12.09\%$、$w(MnO)=8.84\%$、$w(MgO)=14.97\%$、$w(P_2O_5)=2.15\%$ 的熔渣平衡的钢液中锰的质量分数。温度1600℃。已知 $\gamma_{FeO}=3.16$，$\gamma_{MnO}=1.8$。

9-5 试计算 $w(FeO)=23\%$、$w(MnO)=25\%$ 的为 SiO_2 饱和的酸性渣（$w(SiO_2)=50\%$）下钢液中的 $w[Mn]$。$\lg(\gamma_{MnO}/\gamma_{FeO})=-368/T-0.427$，温度1580℃。

9-6 试计算成分为 $x(CaO+MgO+MnO)=50\%$、$x(SiO_2)=21\%$、$x(P_2O_5)=4\%$、$x(FeO)=25\%$ 熔渣下的钢液中硅氧化的残存浓度，温度1600℃。已知 $\gamma_{FeO}=2.64$，$\gamma_{SiO_2}=0.01$。

9-7 计算成分为 $w[Cr]=12\%$、$w[Ni]=9\%$ 及 $w[C]=0.45\%$ 的金属炉料，在电炉内冶炼不锈钢时，"去碳保铬"的最低温度。

9-8 在电炉内采用吹氧法冶炼不锈钢时，若冶炼温度不高于1650℃，应采用怎样的真空度进行操作才能使钢夜成分达到 $w[Cr]=11\%$，$w[Ni]=10\%$ 及 $w[C]=0.10\%$ 的要求。

9-9 在电弧炉内，用不锈钢返回料吹氧冶炼不锈钢时，熔池的 $w[Ni]=9\%$。如吹氧终点碳规定为 $w[C]=0.03\%$，而铬保持在 $w[Cr]=10\%$，问吹炼将达到多高的温度?

9-10 用不锈钢返回料吹氧熔炼不锈钢时，采用氧压为 10^4 Pa 的真空度，钢液成分为 $w[Cr]=10\%$、$w[Ni]=9\%$，如果 $w[C]=0.03\%$。试求吹炼温度为多少?

9-11 试计算与成分为 $w[Cl]=0.1\%$、$w[Ni]=2\%$ 及 $w[Mo]=3\%$ 的钢液平衡的熔渣中的 FeO 的活度。体系的压力为 0.6×10^5 Pa，温度1630℃。($[C]+(FeO)=CO+[Fe]$)

9-12 试求1600℃与 $x(FeO)=16\%$ 的熔渣平衡的铁-碳熔体中的 $w[C]$。(按理想溶液计算)

9-13 试求1600℃和 $p'_{CO}=0.1$kPa 下，与 $w[C]=0.2\%$ 的铁-碳熔体平衡的炉渣中 FeO 的活度。

9-14 试求1600K，下列成分的熔渣和钢液之间磷的分配系数及钢液中的磷的质量分数。熔渣成分为：$w(CaO)=45\%$、$w(SiO_2)=20\%$、$w(FeO)=16\%$、$w(MnO)=6\%$、$w(MgO)=8\%$、$w(Al_2O_3)=2\%$、$w(P_2O_5)=3\%$（利用式（9-19）进行计算）。

9-15 试计算温度为1550℃、1600℃及1650℃时，钢液 $w[Mn]=0.5\%$ 的平衡氧的质量分数。(利用式（9-29）进行计算)

附　　表

附表 1　元素的相对原子质量表（2001）

$A_r(^{12}C)=12$

原子序数	元素名称	元素符号	相对原子质量	原子序数	元素名称	元素符号	相对原子质量
1	氢	H	1.00794	26	铁	Fe	55.845
2	氦	He	4.00260	27	钴	Co	58.9332
3	锂	Li	6.941	28	镍	Ni	58.6934
4	铍	Be	9.01218	29	铜	Cu	63.546
5	硼	B	10.811	30	锌	Zn	65.39
6	碳	C	12.0107	31	镓	Ga	69.723
7	氮	N	14.0067	32	锗	Ge	73.64
8	氧	O	15.9994	33	砷	As	74.9216
9	氟	F	18.99840	34	硒	Se	78.96
10	氖	Ne	20.1797	35	溴	Br	79.904
11	钠	Na	22.98977	36	氪	Kr	83.80
12	镁	Mg	24.3050	37	铷	Rb	85.4678
13	铝	Al	26.98154	38	锶	Sr	87.62
14	硅	Si	28.0855	39	钇	Y	88.9059
15	磷	P	30.97376	40	锆	Zr	91.224
16	硫	S	32.065	41	铌	Nb	92.9064
17	氯	Cl	35.453	42	钼	Mo	95.94
18	氩	Ar	39.948	43	锝	Tc	(97，99)
19	钾	K	39.098	44	钌	Ru	101.07
20	钙	Ca	40.078	45	铑	Rh	102.9055
21	钪	Sc	44.9559	46	钯	Pd	106.42
22	钛	Ti	47.867	47	银	Ag	107.868
23	钒	V	50.9415	48	镉	Cd	112.411
24	铬	Cr	51.996	49	铟	In	114.818
25	锰	Mn	54.9380	50	锡	Sn	118.710

续附表1

原子序数	元素名称	元素符号	相对原子质量	原子序数	元素名称	元素符号	相对原子质量
51	锑	Sb	121.760	78	铂	Pt	195.078
52	碲	Te	127.60	79	金	Au	196.9665
53	碘	I	126.9045	80	汞	Hg	200.59
54	氙	Xe	131.293	81	铊	Tl	204.3833
55	铯	Cs	132.9054	82	铅	Pb	207.2
56	钡	Ba	137.327	83	铋	Bi	208.9804
57	镧	La	138.9055	84	钋	Po	（209，210）
58	铈	Ce	140.116	85	砹	At	（210）
59	镨	Pr	140.9077	86	氡	Rn	（222）
60	钕	Nd	144.24	87	钫	Fr	（223）
61	钷	Pm	（147）	88	镭	Ra	（226）
62	钐	Sm	150.36	89	锕	Ac	（227）
63	铕	Eu	151.964	90	钍	Th	232.0381
64	钆	Gd	157.25	91	镤	Pa	231.03588
65	铽	Tb	158.9253	92	铀	U	238.02891
66	镝	Dy	162.50	93	镎	Np	（237）
67	钬	Ho	164.9303	94	钚	Pu	（239，244）
68	铒	Er	167.259	95	镅	Am	（243）
69	铥	Tm	168.9342	96	锔	Cm	（247）
70	镱	Yb	173.04	97	锫	Bk	（247）
71	镥	Lu	174.967	98	锎	Cf	（251）
72	铪	Hf	178.49	99	锿	Es	（252）
73	钽	Ta	180.9479	100	镄	Fm	（257）
74	钨	W	183.84	101	钔	Md	（258）
75	铼	Re	186.207	102	锘	No	（259）
76	锇	Os	190.23	103	铹	Lr	（260）
77	铱	Ir	192.217				

附表 2　某些物质在 298K ~ T 范围内的平均摩尔热容 c（$J \cdot K^{-1} \cdot mol^{-1}$）

物质	温度 T/K									
	400	500	600	700	800	900	1000	1200	1500	1800
Ag(s)	25.61	25.94	26.23	26.48	26.78	27.07	27.28	27.87	—	—
Al(s)	24.98	25.65	26.23	26.86	27.49	28.07	—	—	—	—
As(s)	25.06	25.56	26.07	26.53	27.03	27.49	27.99	—	—	—
Au(s)	25.48	25.77	26.02	26.28	26.53	26.82	27.07	27.57	—	—
B(s)	12.89	13.81	14.73	15.65	16.57	17.49	18.41	—	—	—
Be(s)	18.45	19.08	19.66	20.29	20.88	21.51	22.09	—	—	—
Bi(s)	26.69	27.82	—	—	—	—	—	—	—	—
Br_2(g)	36.40	38.37	38.74	39.08	39.37	39.66	40.00	40.50	41.34	—
C(金刚石)	8.62	10.25	11.63	12.76	13.81	14.77	16.07	17.32	—	—
C(石墨)	11.34	13.01	14.23	15.10	15.82	16.44	16.99	17.91	19.04	20.00
Ca(s)	18.66	27.78	28.49	—	—	—	—	—	—	—
Cd(α)	26.44	26.99	—	—	—	—	—	—	—	—
Cl_2(g)	34.98	35.44	35.77	36.02	36.23	36.40	36.53	36.78	37.07	—
Co(s)	26.28	26.99	27.70	28.41	29.08	29.79	30.46	31.88	33.97	—
Cu(s)	25.02	25.44	25.77	26.07	26.36	26.61	26.86	27.36	—	—
Fe(α)	26.61	27.99	29.29	30.63	31.92	33.26	34.64	—	—	—
H_2(g)	29.00	29.08	29.16	29.20	29.29	29.37	29.46	29.70	30.21	—
Mg(s)	25.15	26.02	26.69	27.28	27.78	28.24	—	—	—	—
Mn(α)	27.45	28.45	29.33	30.17	30.96	31.76	32.51	—	—	—
N_2(g)	29.37	29.58	29.79	30.00	30.21	30.42	30.63	31.05	31.71	32.34
O_2(g)	29.50	30.29	30.88	31.34	31.76	32.09	32.43	32.97	33.68	34.31
Pb(s)	26.99	27.41	27.87	—	—	—	—	—	—	—
Sb(s)	25.69	26.07	26.44	26.82	27.20	27.57	—	—	—	—
Si(s)	21.42	22.22	22.84	23.30	23.68	24.02	24.27	—	—	—
Sb(白)	28.16	29.16	—	—	—	—	—	—	—	—
W(s)	25.15	25.27	25.44	25.61	25.77	25.94	26.07	26.40	26.86	27.36
Zn(s)	25.90	26.48	27.03	—	—	—	—	—	—	—
AgBr(s)	55.77	58.95	62.17	65.40	—	—	—	—	—	—
AgCl(s)	54.31	56.40	57.86	58.95	—	—	—	—	—	—
AgI(s)	59.66	—	—	—	—	—	—	—	—	—
HCl(g)	29.08	29.12	29.20	29.33	29.50	29.71	29.87	30.29	30.92	31.55
HF(g)	28.70	28.87	29.00	29.16	29.29	29.46	29.60	29.71	30.33	30.75
HI(g)	29.16	29.33	29.50	29.71	29.96	30.21	30.46	—	—	—
H_2O(g)	34.08	34.64	35.23	35.77	36.32	36.90	37.45	38.70	40.29	42.01
H_2S(g)	34.77	35.56	36.36	37.15	37.91	38.70	39.50	45.27	—	—
$HgCl_2$(s)	79.08	81.17	—	—	—	—	—	—	—	—
Hg_2Cl_2(s)	102.9	104.8	106.4	107.9	109.5	—	—	—	—	—
HgI_2（α）	78.70	—	—	—	—	—	—	—	—	—

续附表 2

物质	温度 T/K									
	400	500	600	700	800	900	1000	1200	1500	1800
HgS(l)	50.96	51.71	51.97	53.14	53.97	—	—	—	—	—
KBr(s)	53.22	53.93	—	—	—	—	—	—	—	—
KCl(s)	54.52	55.23	56.19	57.20	57.91	58.58	59.33	—	—	—
KI(s)	53.47	53.89	54.18	54.73	55.15	55.65	—	—	—	—
KNO_3(s)	102.3	—	—	—	—	—	—	—	—	—
$K_2Cr_2O_7$(s)	238.9	247.7	253.6	—	—	—	—	—	—	—
LiCl(s)	51.04	51.71	51.88	53.14	53.85	—	—	—	—	—
$LiNO_3$(s)	91.09	98.62	—	—	—	—	—	—	—	—
$MgCl_2$(s)	74.81	75.81	76.99	77.91	78.83	79.50	—	—	—	—
MgO(s)	40.00	41.34	42.43	43.26	43.60	44.64	45.27	46.11	47.57	48.95
$MnCO_3$(s)	98.74	109.2	121.3	130.5	—	—	—	—	—	—
$MnCl_2$(s)	75.35	76.99	78.24	79.37	80.37	81.30	—	—	—	—
MnO_2(s)	60.25	63.18	65.81	67.78	—	—	—	—	—	—
MnS(s)	51.09	52.09	52.47	53.81	54.56	55.31	55.98	56.94	57.91	58.03
NH_3(g)	37.24	38.91	40.17	41.71	43.22	44.43	45.35	48.37	—	—
NH_4Cl(α)	94.98	—	—	—	—	—	—	—	—	—
NO(g)	30.54	30.75	30.96	31.21	31.46	31.67	31.92	32.30	32.93	—
PbBr(s)	81.17	81.89	82.01	83.05	—	—	—	—	—	—
$PbCl_2$(s)	78.66	80.33	81.25	83.80	—	—	—	—	—	—
PbO(s)	50.21	51.04	—	—	—	—	—	—	—	—
PbS(s)	50.33	51.17	52.01	52.84	53.68	—	—	—	—	—
SO_2(g)	43.10	44.94	45.90	47.28	47.70	48.53	49.50	50.63	52.05	53.56
SO_3(g)	54.89	58.16	61.25	62.47	64.77	66.48	69.87	73.30	—	—
$CaCO_3$(s)	90.58	95.98	100.0	103.1	105.4	108.1	110.2	113.8	—	—
CaO(s)	44.98	46.28	47.24	47.66	48.58	49.16	49.58	50.42	51.46	52.34
FeO(s)	52.34	53.18	53.85	54.43	54.94	55.40	55.81	—	—	—
FeS(α)	56.07	—	—	—	—	—	—	—	—	—
Fe_2O_3(s)	111.8	118.0	123.0	127.7	132.0	136.2	140.3	—	—	—
Fe_3O_4(s)	159.8	170.4	179.4	186.6	193.0	198.9	202.7	—	—	—
CuO(s)	45.81	46.82	47.82	48.16	49.83	50.84	51.84	53.85	—	—
CuS(s)	48.20	48.74	49.33	49.87	50.42	50.96	51.55	52.63	—	—
$CuSO_4$(s)	106.3	108.8	110.6	112.2	113.7	—	—	—	—	—
Cu_2O(s)	70.71	71.88	72.97	74.31	75.48	76.65	77.82	80.25	—	—
$BaCO_3$(s)	91.42	94.14	96.90	99.62	102.3	105.1	107.8	—	—	—
BaO(s)	47.61	47.91	48.20	48.49	48.79	49.08	49.37	50.17	50.88	—
$BaSO_4$(s)	112.0	117.8	121.8	124.6	126.7	128.4	129.6	131.6	—	—

附表3　某些物质的燃烧标准摩尔焓①$\Delta_c H_m^{\ominus}$（298K）（标准压力 $p^{\ominus}$ = 100kPa）

化合物	$\Delta_c H_m^{\ominus}$/kJ · mol^{-1}	化合物	$\Delta_c H_m^{\ominus}$/kJ · mol^{-1}
CH_4(g)甲烷	-890.31	CH_3COCH_3(l)丙酮	-1790.42
C_2H_2(g)乙炔	-1299.59	$C_2H_5OC_2H_5$(l)乙醚	-2730.9
C_2H_4(g)乙烯	-1410.98	HCOOH(l)甲酸	-254.64
C_2H_6(g)乙烷	-1559.84	CH_3COOH(l)乙酸	-870.3
C_3H_8(g)丙烷	-2219.07	$HCOOCH_3$(l)甲酸甲酯	-979.5
C_4H_{10}(g)正丁烷	-2878.34	C_6H_5COOH(晶)苯甲酸	-3226.7
C_4H_{10}(g)异丁烷	-2871.5	$C_6H_5COOCH_3$(l)苯甲酸甲酯	-3957.6
C_5H_{12}(l)正戊烷	-3509.5	$C_7H_6O_3$(s)水杨酸	-3022.5
C_6H_6(l)苯	-3267.7	$CHCl_3$(l)氯仿	-373.2
C_6H_{12}(l)环已烷	-3919.86	CH_3Cl(g)氯甲烷	-689.1
C_7H_8(l)甲苯	-3925.4	$C_6H_5NO_2$(l)硝基苯	-3091.2
$C_{10}H_8$(l)萘	-5153.9	$C_6H_5NH_2$(l)苯胺	-3396.2
CH_3OH(l)甲醇	-726.64	C(石墨)	-393.5
C_2H_5OH(l)乙醇	-1366.91	CO(g)	-282.96
C_6H_5OH(s)苯酚	-3053.48	H_2(g)	-285.8
HCHO(g)甲醛	-570.78		

①化合物中的C、H、P、S、N等分别被氧化为稳定产物CO_2(g)、H_2O(l)、P_2O_5(s)、SO_2(g)、N_2(g)等。

附表4　某些物质的生成标准摩尔焓、标准摩尔吉布斯自由能、标准摩尔熵和摩尔定压热容

物质	$\Delta_f H_m^{\ominus}$ /kJ · mol^{-1} (298K)	$G_m^{\ominus}$ /kJ · mol^{-1} (298K)	$S_m^{\ominus}$ /J · mol^{-1} · K^{-1} (298K)	热容 $c_{p,m}$ /J · mol^{-1} · K^{-1}	$c_p = \varphi(T)$ 的系数 a	$b\times10^3$	$c\times10^6$	$c'\times10^{-5}$	适用温度范围/K
Ag(s)	0	0	42.712	25.48	23.97	5.284		-0.251	293 ~ 1234
Ag_2O(s)	-30.56	-10.84	121.71	65.57					298
Al(s)	0	0	28.315	24.35	20.67	12.38			273 ~ 931.7
Al_2O_3-α(s)	-1669.8	-2213.21	50.986	79.00	92.38	37.54		-21.86	273 ~ 1973
$Al_2(SO_4)_3$(s)	-3434.98	-3728.73	292.3	259.4	368.57	61.92		-113.47	298 ~ 1100
Br(g)	30.71	3.142	245.346	35.99	37.2	0.690		-1.188	300 ~ 1500
Br(l)	0	0	152.3	35.6					298

续附表4

物质	$\Delta_f H_m^\ominus$ /kJ·mol^{-1} (298K)	$G_m^\ominus$ /kJ·mol^{-1} (298K)	$S_m^\ominus$ /J·mol^{-1}·K^{-1} (298K)	热容 $c_{p,m}$ /J·mol^{-1}·K^{-1}	$c_p=\varphi(T)$ 的系数 a	$b\times10^3$	$c\times10^6$	$c'\times10^{-5}$	适用温度范围/K
C(金刚石)	1.896	2.866	2.439	6.07	9.12	13.22		-6.19	298~1200
C(石墨)	0	0	5.694	8.66	17.15	4.27		-8.79	298~2300
CO(g)	-110.525	-137.296	197.907	29.142	27.6	5.02			290~2500
CO_2(g)	-393.511	-394.38	213.65	37.129	44.14	9.04		-8.54	298~2500
CS_2(g)	115.28	65.06	237.82	45.61	52.09	6.69		-7.53	298~1800
CS_2(l)	87.8	63.6	151.0	75.73	75.7				298
Ca(s)	0	0	41.63	26.27	21.92	14.62			273~673
CaC_2(s)	-62.8	-67.8	70.2	62.34	68.62	11.88		-8.66	298~720
$CaCO_3$(方解石)	-1206.87	-1128.75	92.8	81.89	104.52	21.92		-25.94	298~1200
CaCl(s)	-795.0	-750.2	113.8	72.63	71.88	12.72		-2.51	298~1055
CaO(s)	-635.6	-604.2	39.7	48.53	48.83	4.52		-6.53	298~1800
$Ca(OH)_2$(s)	-986.5	-896.96	76.1	84.5	84.5				276~373
$CaSO_4$(硬石膏)	-1432.68	-1320.31	106.7	97.65	77.49	91.92		-6.561	273~1373
Cl_2(g)	0	0	222.948	33.93	36.69	1.05		-2.523	273~1500
Cu(s)	0	0	33.32	24.47	24.56	4.18		-1.200	273~1357
CuO(s)	-155.2	-127.2	43.51	44.4	38.79	20.08			298~1250
CuO-α	-166.69	-146.35	100.8	69.8	62.34	23.85			298~1200
F_2(g)	0	0	203.4	31.46	34.69	1.84		-3.35	273~2000
Fe-α	0	0	27.15	25.23	17.28	26.69			273~1041
FeO(s)	-266.52	-244.3	54.0	51.1	52.80	6.243		-3.188	273~1173
Fe_2O_3(s)	-822.1	-741.0	90.0	104.6	97.74	72.13		-12.89	298~1100
Fe_3O_4(s)	-1117.1	-1014.2	146.4	143.42	167.03	78.91		-41.88	298~1100
H_2(g)	0	0	130.586	28.23	20.08	-0.837	2.008		300~1500
HBr(g)	-36.24	-53.22	198.49	29.12	26.15	5.858		1.088	298~1600
HCl(g)	-92.311	-95.565	186.677	29.12	26.53	4.60	1.09		298~2000
HI(g)	-25.94	-1.30	206.31	29.12	26.32	5.94		0.92	298~1000
H_2O(g)	-241.825	-228.593	188.723	33.571	30.13	11.30			273~2000
H_2O(l)	-285.838	-237.191	69.940	75.296					
H_2S(g)	-20.146	-33.020	205.64	33.97	29.29	15.69			273~1300
H_2SO_4(l)	-811.35	-686.6	156.85	137.57					

续附表 4

物 质	$\Delta_f H_m^{\ominus}$ /kJ · mol^{-1} (298K)	$G_m^{\ominus}$ /kJ · mol^{-1} (298K)	$S_m^{\ominus}$ /J · mol^{-1} · K^{-1} (298K)	热容 $c_{p,m}$ /J · mol^{-1} · K^{-1}	$c_p = \varphi(T)$ 的系数 a	$b \times 10^3$	$c \times 10^6$	$c' \times 10^{-5}$	适用温度范围/K
I_2(s)	0	0	116. 7	55. 97					
I_2(g)	62. 242	19. 37	260. 49	36. 87	37. 196				456 ~ 1500
N_2(g)	0	0	191. 489	29. 12	27. 87	2. 47			273 ~ 2500
NH_3(g)	− 46. 19	− 16. 636	192. 50	35. 65	29. 79	25. 48		− 1. 665	273 ~ 1400
NH_3(l)	− 69. 87			80. 7					298
NH_4Cl(s)	− 315. 39	− 203. 88	94. 5	84. 10	49. 37	133. 89			298 ~ 457. 7
NH_4HCO_3(s)	− 894. 4	− 666. 1	121						
NH_4NO_3(s)	− 364. 55			171. 5					
$(NH_4)_2SO_4$	− 1191. 85	− 900. 35	220. 39	187. 6	103. 64	281. 16			298 ~ 600
NO(g)	89. 860	90. 37	210. 200	29. 861	29. 58	3. 85		− 0. 59	298 ~ 2500
NO_2(g)	33. 85	51. 84	240. 46	37. 90	42. 39	8. 54		− 6. 74	298 ~ 2000
N_2O(g)	81. 55	103. 60	219. 99	38. 70	45. 69	8. 64		− 8054	298 ~ 2000
N_2O_4(g)	9. 660	98. 29	304. 31	79. 0	83. 89	39. 75		− 14. 90	298 ~ 1000
N_2O_5(g)	2. 51	110. 4	342. 3	108. 0					
O_2(g)	0	0	205. 029	29. 37	31. 46	3. 38		− 3. 766	273 ~ 2000
PCl_3(g)	− 306. 35	− 286. 27	311. 66	71. 1	83. 97	1. 209		− 11. 32	298 ~ 1000
PCl_5(g)	− 398. 94	− 324. 63	352. 71	109. 6	19. 83	449. 1	− 498. 7		298 ~ 450
S(单斜)	0. 297	0. 096	32. 55	23. 64	14. 89	29. 08			368. 6 ~ 392
S(斜方)	0	0	31. 9	22. 60	14. 98	26. 11			273 ~ 368. 6
SO_2(g)	− 296. 90	− 300. 37	248. 53	39. 79	47. 69	7. 171		− 8. 54	298 ~ 1800
SO_3(g)	− 395. 18	− 370. 42	256. 23	50. 70	57. 32	26. 86		− 13. 05	273 ~ 900
CH_4(g)甲烷	− 74. 848	− 50. 79	186. 19	35. 715	14. 318	74. 663	− 17. 426		291 ~ 1500
C_2H_2(g)乙炔	226. 73	209. 20	200. 83	43. 93	50. 75	16. 07			298 ~ 2000
C_2H_4(g)乙烯	52. 292	68. 178	219. 45	43. 56	11. 322	122. 00	− 37. 903		291 ~ 1500
C_2H_6(g)乙烷	− 84. 67	− 32. 886	229. 49	52. 68	5. 753	175. 109	− 57. 852		291 ~ 1000
C_3H_6(g)丙烯	20. 42	62. 72	266. 9	63. 89	12. 443	188. 380	− 47. 597		270 ~ 510
C_3H_8(g)丙烷	− 103. 85	− 23. 47	269. 91	73. 51	1. 715	270. 75	− 94. 483		298 ~ 1500
C_4H_6(g)	111. 9	153. 68	279. 78	79. 83	9. 67	243. 84	87. 65		
1,3-丁二烯	111. 9	153. 68	279. 78	79. 83	9. 67	243. 84	87. 65		
C_4H_{10}(g)正丁烷	− 124. 725	− 15. 69	310. 03	98. 78	18. 230	303. 558	− 92. 65		

续附表4

物质	$\Delta_f H_m^{\ominus}$ /kJ·mol⁻¹ (298K)	$G_m^{\ominus}$ /kJ·mol⁻¹ (298K)	$S_m^{\ominus}$ /J·mol⁻¹·K⁻¹ (298K)	热容 $c_{p,m}$ /J·mol⁻¹·K⁻¹	$c_p=\varphi(T)$ 的系数 a	$b\times10^3$	$c\times10^6$	$c'\times10^{-5}$	适用温度范围/K
C_6H_6(g)苯	82.93	129.08	269.69	81.76	−21.09	400.12	−169.9		
C_6H_6(l)苯	49.04	124.140	173.264	135.1					
C_6H_{12}(g) 环己烷	123.14	31.76	298.24	106.3	−32.221	525.824	−173.987		298~1500
C_6H_{12}(l) 环己烷	−156.2	24.73	204.35	156.5					
C_7H_8(g)甲苯	50.00	122.30	319.74	103.8	19.83	474.72	−195.4		
C_7H_8(l)甲苯	12.00	114.27	219.2	156.1					
$C_6H_4(CH_3)$(g) 邻二甲苯	18.995	122.076	325.75	133.26	19.26	437.13	−140.65		298~1500
$C_6H_4(CH_3)$(l) 邻二甲苯	−24.439	110.332	246.48	187.9					
$C_6H_4(CH_3)_2$(g) 间二甲苯	17.238	118.846	357.69	127.57	8.184	456.67	−148.28		298~1500
$C_6H_4(CH_3)_2$(l) 间二甲苯	−25.418	107.654	262.17	183.3					
$C_6H_4(CH_3)_2$(g) 对二甲苯	17.949	121.135	352.42	126.86	7.724	454.36	−147.28		298~1500
$C_6H_4(CH_3)_2$(g) 对二甲苯	−24.426	110.081	247.36	183.7					
C_8H_8(g)苯乙烯	146.90	213.8,	345.10	122.09	13.10	545.6	−221.3		
C_8H_{10}(l)乙苯	−12.47	119.75	255.01	186.44					
CH_4O(l)甲醇	−238.57	−166.23	126.8	81.645					
CH_4O(g)甲醇	−201.17	−161.88	237.7	45.2	20.42	103.7	−24.640		300~700
C_2H_6O(l)乙醇	−277.634	−174.77	160.7	111.46					
C_2H_6O(g)乙醇	−235.31	−168.6	282.0	73.60	14.970	208.560	71.090		300~1000
C_3H_8O(g)丙醇	−261.5	−171.1	192.9	146.0	−2.59	312.419	105.52		
C_3H_8O(l)异丙醇	−319.7	−184.1	179.9	163.2					
C_3H_8O(g)异丙醇	−268.6	−175.4	306.3						

续附表 4

物 质	$\Delta_f H_m^\ominus$ /kJ · mol^{-1} (298K)	$G_m^\ominus$ /kJ · mol^{-1} (298K)	$S_m^\ominus$ /J · mol^{-1} · K^{-1} (298K)	热容					
				$c_{p,m}$ /J · mol^{-1} · K^{-1}	$c_p = \varphi(T)$ 的系数				
					a	$b \times 10^3$	$c \times 10^6$	$c' \times 10^{-5}$	适用温度范围/K
$C_4H_{10}O(l)$乙醚	-272.5	-118.4	253.1	168.2					
$C_4H_{10}O(g)$乙醚	-190.8	-117.6							
$CH_2O(g)$甲醛	-115.9	-110.0	220.1	35.35	18.820	58.379	-15.61		291 ~ 1500
$C_2H_4O(g)$乙醛	-166.36	-133.7	265.7	62.8	31.054	121.457	-36.577		298 ~ 1500
$C_7H_6O(g)$ 苯甲醛	-82.0		206.7	169.5					
$C_3H_6O(g)$丙酮	-216.69	-152.7	304.2	76.9	22.472	201.782	-63.521		298 ~ 1500
$CH_2O_2(l)$甲酸	-409.2	-346.0	128.95	99.04					
$CH_2O_2(g)$甲酸	-362.63	-335.72	246.06	54.22	30.67	89.20	-34.539		300 ~ 700
$C_2H_4O_2(l)$乙酸	-487.0	-392.5	159.8	123.4					
$C_2H_4O_2(g)$乙酸	-436.4	-381.6	293.3	72.4	21.76	193.13	-76.78		300 ~ 700
$C_2H_2O_4(s)$草酸	-826.8	-697.9	120.1	108.8					
$C_7H_6O_2(s)$ 苯甲酸	-384.55	-245.6	170.7	145.2					
$CHCl_3(g)$氯仿	-100.4	-67	295.47	65.40	29.506	148.942	-90.734		273 ~ 773
$CH_3Cl(g)$ 氯甲烷	-82.0	-58.6	234.18	40.79	14.903	96.224	-31.552		273 ~ 773
$CH_4ON_2(s)$尿素	-333.189	-197.15	104.60	93.14					
$C_2H_5Cl(g)$ 氯乙烷	-105.0	-53.1	275.73	62.76					
$C_6H_5Cl(l)$氯苯	-116.3	203.8	197.5	145.6					
$C_6H_7N(l)$苯胺	35.31	153.2	191.2	190.8					
$C_6H_5NO_2(l)$ 硝基苯	22.2	146.2	224.3	185.8					
$C_6H_6O(s)$酚	-155.90	-40.75	142.2	134.7					
$C_6H_{12}O_6(s)$ 葡萄糖			212.1						

附表5　化合物的标准生成吉布斯自由能

（$\Delta_f G_m^{\ominus}(B) = A + BT$　$J \cdot mol^{-1}$）

反　应	$-A/J \cdot mol^{-1}$	$B/J \cdot mol^{-1} \cdot K^{-1}$	温度范围/K
$2Al(s) + 1.5O_2 = Al_2O_3(s)$	1675100	313.20	298～933(m)
$2Al(l) + 1.5O_2 = Al_2O_3(s)$	1682927	323.24	933～2315(m)
$4Al(l) + 3C = Al_4C_3(s)$	265000	95.06	933～2473
$Al(l) + 0.5P_2 = AlP(s)$	249500	104.25	933～1900
$3Al_2O_3(s) + 2SiO_2(s) = 3Al_2O_3 \cdot 2SiO_2(s)$	8600	-17.41	298～2023(m)
$2B(s) + 1.5O_2 = B_2O_3(l)$	1228800	210.04	723～2316(b)
$4B(s) + C = B_4C(s)$	41500	5.56	298～2303
$B(s) + 0.5N_2 = BN(s)$	250600	87.61	298～2303
$Ba(s) + 0.5O_2 = BaO(s)$	568200	97.07	280～1002(m)
$Ba(l) + 0.5S_2 = BaS(s)$	543900	123.43	1002～1895
$BaO(s) + CO_2 = BaCO_3(s)$	250750	147.07	1073～1333
$2BaO(s) + SiO_2(s) = 2BaO \cdot SiO_2(s)$	259800	-5.86	298～2033(m)
$BaO(s) + SiO_2(s) = BaO \cdot SiO_2(s)$	149000	-6.28	298～1878(m)
$C_{(石)} = C_{(金刚石)}$	-1443	4.48	298～1173
$C_{(石)} + 0.5O_2 = CO$	114400	-85.77	773～2273
$C_{(石)} + O_2 = CO_2$	395350	-0.54	773～2273
$2C_{(石)} + 2H_2 = C_2H_4(g)$	40390	80.46	298～2473
$C_{(石)} + 2H_2 = CH_4(g)$	91044	110.67	773～2273
$C_{(石)} + 0.5S_2 = CS(g)$	163300	-87.86	298～2273
$C_{(石)} + S_2 = CS_2(g)$	11400	-6.48	298～2273
$C_{(石)} + 0.5O_2 + 0.5S_2 = COS(g)$	202800	-9.96	773～2273
$Ca(l) + 0.5O_2 = CaO(s)$	640150	108.57	1112～1757(b)
$Ca(l) + 0.5S_2 = CaS(s)$	548100	103.85	1112～1757
$3Ca(s) + N_2 = Ca_3N_2(s)$	435100	198.7	298～1112
$Ca(l) + 2C = CaC_2(s)$	60250	-26.28	1112～1757
$Ca(s) + Si(s) = CaSi(s)$	150600	15.5	298～1112
$3Ca(s) + P_2 = Ca_3P_2(s)$	648500	216.3	298～1112
$3Ca(l) + P_2 = Ca_3P_2(s)$	653400	144.01	1273～1573
$Ca(l) + Cl_2 = CaCl_2(l)$	798600	145.98	1112～1757
$Ca(l) + F_2 = CaF_2(s)$	1219600	162.3	1112～1757
$CaO(s) + CO_2 = CaCO_3(s)$	170577	144.19	973～1473
$3CaO(s) + Al_2O_3(s) = 3CaO \cdot Al_2O_3(s)$	12600	-24.69	773～1808
$CaO(s) + Al_2O_3(s) = CaO \cdot Al_2O_3(s)$	18000	-18.83	773～1903
$CaO(s) + 2Al_2O_3(s) = CaO \cdot 2Al_2O_3(s)$	16700	-25.52	773～2023
$CaO(s) + 6Al_2O_3(s) = CaO \cdot 6Al_2O_3(s)$	16380	-37.58	1373～1873
$12CaO(s) + 7Al_2O_3(s) = 12CaO \cdot 7Al_2O_3(s)$	73053	-207.53	298～1773
$2CaO(s) + Fe_2O_3(s) = 2CaO \cdot Fe_2O_3(s)$	53100	-2.51	973～1723(m)
$CaO(s) + Fe_2O_3(s) = CaO \cdot Fe_2O_3(s)$	29700	-4.81	973～1489(m)

续附表5

反　应	$-A$/J·mol^{-1}	B/J·mol^{-1}·K^{-1}	温度范围/K
$3CaO(s)+P_2+2.5O_2=3CaO\cdot P_2O_5(s)$	2313800	556.5	298~2003
$2CaO(s)+P_2+2.5O_2=2CaO\cdot P_2O_5(s)$	2189100	585.80	298~2003(m)
$3CaO(s)+SiO_2(s)=3CaO\cdot SiO_2(s)$	118800	-6.7	298~1773
$2CaO(s)+SiO_2(s)=2CaO\cdot SiO_2(s)$	118800	-11.3	298~2403(m)
$3CaO(s)+2SiO_2(s)=3CaO\cdot 2SiO_2(s)$	236800	9.6	298~1773
$CaO(s)+SiO_2(s)=CaO\cdot SiO_2(s)$	92500	2.5	293~1813(m)
$3CaO(s)+2TiO_2(s)=3CaO\cdot 2TiO_2(s)$	207100	-11.51	298~1673
$4CaO(s)+3TiO_2(s)=4CaO\cdot 3TiO_2(s)$	292900	-17.57	298~1673
$CaO(s)+TiO_2(s)=CaO\cdot TiO_2(s)$	79900	-3.35	298~1673
$3CaO(s)+V_2O_5(s)=3CaO\cdot V_2O_5(s)$	332200	0.0	298~943
$2CaO(s)+Al_2O_3(s)+SiO_2(s)=2CaO\cdot Al_2O_3\cdot SiO_2(s)$	170000	8.8	298~1773
$CaO(s)+Al_2O_3(s)+SiO_2(s)=CaO\cdot Al_2O_3\cdot SiO_2(s)$	105855	14.23	298~1673
$CaO(s)+Al_2O_3(s)+2SiO_2(s)=CaO\cdot Al_2O_3\cdot 2SiO_2(s)$	139000	17.2	298~1826
$Ce(s)+H_2=CeH_2(s)$	208400	153.68	298~1071
$2Ce(s)+3C=Ce_2C_3(s)$	188300	-14.64	1071~1473
$Ce(l)+0.5N_2=CeN(s)$	488300	177.11	2273~2848
$2Ce(s)+1.5O_2=Ce_2O_3(s)$	1788000	286.6	298~1071(m)
$Ce(s)+O_2=CeO_2(s)$	1083700	211.84	298~1071(m)
$Ce(l)+0.5S_2=CeS(s)$	534900	90.96	1071~2723
$2Ce(l)+O_2+0.5S_2=Ce_2O_2S(s)$	1769800	332.6	1071~1773
$Co(s)+0.5O_2=CoO(s)$	245600	78.66	298~1768
$3Co(s)+2O_2=Co_3O_4(s)$	957300	456.93	298~973
$Cr(s)+1.5O_2=CrO_3(s)$	580500	259.2	298~460(m)
$Cr(s)+1.5O_2=CrO_3(l)$	546600	185.2	460~1000
$Cr(s)+O_2=CrO_2(s)$	587900	170.3	298~1660
$2Cr(s)+1.5O_2=Cr_2O_3(s)$	1110140	247.32	1173~1923
$3Cr(s)+2O_2=Cr_3O_4(s)$	1355200	264.64	1923~1963(m)
$Cr(s)+0.5O_2=CrO(l)$	334220	63.81	1938~2023
$Cr(s)+0.5S_2=CrS(s)$	202500	56.07	1373~1573
$4Cr(s)+C(s)=Cr_4C(s)$	96200	-11.7	298~1793(m)
$23Cr(s)+6C(s)=Cr_{23}C_6(s)$	309600	-77.4	298~1773
$7Cr(s)+3C=Cr_7C_3(s)$	153600	-37.2	298~2130
$3Cr(s)+2C=Cr_3C_2(s)$	791000	-17.7	298~2130
$2Cr(s)+0.5N_2=Cr_2N(s)$	99200	46.99	1273~1673
$Cr(s)+0.5N_2=CrN(s)$	113400	73.2	298~773
$2Cu(s)+0.5O_2=Cu_2O(s)$	169100	73.33	298~1356(m)
$Cu(s)+0.5O_2=CuO(s)$	152260	85.35	298~1356
$Fe(s)+0.5O_2=FeO(s)$	264000	64.59	298~1650
$Fe(l)+0.5O_2=FeO(l)$	256060	53.68	1675~2273
$3Fe(s)+2O_2=Fe_3O_4(s)$	1103120	307.38	298~1870(m)
$2Fe(s)+1.5O_2=Fe_2O_3(s)$	815023	251.12	298~1735

续附表 5

反　应	$-A$/J·mol^{-1}	B/J·mol^{-1}·K^{-1}	温度范围/K
$4Fe(\gamma)+0.5N_2=Fe_4N(s)$	33500	69.79	673～953
$3Fe(\alpha)+C=Fe_3C(s)$	-29040	-28.03	298～1000
$Fe(\gamma)+0.5S_2=FeS(s)$	154900	56.86	1179～1261
$Fe(l)+0.5S_2=FeS(s)$	164000	61.09	1261～1468(m)
$Fe(l)+0.5O_2+Cr_2O_3(s)=FeO\cdot Cr_2O_3(s)$	330500	80.33	1809～1973
$2FeO(s)+SiO_2(s)=2FeO\cdot SiO_2(s)$	36200	21.09	928～1493(m)
$2FeO(s)+TiO_2(s)=2FeO\cdot TiO_2(s)$	33900	5.86	298～1573
$Fe(s)+0.5O_2+V_2O_3(s)=FeO\cdot V_2O_3(s)$	288700	62.34	1023～1809
$H_2+0.5O_2=H_2O(g)$	247500	55.88	298～2273
$H_2+0.5S_2=H_2S(g)$	91630	50.58	298～2273
$2K(s)+0.5O_2=K_2O(s)$	487700	252.35	336～763(m)
$K_2O(s)+SiO_2=K_2O\cdot SiO_2(s)$	279900	-0.46	298～1249
$2La(s)+1.5O_2=La_2O_3(s)$	1786600	278.28	298～1193
$La(l)+0.5S_2=LaS(s)$	527200	104.18	1193～1773
$2La(s)+1.5S_2=La_2S_3(s)$	1418400	285.77	1193～1773
$Mg(s)+0.5O_2=MgO(s)$	601230	107.59	298～922(m)
$Mg(l)+0.5O_2=MgO(s)$	609570	116.52	922～1363(b)
$Mg(g)+0.5O_2=MgO(s)$	732702	205.99	1363～2000
$Mg(s)+0.5S_2=MgS(s)$	409600	94.39	298～922(m)
$Mg(l)+0.5S_2=MgS(s)$	408880	97.98	922～1363(b)
$Mg(g)+0.5S_2=MgS(s)$	539740	193.05	1363～1973
$MgO(s)+CO_2=MgCO_3(s)$	116300	173.43	298～675(d)
$2MgO(s)+SiO_2(s)=2MgO\cdot SiO_2(s)$	67200	4.31	298～2171(m)
$Mn(s)+0.5O_2=MnO(s)$	385360	73.75	298～1400
$Mn(l)+0.5O_2=MnO(s)$	407354	88.37	1517(m)～2335
$3Mn(s)+2O_2=Mn_3O_4(s)$	1381640	334.67	298～1550
$2Mn(s)+1.5O_2=Mn_2O_3(s)$	956400	251.71	298～1550
$Mn(s)+O_2=MnO_2(s)$	519700	180.83	298～1000
$Mn(s)+0.5S_2=MnS(s)$	296500	76.74	973～1473
$7Mn(s)+3C=Mn_7C_3(s)$	127600	21.09	298～1473
$3Mn(s)+C=Mn_3C(s)$	13930	-1.09	298～1310
$2MnO(s)+SiO_2(s)=2MnO\cdot SiO_2(s)$	53600	24.73	298～1618
$Mo(s)+O_2=MoO_2(s)$	578200	166.5	298～2273
$0.5N_2+1.5H_2=NH_3(g)$	53720	116.52	298～2273
$0.5N_2+O_2=NO_2(g)$	-32300	63.35	298～2273
$2Na(l)+0.5O_2=Na_2O(s)$	421600	141.34	371～1405(m)
$2Na(g)+0.5O_2=Na_2O(l)$	518800	234.7	1405～2223(m)
$2Na(l)+0.5S_2=Na_2S(s)$	439300	143.93	371～1071(m)
$Na(g)+0.5F_2=NaF(l)$	624300	148.24	1269～2063(b)
$Na(l)+C+0.5N_2=NaCN(s)$	90540	31.14	371～835(m)
$Na_2O(l)+CO_2=Na_2CO_3(l)$	316350	130.83	1405～2273
$Na_2O(s)+2SiO_2(s)=Na_2O\cdot 2SiO_2(s)$	233500	-3.85	298～1147(m)

续附表5

反 应	$-A$/J·mol^{-1}	B/J·mol^{-1}·K^{-1}	温度范围/K
$Nb(s)+0.5O_2=NbO(s)$	414200	86.6	298~2210(m)
$2Nb(s)+2.5O_2=Nb_2O_5(s)$	1888200	419.7	298~1785(m)
$2Nb(s)+C(s)=Nb_2C(s)$	193700	11.7	289~1773
$2Nb(s)+0.5N_2=Nb_2N(s)$	251040	83.3	298~2673(m)
$0.5P_2(g)+0.5O_2=PO(g)$	77800	-11.50	298~1973
$0.5P_2(g)+O_2=PO_2(g)$	385800	60.25	298~1973
$2P_2(g)+5O_2=P_4O_{10}(g)$	3156000	1010.9	631(s)~1973
$0.5P_2(g)+1.5H_2=PH_3(g)$	71500	108.2	298~1973
$Pb(l)+0.5O_2=PbO(s)$	219140	101.15	601~1158(m)
$0.5S_2+0.5O_2=SO(g)$	57780	-4.98	718~2273
$0.5S_2+O_2=SO_2(g)$	361660	72.68	718~2273
$0.5S_2+1.5O_2=SO_3(g)$	457900	163.34	718~2273
$Si(s)+0.5O_2=SiO(g)$	104200	-82.51	298~1685(m)
$Si(s)+O_2=SiO_2$(s,石)	907100	175.73	298~1685(m)
$SiO_2(s)=SiO_2(l)$	-9581	-4.80	1996(m)
$Si(s)+O_2=SiO_2$(s,β,方)	904760	173.38	298~1685(m)
$Si(l)+O_2=SiO_2$(s,β,方)	946350	197.64	1685~1996(m)
$Si(l)+O_2=SiO_2(l)$	921740	185.91	1996~3514(b)
$Si(s)+0.5S_2=SiS(g)$	956	-81.01	973~1685(m)
$Si(s)+S_2=SiS_2(s)$	-326350	-138.95	298~1363(m)
$Si(s)+2F_2=SiF_4(g)$	1615400	144.43	298~1685
$Si(s)+C=SiC$(s,β)	73050	7.66	298~1685
$Sr(l)+0.5O_2=SrO(s)$	597100	102.38	1041~1650
$Sr(l)+0.5S_2=SrS(s)$	518800	96.2	1041~1650
$SrO(s)+CO_2=SrCO_3(s)$	214600	141.58	973~1516(d)
$Ti(s)+0.5O_2=TiO$(s,β)	514600	74.1	298~1943
$Ti(s)+O_2=TiO_2$(s,金)	941000	177.57	298~1943
$2Ti(s)+1.5O_2=Ti_2O_3(s)$	1502100	258.1	298~1943
$3Ti(s)+2.5O_2=Ti_3O_5(s)$	2435100	420.5	298~1943
$Ti(s)+C=TiC(s)$	184800	12.55	298~1943
$Ti(s)+0.5N_2=TiN(s)$	336300	93.26	298~1943
$V(s)+0.5O_2=VO(s)$	424700	80.04	298~2073
$2V(s)+1.5O_2=V_2O_3(s)$	1202900	237.53	298~2243
$V(s)+O_2=VO_2(s)$	706300	155.31	298~1633(m)
$2V(s)+2.5O_2=V_2O_5(l)$	-1447400	321.58	943~2273
$2V(s)+C(s)=V_2C(s)$	146400	3.35	298~1973
$V(s)+C(s)=VC(s)$	102100	9.58	298~2273
$V(s)+0.5N_2=VN(s)$	214640	82.43	298~2619(d)
$W(s)+1.5O_2=WO_3(s)$	833500	245.43	298~1745(m)
$W(s)+O_2=WO_2(s)$	581200	171.84	298~2273(d)

续附表5

反　应	$-A$/J·mol^{-1}	B/J·mol^{-1}·K^{-1}	温度范围/K
$2W(s)+C=W_2C(s)$	30540	-2.34	1575~1673
$Zr(s)+O_2=ZrO_2(s)$	1092000	183.7	298~2123
$Zr(s)+0.5S_2=ZrS(g)$	-237200	-78.2	298~2123
$Zr(s)+C=ZrC(s)$	196650	9.2	298~2123
$Zr(s)+0.5N_2=ZrN(s)$	363600	92.0	298~2123
$ZrO_2(s)+SiO_2(s)=ZrO_2\cdot SiO_2(s)$	26800	12.6	298~1980(m)

参 考 文 献

[1] 黄希祜．钢铁冶金原理（第3版）[M]. 北京：冶金工业出版社，2008.
[2] 郭汉杰．冶金物理化学教程（第2版）[M]. 北京：冶金工业出版社，2006.
[3] 魏寿昆．冶金过程热力学[M]. 上海：上海科学技术出版社，1980.
[4] 黄希祜．钢铁冶金原理习题解答[M]. 北京：冶金工业出版社，2006.
[5] 邓基芹．物理化学[M]. 北京：冶金工业出版社，2007.

冶金工业出版社部分图书推荐

书　　名	作　者	定价(元)
轧钢机械设备维护(高职高专规划教材)	袁建路　主编	45.00
起重运输设备选用与维护(高职高专规划教材)	张树海　主编	38.00
轧钢原料加热(高职高专规划教材)	戚翠芬　主编	37.00
炼铁设备维护(高职高专规划教材)	时彦林　等编	30.00
炼钢设备维护(高职高专规划教材)	时彦林　等编	35.00
冶金技术认识实习指导(高职高专实验实训教材)	刘燕霞　等编	25.00
中厚板生产实训(高职高专实验实训教材)	张景进　等编	22.00
天车工培训教程(高职高专规划教材)	时彦林　等编	33.00
炉外精炼技术(高职高专规划教材)	张士宪　等编	36.00
连铸工试题集(培训教材)	时彦林　等编	22.00
转炉炼钢工试题集(培训教材)	时彦林　等编	25.00
转炉炼钢工培训教程(培训教材)	时彦林　等编	30.00
连铸工培训教程(培训教材)	时彦林　等编	30.00
电弧炉炼钢生产(高职高专规划教材)	董中奇　等编	40.00
金属材料及热处理(高职高专规划教材)	于　晗　等编	26.00
有色金属塑性加工(高职高专规划教材)	白星良　等编	46.00
炼铁原理与工艺(第2版)(高职高专规划教材)	王明海　主编	49.00
中型型钢生产(行业规划教材)	袁志学　等编	28.00
板带冷轧生产(行业规划教材)	张景进　主编	42.00
高速线材生产(行业规划教材)	袁志学　等编	39.00
热连轧带钢生产(行业规划教材)	张景进　主编	35.00
轧钢设备维护与检修(行业规划教材)	袁建路　等编	28.00
中厚板生产(行业规划教材)	张景进　主编	29.00
冶金机械保养维修实务(高职高专规划教材)	张树海　主编	39.00
有色金属轧制(高职高专规划教材)	白星良　主编	29.00
有色金属挤压与拉拔(高职高专规划教材)	白星良　主编	32.00
自动检测和过程控制(第4版)(国规教材)	刘玉长　主编	50.00
金属材料工程认识实习指导书(本科教材)	张景进　等编	15.00
炼铁设备及车间设计(第2版)(国规教材)	万　新　主编	29.00
塑性变形与轧制原理(高职高专规划教材)	袁志学　等编	27.00
冶金过程检测与控制(第2版)(职业技术学院教材)	郭爱民　主编	30.00
高炉炼铁工试题集(培训教材)	时彦林　等编	28.00
机械安装与维护(职业技术学院教材)	张树海　主编	22.00
型钢轧制(高职高专规划教材)	陈　涛　主编	25.00
有色金属压力加工(职业技术学院教材)	白星良　主编	33.00
黑色金属压力加工实训(职业技术学院教材)	袁建路　主编	22.00
初级轧钢加热工(培训教材)	戚翠芬　主编	13.00
中级轧钢加热工(培训教材)	戚翠芬　主编	20.00